煤炭高等教育“十四五”规划教材

能源材料概论

主　编　赵浩成　梁芳楠
副主编　张志超　董爱锋　尤雪瑞

中国矿业大学出版社
·徐州·

内容提要

能源是攸关国家安全和发展的重点领域，而新能源材料对新能源的发展起到了关键性作用。本书重点阐述了能源材料的相关理念，介绍了能量转化材料、锂离子电池材料、太阳能电池材料、超级电容器材料、储氢材料、燃料电池材料、光催化材料、节能材料、磁能材料和电子信息材料等新能源材料的组成、结构以及相关的制备方法，并对新能源材料的发展现状和应用前景进行了综合分析。

本书可作为高等院校能源、化学、材料类专业本科生、研究生参考书，也可供从事相关领域研究者参考借鉴。

图书在版编目(CIP)数据

能源材料概论 / 赵浩成，梁芳楠主编. — 徐州 : 中国矿业大学出版社，2025. 2. — ISBN 978-7-5646-6635-4

Ⅰ. TK01

中国国家版本馆 CIP 数据核字第 2025CU0460 号

书　　名　能源材料概论
主　　编　赵浩成　梁芳楠
责任编辑　杨　洋
出版发行　中国矿业大学出版社有限责任公司
（江苏省徐州市解放南路　邮编 221008）
营销热线　(0516)83885370　83884103
出版服务　(0516)83995789　83884920
网　　址　http://www.cumtp.com　**E-mail**:cumtpvip@cumtp.com
印　　刷　江苏淮阴新华印务有限公司
开　　本　787 mm×1092 mm　1/16　**印张** 16.25　**字数** 416 千字
版次印次　2025 年 2 月第 1 版　2025 年 2 月第 1 次印刷
定　　价　40.00 元

前　言

能源领域是攸关国家安全和发展的重点领域。新能源材料是指支撑新能源发展的具有能量储存和转换功能的功能材料或结构功能一体化材料。新能源材料对促进新能源的发展发挥了重要作用，新能源材料的发明催生了新能源系统，新能源材料的应用提高了新能源系统的效率，新能源材料的使用直接影响新能源系统的投资与运行成本。

在新形势下，本书重点阐述了能源材料的相关理念，介绍了锂离子电池材料、储氢材料、太阳能电池材料、磁能材料、燃料电池材料和节能材料等新能源材料的组成、结构以及制作方法，并对新能源材料的发展现状和应用前景进行综合分析，为从事相关行业的工作者提供一定的参考和借鉴。学习本书有利于巩固新能源材料相关知识，强化新能源材料发展的新概念，促进在优化新能源材料方面进行更多的探索。

本书由山西能源学院赵浩成、梁芳楠担任主编，由山西能源学院张志超、董爱锋、尤雪瑞担任副主编，山西能源学院李茜、梁春平、刘茜秀、周琨、张莹、张芳、赵丽芝及太原理工大学武钰铃参与部分章节内容编写。具体的编写分工如下：第 1 章、第 10 章由赵浩成编写，第 2 章由尤雪瑞编写，第 3 章由梁春平编写，第 4 章由武钰铃编写，第 5 章由刘茜秀编写，第 6 章由梁芳楠编写，第 7 章由周琨编写，第 8 章由董爱锋编写，第 9 章由张莹编写，第 11 章由张芳编写，第 12 章由张志超编写，第 13 章由赵丽芝编写。

新能源材料发展呈现出多元化、低碳化、智能化和分布式的特点，本书对于完善新能源材料发展的新概念理论体系和指导实践来说具有重要意义。在编写本书过程中，得到了新材料领域工程技术人员的大力支持，在此表示诚挚的感谢。另外还参考了大量文献资料，在此向相关作者表示衷心的感谢。

由于编者水平有限，书中难免存在错漏之处，希望使用本书的广大读者批评指正。

编　者

2024 年 2 月

目　录

第 1 章　绪论……………………………………………………………………… 1
1.1　能源现状 ………………………………………………………………… 1
1.2　新型能源材料 …………………………………………………………… 2

第 2 章　能源材料基础……………………………………………………………… 5
2.1　材料的定义、分类及基本性质…………………………………………… 5
2.2　材料的电子结构 ………………………………………………………… 6
2.3　晶体几何学基础…………………………………………………………… 11
2.4　材料组成与结构…………………………………………………………… 15
2.5　材料的电化学基础………………………………………………………… 23
思考题 ……………………………………………………………………………… 27
参考文献 …………………………………………………………………………… 27

第 3 章　储能材料和能量转化材料 ……………………………………………… 29
3.1　储能材料基础……………………………………………………………… 29
3.2　能量转化材料基础………………………………………………………… 34
思考题 ……………………………………………………………………………… 40
参考文献 …………………………………………………………………………… 41

第 4 章　锂离子电池材料 ………………………………………………………… 42
4.1　锂离子电池发展与原理…………………………………………………… 42
4.2　正极材料…………………………………………………………………… 43
4.3　负极材料…………………………………………………………………… 46
4.4　隔膜材料…………………………………………………………………… 50
4.5　电解质材料………………………………………………………………… 53
思考题 ……………………………………………………………………………… 55
参考文献 …………………………………………………………………………… 55

第 5 章　太阳能电池材料 ………………………………………………………… 56
5.1　太阳能电池概述…………………………………………………………… 56
5.2　硅基太阳能电池材料……………………………………………………… 58

5.3 薄膜太阳能电池材料 …… 60
5.4 有机太阳能电池材料 …… 63
5.5 染料敏化太阳能电池材料 …… 63
5.6 钙钛矿太阳能电池材料 …… 65
5.7 量子点敏化太阳能电池材料 …… 68
思考题 …… 71
参考文献 …… 72

第 6 章 超级电容器材料 …… 74
6.1 超级电容器概述 …… 74
6.2 超级电容器的分类及储能机理 …… 76
6.3 超级电容器的结构 …… 79
6.4 超级电容器的电极材料 …… 80
6.5 超级电容器的应用和挑战 …… 88
思考题 …… 90
参考文献 …… 90

第 7 章 储氢材料 …… 92
7.1 储氢材料概述 …… 92
7.2 金属储氢材料 …… 93
7.3 纳米储氢材料 …… 102
7.4 有机储氢材料 …… 104
7.5 储氢材料的应用 …… 105
思考题 …… 106
参考文献 …… 107

第 8 章 燃料电池材料 …… 108
8.1 燃料电池概述 …… 108
8.2 碱性燃料电池材料 …… 112
8.3 磷酸燃料电池材料 …… 113
8.4 熔融碳酸盐燃料电池材料 …… 116
8.5 固体氧化物燃料电池材料 …… 118
8.6 质子交换膜燃料电池材料 …… 127
8.7 直接甲醇燃料电池材料 …… 136
思考题 …… 140
参考文献 …… 141

第 9 章 光催化材料 …… 143
9.1 光催化和光催化原理 …… 143
9.2 纳米二氧化钛光催化剂 …… 146

9.3　新型光催化剂 …… 156
思考题…… 157
参考文献…… 158

第 10 章　新型节能照明技术与材料 …… 159
10.1　光与光源…… 159
10.2　半导体发光材料体系…… 164
10.3　白光 LED 器件 …… 168
10.4　白光 LED 用发光材料 …… 171
思考题…… 187
参考文献…… 187

第 11 章　新型节能显示材料 …… 189
11.1　图像性能…… 189
11.2　显示器性能…… 190
11.3　LCD 液晶显示材料 …… 191
11.4　OLED 显示材料…… 193
11.5　QLED 量子点发光材料 …… 202
11.6　Micro LED 微米发光材料 …… 206
思考题…… 209
参考文献…… 209

第 12 章　新型磁能材料 …… 211
12.1　磁学基础…… 211
12.2　硬磁材料…… 212
12.3　软磁材料…… 229
思考题…… 231
参考文献…… 232

第 13 章　电子信息材料 …… 233
13.1　电子信息材料概述…… 233
13.2　半导体材料…… 233
13.3　压电材料…… 242
13.4　超导材料…… 245
思考题…… 250
参考文献…… 250

第1章 绪 论

伴随着世界经济的增长，人类生存环境安全问题日益严峻。面对来自资源及生态环境的巨大压力，在实现“碳达峰、碳中和”战略目标的大背景下，绿色低碳产业的发展日益受到关注。当前，我国绿色经济在国家及各地方政府的高度重视和大力支持下实现了高速发展。绿色发展政策规划体系逐步完善健全，传统产业“去产能”工作和新兴产业培育发展进程协同推进。经过几十年的发展，围绕节能环保等战略性新兴产业和制造强国建设，与绿色低碳经济相关的新材料、新能源等高新技术产业成长迅速。新材料是先进制造业发展必不可少的保障，该领域是决定未来国家竞争力的战略性和基础性领域。在我国制造业向绿色化、可持续发展转型升级过程中，新材料绿色产品质量不断改善，新材料绿色节能工艺技术不断提升，满足了我国绿色经济发展的内在需求，发挥了其支撑和保障作用，为推动工业经济向低消耗、低碳排放转型提供了物质基础，为推动社会发展向零污染和环境友好转变提供了保障。

1.1 能源现状

当前在能源革命和数字革命双重驱动下，全球新一轮科技革命和产业变革方兴未艾。能源科技创新进入持续高度活跃期，可再生能源、非常规油气、核能、氢能、智慧能源等领域一大批新兴能源技术正以前所未有的速度加快迭代，成为全球能源向绿色低碳转型的核心驱动力，推动能源产业从资源、资本主导向技术主导转变，给世界地缘政治格局和经济社会发展带来重大且深远的影响。

随着全球一次能源需求不断增长和化石能源利用引起的环境问题日益严重，解决生态制约发展的难题成为全人类共同的责任。面对这个世界性难题，全球 77 个国家在 2019 年联合国气候变化大会上庄严承诺在 2050 年实现零碳排放的目标。与此同时，中国也将提高国家自主贡献力度，提出力争在 2030 年前使 CO_2 排放量达到峰值，并在 2060 年前实现碳中和。为推进“双碳”进程，我国立足本国国情提出了先立后破、有计划分步骤推进能源革命的策略，即在碳排放量基本稳定的地区巩固减排成果，在率先实现碳达峰的地区进一步降低碳排放量，在产业结构偏重的地区着力推动低碳绿色发展，在产业结构较轻的区域进一步减碳、固碳。

理念落地离不开技术支持，因此需要“低碳”“零碳”“负碳”技术齐头并进，一方面加强对传统能源清洁高效利用技术的研发，另一方面加快光伏、氢能等新型能源体系建设和积极推动 CO_2 捕获和转化技术发展。针对传统能源转化利用过程的高能耗、高污染排放和不可持续的问题，采用物理和化学方式提升原料品质是降低能耗的主要策略，发展加氢脱硫和烷烃异构等技术是在保证传统能源使用性能不受影响的前提下降低污染物排放量的有效手段，而劣质重油的转化利用是对传统能源的深度开发以实现有限资源最大化利用的重要途径。尤为重要的是，可持续发展的最终目标是实现可再生能源完全替代化石能源，其中氢能和太阳能是极具发展潜力的可再生能源。通过拓宽原料范围，目前已经可由可再生能源制取氢能，从有机废弃物、藻类等非食用材料中获得油脂，实现真正意义上的“零碳”发展。同时，从调控催化体系入手以提高催化效率和降低生产成本已取得较快的进展，使得这些技术极具市场竞争力。针对目前大气中 CO_2 含量高的问题，发展 CO_2 捕获和利用的“负碳”技术必不可少。目前 CO_2 转化在热催化、光催化和电催化领域都是备受关注的重点，虽然转化率和选择性有待提高，但是以优化改进催化剂为着力点推动 CO_2 转化利用呈现出诱人的前景。

煤炭、石油、天然气、核电、水电等通常被称为传统能源，中国在这些领域科技创新的基础雄厚。煤炭在中国能源结构中占据主导地位，推进煤炭科技创新一直是能源领域工作的重点。2023 年，煤炭科技创新成果集中体现为采煤硬件装备和软件平台取得重大突破。在硬件装备方面，中国煤炭科工集团在 3 月初和 8 月下旬接连推出“大国重器”：“煤科威龙”智能化矿用岩巷 ϕ3660 全断面组合式盾构掘进装备、高智能化高端采煤机 MG1250/3430-WD 系列采煤机。在软件平台方面，11 月中旬，煤炭科学研究总院深地科学院发布了国内首套数字岩石力学开放平台，融合了传统岩石力学理论和数字技术，能够支撑岩石力学基础研究、煤矿灾害工程防控等多个应用场景，推动煤炭行业数字化转型。在油气勘探开发领域，11 月 15 日，位于新疆塔里木盆地的“深地一号”跃进 3-3XC 井完钻井深达 9 432 m，刷新了亚洲陆上最深井纪录，为进军万米超深层提供重要技术和装备储备，探索形成超深层油气优快钻井技术体系，实现了从“打不成”到“打得快、打得准”的重大跨越。2023 年是中国核电技术创新成果应用丰收之年，中国自主第三代核电技术品牌“华龙一号”“国和一号”项目工程和第四代核电工程项目都迎来重要的时间节点。

风能、太阳能被认为是发展潜力巨大的新兴绿色能源，近年来在国家能源转型中扮演着日益重要的角色。2023 年，中国风能、太阳能科技创新持续推进。11 月 10 日，由东方电气集团联合中国华能集团有限公司研制的全新一代 18 MW 海上直驱风电机组下线，这是目前已下线的全球单机容量最大、叶轮直径最大的海上直驱风电机组，可抵御超强台风。11 月 3 日，由一家中国企业自主研发的晶硅-钙钛矿叠层光伏电池创下了光电转化效率新的世界纪录——33.9%，转化效率提升的同时，光伏材质也在创新。7 月 23 日，银河航天灵犀 03 卫星发射入轨，其配备的“太阳翼”带火了柔性光伏，其轻、薄、柔、可弯曲等特点决定了其拥有空前广阔的应用前景。光伏技术创新促进光伏产品性能提升、价格下降、产业应用扩大和振兴。据统计，在光伏组件全球排名前十的企业中，中国企业占 7 席。2023 年，中国光伏继续快速增长，前 10 个月，新增装机容量达 1.43×10^{11} W。到 6 月底，光伏发电累计装机规模约为 4.7×10^{11} W，超过水电成为中国装机规模第二大电源。随着新能源进入高质量发展新阶段，未来新能源将不再单纯追求规模化发展，不再以新能源发电利用率提升为唯一衡量指标，需要统筹电力系统可持续、安全、高效等目标，综合考虑政策、市场、技术、标准等因素，开展系统性研究。

1.2 新型能源材料

伴随着新时代产业绿色转型发展趋势，新材料产业产品开发越来越注重资源节约和低能源消耗，一批关键战略新材料在众多关键领域不断应用推广，耐热合金、稀土永磁材料、燃料电池材料、高性能纤维及其复合材料等众多关键核心材料被广泛应用于清洁电站、风力发电、新能源汽车、节能家电、航空航天等高新技术产业，为节能降耗、可持续的绿色经济发展注入新的活力。

先进半导体材料具有高效节能、小型化、轻量化等特点，元器件广泛应用于节能照明、新能源汽车、智能电网等重要领域。例如，半导体照明材料通过"十城万盏"及合同能源管理等重点工程及先进模式，获得了极大的推广应用。目前我国半导体照明核心器件已经实现国产化，半导体照明光效提升到90%以上，是白炽灯的20倍、节能灯的5倍，使用普及率约为50%，每年节约用电量约为3 400亿kW·h，相当于4个三峡水电站的发电量，可实现碳排放量减少2.8亿t。半导体照明产业从零起步达到超万亿元规模，形成了比较完整的从上游外延材料生长与芯片制造、中游器件封装到下游集成应用的研发与产业体系，出口的LED产品占全球LED照明市场的20%以上。

高性能膜材料以节约能源和环境友好为特征，是解决水资源、能源、环境、传统产业改造等领域重大问题的核心材料之一，属于国家重点发展的战略新兴产业。在水处理膜材料、特种分离膜材料、气体分离膜材料、离子交换膜材料等高性能膜材料方面取得了长足发展，推动了膜材料在水资源、节能减排、资源高效利用等相关行业中的应用，促进了膜行业的发展，提升了我国膜领域的科技创新能力和产业的国际竞争力，提高了高性能膜材料在社会经济发展中的贡献度。

燃料电池质子交换膜、催化剂、氢气储运等方面关键核心材料的突破，为氢能源燃料电池及氢能源汽车的推广使用提供了广阔空间。2019年全年中国氢燃料电池装机量为128.06 MW，同比增长140.49%。2019年我国共生产氢燃料电池汽车3 018辆(合格证数据)，同比增长86.41%。预计到2050年，全球氢能将占能源的18%，减排60亿t的温室气体，2.5万亿美元产值，解决3 000万人的就业问题。氢能源拥有巨大的产业链和经济带动性：从氢能源基础设施到燃料电池再到燃料电池汽车、分布式发电等氢能源应用装备，预计2030年将形成万亿级产业规模，到2050年将形成4万亿级产业规模。

锂离子电池领域的核心技术多数被欧盟、美国、日本、韩国等掌握，其中，日本最早开始生产锂离子电池，技术实力最为雄厚。与发达国家相比，我国锂离子电池中的部分新材料高端产品占比还比较低，技术含量不高，产品的附加值较低，高端材料和电池的高精度自动化装备仍需要大量进口。近年来，在国家相关部门的支持和推动下，特别是受益于我国新能源汽车和智能手机领域的快速发展，宁德时代新能源科技有限公司和比亚迪股份有限公司已成为全球动力电池的主要供应商。在电极材料方面，上海杉杉科技有限公司和贝特瑞新材料集团股份有限公司的产能规模已位于全球前列，我国的电解液和隔膜产能已占全球总产能的50%以上。

石墨烯新材料具有众多优异性能，是未来高端制造业绿色发展的重要基础材料，被称为"万能材料"和"工业味精"，其在节能环保领域具有非常广阔的应用前景和巨大的潜在市场价值。石墨烯水性防腐涂料、石墨烯散热材料、石墨烯基疏水活性炭、石墨烯润滑油等新兴材料不断涌现，在高端装备腐蚀防护、LED照明及散热、污水处理、机械工程等节能环保领域开始推广应用，并取得良好效果，一旦实现产业化应用，市场占有率将快速增大。

硅基光伏电池以硅材料为基础，主要包括单晶硅光伏电池和多晶硅光伏电池。单晶硅在硅基光伏电池中效率是最高的，在实验室中，单晶硅光伏电池的转换效率达到了 26.7%，但受到烦琐制备工艺的影响，单晶硅价格居高不下，不利于其市场推广应用。因此，研究者不得不寻找新的低成本光伏电池材料予以替代。于是，制作成本占优的多晶硅光伏电池很快进入人们的视野。目前，多晶硅光伏电池实验室最高转化效率由阿斯特公司的德国 ISFH 研究所报道，测试结果为 22.8%。然而，光伏市场实际使用的多晶硅光伏电池转化效率为 18%左右，明显低于单晶硅光伏电池，这也是阻碍多晶硅光伏电池发展的重要原因。薄膜光伏电池是继硅基光伏电池之后的新一代光伏电池，与硅基光伏电池相比薄膜光伏电池用料更少，且理论上具有更高的转化效率。在“双碳”愿景下，推广光伏建筑一体化是重要举措，而薄膜光伏电池具有半透明和柔性的特点，能够很好地满足光伏建筑的需求。

随着我国经济社会发展步入新阶段，新材料产业发展面临巨大的压力与挑战，低端产品产能普遍过剩、产业结构布局不合理、技术创新及推广应用能力不强、资源环境利用效率不足、行业绿色发展标准不完善、绿色产品评价标准缺失等问题愈发突出，许多地区与领域仍在盲目加快工业化进程，不合理的工业经济结构与粗放式的增长方式导致巨大的资源浪费和环境破坏。绿色环保问题已成为制约我国经济高质量和高速发展的根本性问题，未来资源能源和环境形势日趋严峻、气候变化、要素成本上升等压力将持续存在，仍是制约我国新材料产业发展的瓶颈。加快转型升级，走环境友好的可持续发展道路，已成为我国新材料产业转型升级和高质量发展的必然选择。

第 2 章　能源材料基础

2.1　材料的定义、分类及基本性质

材料是指具有满足在指定工作条件下使用要求的形态和物理性状的物质，是生产工具的物质基础。

世界各国注册的材料有几十万种，并不断增加。材料有多种分类方法。按状态来分，材料有气态、液态和固态三大类，工程技术中使用最普遍的是固态材料。按材料组成和结合键的性能，可将材料分为金属材料、高分子材料、无机非金属材料以及半导体材料。按照特性，可将材料分为金属材料、无机非金属材料和有机高分子材料。金属材料包括各种纯金属及其合金。塑料、合成橡胶、合成纤维等称为有机高分子材料。还有许多材料，如陶瓷、玻璃、水泥和耐火材料等，既不是金属材料，也不是有机高分子材料，人们将其统称为无机非金属材料。

2.1.1　金属材料

金属材料通常分为黑色金属材料和有色金属材料(非铁材料)两类。黑色金属材料包括钢和铸铁。钢按照化学成分分为碳素钢和合金钢；按照品质分为普通钢、优质钢和高级优质钢；按照冶炼方法分为平炉钢、转炉钢、电弧炉钢；按照用途分为建筑及工程用钢、结构钢、工具钢、特殊性能钢及专业用钢。铸铁通常分为灰铸铁、可锻铸铁、球墨铸铁、蠕墨铸铁和特殊性能铸铁等。钢铁是现代工业中的主要金属材料，在机械产品中占整个用材消耗的 60%以上。有色金属材料是指除 Fe 以外的其他金属及其合金。这些金属有 80 余种，分为轻金属(相对密度小于 4)、重金属(相对密度大于 4.5)、贵金属、类金属和稀有金属五类。工程中最重要的有色金属是 Al、Cu、Zn、Sn、Pb、Mg、Ni、Ti 及其合金。有色金属材料的消耗虽然只占金属材料总消耗的 5%，但是因为它们具有优良的导电性和导热性，同时密度小、化学性质稳定、耐热、耐腐蚀，因而在工程中占有重要地位。

金属材料的基本特性如下：

① 结合键为金属键，采用常规方法生产的金属为晶体结构；

② 金属在常温下一般为固体，熔点较高；

③ 具有金属光泽：

④ 纯金属范性强，展性、延性也强；

⑤ 强度较高；

⑥ 由于自由电子的存在，金属的导热性和导电性优；
⑦ 多数金属在空气中易被氧化。

2.1.2 无机非金属材料

无机非金属材料又称为硅酸盐材料，主要包括陶瓷、玻璃、水泥和耐火材料四类。它们的主要原料是天然的硅酸盐矿物和人工合成的氧化物及其他少数化合物。它们的生产过程与传统的陶瓷的生产过程相同，需经过原料处理→成型→煅烧三个阶段。在这四类材料中，陶瓷是最早使用的无机材料，因此无机非金属材料又常被统称为陶瓷。

无机非金属材料(以陶瓷为例)的基本特性如下：

① 结合键主要是离子键、共价键以及它们的混合键；
② 硬而脆、韧性低、抗压不抗拉、对缺陷敏感；
③ 熔点较高，具有优良的耐高温、抗氧化性能；
④ 自由电子数量少，导热性和导电性较弱；
⑤ 耐化学腐蚀性强；
⑥ 耐磨损；
⑦ 成型方式为粉末制坯、烧结成型等。

2.1.3 高分子材料

高分子化合物以 C、H、N、O 等元素为基础，由许多结构相同的小单位(链节)重复连接组成，含有成千上万个原子，分子量很大，并在某个范围内变化。

目前高分子材料(化合物)的分类方法有很多，根据来源可分为天然的和人工合成的；根据使用性质可分为塑料、橡胶、纤维、黏合剂、涂料等；根据高分子化合物的主链结构可分为碳链、杂链、元素高聚物；根据其高分子受热后的行为又可分为热塑性、热固性及热稳定性高聚物。如果按照用途，又可以分为高分子结构材料、高分子电绝缘材料、耐高温高聚物、导电高分子、高分子建筑材料、生物医用高分子材料、高分子催化剂、包装材料等。

高分子材料的基本特性如下：

① 结合键：分子链内为共价键，分子间为范德瓦耳斯键和氢键；
② 分子量大，无明显的熔点，有玻璃化转变温度、黏流温度，并有热塑性和热固性两类；
③ 力学状态有玻璃态、高弹态和黏流态，强度较高；
④ 重力小；
⑤ 具有良好的电绝缘性；
⑥ 良好的化学稳定性；
⑦ 成型方法较多。

2.2 材料的电子结构

2.2.1 原子核结构

自由原子由带正电荷的原子核和带负电荷的电子基团组成，在一定条件下原子核仅由质子和中子组成。质子的质量约为 1.673×10^{-27} kg,中子的质量约为 1.675×10^{-27} kg,质子和中子的质量约为电子的 1 800 倍。原子的半径约为 10^{-10} m。而原子核很小,其半径不超过 10^{-14} m。一个质子具有正电荷 $e=1.672\times10^{-19}$ C,该值与电子电荷相等,但符号相反。中子呈电中性。在原子内部,电子围绕原子核运动,电子数与质子数相等,故整个原子呈电中性。如果某自由原子的原子序数为 Z,则核内有 Z 个质子,带 $+Ze$ 电荷;因此核外就有 Z 个电子,带 $-Ze$ 电荷。在一定条件下,原子可以失去某些电子变为正离子,带有正电荷,也可以得到一些电子变为负离子。

中子与质子统称为核子。不同数量的中子和质子构成不同类型的原子核,称为核素。原子核内核子间的结合是非常紧的,使核子聚在一起的力称为强相互作用力或核力,比二者之间的万有引力大 40 个数量级,但作用范围却十分小,只在 10^{-15} m 范围内起作用。如果超出几个核子半径距离,核力的影响就消失了。

2.2.2　原子核外电子

2.2.2.1　电子的分布和运动

原子中电子的分布和运动是一个微观问题,需要采用量子力学方法进行研究。由海森堡不准原理可知电子在原子中的位置不能被严格确定,但是理论和实验都能精确得到电子在原子核势的作用下所处的一些特定能量状态——能级。因此对电子绕核作高速运动的描述,已放弃经典理论“轨道”的概念,而是按电子在空间各点出现的概率(电子云)来说明。

核外电子运动的波函数是一个三维空间函数,从 Ψ 随角度变化和随半径(r)变化两个方面讨论。波函数角度部分又称为原子轨道的角度分布图,径向波函数图反映了径向在任意角度下随 r 变化的情形。对电子波函数的描述是统计解释,电子在核外空间出现机会的统计结果表示电子的概率密度分布,形象地称为电子云。

我们知道波函数 Ψ 是描述核外电子在空间运动状态的数学函数式,是表示微观实物体系在一定条件下状态的形式。波函数 Ψ 本身没有明确的物理意义,但是粒子运动在某一时间某一点的波函数平方的绝对值 $|\Psi^2|$ 却有明确的物理意义,即核外空间某处出现电子的概率和波函数平方的绝对值 $|\Psi^2|$ 成正比,在微体积 dV 中发现电子的概率 dw 为:

$$dw = |\Psi^2|\, dV \tag{2-1}$$

研究指出在多电子的原子中电子的分布必须遵从以下三个基本原理:

① 泡利不相容原理。在一个原子中不可能有运动状态完全相同的 2 个电子,或者说在同一个原子中最多只能有 2 个电子处于同样能量状态的轨道上,而且这 2 个电子的自旋方向必定相反。

② 能量最低原理。核外电子处于稳定态时,电子总是按能量最低的状态分布,即从 1s 轨道开始,按照每个轨道上只能容纳 2 个自旋相反的电子这一规律,依次分布在能级较低的空轨道上,一直加到电子数等于原子的核电荷数 Z 为止。

③ 洪特规则。为了减弱电子间的排斥作用,在相同能量的轨道(也称为简并轨道)上分布的电子,将尽可能分布在不同的轨道上,而且自旋方向相同。简并轨道中半满(p^3,d^5)的原子或离子状态比较稳定就是这个规律的例子。

2.2.2.2 原子中电子的稳定性

(1) 价电子

原子的最外层为K壳层时，可容纳2个电子，L壳层可容纳8个电子，M层、N层、O层、P层均最多为8个电子时是稳定的。如果最外层的电子填满，此时这些电子或原子极为稳定，称为惰性气体。另外一些元素，如H、Li、Na、K等，最外层壳层中仅有1个电子，这个电子很容易与其他原子交换，所以这些元素是极不稳定的。当原子结合组成物质时，与物质的电导率等物理性质和化学性质最密切相关的电子是最外电子壳层中的电子。这个最外层的电子又称为价电子，是原子在形成阳离子时释放出来的电子，或参与键合的电子。

(2) 电子跃迁

不同电子壳层中的电子能级是不同的，越接近原子核的电子的能级越低，也就是说，电子越稳定，离核越远能级越高。电子可以从一个轨道或定态跳到另一个轨道或定态。能量为E_{I}(低能级)的轨道较能量为E_{II}(高能级)的轨道离核更近，由于电子是受原子核吸引的，因此电子必须吸收能量才能从轨道E_{I}跳至轨道E_{II}；反之，如果电子从E_{II}跳回E_{I}，则放出能量。玻尔认为电子从一个稳定态跳到另一个稳定态时原子所释放或吸收的能量是具有某一定频率(ν)的电磁辐射，等于一个光量子，即

$$E_{\mathrm{I}} - E_{\mathrm{II}} = h\nu \tag{2-2}$$

(3) 电离能

用其他电子轰击孤立的原子，可以把原子的一些电子打掉，从孤立原子中去除束缚最弱的电子所需要的能量称为电离能(称为第一电离能)，通常以电子伏特(eV)为单位。失去电子的原子称为正离子，电离电势的高低表明原子失去电子的难易程度。

惰性气体的电离能最高，是因为这些元素的最外电子壳层已被电子完全填满，电子之间相互作用较强。而碱金属原子(Li、Na、K等)则有最小的电离电势，其中Cs的电离能最小，仅为3.89 eV，这是因为碱金属原子比惰性气体原子的稳定电子结构多1个外层s电子，故相当容易去除这个电子。

(4) 电子亲和能

原子接受一个额外的电子通常要释放能量，所释放的能量称为电子亲和能(第一亲和能)。周期表左侧的元素(金属)和惰性气体的电子亲和能较低，而非金属的电子亲和能较高，卤素原子(F、Cl等)的电子亲和能特别高，这也许是由于它们只缺少1个电子就达到惰性气体那样的稳定电子结构。通过接受一个电子使其稳定度提高，这种情况下增加的电子来到缺少1个电子的轨道中就被牢固地保留下来。

2.2.3 原子之间相互作用和结合

自然界中单原子是不能存在的，通常都是原子结合成基团，再组成物质或材料。同种原子组成单质，异种原子组成化合物，自然界中纯单质物质是很少的，更多的是化合物。当人们掌握了各种原子相互结合的规律后就可以合成出无穷无尽的对人类有用的物质，也可以在自然界千万种化合物中提取有用的元素。

材料本身是物质，或由各种物质组成的，物质都是由原子或分子结合而成的。不论什么物质，其原子结合成分子或固体的力(结合力)从本质上讲都起源于原子核和电子间的库仑力。要计算结合力，就要知道外层电子(价电子)围绕各原子核的分布情况。根据电子围绕

原子的分布方式，可以将结合键分为五类，即离子键、金属键、共价键、范德瓦耳斯键和氢键。虽然不同键对应不同的电子交换及分布方式，但它们都满足一个共同条件，即键合后各原子的外层电子结构要成为稳定结构，也就是惰性气体原子的外层电子结构，如$(1s)^2$、$(ns)^2(np)^6$和$[(n-1)d]^{10}(ns)^2(np)^6$。由于“八电子层”结构$(ns)^2(np)^6$是最普遍、最常见的稳定电子结构，因此可以说，不同的结合键代表实现八电子层结构的不同方式。其结合方式有两大类型，即基本键合和派生键合。基本键合包括离子键、共价键、金属键，派生键合包括分子极化、分散效应、氢键。

2.2.3.1　基本键合(化学键)

有一些物质，如氧化钠、硅和铜，有很高的熔点，这表明它们在固态下有很强的键合，这三种材料属于三类主要化学键的例子，即离子键(NaCl)、共价键(Si)和金属键(Cu)。在这三类结合中，都存在价电子的交换。

(1) 离子键

离子键是由原子释放出最外层的电子变成带正电荷的原子(正离子)，与接收其放出的电子变成带负电荷的原子(负离子)相互之间的吸引作用(库仑引力)所形成的一种键合。随着正、负离子相互充分接近，离子的电子云互相排斥，当吸引和排斥作用相等时则形成稳定的离子键，离子键没有方向性和饱和性。典型的金属元素与非金属元素就是通过离子键化合的，此时发生电子交换，金属原子的部分外层价电子完全转移到非金属原子的外层，因而形成外层都是八电子层的金属正离子和非金属负离子，正负离子通过库仑引力结合成离子型化合物(或离子晶体)。

离子化合物是电中性的，典型的离子化合物有 NaCl、$MgCl_2$ 等。静电引力使得任意原子都同邻接的所有其他原子相互作用构成一个整体。例如 Na 与 Cl 结合时，Na 释放出最外层的 1 个电子变成稳定的带有 1 个正电荷的正离子。Cl 最外层有 7 个电子，收容 Na 放出的 1 个电子之后有 8 个电子而达到稳定，Cl 成为带 1 个负电荷的负离子。正负离子互相吸引达到静力平衡，Na^+ 与 Cl^- 配位，形成立方体结构(图 2-1)。

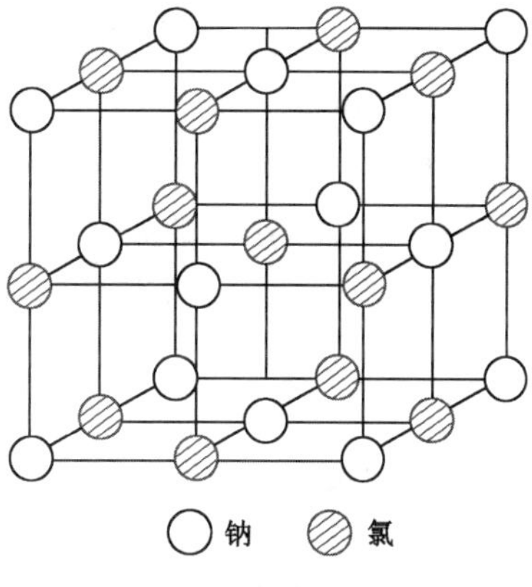

图 2-1　NaCl 晶体中的离子排列

(2) 共价键

共价键是两个原子共有最外层电子的键合，共价键既有饱和性，又有方向性。周期表中同族非金属元素的原子通过共价键形成分子或晶体。典型的例子有 H_2、O_2、F_2、金刚石、SiC 等。此外，碳-氢有机化合物也是通过共价键结合的。在这些情况下，原子间不可能通过电子的转移使每个原子外层成为稳定的八电子层(或 $1s^2$)结构。然而，相邻原子通过共用一对或几对价电子(电子云重叠)，却可以使各原子的外层电子结构都成为稳定的八电子层(或 $1s^2$)结构。例如，形成氢分子时两个氢原子都通过共用一对电子获得 $1s^2$ 的稳定外层结构。同样，两个氧原子通过共用两对价电子获得八电子层的稳定结构，形成稳定的氧分子。在金刚石晶体中，每个碳原子贡献出 4 个价电子，和 4 个相邻的碳原子共用，因而每个碳原子的外层形成八电子层稳定结构。

单质分子（O_2、N_2、F_2等）共价键结合时是 p 电子共用。氟原子（$1s^2 2s^2 2p^5$）要达到稳定的八电子构型电子排布只缺少 1 个电子，氟分子形成共价单键；而氧分子（O_2）和氮分子（N_2）分别为双重键和三重键，这是由氧原子的电子结构（$1s^2 2s^2 2p^4$）和氮原子的电子结构（$1s^2 2s^2 2p^3$）所决定的。

异类原子结合成共价键分子时，参加键合的原子各贡献 1 个电子形成价电子对，如水（H_2O）、氟化氢（HF）、气体氨（NH_3）、甲烷（CH_4）的分子结构。另一类共价键称为配位共价键。此时，2 个共用电子仅由键合原子之一单独提供，如 H^+ 与 NH_3结合成铵离子时就形成配位共价键。

（3）金属键

金属原子的外层价电子数比较少（通常 s、p 价电子数少于 4），而金属晶体结构的配位数却很高（高于 6），因此金属晶体中各原子不可能通过电子转移或共用电子而达到八电子层稳定结构。金属晶体中各原子的结合方式是通过金属键，即各原子都贡献其价电子而变成外层为八电子层的金属正离子。所有贡献出来的价电子则在整个晶体内自由运动，故称为自由电子。金属晶体的结合力就是价电子集体（也称为自由电子气）与金属正离子间的静电引力，有人形象地将自由电子气比作“黏结剂”，它将金属正离子牢牢地粘在一起，金属键合是通过游离电子用库仑引力将原子结合到一起的键合。

2.2.3.2 派生键合

派生键合，又称为物理键键合或次价键合，主要有范德瓦耳斯键键合、氢键键合等。物理键的大小直接影响物质的许多物理化学性质，如熔点、沸点、溶解度、表面吸附等。

（1）范德瓦耳斯键

范德瓦耳斯键又称为分子键，是电中性的原子或分子之间的非化学键长程作用力。原子或分子间的偶极相互作用是范德瓦耳斯键键合的重要形式，所有惰性气体原子在低温下就是通过范德瓦耳斯力结合成晶体的。N_2、O_2、CO_2、Cl_2、Br_2、I_2等由共价键结合而成的双原子分子低温时就存在范德瓦耳斯力。正是此种范德瓦耳斯力使分子结合成分子晶体，分子的名称由此而来。

范德瓦耳斯力按形成原因和特性可分为取向力、诱导力和色散力。

① 取向力

取向力为极性分子永久偶极之间的静电相互作用所产生的引力，其本质是静电引力，作用能为 12～21 kJ/mol。取向力与分子的偶极距的平方成正比，即分子的极性越大，取向力越大；与绝对温度成反比，温度越高，取向力越小；与分子间距离的 6 次方成反比，随分子间距离增大，取向力迅速减小。

② 诱导力

诱导偶极与固有偶极之间的作用力称为诱导力，其作用能为 6～12 kJ/mol。这种作用力存在于极性分子与非极性分子之间和极性分子与极性分子之间。当极性分子与非极性分子同时存在时，由于极性分子偶极所产生的电场对非极性分子的影响，其电子云变形，即电子云被吸向极性分子偶极的正端，导致非极性分子的电子云与电荷平衡中心或原子核发生相对位移，致使原非极性分子中重合的正负电荷重心变得不重合了，从而产生偶极。这种电荷重心的相互移动称为变形，因变形产生的偶极称为诱导偶极，以区别于极性分子中原有的固有偶极。

③ 色散力

色散力可看作电中性原子或非极性分子的瞬时偶极矩相互作用的结果。如果将核外电子的分布（或电子云的密度）看成不随时间改变的固定分布，那么电中性原子的正电荷中心和负电荷中心在任何时刻都应该重合，因而不可能对其他原子或电子有静电引力。然而，实际上核外电子是在不断运动的，因而电子云的密度随时变化。在每个瞬间，负电荷中心并不与正电荷中心重合，这样就形成瞬时电偶极矩，产生瞬时电场。这样相邻原子间因瞬时感应电场的交互作用而使原子间产生静电引力。色散力存在于一切极性的与非极性的分子中，是范德瓦耳斯力中最普遍、最主要的一种力。

范德瓦耳斯力（分子间力）是决定物质的沸点、熔点、汽化热、熔化热、溶解度和表面张力等物理化学性质参数的重要因素。与化学键相比，分子间相互作用能通常很小，数量级为 10 kJ/mol，作用力的范围为$(3\sim5)\times10^{-10}$ m，没有方向性和饱和性。范德瓦耳斯力普遍存在于气体及分子性固体和液体之中，尽管这种引力非常小，但是在由长链大分子构成的聚合物材料中却具有十分重要的作用。

(2) 氢键

氢键的键能一般低于 41.8 kJ/mol，比范德瓦耳斯键强得多，但是比化学键弱。在 HF、H_2O、NH_3等物质中，分子内都是通过极性共价键结合的，而分子之间则是通过氢键连接的。形成氢键必须满足以下两个条件：① 分子中必须含氢；② 另一个元素必须是电负性很强的非金属元素，这样才能形成极性分子，同时形成一个裸露的质子。因分子有确定的几何形状，氢键结合是方向性的。

2.3　晶体几何学基础

自然界物质中晶体是非常广泛的存在形式。固体物质绝大多数是晶体，气体、液体和非晶物质在一定条件下也可以转变成晶体。晶体是由原子（或离子、分子）在空间中周期性长成有序排列的固体物质。晶体中，原子（或离子、分子）按照一定的方式进行周期性排列，即按照一定的间距及方位重复有序地出现于较长尺度空间，且这种排列具有三维空间的周期性。几乎所有金属、大部分陶瓷以及一些聚合物在其凝固时都要发生结晶，从而形成有序排列的晶体。结构简单、规整性高、相互作用力强的组分易结晶。在固体物质中有些是非晶体，如玻璃、塑料和松香等，在其内部原子像液体那样杂乱无章地分布，基本没有周期性排列的规律，可以看作过冷液体，称为玻璃体或非晶态物质。

晶体的周期性结构使晶体具有下列共同性质：确定的熔点；自发形成规则多面体外形的能力；稳定性强（晶体中的化学成分处于热力学上的能量最低状态）；各向异性（在晶体中不同方向上呈现不同的物理性质）；均匀性（同一晶体各部分的宏观性质相同）。所以晶体是一种均匀而各向异性的结构稳定的固体。晶体的均匀性来源于晶体中原子周期排布，因其周期很小，宏观观察分辨不出微观的不连续性。气体、液体和玻璃体也具有均匀性，那是由于原子杂乱无章地分布，其均匀性来源于原子分布符合统计规律。

2.3.1 晶体的对称元素

对称性是自然界中许多事物的基本属性之一。生长良好的晶体的外形常呈某种对称性，例如雪花晶体的外貌显示出其很好的宏观对称性。晶体外形的宏观对称性是其内部晶体结构微观对称性的外在表现。

每一个对称形体都有一组相应的对称元素，组成对称元素系，因此可按照晶体所具有的对称元素系对晶体进行分类，以便了解晶体的结构和性质。对称是指相同部分的有规律重复。不改变其任两点之间距离的操作而能完全复原的图形即对称图形；能使图形自身重合复原的操作称为对称操作；一组对称操作依据的不动的点、线、面称为对称元素。

2.3.2 空间点阵

晶体内的原子、离子、分子在三维空间中做规则排列，这个规则指的是相同的部分具有直线周期平移的特点。为了概括晶体结构的周期性，人们提出了空间点阵学说。空间点阵学说认为一个理想晶体由完全相同的称作基元的结构单元在空间中无限重复而构成。基元可以是原子、离子、分子或原子基团，同一晶体中的所有基元是等同的，即它们的组成、位形和取向都是相同的。因此，晶体的内部结构可抽象为由一些相同的几何点在空间中做周期性的无限分布，几何点可以代表基元的某个相同位置，这些几何点的总体就称为空间点阵，简称点阵。

为了简明描述晶体中微粒的空间排列，引入空间点阵概念。可见，空间点阵是实际晶体结构的数学抽象，是一种空间几何构图。它突出了晶体结构中微粒排列的周期性这个基本特点。因此，在谈及晶体结构时离不开空间点阵，但是只有点阵而无构成晶体的物理实体微粒——基元，则不会成为晶体。在讨论晶体时二者缺一不可，显然可得到如下逻辑关系：点阵＋基元＝晶体结构图。此处的基元是指构成晶体的重复出现的原子、离子、分子或原子基团。

2.3.3 晶胞、晶系和空间点阵形式

按照晶体内部结构的周期性，划分出一个个大小和形状完全一样的平行六面体，以代表晶体结构的基本重复单位，称为晶胞。整个晶体可看成晶胞在三维空间中周期性地重复排列堆砌而成的。晶胞一定是一个平行六面体，但三条边的长度不一定相等，也不一定互相垂直。晶胞的形状和大小由晶体的结构决定。平行六面体的划分方式当然可以有多种，但是在实际确定晶胞时是按照一定原则进行的：一是尽可能反映晶体内部结构的对称性；二是尽可能选取对称性高的素晶胞（仅含 1 个阵点）。由于晶胞是晶体内部结构的基本重复单位，因此研究晶体结构只要了解晶胞的两个基本要素就可以知道整个晶体的空间结构了。一个要素是晶胞的大小和形状，另一个要素是晶胞内部各个原子的坐标位置。

晶胞的形状和大小由晶体空间点阵中 3 个不相平行的单位矢量 $\boldsymbol{a}$、$\boldsymbol{b}$、$\boldsymbol{c}$ 及棱间夹角 α、β、γ 来表示，这 6 个参数通常称为晶格常数。

晶胞的类型一共有 7 种，分别和 7 个晶系对应。每个晶系有其特征对称元素，按照其特征对称元素的差异和有无，可沿表 2-1 中从上到下的顺序划分晶系，并根据特征对称元素选择晶体的坐标轴 x 轴、y 轴、z 轴，它们分别和单位矢量 $\boldsymbol{a}$、$\boldsymbol{b}$、$\boldsymbol{c}$ 平行。

表 2-1　晶系的划分和选轴的方法

晶系	特征对称元素	晶胞类型	选择晶轴的方法
立方	4 个按立方体的对角线取向的三重对称轴	$a=b=c$, $\alpha=\beta=\gamma=90°$	4 个三重轴和立方体的 4 个对角线平行，立方体的 3 个互相垂直的边即 a,b,c 的方向
六方	六重对称轴	$a=b\neq c$, $\alpha=\beta=90°,\gamma=120°$	c 平行于六重轴，a,b 平行于二重轴，或垂直于对称面，或垂直于 c 的恰当的晶棱
四方	四重对称轴	$a=b\neq c$, $\alpha=\beta=\gamma=90°$	c 平行于四重轴，a,b 平行于二重轴，或垂直于对称面，或垂直于 c 的恰当的晶棱
三方	三重对称轴	菱面体晶胞： $a=b=c$, $\alpha=\beta=90°,\gamma=120°$	a,b,c 选 3 个与三重轴交成等角的晶棱
		六方晶胞： $a=b\neq c$, $\alpha=\beta=\gamma<120°\neq 90°$	c 平行于三重点，a,b 平行于二重轴，或垂直于对称面，或选垂直于 c 的恰当的晶棱
正交	2 个互相垂直的对称面或 3 个互相垂直的二重对称轴	$a\neq b\neq c$, $\alpha=\beta=\gamma=90°$	a,b,c 平行于二重轴或垂直于对称面
单斜	二重对称轴或对称面	$a\neq b\neq c$, $\alpha=\gamma=90°\neq\beta$	b 平行于二重轴或垂直于对称面，a,c 垂直于 b 轴的晶棱
三斜		$a\neq b\neq c$, $\alpha\neq\beta\neq\gamma\neq 90°$	a,b,c 选 3 个不共面的晶棱

在空间点阵结构中，必可划出和 7 个晶系相当的平行六面体晶胞单位，但结果是：有的晶胞只含 1 个点阵点，这样的晶胞即素晶胞；有的晶胞含 2 个或 2 个以上的点阵点才能符合表 2-1 规定的对晶胞的要求，这样的晶胞为复晶胞。

2.3.4　晶体的类型

按照键合的种类，可以将晶体划分为金属晶体、离子晶体、共价晶体和分子晶体四大类。

(1) 金属晶体

金属呈固态时一般都是晶体。由于金属键无方向性，因而其能量最低的结构是每个原子的周围都有尽可能多的原子。一个原子最邻近的、等距离的原子数称为配位数。金属结构的配位数高，结构紧密。如果把原子视为刚性的均匀小球，它们组成密堆积的结构。最常见的金属结构有面心立方(FCC)、体心立方(BCC)、密排六方(HCP)三种(图 2-2)。

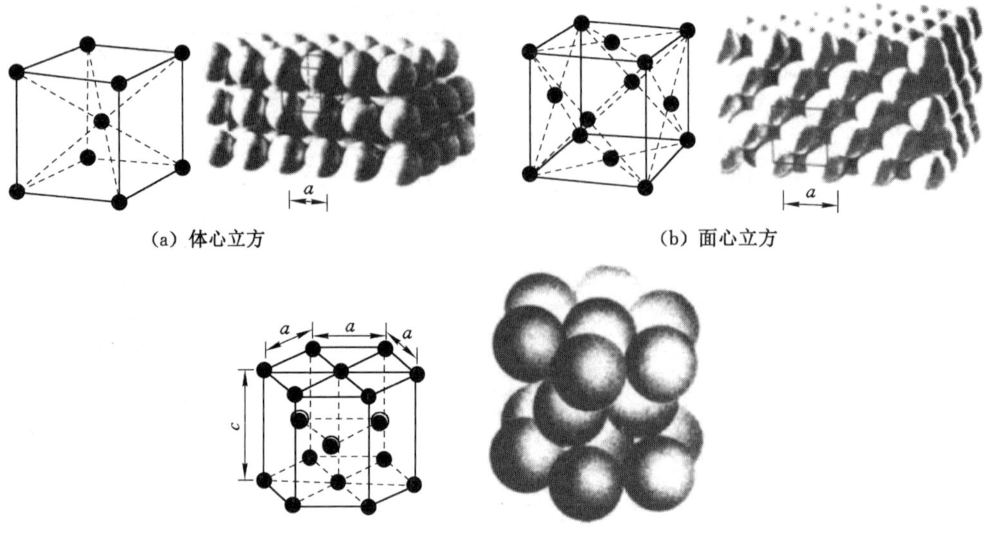

(a) 体心立方　(b) 面心立方

(c) 密排六方

图 2-2　典型金属晶体结构(最密排面用阴影面表示)

(2) 离子晶体

由于离子键不具有方向性和饱和性,有利于离子在空间中进行密堆积,因此离子晶体的堆积形式主要取决于电荷数和相对大小。

正负离子在空间中堆积时,每个正离子都倾向于有尽可能多的负离子包围它。正负离子的密堆积条件是负离子之间不接触,负离子与中心正离子相互接触。离子晶体的结构可以看作众多正离子在空间中无限延伸排布构成离子晶体的空间点阵,以任意正离子为中心,多个负离子在其周围形成负离子配位多面体(离子周围最邻近的反号离子数也称为配位数)。正离子在空间中的无限延伸就构成了离子晶体的空间点阵。负离子配位多面体的形状(离子的配位形式)决定了离子晶体的空间构型。

(3) 共价晶体

由于共价键具有严格的方向性和饱和性,一个特定原子的最邻近原子数是有限制的,并且这些原子只能在特定的方向上与该原子进行键合。因此,共价晶体中原子在空间中的排布达不到密堆积程度。

共价晶体多数由周期表中右侧ⅣA、ⅤA、ⅥA 族元素组成,其特点是每个原子都趋于享有 8 个电子,能与邻近的原子形成稳定的共价键合。每个第 N 族的非金属元素的原子可以提供 $8-N$ 个价电子与 $8-N$ 个邻近的原子形成 $8-N$ 个共价(单)键。因此共价晶体结构服从 $8-N$ 法则,即结构中每个原子都有 $8-N$ 个最近邻的原子。严格来讲,只有ⅣA 族元素间完全由共价键构成三维空间的晶体结构;ⅥA 族碲链间和ⅤA 族砷层状间不是共价键合,而是范德瓦耳斯键合,并非完全的共价晶体。

(4) 分子晶体

分子晶体的基本组元是分子而不是原子,是分子间通过范德瓦耳斯键和氢键等物理相互作用形成的晶体结构。由于范德瓦耳斯键合没有方向性和饱和性,分子晶体都有形成密堆积趋势。但是,一般共价分子都有一定的非球形几何形状,故在堆积成晶体时,虽然存在尽量减少空隙的趋势，但是实际的堆积仍然不能像球形的原子或离子堆积那么紧密，所以多数分子晶体，特别是有机化合物晶体的堆砌密度都比较低。极性分子永久偶极之间的静电相互作用，会进一步限制晶体中分子的堆砌方式。由于氢键具有饱和性和方向性，因此存在氢键的分子晶体的堆砌密度最低。

(5) 多晶型

如果某化合物存在两种或两种以上不同的晶体结构形式，则称该化合物存在多晶型现象。多晶型现象在自然界中很普遍，当外界条件变化时，晶体结构形式可能发生改变。碳、硅、金属的单质，硫化锌，氧化铁，二氧化硅以及其他很多物质均有这个现象。例如铁在 906～1 401 ℃范围内为面心立方结构，而超出这个范围则为体心立方结构。碳在自然界中存在金刚石和石墨两种晶型，从热力学观点来说，在一定条件下一种是稳定的晶型，另一种是介稳的晶型。它们之间虽然存在晶型的变化，但是由于其变化很缓慢，一旦某种晶型形成，可以在自然界中以地质年代存在。

(6) 液晶

一些分子晶体受热熔融或被溶剂溶解之后，表观上虽然失去了固态物质的刚性，变成具有流动性的液态物质，但结构上仍保持着一维或二维有序排列，从而在物理性质上呈现各向异性，形成一种兼有部分晶体和液体性质的过渡状态，这种中间状态称为液晶相，又称为中间相，处于这种状态下的物质称为液晶，又称为中间物。几何形状各向异性较大的分子形成的晶体在加热至完全熔融的过程中，由于位置有序或取向有序的变化，形成不同的结构。在加热过程中，当晶体失去位置有序时，即转变为具有取向有序的液晶结构，进一步加热失去取向有序后转化为清亮的各向同性的液体。

2.4　材料组成与结构

材料的组成是指构成材料的基本单元的成分及数量，材料的结构是指材料的组成单元(即原子或分子)之间相互吸引和相互排斥作用达到平衡时在空间中的几何排列，包括构成材料的原子的电子结构(决定化学键的类型)、分子的化学结构和聚集态结构(决定材料的基本类型及材料组成相的结构)以及材料的显微组织结构(组成材料的各相的形态、大小、数量和分布等)。

2.4.1　金属材料的组成与结构

2.4.1.1　金属材料的组成

由金属元素或以金属元素为主要成分的具有一般金属特性的材料称为金属材料。

(1) 金属原子的结构

组成金属材料的主要元素是金属元素，其原子结构具有区别于其他元素的一些共性，即外层电子较少，这个共性决定了金属原子间结合键的特点，而结合键的特点又在一定程度上决定了内部原子集合体的结构特征。金属原子结构中最外层电子数很少，极易失去电子而处于电子层结构稳定的正离子状态；非金属原子的最外层电子数较多，易于取得电子而处于稳定结构的负离子状态。

最典型的金属只有 1 个价电子，如碱金属、铜、银和金等。但是在金属材料中，过渡族金属更具有广泛的应用意义。这一类元素的原子结构由于受其内层电子屏蔽效应的作用，ns 层电子能量低于 $(n-1)$d 层的，从而使 d 层电子数处于 1～10 之间未填满的状态。

(2) 金属键

当金属原子凝聚形成晶体时，其结合键称为金属键。金属原子中全部或部分外层的价电子脱离原来的原子，为整个体系所共有，这种公有化的电子称为自由电子；失去价电子的原子形成正离子，正离子和部分中性原子按一定的几何规则排列起来，并在固定的点上做热振动。因此，金属键的键合是靠公有化的自由电子与离子间的静电引力而实现的。

2.4.1.2 金属的晶体结构

金属固态时一般都是晶体。在已知的 80 余种金属元素中，除少数十几种金属具有复杂的晶体结构以外，大多数金属都具有比较简单的晶体结构。其中，最典型、最常见的金属晶体结构有三种，即体心立方晶格、面心立方晶格和密排六方晶格。随着温度的变化，部分金属的晶体结构会发生同素异构转变。

(1) 体心立方晶格

体心立方晶格的晶胞如图 2-3 所示。晶格常数即六面体的各边长 $a=b=c$，六面体的各面夹角 $\alpha=\beta=\gamma=90°$，因此，它是一个立方体，用常数 a 表示其晶格常数。

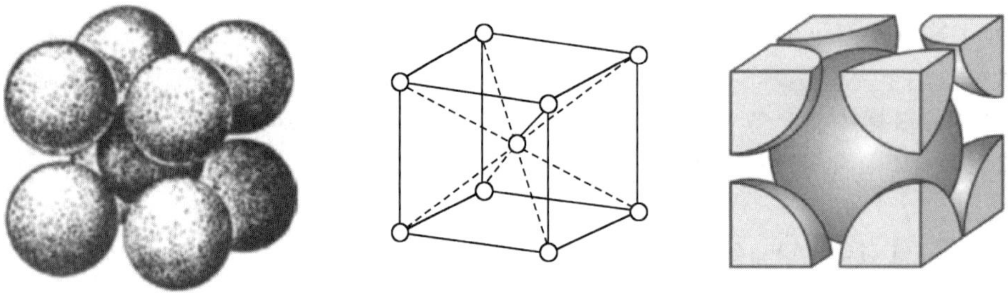

(a) 刚球模型　　(b) 质点模型　　(c) 晶胞原子数

图 2-3　体心立方晶胞示意图

在体心立方晶胞中，8 个角上各有 1 个原子，每个原子为附近 8 个晶胞所共有，对每一个晶胞而言，它只占有 1/8 个原子；在晶胞的中心有 1 个原子，此原子完全属于该晶胞。这样，体心立方晶胞中的原子数有 $(1/8)\times8+1=2$ 个。

具有体心立方结构的金属有 α-Fe、Cr、V、Mo、Nb、W 等，共约 30 种。它们一般具有较高强度、硬度和熔点，但塑性和韧性较差。

(2) 面心立方晶格

面心立方晶格的晶胞如图 2-4 所示。其晶格常数 $a=b=c$，$\alpha=\beta=\gamma=90°$，它也是一个立方体，用常数 a 表示晶格常数。

在面心立方晶胞中，8 个角上各有 1 个原子，每个原子为附近 8 个晶胞所共有(1/8)；在 6 个面的中心处各有 1 个原子，每个原子分别属于两个晶胞(1/2)。因此，1 个晶胞的原子数为 $(1/8)\times8+(1/2)\times6=4$ 个。

具有面心立方结构的金属有 γ-Fe、Cu、Al、Ag、Au、Ni、β-Co、V-Mn 等。它们一般具有良好的塑性和韧性。

(3) 密排六方晶格

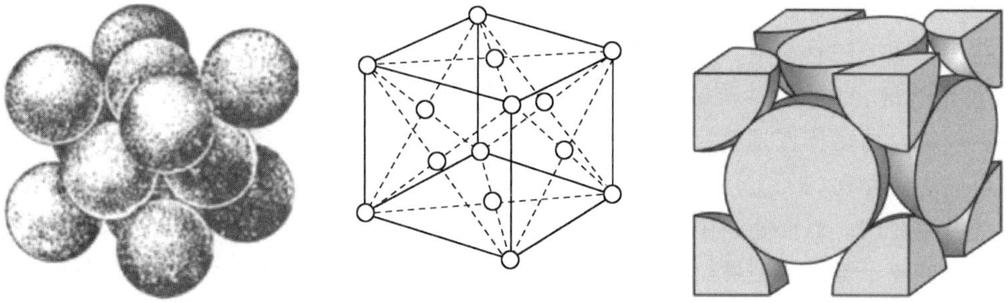

(a) 刚球模型　　(b) 质点模型　　(c) 晶胞原子数

图 2-4　面心立方晶胞示意图

密排六方晶格的晶胞如图 2-5 所示。它由 2 个简单的六方晶胞从相反方向穿插而成，其形状为八面体，上下两个底面呈六角形，6 个侧面为长方形。密排六方晶格的晶格常数有两个：一个是正六边形底面的边长 a，另一个是上下底面的距离（晶胞高度）c。

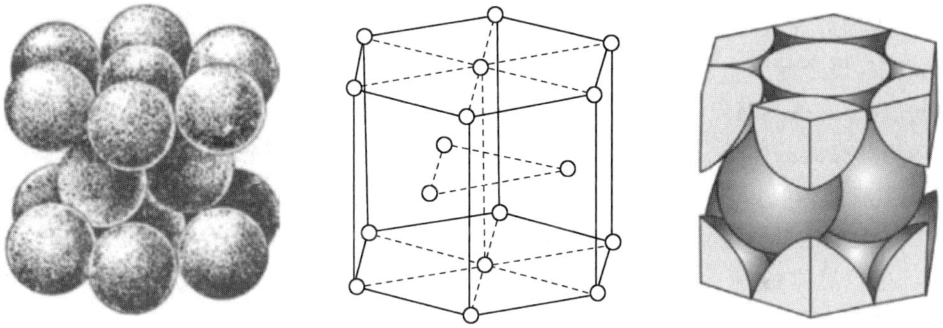

(a) 刚球模型　　(b) 质点模型　　(c) 晶胞原子数

图 2-5　密排六方结构晶胞示意图

具有密排六方结构的金属有 Co、Mg、Ti、Zn 等，其强度低，塑性和韧性差。

2.4.2　无机非金属材料的组成与结构

2.4.2.1　无机非金属材料的组成与结合键

(1) 无机非金属材料的组成

无机非金属材料的种类最多，覆盖面最广。从其化学组成来讲，有机化合物、金属和金属合金以外的物质所构成的材料均属于无机非金属材料。

自 20 世纪 40 年代以来，随着材料科学与工程的发展，无机非金属材料的范畴不断扩大，涌现出一系列高性能先进无机非金属材料，包括结构陶瓷、复合材料、功能陶瓷、半导体材料、新型玻璃、非晶态材料和人工晶体等。这些无机新材料的出现极大地推动了科学技术的进步，促进了人类社会的发展。在化学组成上，无机非金属材料已不局限于硅酸盐，还包括其他含氨酸盐、氧化物、氮化物、碳与碳化物、硼化物、氟化物、硫系化合物、硅、锗、Ⅲ-Ⅴ族化合物和Ⅱ-Ⅵ族化合物等。无机非金属材料的形态和形状也趋于多样化，超微粉体、单晶和非晶材料、纤维、晶须、薄膜、复合材料等占有越来越重要的地位。

(2) 无机非金属材料中的键合

在无机非金属材料中，经常出现的键合形式为离子键、共价键、氢键、范德瓦耳斯键及离子-共价混合键、离子键-共价键-范德瓦耳斯键混合键等，在种类繁多的无机矿物中，混合键的存在及键合的多样性是其显著特征。

自然界中存在的无机化合物中很多氧化物、氮化物、碳化物、硫化物和卤化物都是以离子键键合存在的。然而完全由离子键键合的晶体极少，多数情况下为混合键合，只是上述晶体中存在的离子键键合程度较高。例如，氯化钠晶体为典型的离子键键合晶体，其中氯原子与钠原子在键合时分别发生电子得失形成带负电的氯离子和带正电的钠离子，在空间内分别形成面心立方的氯离子点阵和面心立方的钠离子点阵，相互错位$\frac{1}{2}(a+b+c)$，在空间相错穿插，依靠离子间静电引力键合而形成氧化钠离子晶体。

共价晶体即原子晶体。许多具有 3 价或 3 价以上的元素，其形成晶体主要依靠共用电子所产生的力。共价键的特征是具有严格的方向性和饱和性，原子在空间中的排布达不到密堆积程度，因此，共价晶体通常具有较高的硬度、较低的密度和弱导电性。例如，ⅣB 族的原子在以共价键成键时应该具有 4 个与之键合的邻近原子，其中单晶硅的键合最具代表性。在单晶硅中，每个硅原子以自旋相反的电子对分别与 4 个最邻近的硅原子键合，硅原子的空间排列方式由这些具有方向性的共价键网络所决定。同属ⅣB 族的 C(金刚石结构)、Ge、Sn 的晶体，均具有硅晶体的立方结构模式，通常以金刚石立方结构进行命名。ⅤB 族的 As、Sb、Bi 等生成晶体时，每个原子与 3 个其他原子共价键键合，由于孤对电子的存在，键角小于 120°，形成带皱褶的层状结构，层内是强共价键键合，而层间的键合较弱。ⅥB 族元素 S、Se、Te 等生成晶体时，每个原子与 2 个邻近原子共价键键合，在空间内形成有规律的排列，靠范德瓦耳斯键结合在一起。

2.4.2.2 无机非金属材料中的简单晶体结构

无机非金属材料是由除有机化合物、金属单质与合金外的物质所构成的材料，属于此范畴的物质种类繁多，形式各异。从其结构中基本粒子间的键合来讲，包含离子键、共价键、氢键和范德瓦耳斯键；而从其晶体结构中基本粒子的空间排布来看，则涉及晶体结构中所有 7 个晶系。

在构成无机非金属材料的众多物质中，除少数单质外，绝大多数无机化合物由两种或两种以上元素组成。因此，在无机非金属材料的晶体结构中，除涉及晶体结构的 7 个基本晶系外，还包括不同质点空间点阵的相互嵌合，这将使无机非金属材料的晶体结构趋于复杂化。

(1) 单晶硅

单晶硅属于立方晶系，为典型的共价晶体。硅原子的外层电子分布为 $3s^2 3p^2$，键合形成晶体时硅的外层电子发生 sp^3 杂化，形成 4 个相同的 sp^3 杂化轨道，分别与 4 个最邻近的硅原子以共价键键合，故其配位数为 4，键角为 109°20′，在空间中形成立方结构。单晶硅的晶胞结构示于图 2-6 中，晶胞中的原子数为 8，其中有 $8\times\frac{1}{8}$ 个原子位于立方体的 8 个顶角，$6\times\frac{1}{2}$ 个原子位于立方体 6 个面的中心，另有 4 个原子位于立方体内彼此不相邻的四面体间隙。

(2) 氟化钙晶体

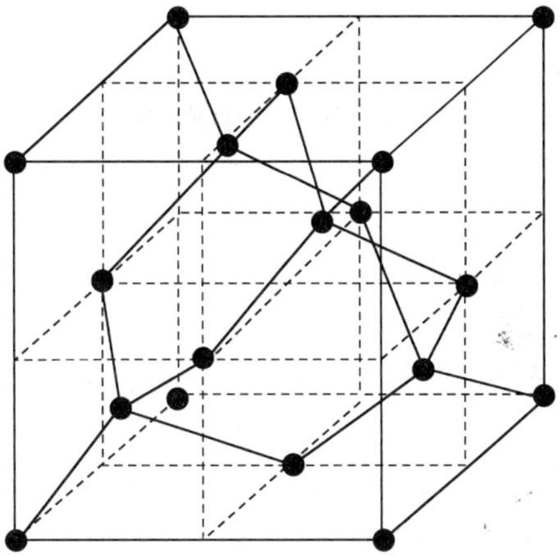

图 2-6　单晶硅的晶胞结构

氟化钙(CaF_2)晶体属于立方晶系，为典型的 AX_2 型离子晶体，即正离子的电荷量是负离子的 2 倍，晶胞中负离子的数量是正离子的 2 倍。CaF_2 的正负离子半径比为 0.8，晶体中钙离子的配位数为 8，呈立方体晶系。图 2-7 所示是 CaF_2 的晶胞结构，该晶胞由 8 个小的简单立方晶胞组成，F^- 位于顶角。然而由于电荷平衡的要求，只是在其中 4 个彼此不相邻的简单立方晶胞的体心位置处有 Ca^{2+}。UO_2、PuO_2、ThO_2 等化合物具有与 CaF_2 类似的晶胞结构。

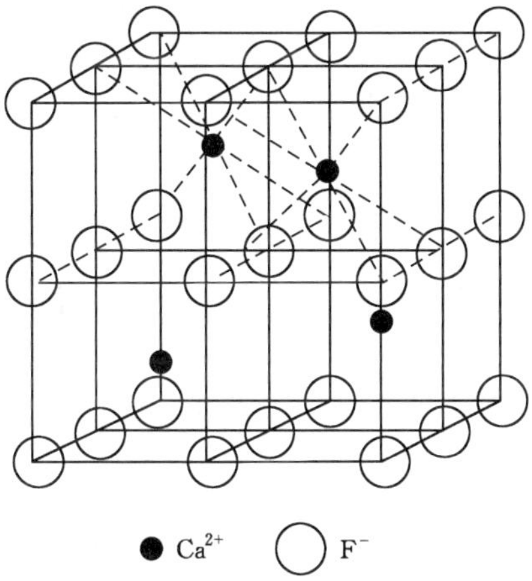

图 2-7　CaF_2 的晶胞结构

2.4.3　高分子材料的组成与结构

2.4.3.1　高分子材料的组成与结构的基本特征

高分子的化学组成与结构单元一般较简单，但是由于高分子由若干个结构单元以共价键键合的方式构成，且高分子中包含的结构单元可能不止一种，每一种结构单元又可能具有不同构型，多个结构单元连接起来时还可能有不同的键合方式与序列，再加上高分子具有结构不均一性及结晶非完整性，因此高分子结构非常复杂。较之金属材料和无机非金属材料，高分子材料的组成和结构具有如下特征。

(1) 平均分子量大及存在分子量分布

对于低分子化合物，其相对分子质量为一个明确的数值，且每个分子的分子量相同，例如水(H_2O)分子量为 18，乙烯($CH_2{=}CH_2$)分子量为 28，葡萄糖($C_6H_{12}O_6$)的分子量为 180。但对于高分子化合物，情况则比较复杂。由于每一根高分子链都由许多结构单元重复连接而成，且形成高分子链的过程比较复杂，各高分子链的结构单元数目并不完全相同，因此导致其分子量不像低分子化合物那样完全确定。单根高分子链中的结构单元数目称为聚合度，聚合度与结构单元的分子量的乘积即该高分子链的分子量，聚合度越大，分子链越长，分子量也越大。聚合物的平均分子量是对不同高分子分子量进行统计所得平均值。按聚合物中各级分的分子数统计平均，叫"数均分子量"；按聚合物中各级分的质量平均，得到"重均分子量"。与一般低分子化合物的分子量相比，聚合物的平均分子量可达 $10^4 \sim 10^7$，甚至更高。高分子材料的这种由分子量不同的同系高分子链聚集而成的特性称为高分子材料的多分散性。这种多分散性用分子量分布宽度表示。分子量分布宽表示高分子大小很不均匀，分子量分布窄表示高分子的大小较均一。

(2) 具有多种形态

高分子材料的形态主要取决于高分子链的形态。根据构成单元的结构，高分子链可以为线型、支链型，也可以是网状的或体型，由此赋予高分子材料各种各样独特的结构形态。图 2-8 是高分子链的几何形状示意图。

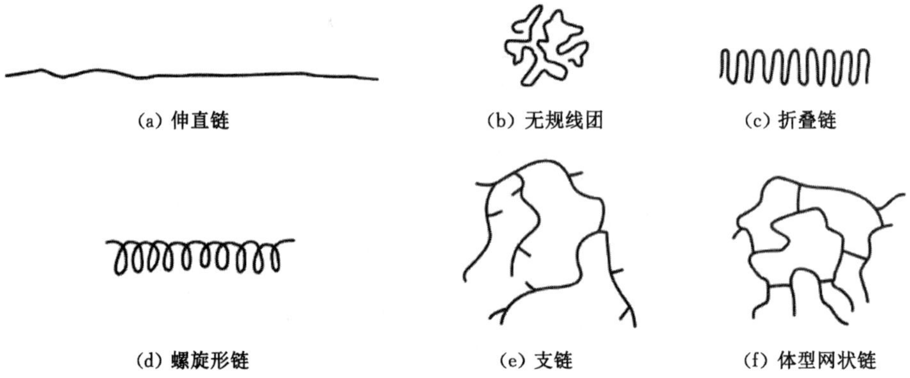

图 2-8　高分子链的几何形状示意图

(3) 组成与结构的多层次性

高分子材料的组成和结构是多层次的，包括高分子链结构、高分子链聚集态结构和高分子材料织态结构和微区结构，高分子材料所显示的性能是各个结构层次对性能所做贡献的综合表现。

2.4.3.2　高分子链的组成与结构

高分子链的组成和结构主要指组成高分子链的结构单元的化学组成、键合方式、空间构型及高分子链的形态等，包括高分子链的近程结构和远程结构。

(1) 高分子链的近程结构

高分子链的近程结构包括结构单元的化学组成、键合方式和序列、立体构型和空间排列以及支化和交联。高分子链的近程结构也称为一次结构，研究单个高分子链内一个结构单元或几个结构单元间的关系。合成高分子链结构单元的化学组成根据配方设计已知，但是其结构单元的键合方式和空间排列等却因反应机理和化学结构的不同而发生改变。

① 高分子链中的原子类型

并非任何原子都能生成高分子链，只有元素周期表中第ⅢA、ⅣA、ⅤA 和ⅥA 族中的部分非金属元素才可能形成高分子链，如 C、Si、N、O、S 等元素具有较强的成键能力，但是 N、O 元素需要在特殊条件下才能生成高分子链。

根据主链上原子的类型，高分子链可分为以下四类：

a. 碳链高分子。高分子主链由相同的碳原子以共价键相连接。这一类高分子多数通过加聚反应生成，如聚乙烯、聚丙烯、聚苯乙烯、聚氯乙烯、聚甲基丙烯酸甲酯等。

b. 杂链高分子。高分子主链上除存在碳原子外，还存在氢、氮、硫等杂原子，且这些杂原子以共价键相连接，即主链由两种或多种原子构成。这一类高分子主要由缩聚反应或开环聚合反应生成，如聚甲醛、聚碳酸酯、聚苯酚、聚对苯二甲酸乙二酯和聚酰胺等。

c. 元素有机高分子。主链中不含碳原子，而是由 Si、B、P、Ti、As 等元素和 O 元素组成，但是在其侧链上含有有机取代基团。这一类高分子兼具无机和有机高分子特性，如有机硅高分子就是一种典型的元素有机高分子。

d. 无机高分子。主链既不含碳原子，也不含有机取代基，纯粹由非碳元素构成，如二硫化硅、聚二氯一氮化磷等。这一类元素成链能力较弱，分子量不高，易水解，多数还处于研究阶段。

② 结构单元的键合方式

高分子链中各原子通过共价键连接在一起，其结构单元的键合方式取决于形成聚合物单体的分子结构。当单体分子结构完全对称时，如乙烯（$CH_2{=\!=}CH_2$）等，所得聚合物的结构单元在分子链中的键合方式只有一种，分子链中由共价键固定的各原子的几何排列也只有一种。当单体结构的对称性被破坏，即单体分子中具有不对称取代时，则所得聚合物的结构单元在高分子链中可能有两种不同的键合方式：头-头接（尾-尾接）和头-尾接。

头-头接：$—CH_2—CHR—CHR—CH_2—CH_2—CHR—CHR—CH_2—$。

头-尾接：$—CH_2—CHR—CH_2—CHR—CH_2—CHR—CH_2—CHR—$。

③ 空间立体构型：高分子链的空间立体构型影响着高分子材料的性能

a. 全同立构：高分子链上每一个不对称碳原子都具有相同构型，如果把高分子主链拉成平面锯齿形，则取代基 R 排布于主链平面的同侧。

b. 间同立构：高分子链上相邻的不对称碳原子交替出现的构型，取代基 R 交替排布于高分子主链平面的两侧。

c. 无规立构：高分子链上每一个不对称碳原子的构型无规则分布，取代基 R 无规则排布于高分子主链平面的两侧。

（2）高分子链的分子量与构象

① 分子量和分子量分布

高分子链由许多结构单元重复连接而成，其分子量明显大于相应小分子的分子量，一般在 10^4 以上，且各高分子链之间存在分子量分布。高分子链的分子量和分子量分布对聚合物的状态和聚合物的物理性能、力学性能、加工性能均有显著影响。选择聚合物材料时，分子量通常是需要首先确定的参数。

② 高分子链的柔性

高分子具有链状结构。高分子长链能以不同程度卷曲的特性称为柔性，这是聚合物特有的属性，是决定高分子形态的主要因素，对聚合物的物理力学性能有着根本的影响。高分子链的柔性取决于高分子链的内旋转能力，在以共价键结合的低分子化合物中，如乙烷分子中 C—C 键是 σ 键，可在保持键角和键长不变的条件下进行高频率内旋转。室温下乙烷内旋可达 $10^{11}\sim10^{12}$ 次/s。

③ 高分子链的构象

构象是分子内非键合原子间相互作用的表现，受温度、高分子间相互作用、高分子溶液中高分子-溶剂相互作用以及外加力场的影响而改变。构象之间的转换通过单键内旋转完成，其转换速度极快，因而构象是不稳定的，这不同于构型。随着各种作用力的增强，单键的内旋转受阻，高分子链的构象变化受到限制，构象数减少。随着环境温度的升高，分子的热运动增强，内旋转越自由，高分子链的构象数越多。

(3) 高分子链的聚集态结构

① 非晶态结构

聚合物的非晶态结构是指玻璃态、橡胶态、黏流态(或熔融态)及结晶聚合物中非晶区的结构，包括完全不能结晶的聚合物本体、部分结晶聚合物的非晶区和结晶聚合物熔体经骤冷而冻结的非晶态固体(图 2-9)。

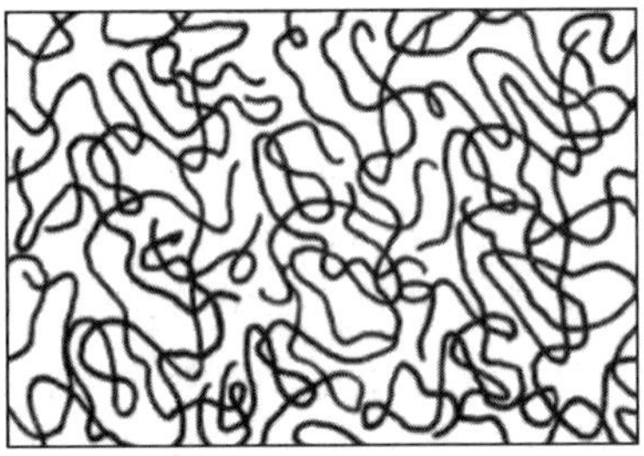

(a) 无规线团模型

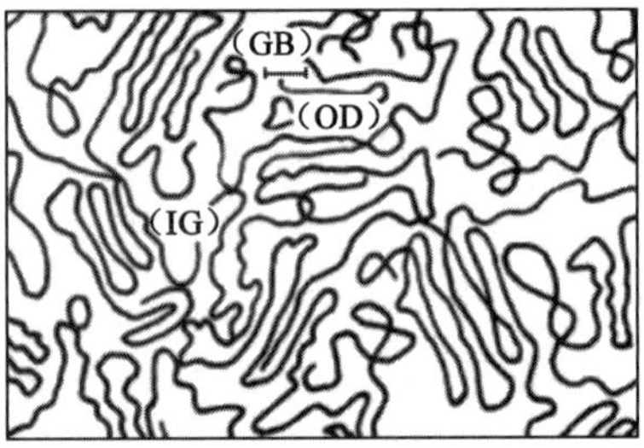

OD—有序区；GB—粒界区；IG—粒间区。

(b) 折叠链缨状胶束粒子模型

图 2-9　非晶态聚合物的结构模型

从分子结构的角度来看，非晶态聚合物包括：a. 高分子链结构的规整性很差，以致根本不能形成任何可观的结晶，如无规立构聚苯乙烯和无规立构聚甲基丙烯酸甲酯等无规立构聚合物。b. 链结构具有一定的规整性，可以结晶，但由于其结晶速率非常低，以致其熔体在通常的冷却速度下得不到可观的结晶，故而常呈现玻璃态结构，如聚碳酸酯等。c. 有些聚合物的链结构虽然具有很好的规整性，但是因其分子链十分柔软而不易结晶，在常温下呈现橡胶态结构，在低温时才能形成可观的结晶。

② 聚合物的结晶形态

a. 单晶

单晶是指物质内部质点的短程有序性和长程有序性贯穿整个晶体，是最完整的一种晶态结构，多从线型高分子的稀溶液中培养而得，而浓溶液和熔体一般生成球晶或其他形态的多晶体。聚合物单晶一般是由折叠链构成的片晶，链的折叠方向与晶面垂直。单晶的生成规律与低分子晶体相同，往往沿螺旋位错中心盘旋生成而变厚。

b. 多晶

整个晶体由许多个取向不同的晶粒组成，不具有多面体的规则外形，其宏观物性呈各向同性。

c. 球晶

球晶是有球形界面、内部组织复杂的多晶体，由扭曲的晶片构成，直径可达几十至几百微米，可用光学显微镜直接观察到。球晶的基本特征是以核为起点，球形对称地生长起来，而不在于其外形是否呈球状。在偏光显微镜的正交偏振片之间，球晶呈现特有的黑十字消光或带有同心环的黑十字图形。

d. 微晶

球晶受到突然变化的机械应力时会破损或界面发生滑动破裂，球晶纤维片缺陷会断碎成微晶。

e. 串晶

聚合物在切应力作用下结晶时，可生成一长串半球状的晶体，称为串晶。这种串晶具有直链结构的中心轴，其周围间隔生长着由折叠链构成的片晶。由于存在伸直链结构的中心轴，串晶的机械强度较高。

2.5　材料的电化学基础

材料的电学性能是指材料在外加电压或电场作用下的行为及其所表现出来的各种物理现象，包括在交变电场中的介电性质、在弱电场中的导电性质及在强电场中的击穿现象。

各种材料都具有电学性能，按其电学性能特点可将材料划分为导电材料、电阻材料、电热材料、半导体材料、超导材料以及绝缘材料等。在各种材料的制造及使用过程中都必须了解其电学性能。因此，研究材料的电学性能具有非常重要的理论意义和实际意义。

2.5.1　电导率和电阻率

2.5.1.1　电导率和电阻率

电导是指真实电荷在电场作用下在介质中的迁移。电导率和电阻率是反映材料导电能力的两个重要参数。实验表明：在直流电场中，对于一定长度 l 的材料，电阻 R 与试样面积 A 成反比，与单位电位下流过每立方米材料的电流 I 成正比。

$$\rho = RA/l \tag{2-3}$$

式中　ρ——电阻率，$\Omega \cdot m$。

电导率（σ）是直接衡量材料电导能力的表观物理量，其定义为在单位电场强度下流过每立方米材料的电流 $I(A)$。

$$\sigma = IL/(VS) \tag{2-4}$$

式中　L——样品厚度，m；

S——样品面积,m^2;

V——电场强度,V/m。

电导率又可表达为:

$$\sigma = 1/\rho \tag{2-5}$$

由此,电导率 σ 的单位为$(\Omega \cdot m)^{-1}$或 S/m,S 称为西门子。

通常根据电阻率或电导率可将材料分成超导体、良导体、半导体和绝缘体等。它们的电导率、电阻率范围见表 2-2。

表 2-2　材料的分类及其电阻率、电导率

材料	电阻率/(Ω·m)	电导率/(S/m)
超导体	$\leqslant 10^{-6}$	$\geqslant 10^{8}$
导体	$10^{-8} \sim 10^{-5}$	$10^{5} \sim 10^{8}$
半导体	$10^{-5} \sim 10^{7}$	$10^{-7} \sim 10^{5}$
绝缘体	$10^{7} \sim 10^{18}$	$10^{-18} \sim 10^{-7}$

2.5.1.2　决定电导率的基本参数

电导率与载流子类型(载流子电荷大小)、载流子数(载流子密度)n 和载流子迁移率 μ 三个基本参数相关。研究材料的电导性就是弄清载流子种类、来源和浓度,及它们在材料本体中的迁移方式及迁移率。

(1) 载流子

电流是电荷在空间中的定向运动。任何一种物质,只要存在电荷的自由粒子——载流子,就可以在电场作用下产生导电电流。载流子可以是电子、空穴,也可以是正、负离子。金属导体中的载流子是自由电子,高分子材料和无机非金属材料中的载流子可以是电子、空穴、离子(正、负离子)。载流子为离子的电导称为离子电导,载流子为电子的电导称为电子电导。电子电导和空穴电导同时存在,称为本征电导。

(2) 迁移率

材料导电现象的微观本质是流子在电场作用下的定向迁移。假设单位截面积为 A ($1\ m^2$)的材料,其在单位体积($1\ m^3$)内载流子数为 n,且每一个载流子的荷电量为 q,则单位体积内参加导电的电荷量为 nq。如果介质处于外电场中,则作用于每一个载流子的力等于 qE。在这个力的作用下,每一个载流子在 E 方向发生漂移,其平均速度为 v(m/s),则单位时间(1 s)内通过单位截面($1\ m^2$)的电荷量为:

$$J = nqv \tag{2-6}$$

J 为电流密度,单位为 $C/(m^2 \cdot s)$。$J = I/A$,即在单位时间内通过单位截面的电荷量等于 J。根据欧姆定律及 $R = \rho L/A$,可得:

$$J = E/\rho = E\sigma \tag{2-7}$$

由式(2-6)和式(2-7)可以得到电导率为:

$$\sigma = J/E = nqv/E \tag{2-8}$$

令 $\mu = v/E$,并定义其为载流子的迁移率,其物理意义为载流子在单位电场中的迁移速度,于是有:

$$\sigma = nq\mu \tag{2-9}$$

式(2-9)反映了电导率的微观本质,即宏观电导率 σ 与微观载流子的浓度 n、每一种载流子的电荷量 q 以及每种载流子的迁移率 μ 的关系。

2.5.2　材料的电子结构与导电性

材料的电子结构与导电性的关系可以用能带理论进行解释。固体的外层有 N 个原子,有 N 个能级。每个能带由许多能级组成,能带间存在能隙(禁带)。能隙的大小随平衡原子距离的变化而变化。随平衡原子距离增大,能隙加宽,最后趋于稳定;随平衡原子距离减小到一定程度,能带重叠。

导体、绝缘体和半导体的区别正是能带理论发展初期的重大成果。图 2-10 为 0 K 时三种固体的能带示意图。其中,导体又可以划分为两种类型的能带结构。

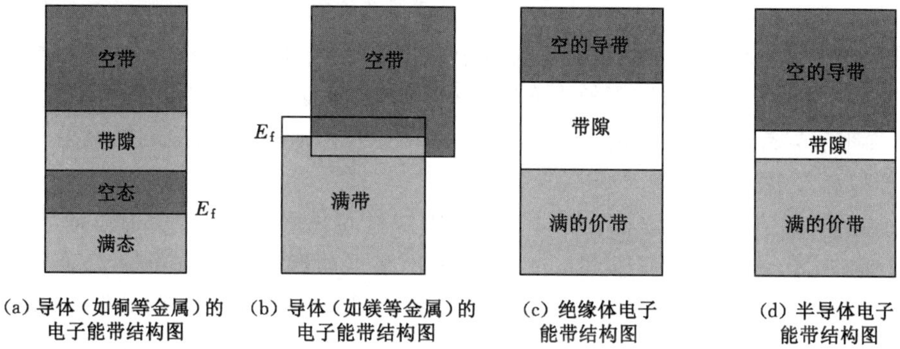

图 2-10　固体在 0 K 时各种可能的电子能带结构

固体理论指出:① 在无外场作用下,绝缘体、半导体或导体都无电流;② 在外场作用下,不满带导电而满带不导电。由此可以得出一个区别导体和绝缘体的原则,即固体中虽然有很多电子,但是如果一个固体中的电子恰好充填某一能带及其下面的一系列能带,并且此能带与空导带之间相隔一个较宽能隙(>2 eV),那么它就是绝缘体[图 2-10(c)];如果价带和导带之间的能隙较小(<2 eV)[图 2-10(d)],就会形成半导体;如果电子未能填满最高的能带)[图 2-10(a)],或者满带和空带之间有部分重叠)[图 2-10(b)],就会形成导体。

(1) 导体

① 碱金属,包括锂、钾、钠。以钠($1s^2 2s^2 2p^6 3s^1$)为例,每个钠原子都有 1 个 s 价电子,可以提供 1 个自由电子,N 个钠原子可以提供 N 个自由电子,故钠属于不满带情况。众多原子聚合成固体后,s 能级将分裂成很宽的 s 能带,而且是半充满的,因此钠是导体。

② 碱土金属。由碱土元素形成的晶体,包括铍、镁。以镁($1s^2 2s^2 2p^6 3s^2$)为例,其 3s 能带是满的,但它不是绝缘体而是导体,因为它的 3s 能带与 3p 能带重叠,故能导电。但是重叠程度有差异,例如钙的上、下两个能带重叠的部分很小,因而是不良导体。

③ 贵金属。习惯上常把银、金、铜称为贵金属。以铜($1s^2 2s^2 2p^6 3s^2 3d^{10} 4s^1$)为例,它有 1 个 s 态价电子。但贵金属与碱金属有以下几点不同:a. d 壳层是填满的,而碱金属的 d 壳层完全空着;b. 具有面心立方结构;c. 因 d 壳层填满,原子恰如钢球,不易压缩。由于贵金属的价电子数是奇数,本身的能带也没有填满,故为良导体。

④ 过渡金属。过渡金属具有未满的 d 壳层，这是与贵金属原子的主要区别。其 d 壳层的半径比外面 s 价电子层小得多，当金属原子结合形成晶体时，d 壳层的电子云相互重叠较少，而外面价电子壳层的电子云重叠很多，故其 d 带又低又窄，可以容纳的电子数多，可容纳 $10N$ 个（N 为原子数）。s 带的特点是很宽，上限很高，可以容纳的电子数为 $2N$。因此，过渡金属的 d 层能夺取较高的 s 带中的电子而使能量降低，导致它们的结合能较大，而强度较高，导电性下降。如 Ni、Co、Fe（$1s^2 2s^2 2p^6 3s^2 3d^7 4s^2$）的 3d 与 4s 带有交叠现象，有导电性。但金属电子不是在任何状态下都是导电的。

（2）绝缘体

① 绝缘体。惰性气体的原子中各能级都是满的，结合成晶体时能带为电子所填满，故为绝缘体。由正、负离子组成的离子晶体，也因正、负离子的各外层轨道都被电子充满，因而使晶体中相应的能带填满，并且这两个能带本来是由两个能量相差较大的能级分裂而来的，能隙宽度较大，因而是典型的绝缘体。

绝缘体的价带与导带之间的能隙很宽，能隙宽度依物质不同而异，能隙越宽，绝缘性越好。若要使绝缘体导电，必须使电子从价带进入导带，为此必须提供足够的能量。当电子从价带进入导带后，导带中存在自由电子，价带中存在空穴。因此对于绝缘体，载流子有两种类型：电子和空穴，且成对出现，这与金属不同。

绝缘体在一定的条件下也能导电。在离子固体中，负离子和正离子都有电荷，因而在电场作用下，这些离子能够进行迁移和扩散，离子的网络运动形成电流。其中，负离子和正离子的迁移方向相反。因此在离子固体中既存在电子的导电，又存在离子的导电。

② 导电聚合物。有机高分子一般都是优良的绝缘体，能隙很宽。人们非常希望易加工、耐腐蚀、密度小的有机高分子材料成为导体，现在这一愿望已经成为现实。导电聚合物可分为添加型和结构型，前者是在一般通用聚合物中加入各种导电材料，后者则是聚合物自身具有导电性。目前，已发现的结构型导电聚合物还有聚苯胺、聚吡咯和聚噻吩等，均具有共轭结构。研究表明能隙随聚合物长度的增大而减小。

导电聚合物载流子在共轭聚合物中的跃迁包括两种机理：a. 沿单一共轭体系运动，该运动的阻力小或无；b. 在共轭体系之间跃迁，该运动的阻力较大。但经过掺杂，共轭聚合物的电导率可大幅度提高。聚乙炔在没有掺杂前，电导率还是比较低的，但经过掺杂后电导率提高了 2 个数量级。当聚乙炔掺杂到 6.67％时，其能隙消失。掺杂的实质是在聚合物上去掉或增加电子。掺杂的类型有氧化掺杂（也称为 P 型掺杂）和还原掺杂（也称为 N 型掺杂），前者用卤素掺杂，后者用碱金属掺杂。

（3）半导体

导电性能介于绝缘体与导体之间的物质称为半导体。升高温度或掺入杂质都可以改变其电阻，因而广泛应用于晶体管、二极管、整流器、太阳能电池等方面。半导体按其有无杂质，可以分为本征半导体和杂质半导体。

2.5.3 材料的超导电性

材料在一定的低温条件下突然失去电阻（$<10^{-25}\ \Omega\cdot cm$）的现象称为超导电性。超导现象是荷兰莱顿大学的昂尼斯（H. K. Onnes）在 1911 年发现的。在正常情况下，电子由于电性相同而相互排斥。而当超导体被冷却到低于某温度时，其中的电子会形成库克对，从而

表现出零电阻，并且抵御磁场穿过。但是当温度高于一定值时，又回到常态。发生这种现象时的温度称为临界温度，并以 T_c 表示。

超导体有三个性能指标。(1) 超导转变温度 T_c。超导体低于 T_c 时便出现完全导电和迈斯纳效应等基本特性。超导材料转变温度越高越好，越有利于应用。(2) 临界磁场 H_c。当 $T<T_c$ 时，将超导体放入磁场中，当磁场强度高于 H_c 时，磁力线穿入超导体，超导体被破坏而成为正常态。H_c 随着温度降低而增大。(3) 输入电流。如果将温度从 T_c 往下降，则临界磁场 H_c 将随之增大。若输入电流所产生的磁场与外磁场之和超过临界磁场 H_c，超导态将被破坏，此时输入电流为临界电流，或称为临界电流密度 J_c，它是超导体的第三个指标。随着外磁场的不断增强，J_c 必须相应减小，以使它们的总和不超过 H_c，从而保持超导态。故临界电流就是保持超导状态的最大输入电流。影响导体超导态的三个因素相互依存、相互关联。

超导材料和超导技术有广阔的应用前景。人们可以利用超导的原理输电和制造大型磁体，最大限度地降低损耗；制造超导列车和超导船，大幅度提高它们的速度和安全性，并有效减少机械磨损；制造无磨损轴承，可将轴承转速提高到 1×10^5 rad/min 以上。但现有超导体的临界温度太低，限制了其应用，因此探索高临界温度超导体成为研究热点。1987 年，美中科学家又相继制成 T_c 为 100 K 左右的陶瓷性金属氧化物 Ba-Y-Cu-O 系超导材料。此后，金属氧化物超导临界温度的纪录不断被刷新。在超导材料发展方面，近些年出现了一种由空穴掺杂的高温铜氧化物超导体。而加拿大和德国科学家通过实验证明硅烷在特定条件下具有超导性质，由此发现一类新的超导体分子氢化物，这一研究成果将为设计更具应用价值的超导材料开辟道路。此外，在氧化物超导电材料线材化的加工方法方面也取得了较大的进展。

思　考　题

1. 简要阐述离子键、共价键和金属键的区别。

2. 为什么金属、金属氧化物、无机化合物(氮化物等)具有高表面能，而有机物(包括高聚物)的表面能很低?

3. 简述无机非金属材料中不同键合类型对材料性能的影响，并举例说明。

4. 与金属材料和无机非金属材料相比较，高分子材料的组成和结构有什么特征?

5. 简要说明聚合物晶体与金属晶体、离子晶体和无机共价晶体的主要差别。

6. 比较金属和本征半导体的温度依赖性，并简要解释导致这种差异的原因。

7. 简述导体、半导体和绝缘体的电子能带结构区别。

参 考 文 献

[1] 陈昆峰，胡家乐，张一波，等. 稀土晶体材料研发现状与未来展望[J]. 无机盐工业，2020，52(3):11-16.

[2] 冯妍，葛淑慧，隗立颖，等. 3D 打印无机非金属材料增强柔性器件的研究进展[J]. 材料导报，2024(3):11-16.

[3] 郭珲,赵刘会.有色金属基纳米材料及复合材料的研究进展[J].铜业工程,2023(2):74-80.

[4] 李江燕.节能高分子材料在建筑领域的应用研究进展[J].合成树脂及塑料,2023,40(6):67-70.

[5] 刘俊麟,章玫婷,陈淑婷,等.金属表面防腐材料的研究进展[J].科技风,2021(19):181-182.

[6] 刘伦洋,丁芳,李云琦.高分子材料大数据研究:共性基础、进展及挑战[J].高分子学报,2022,53(6):564-580.

[7] 张博宇,王彦明,张志晓,等.高分子材料制备及应用研究进展[J].山东化工,2022,51(15):58-59.

[8] 张振华,刘伟伟,许并社,等.材料界面原子、电子结构的设计与表征[J].中国材料进展,2019,38(8):742-747.

[9] 郑敏,杨瑾,张华.多孔金属材料的制备及应用研究进展[J].材料导报,2022,36(18):74-89.

[10] 祝平,夏一骁,张强,等.金刚石/金属复合材料界面改性研究进展[J].中国材料进展,2023,42(12):974-984.

第 3 章　储能材料和能量转化材料

3.1　储能材料基础

储能就是在能量富裕的时候利用特殊装置把能量储存起来，并在能量不足时释放出来，从而调节能量供求在时间和强度上的不匹配。有时可通过在能量输入与输出之间设置一个可储蓄能量的中间环节来实现，该中间环节既能吸收不稳定的输入能量，又能稳定地输出能量。

在工业生产和日常生活中，能量储存是非常重要的。例如对电力工业而言，电力需求的最大特点是昼夜负荷变化很大，巨大的用电峰谷差使峰期电力紧张，谷期电力过剩。如我国东北电网最大峰谷差已达最大负荷的 37%，华北电网峰谷差更大，达 40%。如果能将谷期（深夜和周末）的电能储存起来供峰期使用，将大大改善电力供需现状，提高发电设备的利用率，节约投资。另外，在新能源利用中，也需要发展储能技术。已知的不稳定能源利用方法中，如利用太阳能、海洋能、风能等发电，在能量输入与输出之间基本上仅设有能量转换装置，存在的最大问题是输入能量的不稳定性，使得转换效率、装置安全性、装置稳定性等方面存在无法克服的先天性缺点。目前采用的稳定技术有加惯性轮的机械储能，有对蓄电池充电的化学储能，或者将发电装置与电网联网运行，利用电网的大容量来填补不稳定能源利用中的波动性。例如在太阳能利用中，由于太阳昼夜变化和受天气、季节的影响，需要一个储能系统（储热箱或蓄电瓶）来保证太阳能利用装置（光热水或光电）连续工作。

表 3-1 列举了能源类型、使用形式和储能的关系。在实际应用中涉及的储能问题主要是机械能、电能和热能的储存。储能系统本身并不节约能源，它们的引入主要在于能够提高能源利用体系的效率，促进新能源（如太阳能和风能）的发展，以及对废热的利用。

3.1.1　储能方式

到目前为止，人们已经探索出了多种形式的储能方式，全球已经实现商用、达到示范应用水平的电力储能技术主要包括抽水蓄能、压缩空气蓄能、飞轮蓄能、二次电池存储（如铅酸蓄电池、氢-镍电池、锂离子电池、液流电池、锂金属电池、锂/钠-硫电池、钠离子电池以及其他新型储能电池）、超级电容器储能和超导储能等。按照能量转化形式，储能技术主要分为物理储能和化学储能。氢能被认为是 21 世纪的终极能源，因此对氢能储存的探索非常重要。

表 3-1　能源类型、使用形式和储能的关系

能源类型	转换方式	能源的使用形式	转换方式	储能
传统化石能源 核能 可再生能源 （如生物质能、风能、太阳能和水能）	直接产生 →	电能 热能 冷能 动能	存储和回收 ← →	电池 飞轮 可逆燃料电池 压缩空气 扬水

3.1.1.1　物理储能

物理储能是指利用抽水、压缩空气、飞轮等物理方法实现对能量的存储，具有环保的特点。物理储能具有规模大、循环寿命长和运行费用低等优点，但需要特殊的地理条件和场地，建设的局限性较大，且一次性投资费用较高，不适合较小功率的离网发电系统。抽水蓄能、压缩空气储能和飞轮储能都属于物理储能。抽水蓄能、传统压缩空气储能等技术发展历史长、技术成熟、成本较低，已经实现了商业化应用。但无论是抽水蓄能，还是传统压缩空气储能，都对环境、地理、地质条件有较高的要求，极大地制约了这些技术的推广和应用。

作为发展较早的储能技术，物理储能正经历着应用模式的变革和传统技术向新兴技术转化的过程。上述三种物理储能技术虽然在原理、应用领域、安装容量以及未来发展趋势上各不相同，但是作为战略新兴技术，都需要技术的突破、政策和资金的支持以及更多的市场应用机会。

3.1.1.2　化学储能

化学储能实际上是把电能转变为化学能来进行能量存储的一种方式。主要的化学储能方式有锂离子电池、燃料电池、铅酸电池、超级电容器及其他新型储能电池体系等。这里需要强调的是，严格来说，干电池不能称为化学储能电池，因为它们只是把化学能转变为电能，而不能把电能转变为化学能。

（1）锂离子电池

锂离子电池通常是以含锂的化合物作为正极、石墨作为负极，中间以隔膜隔开，电解液为有机锂盐的一类二次电池。当对锂离子电池进行充电时，电池的正极上有锂离子从正极材料中脱出，生成的锂离子经过电解液运动到负极，并嵌入负极材料；放电时，嵌入负极材料的锂离子脱出，经由电解液重新嵌入正极。因此，锂离子电池也被形象地称为“摇椅式”电池。锂离子电池的优点是能量密度大、使用寿命长、无记忆效应、体积小、重量小并可在 −20～60 ℃正常工作。

锂离子电池广泛应用于交通动力电源、电力储能电源、移动通信电源、新能源储能动力、消费电子产品等领域，随着技术的进步和成本效益的提高，锂离子电池还在无人机、船舶、军事装备以及航空航天等领域得到了应用，并在探索更多的未来应用，比如智能电网和大规模能源存储解决方案等。

（2）超级电容器

电容器是一类区别于二次电池的储能体系，分为传统平行板电容器、电化学超级电容器等。在超级电容器内部，两块导电材料（通常为多孔活性炭或金属氧化物）作为电极，之间由一层电解质隔开，当电源接通时，正负离子分别在两个电极表面吸附并形成双电层，从而储存能量。而在放电过程中，这些离子返回电解液中，将存储的电能释放出来。

与电池相比，超级电容器具有功率密度高、充放电循环寿命长、充电时间短、可靠性高等优点，除了在消费类电子产品、智能电表、程控交换机、电动玩具、电动工具等领域有应用之外，在可再生能源发电存储及电网稳定运行、能量回收、新能源汽车以及轨道交通系统等领域的应用也已经全面展开。

(3) 燃料电池

燃料电池是一种直接将化学能转变为电能的装置，利用燃料(如氢气、甲醇、天然气等)和氧化剂(通常是氧气或空气)之间的化学反应来产生电能，同时副产品主要为水蒸气和热量。燃料电池的工作基于电化学反应过程，与传统电池类似，但区别在于传统电池的电化学反应物质储存于电池内部，而燃料电池持续从外部供应。对于燃料电池而言，只要含有氢原子的物质都可以作为燃料，如天然气、石油、煤炭等化石产物，或者沼气、乙醇、甲醇等，因此燃料电池非常符合能源多样化的需求，可减缓主流能源的耗竭。

燃料电池广泛应用于航天飞行器、潜艇动力系统、分布式电源、电动车动力系统以及便携式电源等领域，并逐渐向更广泛的商业化应用发展，如家庭和商业楼宇的备用电源及微电网系统等。随着技术进步和成本下降，燃料电池有望在未来的能源结构中扮演更加重要的角色。

(4) 铅酸蓄电池

铅酸蓄电池的电极材料主要由铅及其氧化物组成，电解液是硫酸溶液。铅酸蓄电池荷电状态下，正极的主要成分为二氧化铅，负极的主要成分为铅；放电状态下，正负极的主要成分均为硫酸铅。

铅酸蓄电池的优点是成本较低、发展比较成熟，缺点是循环寿命短、比能量小、质量大、体积大、自放电大。铅酸蓄电池在当前有非常庞大的市场，主要应用在汽车启动电源和低速电动车等领域。铅酸蓄电池废弃后需要妥善回收处理，不然会对环境造成重大污染。我国在铅酸蓄电池回收方面的研究需要进一步加强。

(5) 其他新型储能电池

其他新型储能电池主要包括以锂金属为负极的锂金属电池、锂-硫电池、锂-空气电池、钠离子电池、镁离子电池、锌离子电池及铝离子电池等。

3.1.1.3　氢能存储

氢能是氢在物理、化学及电化学等变化过程中释放的能量。氢在地球上主要以化合态出现，是宇宙中分布最广泛的物质，占宇宙质量的 75%。氢能是一种清洁的二次能源，具有能量密度大、燃烧热值高、来源广、可储存、可再生、零污染、零碳排等优点，有助于解决能源危机以及环境污染等问题，被誉为 21 世纪的“终极能源”。

氢在一般条件下是以气态形式存在的，这就给储存和运输带来了很大的困难。因此，在氢能技术中氢的存储是关键环节。目前，氢的主要储存方法有高压气态储存、低温液氢储存、金属氢化物储存等。

(1) 高压气态储存

气态氢可储存在钢瓶中，为了减小储存体积，必须先将氢气压缩，因此需消耗较多的压缩功。一般一个充气压力为 20 MPa 的高压钢瓶储氢质量只占钢瓶总质量的 1.6%，即使是钛瓶，储氢质量也仅为其总质量的5%，因此还需要发展耐更高压的储氢瓶。

(2) 低温液氢储存

将氢气冷却到-253 ℃，可呈液态，然后将其储存在高真空的绝热容器中，此过程即低温液氢储存。液氢储存工艺首先用于宇航中，其储存成本较高，安全技术也比较复杂。高度绝热的储氢容器是目前研究的重点。目前，一种间壁充满中孔微珠的绝热容器已经问世。中孔微珠为二氧化硅，直径为30～150 μm，中间是空心的，壁厚为1～5 μm；在部分微珠上镀上厚度为1 μm的铝。由于这种微珠热导率极小，其颗粒又非常细，可完全抑制颗粒间的对流换热，因此将部分镀铝微珠(一般为3%～5%)混入不镀铝的微珠中可有效地切断辐射传热。这种新型的热绝缘容器不需抽真空，其绝热效果远优于普通高真空的绝热容器，是一种理想的液氢储存罐。

(3) 金属氢化物储存

氢与氢化金属之间可以进行可逆转换，当外界有热量加给金属氢化物时，它就分解为氢化金属并放出氢气；反之，氢和氢化金属构成氢化物时，氢就以固态结合的形式储于其中。用来储氢的氢化金属大多数为由多种元素组成的合金，它们可以分为四类：一是稀土镧镍等，每千克镧镍合金可储氢约153 L；二是铁钛系，它是目前使用最多的储氢材料，其储氢量是第一种的4倍，且价格低、活性大，还可在常温常压下释放氢，从而给使用带来了很大的方便；三是镁系合金，这是吸氢量最大的金属元素，但它需要在290 ℃以下才能释放氢，且吸收氢十分缓慢，因而使用上受到一定的限制；四是钒、铌、锆等多元素系合金，这一类金属本身属于贵金属，因此只适用于某些特殊场合。

目前在金属氢化物储存方面还存在以下问题：储氢量低、成本高及释氢温度高。进一步研究氢化金属自身的化学物理特性，包括平衡压力-温度关系曲线、生成时转化反应速度、化学及机械稳定性等，寻求更好的储氢材料是氢能开发利用的关键。

高压气态储存技术和低温液氢储存技术需要将氢气保存在特制容器瓶中，因造价昂贵而无法大规模应用。相对廉价安全的纳米、合金、络合氢化物、金属有机骨架化合物和有机液体等材料作为储氢载体循环使用具有更好的应用前景。氢的储存技术是开发利用氢能的关键性技术，如何有效地储存氢，并且在使用时能够方便地释放出来，是该项技术的关键之处。当前一些储氢材料和技术离氢能的实际应用还有较大距离，在质量和体积储氢密度、工作温度、可逆循环性能以及安全性等方面，还不能同时满足实用化要求。

今后储氢研究的重点是新型、高效、安全的储氢材料研发及性能综合评估。目前，金属氢化物已经在电池中有应用，氢燃料电池汽车是最广为人知的氢能产业应用之一。氢能源是真正的零排放、零污染，发展氢燃料电池意义深远。相信随着储氢材料和技术的不断发展，经过市场介入，氢能有望在21世纪中叶进入商业应用，从而开创“氢能时代”。

3.1.2 储能材料

储能材料的种类有很多，分为无机类、有机类、混合类等，对于它们在实际中的应用有下列要求：① 合适的相变温度；② 较大的相变潜热；③ 合适的导热性能(热导率一般宜大)；④ 在相变过程中不发生熔析变化；⑤ 必须在恒定的温度下熔化及固化，即相变必须可逆，不发生过冷现象，性能稳定；⑥ 无毒，对人体无腐蚀，环境友好；⑦ 与容器材料相容，即不腐蚀容器；⑧ 不易燃；⑨ 较快的结晶速率和晶体生长速率；⑩ 低蒸汽压；⑪ 体积膨胀率较小；⑫ 密度较大；⑬ 原材料容易获取，价格便宜。

考虑不同种类的储能材料，比较它们的能量储存密度和储存温度范围可知液态氢和汽油的能量储存密度最大，分别达 33 000 W・h/kg 和 11 600 W・h/kg，金属铁的能量储存密度最小，只有 6 W・h/kg，见表 3-2。就储能能力而言，化学储能大于相变潜热储能，相变潜热储能大于显热储能。化学电源作为储能形式的一种，使用范围最广，包括锂离子电池、锂硫电池、锂空气电池、铅酸电池、燃料电池等。就电化学能源能量转换过程和介质而言，氧化物、硫化物、金属、碳材料等均可使用，但成本、能量转换效率、腐蚀性、毒性、安全性存在很大差异。锂空气电池的能量密度可达 5 200 W・h/kg（包括氧气质量），或 11 400 W・h/kg（不包括氧气质量）；锂硫电池能量密度为 2 674 W・h/kg；锂离子电池的能量密度为 360 W・h/kg（$LiCoO_2$/C 体系）。可见，材料决定电池的能量存储性能。

表 3-2　不同储能方式和储能材料的性能比较

储能种类	储能材料	储能密度/（W・h/kg）
常规燃料	油	11 000
	煤	8 300
	木材	4 200
显热存储	热水	58
	岩石、水泥	11
	铁矿石	11
	铝	12
	铁	6
相变潜热储存	冰（熔解热）	93
	水（汽化热）	630
	石蜡（熔解热）	47
	水合盐（熔解热）	55
	LiH（熔解热）	1 300
	LiF（熔解热）	290
化学储能	氨	5 150
	液态氢	33 000
	金属氢化物	600～2 500
	乙醇（液）	7 694
	甲醇（液）	1 389
	汽油	11 600

3.2 能量转化材料基础

能量是对一切宏观、微观物质运动的描述，对应于不同形式的运动，能量分为机械能、电能、化学能、核能、热能等。能源，即能量资源，是指可产生各种能量（如电能、热能、机械能、光能、声能等）或可做功的物质的统称。目前，在可被利用的能源中，水能、潮汐能主要是通过水位差表现出重力势能；煤、天然气和燃料电池是通过燃烧将化学能转变为热能或电能；铀等核裂变燃料和氚等核聚变材料是通过原子核发生变化，表现为核能；地热、高温岩体可以产生热能；风力、波浪可以提供动能；而太阳通过热辐射方式提供太阳能，可进行光热转换和光电转换。由此可见，能源可以通过不同形式提供能量，从而被人类利用。

能量具有 6 个性质：① 状态性，即与物质所处的状态有关，状态不同，所具有的能量不同；② 可加性，即一个系统所具有的总能量为输入该体系的多种能量之和，$E=E_1+E_2+\cdots+E_n$；③ 传递性，即可从一地传到另一地，从一物传到另一物；④ 转换性，即能量间可进行转换；⑤ 做功性，即能量由一种形式转化为另一种形式；⑥ 贬值性，即不可逆过程可引起能的质量和品位的降低。在这 6 个基本性质中，能量的传递与转换是能量转换材料开发与应用的基础。

3.2.1 能量转换原理

能量在空间上和时间上的转移即能量的传输和储存。能量在工业生产中涉及的主要形式为热能、机械能、电能、化学能。主要能量形式之间的相互转换关系见表 3-3。

表 3-3 主要能量形式之间的相互转换关系

输入能	输出能			
	热能	化学能	机械能	电能
热能	传热过程	吸热过程	热力发动机	热电偶
化学能	燃烧过程	化学反应	肌肉	电池
机械能	摩擦	—	机械传动	发电机
电能	电热	电解	电动机	变压器

能量转换时对转换装置的基本要求为：① 转换效率要高，指转换后得到的能量与转换前的能量之比大；② 转换速度要快，能流密度要大，设备紧凑、轻便；③ 具有良好的负荷调节性能；④ 满足环境上和经济合理性的要求。

表 3-4 为各种能量的来源、转换形式及应用，从中可以看出：绝大多数的能量都是以热能形式被利用的，在中国占 90%，世界各国平均水平超过 85%。而能量转换主要为三个方面的问题：能量转换量的问题、能量转换质的问题和能量转换效率的问题。

表 3-4　能量的来源、转换形式及应用

来源	转换形式	转换材料与装置
太阳能	光能→电能 光能→化学能 光能→热能 光能→热能→机械能→电能	太阳能电池、太阳能集热器、太阳能热电发电站、太阳能催化材料
地热能、核能	热能→电能 热能→机械能→电能 核裂变→热能→机械能→电能 核裂变→热能→电能	热电能量转换材料、原子能电站、热力发电装置、热电子发电装置
水能、风能、潮汐、波浪	机械能→电能	压电能量转换装置、机电换能器、压电振荡器、水力发电装置、风力发电装置
煤、石油等化石燃料，氢、乙醇等二次燃料	化学能→电能 化学能→热能 化学能→热能→机械能 化学能→热能→机械能→电能 化学能→热能→电能	电池、储能材料、燃料电池、热力发动机、热力发电装置、各种燃烧装置
电磁场	电磁能→机械能	磁致伸缩材料、磁致制冷材料、换能器
火力、风力、水力等二次能源	电能→光能	电致发光材料、发光二极管、发光器件

能量转换的基本原理主要有三个：热力学第一定律、热力学第二定律和卡诺循环。

(1) 热力学第一定律揭示的是能量"量"的问题，是能量守恒与转换定律在热现象中的应用，用于判断所有满足能量守恒与转换定律的过程是否都能自发进行。自然界一切物质都具有能量，能量既不能被创造，也不能被消灭，只能从一种形式转变为另一种形式，从一个物体传递到另一个物体；在能量转换与传递过程中，能量总量恒定不变。对于封闭系统：$Q=\Delta E+W$，即输入能量＝储存能量的变化＋输出能量。$E=U+E_k+E_p$，其中，U 为分子动能(移动、转动和振动)和分子位能(相互作用)之和；E_k 为宏观的动能；E_p 为宏观的势能。而机械能为宏观动能和势能之和。

自发过程不需要任何外界作用而自动进行，具有方向性。典型的自发过程有：热传递过程，即热量从高温物体传入低温物体的过程；风的产生，即高压气体向低压气体的扩散过程；溶质扩散，即溶质自高浓度向低浓度的扩散过程。反过来，自发过程的逆过程必须消耗功，例如，电冰箱通过电功将热从低温物体传送到高温物体；真空泵通过电功将气体从低压处抽到高压处；蒸发浓缩过程必须给溶液提供热，使得溶剂蒸发。当借助外力，系统恢复原状后，会给环境带来影响。

(2) 热力学第一定律指出了能量"量"的守恒问题，但并未指出能量"质"的高低及能量变化过程中的方向问题。而热力学第二定律指明了能量转换过程的方向、条件及限度，其实质就是能量贬值原理。针对各类具体问题，热力学第二定律可由各种形式表述，有两种最基本的表达形式：一是克劳修斯从热量传递的角度指出"不可能把热量从低温物体传到高温物体而不引起其他变化"，说明在自然条件下，热量只能从高温物体向低温物体转移，而不能由低温物体自动向高温物体转移，即在自然条件下这个转变过程是不可逆的。要使热传递方向倒转过来，只有靠消耗功来实现。二是开尔文也从热功转换的角度指出“不可能从单一热源吸取热量使之完全转变成功而不产生其他影响”，说明热机不可能将从热源吸收的热量全部转变为有用功，而必须将某一部分传给冷源。

热力学第二定律指出了能量转换的方向性。而不同能量的可转换性不同，根据转换性的不同，可将能量分为三类：第一类是“高级能”，可以完全转换；第二类是“中级能”，具有部分转换能力；第三类是“低级能”，完全没有转换能力。热力学第二定律应用范围极为广泛，诸如热量传递、热功转换、化学反应、燃料燃烧、气体扩散、分离、溶解、结晶等过程和生物化学、生命现象、低温物理、气象等领域。

(3) 卡诺循环描述的是一种理想热机循环过程。它描述的是工作温度分别为 T_1 和 T_2 的两个热源之间的正向循环（T_1 为高温热源，T_2 为低温热源），由两个可逆定温过程和两个可逆绝热过程组成，卡诺循环效率 $\eta_c = 1 - \dfrac{T_2}{T_1}$。图 3-1 为卡诺循环示意图。

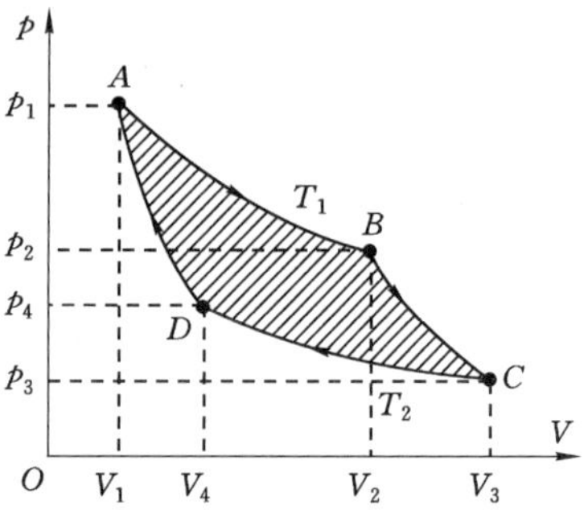

图 3-1　卡诺循环示意图

$A \to B$ 阶段为等温膨胀吸热过程，其吸收热量 $Q_1 = T_1(S_2 - S_1)$，其中，S_1 和 S_2 分别是温度为 T_1 和 T_2 时系统的熵；$B \to C$ 阶段为绝热膨胀过程，对外做功；$C \to D$ 阶段为等温压缩阶段，为放热过程，释放热量 $Q_2 = T_2(S_2 - S_1)$；$D \to A$ 阶段为绝热压缩过程，对内做功。图中 W 表示所做的功。基于上述原理，能量之间可以实现相互转换，为人类社会的发展提供了非常广阔的应用前景，目前各种能量转换技术逐步被人们广泛应用。

3.2.2　能量转换与材料

各种能源利用和能量转换过程都需要载体。能量转换材料能实现各种能量之间的转换，是开发新能量、提高能源利用率和转换效率的关键载体材料。而决定能量转换材料性能的最根本的因素是载流子的产生、浓度及迁移，原子结构，晶体结构和组织等。载流子的产生与外界激发密切相关，根据外界激发状态，能量转换材料可以分为太阳光激发的光电能量转换材料、热激发的热电能量转换材料、电激发的电致发光能量转换材料、应力激发的压电能量转换材料和化学反应激发的化学能-电能能量转换材料。产生的载流子的浓度及迁移行为与不同元素组成材料的原子结构、晶体结构和组织等微观结构有关，会受到材料的结晶状态和维度的影响。根据结晶状态可以将材料分为有机能量转换材料和无机能量转换材料，而无机能量转换材料又分为晶体（包括单晶和多晶）和非晶。根据维度又可以将能量转换材料分为零维、一维和二维的低维能量转换材料和块体的三维能量转换材料。而磁致机械能、磁致热能等能量转换材料与上述载流子行为相关的能量转换材料不同，它们的性能与晶体结构和组织等密切相关。因此，根据产生载流子的激发方式，开发不同的浓度及迁移行为、原子结构、晶体结构和组织等的能量转换材料是实现能源和能量高效利用与转换的关键。

利用能量转换效应制造的具有特殊功能的元器件的材料称为能量转化材料。该类材料能实现不同形式的能量转换，在测试技术、传感器技术中有着广泛应用。光电、光热、热电、压电、电致发光发热、储能等转换现象都是能量在起作用。能量是守恒的，既不会随便产生，也不会随便消失，是以辐射，物体运动，处于激发状态的原子、分子内部及分子之间的应变力等多种形式出现的。能量转换的重要意义是其数值是相等的，也就是说，一种形式的能可以转变成另一种或几种形式的能。例如：

(1) 光能与其他形式能量的转换，如光合成反应、光分解反应、光化反应、光致抗蚀、化学发光、感光反应、光致伸缩、光生伏特效应和光电导效应等。

(2) 电能与其他形式能量的转换，如电磁效应、电阻发热效应、热电效应、光电效应、场致发光效应、电化学效应和电光效应等。

(3) 磁能与其他形式能量的转换，如光磁效应、热磁效应、磁冷冻效应和磁性转变效应等。

(4) 机械能与其他形式能量的转换，如形状记忆效应、热弹性效应、机械化学效应、压电效应、电致伸缩、光压效应、声光效应、光弹性效应和磁致伸缩效应等。

由于能量之间可以相互转换，因此迫切需要一种媒介，来实现能量与能量之间的相互转换，这种媒介就是能量转换材料。依据能量转换的类型，可以把这一类材料分为光电光热材料、热电材料、压电材料、电致发光材料、化学能-电能能量转换材料、磁能-机械能能量转换材料等。

3.2.3　能量转换材料与技术的分类

(1) 光电、光热能量转换材料与技术

太阳能是人类可以利用的储量最丰富的清洁能源，为了实现对太阳能的有效利用，需要将太阳能转换成电能、热能等其他形式的能量，目前对太阳能的利用主要包括光电转换和光热转换。

光电转换是基于光电效应实现光能到电能的转换，是指在高于某特定频率的太阳光照射下，某些物质内部的电子会被光子激发出来而形成电流的现象。光电能量转换材料是指利用光电效应将光能转换成电能的材料，光电能量转换技术的主要应用就是太阳能电池，另外还包括光电管、光敏二极管、光敏电阻等。根据所用材料的不同，可以将光电能量转换材料分为：① 硅系太阳能电池材料，包括单晶硅太阳能电池材料、多晶硅太阳能电池材料；② 薄膜太阳能电池材料，包括多晶硅薄膜太阳能电池材料、非晶硅薄膜太阳能电池材料、多元化合物薄膜太阳能电池材料(砷化镓、硫化镉、铜铟硒)；③ 有机物薄膜太阳能电池；④ 染料敏化太阳能电池材料；⑤ 钙钛矿太阳能电池材料。

光热能量转换材料是一种能吸收某种光(尤其是近红外光)，通过等离子体共振或者能量跃迁进而产生热量的材料。太阳能的热利用主要分为热收集和热发电两个方面。热收集是通过一定装置收集太阳能，用以加热物体。集热装置称为集热器，将太阳能转换为热能并储存，此过程需要对集热材料、导热材料、储热材料及选择性吸收涂层进行优化，从而提高集热装置的光热转换效率。太阳能集热器已广泛应用于生活用水加热、游泳池水加热、工业用水加热、建筑物采暖与空调等领域。太阳能光热发电是指利用大规模阵列抛物或碟形镜面收集太阳热能，通过换热装置提供高温气体，结合传统汽轮发电机的工艺，达到发电的目的。

光电能量转换技术对传统产业的技术改造、新兴产业的技术发展、产业结构的调整优化起着巨大的促进作用。光电能量转换技术具有精密、准确、快速、高效的特点，有助于提高工业产品的尖、高、精加工水平，并大幅度提高附加值及竞争力。光电能量转换技术的发展能够有效地缓解环境污染和解决能源危机，其中光伏技术的发展作用最大。关于光伏电池的发展，改善太阳能电池的性能、降低制造成本及减少大规模生产对环境造成的影响是未来太阳能电池发展的主要方向。

(2) 光化学转化材料

光催化是指光催化剂在光照下产生光生电子和光生空穴，从而具有还原能力和氧化能力，使催化剂上的物质发生氧化还原反应，实现光能向化学能的转换。光催化技术是近年来日益受到重视的污染物处理新技术。光催化过程一般采用半导体材料作为光催化剂，在太阳光的照射下，价带电子会被激发到导带上，从而产生光生电子-空穴对，这些电子-空穴对迁移到光催化材料表面后产生活性自由基，它们能使污染物氧化分解。光催化剂是一种在光的照射下自身不起变化，却可以促使与之接触的物质发生化学反应的材料。它将自然界存在的光能转换为化学能来进行催化作用，使吸附于自身的氧气及水分子生成具有极强氧化性的自由基，这些自由基几乎可降解所有对人体和环境有害的有机物及部分无机物，并且不会造成资源浪费与附加污染。

由于是借助光的力量促进氧化分解，因此人们将这一类材料称为光触媒。在废水中的各类污染物中有机物是最主要的一类。因此，光催化在废水有机污染物治理方面具有良好的应用前景。另外，由于光催化反应过程中能够产生强氧化活性基团，也可以运用于抗菌、除臭、防霉、防藻等领域，拓宽了光催化的应用范围。光催化技术除在环境保护方面的应用之外，其在能源方面也具有广阔的应用前景。1972 年，日本东京大学 Fujishima 和 Honda 发现，水中二氧化钛电极受到紫外光照射时，水可以被分解为氧气和氢气，这一现象被命名为“本多-藤岛效应”。这说明利用太阳的紫外光可以实现清洁能源氢能的制备，实现太阳能的转化和利用，这对于解决化石能源的短缺具有重要的应用价值。

光催化技术具有工艺简单、能耗低、易控制、材料易得、降解彻底和无二次污染等特点，被认为是具有良好发展前景的环保新技术，在水质、土壤和大气污染治理等方面展现出良好的应用前景。美国、日本、欧盟等国家和地区投入巨资建立了专门的研究中心进行光催化方面的基础研究和应用开发。总之，光催化技术被认为是 21 世纪最重要的科学技术之一，在解决环境和能源方面的问题有着良好的应用前景。

(3) 电致发光能量转换材料与技术

有些物质受到外界电场的作用而发光，即将电能直接转换成光能，这种现象称为电致发光(electroluminescent，EL)。具有这种将电能转换为光能能力的材料称为电致发光材料。

电致发光按工作电压可分为低场电致发光和高场电致发光两类。低场电致发光又称为注入式发光，主要是指半导体发光二极管(light emitting diode，LED)。高场电致发光又称为本征式发光，主要包括粉末型和薄膜型两种。低场电致发光的发光过程包括三个部分：正向偏压下的载流子注入、复合辐射和光能传输。当电流作用于 LED 半导体晶片时，空穴和电子被推向量子阱并在其中复合，多余的能量以光子的形式发出。高场电致发光原理是碰撞离化激发。在碰撞离化过程中处在导带中的电子在电场加速下达到较高的能量状态，并与发光中心碰撞而离化，即形成了激发态。当电子从这些能量较高的激发态再跃迁回到原来能量较低的状态时，就可能产生各种辐射复合发光。

电致发光材料与器件的应用已经进入并改变着人们的生活，最新研究的有机发光显示屏具有更好的图像显示效果、丰富的色彩表现力、屏幕超薄及低功耗等优点，给人们带来全新的视觉感受。相信在不久的将来，电致发光技术的发展必将不断提高人们的生活品质。

(4) 热电能量转换材料与技术

在由不同导体构成的闭合电路中，若使结合部位出现温度差，则在此闭合电路中将有电流流过，或产生电势，这种现象称为热电效应或温差电效应，具体有塞贝克(Seebeck)效应、帕尔帖(Peltier)效应和汤姆逊(Thomson)效应。

热电材料是指利用热电效应将热能转换成电能或者将电能转换成热能的材料。基于塞贝克效应，使用金属热电材料制作的热电偶可用于测温，使用半导体热电材料制作的热电发电机可用于热电发电；基于帕尔帖效应，使用半导体热电材料制作的热电制冷器可用于加热或制冷。

热电材料在器件方面的应用研究较多的是热电发电机(thermoelectric generator, TEG)和热电制冷机，在军事、医用、物理等领域都有应用。对于遥远的太空探测器来说，由放射性同位素供热的热电发电器是目前唯一的供电系统，已被成功应用于美国国家航空航天局发射的"旅行者一号"和"伽利略火星探测器"等宇航器上。自然界温差和工业余热均可用于发电，该热电发电利用自然界中存在的非污染能源，具有良好的综合社会效益。

(5) 压电能量转换材料与技术

压电材料可实现机械能和电能之间的相互转换，为机-电耦合的纽带，应用于机电换能方面。还可以利用其弹性及固有振动特性，应用于压电谐振方面，如频率器件(滤波器、谐振器)、电声器件、超声换能器、压电加速器、变压器等。

压电效应分为正压电效应和逆压电效应。正压电效应是在极性晶体上施加压力、张力、切向力时发生与应力成比例的介质极化，同时在晶体两端出现正负电荷。这种机械能转换为电能的现象称为正压电效应。逆压电效应是在极性晶体上施加电场，引起极化，将产生与电场强度成比例的变形或机械应力。当外加电场撤去时，这些变形或应力随之消失。这种电能转换为机械能的现象称为逆压电效应。

压电陶瓷可制成许多测量和感知动态或准静态的各种力、加速度、冲击和振动等物理量及其变化的传感器，目前已应用于各种检测仪表和控制系统中。例如，压电式陀螺是利用压电效应来检测角速度的装置，其核心部件是一个振动的质量块，当设备旋转时，质量块会产生位移，这个位移通过压电陶瓷转换成电信号，从而可以精确测量角速度。它具有体积小、质量小、可靠性高、固体组件不需要维修、寿命长等优点。

在医学上，将压电陶瓷探头放在人体的检查部位处，通电后发出超声波，碰到人体组织后产生回波，然后接收回波信号并显示在荧光屏上，便能由此了解人体内部状况。此外，压电陶瓷还可以应用在压力计、流量计、计数器、压电秤等仪表仪器中。

(6) 磁能-机械能能量转换材料与技术

磁能-机械能能量转换材料是将磁能转换成机械能的材料。换能器是磁能-机械能转换的主要器件，是一种能量转换器件，即将一种形式的能量转换成另一种形式的能量传递出去，而自身消耗很少一部分能量。其为节能环保、新一代信息技术、生物技术、高端装备制造、新能源、新材料、军工等产业提供了不可或缺的部件。

磁能-机械能能量转换材料在换能器中具有重要应用，其在外加磁场磁化过程中，自身长度和体积可以发生变化，又称为磁致伸缩材料。早期，研究人员开发了一系列具有这一特性的金属及合金材料，如 Ni 基合金（Ni-C 合金、Ni-Co-Cr 合金）、铁基合金（Fe-Ni 合金、Fe-Al 合金、Fe-Co-V 合金等）和铁氧体磁致伸缩材料（Ni-Co 和 Ni-Co-Cu 铁氧体材料等）。但这些材料因为磁致伸缩系数较小（$2\times10^{-5}\sim8\times10^{-5}$），没有得到广泛应用。20 世纪 70 年代，Clark 博士发现了具有更大磁致伸缩系数的稀土-铁基合金，其磁致伸缩系数是纯 Ni 的 50 倍，是压电陶瓷的 5～25 倍，因此被称为超磁致伸缩材料，此外，该类材料还具有能量密度高、响应速度快、输出功率大、频带宽和可靠性好等特点。近些年，随着稀土-铁超磁致伸缩材料制造工艺不断完善、性能不断提高、成本不断降低，在军民两用高技术领域显示了广阔的应用前景，是 21 世纪军工与高新技术的重要战略材料。

(7) 磁致冷能量转换材料与技术

磁致冷材料是用于磁致冷系统的具有磁热效应的物质。磁致冷的基本原理为：借助磁致冷材料的磁热效应，即磁致冷材料等温磁化时向外放出热量，达到制冷的目的。这是以磁性材料为介质的一种全新的制冷技术。与传统气体压缩制冷相比，它具有制冷效率高、能耗小、运动部件少、噪声小、体积小、工作频率低、可靠性高及无环境污染等优点。根据应用温度，磁致冷材料可以分为三个温度区间使用：① 极低温度温区（20 K 以下），这个温度区间多数为顺磁材料，以 $Gd_2Ga_5O_{12}$（GGG）和 $Dy_3Al_5O_{12}$（DAG）为主；② 低温温区（20～77 K），是液化氢、液化氦的重要温度区间，以 RAl_2（R 为稀土元素）为代表；③ 高温温区（77 K 以上），特别是室温，研究最广泛的是稀土磁致冷材料，包括 Gd 及其化合物、La 基化合物和其他一些重稀土元素及其化合物。磁致冷技术被誉为绿色制冷技术，有望成为未来制冷技术的主导。

除了上述需要通过材料实现能量转换的情况外，还有不需要能量转换材料作为载体的能量转换技术，如风能、海洋能、地热能等。风能由太阳辐射引起，实质是太阳能的一种转化形式，属于清洁、可再生能源。风能存储量巨大，理论上若仅 1% 的风能被开发利用，就能满足全世界的能源需求。风能的利用主要是将大气运动时所具有的动能转换为其他形式的能量，主要应用包括风力发电、风帆助航、风车提水等。海洋能是指海水自身所具有的动能、势能和热能，其主要的存在形式有潮汐能、潮流能、波浪能、海流能、盐差能和温差能。海洋能通常是清洁、可再生的，其主要应用是发电，但由于海洋环境恶劣，相比光伏发电、风力发电等系统，海洋能的发展相对滞后。地热能是从地壳中抽取的天然热能，是一种可再生能源。地热能的开发利用主要分为两个方面：地热发电和地热直接利用。地热发电就是把地下的热能转换为机械能再转换为电能的过程。而对地热的直接利用更为广泛，包括地热采暖、地热农业及养殖业、地源热泵及地热旅游等方面。

思　考　题

1. 储能技术分为哪几类？什么是化学储能？
2. 氢能存储方式有哪些？
3. 常见的化学储能电池有哪些？
4. 按能量转化形式分类，能量转化材料有哪些？
5. 简述光电转换材料及其应用。

6. 简述电致发光材料及其应用。

7. 简述光催化材料及其应用。

参考文献

[1] 陈永真,李锦. 电容器手册[M]. 北京:科学出版社,2008.
[2] 樊栓狮,梁德青,杨向阳,等. 储能材料与技术[M]. 北京:化学工业出版社,2004.
[3] 黄素逸,王晓墨. 能源与节能技术[M]. 2 版. 北京:中国电力出版社,2008.
[4] 李星,王明珊,陈俊臣,等. 储能材料与器件[M]. 北京:化学工业出版社,2023.
[5] 王强,李国建,苑铁,等. 能量转换材料与技术[M]. 北京:科学出版社,2018.
[6] 赵雪,邱平达,姜海静,等. 超级电容器电极材料研究最新进展[J]. 电子元件与材料,2015,34(1):1-8.
[7] 周馨我. 功能材料学[M]. 北京:北京理工大学出版社,2002.
[8] DAVID L,THOMAS B R. 电池手册[M]. 汪继强,等,译. 北京:化学工业出版社,2007.

第4章 锂离子电池材料

4.1 锂离子电池发展与原理

与传统的太阳能电池、铅酸、镍铁和镍镉电池等相比，锂离子电池(LIBs)被认为是下一代最有前途的电化学储能装置。由于Li的还原电位低(－3.04 V，相比标准氢电极)，在大多数固体中容易实现快速的离子迁移，并且与其他金属离子电池相比，LIBs可以提供较高的比容量、体积能量密度和功率密度。自1991年首款$LiCoO_2$锂离子电池商业化应用以来，LIBs已经成功融入我们的日常生活中，从手机、数码相机到插电式混合动力电动汽车(PHEV)、混合动力电动汽车(HEV)，并且是未来数十年最有潜力的纯电动汽车和储能电网的选择。目前，学术界和工业界都致力于开发新型LIBs电池，其质量能量密度、体积能量密度、功率密度满足可持续性和环境兼容性等方面的新兴应用领域要求。

1980年，Armand等在实验室组装和测试了小型锂电池，其采用了含锂化合物(如$LiWO_2$等)作为正极，采用原始非插层材料(如TiS_2、WO_3、NbS_2等)作为负极，电解质是典型的溶解有高氯酸锂($LiClO_4$)的碳酸亚丙酯(PC)电解质。然而，这种电池具有成本高、能量密度低和倍率能力差的特点，与其他类型的电池相比没有竞争力。1987年，Auburn Barberio研究了MoO_2(WO_2)/$LiPF_6$-PC/$LiCoO_2$锂电池，其中电解质是含有六氟磷酸锂($LiPF_6$)的PC电解质。正极侧采用了富含锂且可脱嵌锂的化合物(如$LiCoO_2$)，负极则采用了可以嵌锂和脱锂的化合物XO_2(例如WO_2或MoO_2)。在电池充电“活化”后，Li^+开始从正极向负极转移。由此发展至1991年，日本索尼公司推出了首款商用钴酸锂可充电电池，其正极材料为$LiCoO_2$，负极材料为可插层的碳基物质，这为LIBs的大规模商业化应用奠定了基础。

通常LIBs主要由正极、隔膜、电解质和负极等部件组成。正极材料和负极材料均插入电解液中，正极材料的作用是为锂离子电池提供锂离子，负责储存锂离子的是负极材料，为了避免电池短路，需要在正、负极中间加入隔膜将正负极材料分开，电解液的作用是传输锂离子。目前，正极材料采用的是可嵌入锂的过渡金属氧化物，包括聚阴离子型正极材料$LiFePO_4$、$LiMSiO_4$(M＝Mn、Fe等)等，层状过渡金属氧化物$LiTMO_2$(TM＝Ni、Co、Mn)及$xLi_2MnO_3\cdot(1-x)LiTMO_2$(TM＝Ni、Co、Mn)等、尖晶石型正极材料$LiTM_2O_4$(TM＝Mn、Ni、Co)等。负极材料包括石墨以及锂钛氧化物($Li_4Ti_5O_{12}$)、锂金属和硅或硅碳复合材料。最常用的电解质是基于碳酸烷基酯的有机溶剂，如溶有$LiPF_6$、LiDFOB等锂盐的碳酸亚乙烯酯(VC)/碳酸乙烯酯(EC)/碳酸甲乙酯(EMC)/碳酸二甲酯(DMC)等混合有机溶液。隔膜主要采用聚丙烯 PP 膜或聚乙烯 PE 膜。工作原理如图 4-1 所示，当锂离子电池充电时，Li^+ 从正极材料内部脱出，进入电解液穿越隔膜，嵌入负极材料。同时外电路中电子的补偿电荷从正极达到负极，以确保内部和外部保持电荷平衡状态。随着充电反应的持续进行，正极材料内部的 Li^+ 全部脱出至负极，因此负极达到富锂状态。放电过程则相反，Li^+ 从负极材料内部脱出，进入电解液穿越隔膜，嵌入正极材料。同时，外电路中电子的补偿电荷从负极达到正极，随着放电反应的持续进行，正极材料达到富锂状态。在充放电过程中，锂离子在正负极之间来回传递，类似摇椅左右摇摆，因此锂离子电池又被称为“摇椅电池”。以石墨材料为负极，$LiCoO_2$ 材料为正极为例，电极反应方程式为：

正极： $$LiCoO_2 \rightleftharpoons Li_{1-x}CoO_2 + Li^+ + xe^- \tag{4-1}$$

负极： $$6C + xLi^+ + xe^- \rightleftharpoons Li_xC_6 \tag{4-2}$$

总反应： $$LiCoO_2 + 6C \rightleftharpoons Li_{1-x}CoO_2 + Li_xC_6 \tag{4-3}$$

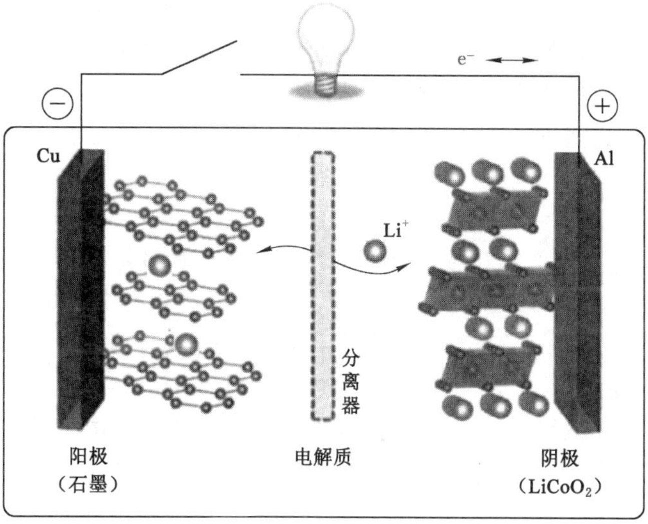

图 4-1　锂离子电池工作原理示意图

4.2　正极材料

为了扩大 LIBs 的应用领域，各国研究者一直致力于对锂离子电池材料的探索，尤其是正极材料和负极材料。一般情况下，电池的平衡电压与正极和负极的化学势差成正比。LIBs 中使用的碳基负极（如石墨）的工作电位通常高于锂金属负极的，并且比容量低得多（石墨的比容量为 372 mA·h/g），但这已经远高于正极材料的。因此，为了提高锂离子电池的性能，开发具有更高化学势的正极材料至关重要。事实上，近年来报道的大多数研究都集中在锂离子电池的正极材料上，包括聚阴离子型正极材料、尖晶石型正极材料及层状正极材料等。下面将对这几种正极材料进行简单介绍。

4.2.1　聚阴离子型正极材料

聚阴离子型正极材料由过渡金属多面体和聚阴离子基团的三维网络组成，其结构通式

为 $LiM_x[(XO)_y]_z$，其中 M 为过渡金属元素（如 Fe、V、Ti、Mn 等），X 为非金属元素（如 P、S、Si 等），有代表性的结构类型为橄榄石结构（NASICON 型和 Tavorite 型）。

橄榄石结构正极材料 $LiMXO_4$（X=P，As，Mo，W 等）为正交晶系 Pmnb 空间点群，以 $LiFePO_4$ 为例，氧离子以略微扭曲的六角密堆积结构排列，磷位于氧原子构成的四面体的 4c 位置，构成 PO_4 四面体。Li 和 Fe 离子占据氧原子构成的八面体中心，分别形成 LiO_6 和 FeO_6 八面体结构（图 4-2）。由于 $LiFePO_4$ 独特的聚阴离子结构，在电化学过程中避免了失氧的风险，表现出优异的热稳定性、循环稳定性和安全性。$LiFePO_4$ 材料理论比容量为 170 mA·h/g，充放电曲线在3.4 V 附近存在长平台区，这主要是由于其反应机制与 $LiCoO_2$ 的不同，为两相反应，平台区对应于材料中 $LiFePO_4$ 和 $FePO_4$ 两相共存。充放电过程中，Li^+ 沿[010]方向扩散，通过不同位置间的一系列跳跃形成锯齿形路径，但这种一维扩散通道使得锂离子扩散系数很低，为 10^{-14}～10^{-15} cm^2/s。此外，与材料结构所固有的低电子电导率相叠加，使得 $LiFePO_4$ 材料的电子输运和锂离子输运过程阻抗变大，导致其低温性能和倍率性能较差。工业界主要通过颗粒纳米化、体相掺杂和表面碳包覆，提高离子和电子的电导率，改善倍率性能；通过优化锂盐，电解质溶剂和添加剂的使用改善了材料的低温性能；通过电芯设计和无模组 CTP 技术，提升了磷酸铁锂电池的体积比能量密度，使其成为新能源汽车动力电池的主流之一。

对于 NASICON 型正极材料 $Li_yM_2(XO_4)_3$，其结构是由 2 个 MO_6 八面体（M=V、Fe 等）和 3 个 XO_4 四面体（X=P、S、Si 等）共顶点连接构成 $M_2(XO_4)_3$ 骨架基元。NASICON 型正极材料的一个重要代表是 $Li_3V_2(PO_4)_3$，该材料存在两种结构：菱方 R-3 空间群的 NASICON 结构和单斜晶系的 P21/n 空间群的反 NASICON 结构，其中单斜 $Li_3V_2(PO_4)_3$ 的结构单元取向提供了比 NASICON 型化合物更致密的结构，表现出更好的热稳定性与电化学性能。$Li_3V_2(PO_4)_3$ 材料具有较高的 Li^+ 扩散系数，但是其结构特性导致电子电导率很低（约 10^{-7} 数量级），倍率性能受到限制，一般通过颗粒纳米化缩短锂离子传输距离，表面碳包覆可提高电子电导率并抑制制备过程中 V^{3+} 的氧化。$Li_3V_2(PO_4)_3$ 凭借其成本较低、比容量高及稳定性好等优点，成为下一代动力电池正极材料的发展方向。

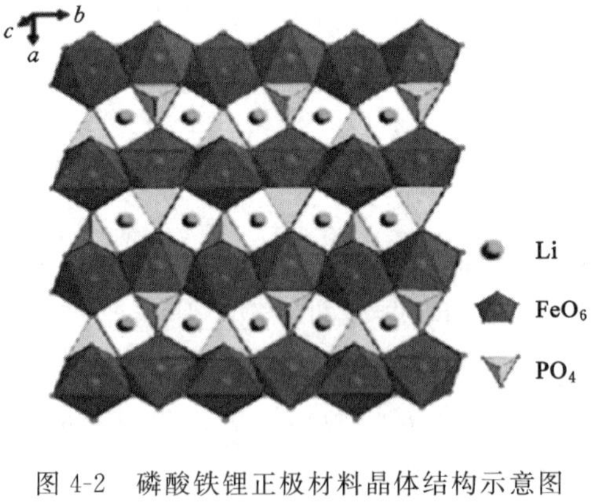

图 4-2　磷酸铁锂正极材料晶体结构示意图

Tavorite 型聚阴离子正极材料主要包括含氟磷酸盐 $LiMPO_4F$ 和含氟硫酸盐 $LiMSO_4F$（M=Fe、Co、Ni、V 等），其中以 $LiVPO_4F$ 研究最早，该材料为钙钛矿结构，VO_4F_2 八面体共顶点通过 F 原子连接构筑三维空间骨架，具有与橄榄石型正极材料相类似的结构稳定性。$LiVPO_4F$ 的理论比容量为 156 mA·h/g，其 $V^{3+/4+}$ 氧化还原电位为 4.2 V，较无氟聚阴离

子型 $Li_3V_2(PO_4)_3$ 的高 0.4 V，然而在首次充电过程中，充电曲线在 4.26 V 和 4.30 V 附近有 2 个紧挨在一起的平台，而在放电过程中只在 4.19 V 附近存在平台。目前关于 $LiVPO_4F$ 正极材料的研究主要集中在通过掺杂和包覆提升材料的电化学性能，尤其是倍率性能。

聚阴离子型正极材料由于稳定的骨架结构而具备优异的循环稳定性和热稳定性，并且根据金属阳离子的不同可以实现对工作电压的调节，然而结构中的聚阴离子基团会阻碍过渡金属离子间的电子传输，使得其电子电导率普遍偏低，而改性措施多集中于材料纳米化、表面碳包覆和体相掺杂。

4.2.2 尖晶石型正极材料

尖晶石型正极材料主要是指 $LiMn_2O_4$，其具有典型的立方尖晶石结构，如图 4-3 所示，其中氧离子占据 32e 四面体位置并呈现密立方堆积，锰离子占据 16d 八面体位置，锂离子占据 8a 四面体位置，锂离子占据的位置通过 16c 处的空隙与 4 个相邻离子隔开，由此形成的三维通道(8a-16c-8a-16c)为锂离子在晶体中的快速迁移提供了帮助。$LiMn_2O_4$ 材料中锂离子的电化学嵌入/脱出反应发生在 3.0～4.5 V(vs. Li/Li+)之间，其理论比容量为 148 mA・h/g。与其他正极材料相比，它的优势在于生产成本低、环境友好、合成方法简单、倍率性能高。但是由于锰溶解和 Jahn-Teller 畸变等因素，材料在高温循环过程中容量快速衰减，严重限制了其实际寿命。另外，作为一种半导体，$LiMn_2O_4$ 的带隙为 1.3 eV，电导率低(约 10^{-6} S/cm)，导致其实际倍率性能较差。

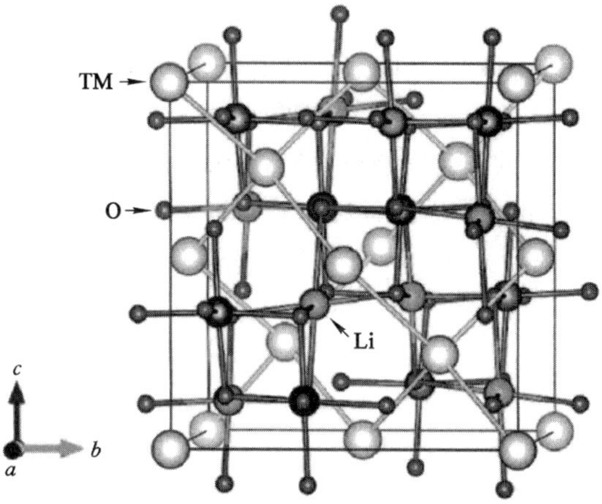

图 4-3 尖晶石型正极材料晶体结构示意图

4.2.3 层状结构正极材料

理想的层状结构正极材料 $LiMO_2$(M＝Mn，Co，Ni 等)为 α-$NaFeO_2$ 型化合物。氧离子呈面心立方密堆积，占据 6c 点位，Li 与过渡金属离子交替排列在岩盐相(111)平面上，分别占据氧八面体空隙的 3a 与 3b 位置，氧八面体以 O3 顺序(AB-CA-BC)堆叠形成过渡金属层和 Li 层。O3 层状 $LiMO_2$ 正极材料中 Li^+ 的传输主要有 ODH(oxygen dumbbell hopping)和 TSH(tetrahedral site hopping)两种方式，充电初期，锂离子优先通过邻近氧位从一个八面体向相邻八面体迁移(ODH)。随着脱锂量增加，优先通过相邻的四面体空位从锂层的一个八面体位置扩散到另一个八面体位置(TSH)。现阶段应用和研究广泛的层状材料主要有 $LiCoO_2$、三元层状材料、富锂锰基层状正极材料。

最具代表性的层状结构正极材料为 $LiCoO_2$,也是迄今技术最成熟的正极材料之一,其优势主要包括以下两点:(1) 高体积能量密度。其理论比容量为 273 mA·h/g,理论密度为 5.06 g/cm^3,压实密度约为 4.2 g/cm^3,而商用的 4.45 V 钴酸锂材料比容量约为 175 mA·h/g,体积比能量>2 900 W·h/L,远高于 $LiNi_{1/3}Co_{1/3}Mn_{1/3}O_2$、$LiMn_2O_4$、$LiFePO_4$等材料的。(2) 优异的电子电导率和离子扩散系数。此外,与其他层状正极材料相比,Co、O 原子间相互作用更强,并且 $LiCoO_2$具有良好的阳离子有序度,降低了 Li 在 Li-O 层中的跃迁势垒,有助于 Li^+ 在二维平面上的快速扩散。然而,由于钴的毒性且成本昂贵,难以进入电动汽车或大规模储能领域,但凭借其出众的体积能量密度和倍率性能,依旧是传统消费电子领域的不二之选。

为了兼顾正极材料的容量、结构稳定性、安全性,开发 Ni-Co-Mn 层状三元材料成为主流。NCM 材料中过渡金属元素 d 轨道电子发生能级分裂,为 E_g和 t_{2g},由于 Mn^{3+} 在 E_g能带的电子倾向于转移到 Ni^{3+} 的 E_g能带,形成 Mn^{4+} 和 Ni^{2+},并且随着 $n_{Ni}:n_{Mn}$ 的增大,+3 价镍离子的数量不断增加,呈现+2 和+3 的混合价态。由于 $Mn^{3+/4+}$ 的 E_g能带能量要显著高于 $Ni^{3+/4+}$ 的 E_g能带和 $Co^{3+/4+}$ 的 t_{2g}能带,在充电过程中,Mn 的价态保持在+4 价不变,起到稳定晶体结构的重要作用,$Ni^{2+/3+/4+}$ 则优于 $Co^{3+/4+}$ 发生氧化还原提供容量,镍含量对于提高比容量和能量密度具有重要作用。因而,具有高比容量的高镍 NCM 材料(NLO)成为现阶段研究与应用的热点。

除了上述常规层状正极材料 $LiMO_2$ 以外,还有以锂过量形式存在的 $Li[Li_{1/3}Mn_{2/3}]O_2$,即锂原子占据了 MnO_6 八面体层的三分之一的点位。由于单斜相 Li_2MnO_3 ($Li[Li_{1/3}Mn_{2/3}]O_2$) 组分(C2/m 空间群)和六方相的 $LiMO_2$组分具有相似的氧密堆积 O3 型层状结构,且沿 c 轴方向层间距相近(约 0.470 nm),因此二者可以在原子水平上相容,构成富锂锰基层状材料 $xLi_2MnO_3 \cdot (1-x)LiMO_2$ (M=Mn,Co,Ni 等),或写作 $Li(Li_xM_{1-x})O_2$。富锂锰基层状材料(LLO)在 2~4.8 V 电压范围内可以实现约 300 mA·h/g 的可逆容量,受到研究者的广泛关注。

4.3 负极材料

一般来说,理想的负极材料应具有以下特点:低电极电位、高电化学可逆性、低成本和无毒性等。另外,具有高功率密度和能量密度、循环稳定性和安全性也是必备条件。因此,研究者致力于对负极材料的研究,并开发了多种优化策略(如表面性质改性和结构设计),以实现负极材料的高离子/电子电导率、更多表面活性中心、高结构稳定性和可逆性。尽管现有研究涉及多种负极材料且性能参差不齐,但目前主流的商用负极材料主要有三大类,分别为碳基负极、钛基负极和硅基负极。虽然碳基材料具有稳定性强、导电性好、来源广等优点,被认为是目前较为理想的锂电池负极材料,但是其比容量及倍率性能不能满足大功率设备与电器的需要,并且电解质的分解和不可逆反应降低了其容量和安全表现。而钛基与硅基负极具有突出优势,其中钛酸锂和二氧化钛具有优秀的倍率和稳定性,而硅与氧化硅具有高理论容量。但是,这些材料都存在电导率低、循环稳定性差、体积膨胀及库仑效率低等问题,严重制约其发展与商业化应用。因此对新型负极材料的研究仍在继续，以突破成本、能量密度、功率密度、循环寿命和安全性的界限。尽管涌现出各种有前景的负极材料，但许多都存在导电性有限、锂传输缓慢、溶解或与电解质的其他不利反应、热稳定性低、体积膨胀大和机械脆性等问题，因此负极材料的发展任重道远。

4.3.1　碳基负极材料

碳基负极材料主要包括天然石墨和人造石墨，其中市场占有率最高的为人造石墨。目前，$Li_4Ti_5O_{12}$的市场占有率不足 5%，硅碳(Si/C)负极市场占有率不足 1%。石墨主要通过 Li^+ 可逆插入和脱出石墨六原子碳层间，形成 LiC_6 结构进行储锂，其理论比容量为 372 mA·h/g。

天然石墨是远古动植物被深埋后在高压高温等条件下经过漫长地质演变而成的。按结晶度天然石墨可分为鳞片石墨和土状石墨。鳞片石墨形状貌似鱼鳞，石墨化程度高于 98%，宏观上表现出各向异性，作为 LIBs 负极首次库仑效率为 90%～93%。在 0.1 C 电流密度下，其可逆比容量为 340～370 mA·h/g，几乎接近理论比容量，但石墨片层易发生剥离，导致电池的循环性能不理想。天然石墨的原子层结合能仅为 16.7 kJ/mol，溶剂容易进入层间导致层剥离，使其容量下降，通过表面包覆可有效阻止溶剂进入。目前，主要采用包覆、复合等方法提高鳞片石墨的循环稳定性和可逆容量。低温使锂离子在鳞片石墨中扩散慢，导致鳞片石墨的可逆容量低，造孔可改善其低温储锂性能。土状石墨又名微晶石墨，石墨化程度通常低于 93%，宏观上表现出各向同性，钢灰色，有金属光泽，通常由煤变质而成，含有少量 Fe、S、P、N、Mo、H 等杂质，用作 LIBs 负极材料时需提纯。另外，微晶石墨存在较多杂质和缺陷，可逆容量一般低于 300 mA·h/g。粒子大小对微晶石墨的可逆储锂容量有明显影响，小颗粒材料通常具有较高的比表面积，能实现快速锂离子插入，可逆比容量高。微晶石墨生产过程容易使颗粒破碎，在一定程度上影响材料的循环稳定性。微晶石墨较差的结晶度使其容量低于鳞片石墨，复合和包覆是常用的改性方法。微晶石墨的容量、倍率性能均差于鳞片石墨的，相比鳞片石墨研究较少。

人造石墨主要由石油焦、沥青、针状焦和高分子纤维等高温隔氧热处理而成。中间相碳微球(MCMB)是沥青类化合物受热时发生收缩形成的各向异性小球，直径通常在 1～100 μm 之间，商业化 MCMB 的直径通常在 5～40 μm 之间，球表面光滑，具有较高的压实密度。新制的 MCMB 表面呈疏水性，表面碳原子反应活性高，在表面引入亲水性基团可提高其导电性。MCMB 的可逆储锂容量与生产时的热处理温度密切相关，一般情况下，随着石墨化程度提高而增加。另外，储锂容量与石墨晶体的排列方式有关，具有错向经线型 MCMB 的可逆储锂容量最高，1 C 下可逆容量达 282～325 mA·h/g，首次库仑效率达 90%。MCMB 作为 LIBs 负极具有如下优点：(1) 球形颗粒有利于形成高密度堆积的电极涂层，且比表面积小，有利于减少副反应；(2) 球内部碳原子层径向排列，锂离子容易嵌入和脱出，大电流充放电性能好。但是，MCMB 边缘的碳原子经锂离子反复插入脱出容易导致碳层剥离和变形，引发容量衰减，表面包覆工艺能有效抑制剥离现象。热处理条件(如温度、时间、升温速率、热处理气氛等)影响 MCMB 的球径、表面缺陷程度、结晶度等，进而影响其电化学性能。目前对 MCMB 的研究大多数集中在表面改性、与其他材料复合、表面包覆等。

石墨化碳纤维主要通过酚醛树脂、聚丙烯腈、中间相沥青纤维等经高温处理后得到。此种碳材料储锂可逆性好，首次库仑效率高达 97%，且锂离子扩散系数比人工石墨和天然石墨约高 1 个数量级，但是其可逆容量低于人工石墨和天然石墨的。石墨化碳纤维的直径一般为 200～500 nm，具有类似树木年轮的同轴结构，石墨化片层取向性高。相比 MCMB、天然石墨，石墨化碳纤维生产成本高，关于 LIBs 负极材料的研究不多。

不论是天然石墨还是人造石墨，引入一些非金属元素，例如缺电子硼，可提高锂与石墨基体之间的结合能，从而提高其可逆比容量。但引入一些具有供电子作用的氮、磷，或者引用一些半径比碳原子大的原子(例如硅等)，将使石墨层平面扭曲变形，对储锂不利。引入锂、钾、镁、铝、镓、铜、锑和铁等金属正离子，可对石墨进行层间掺杂和表面改性，提高石墨层间的结合力，在一定程度上提高石墨材料的储锂可逆性。通过氟化和氧化处理，包覆异质碳材料，金属颗粒及其氧化物、聚合物材料等表面改性，可减少石墨层在充放电过程中的剥离现象，提高其可逆比容量。作为商业化 LIBs 负极，石墨负极的主要缺点是储锂的氧化还原电压平台低(0.05～0.3 V)，充放电过程容易产生锂枝晶，锂枝晶穿透隔膜后导致电池内部短路，电芯放出大量的热量使电解液迅速分解，导致电池壳急剧膨胀，从而爆炸着火，引发安全问题。

硬碳材料也具有较好的储锂性能，其安全性高于石墨负极的。硬碳是难以石墨化的碳，通常由高分子材料热裂解制得。此类碳材料具有多孔结构，目前认为其主要通过 Li^+ 可逆地在微孔中吸附/脱附及表面吸附/脱附进行储锂。硬碳的可逆比容量可达 300～500 mA · h/g，但是平均氧化还原电压高达约 1 V vs. Li^+/Li，且无明显的电压平台。形貌、孔隙率等很大程度上影响硬碳的循环稳定性和可逆比容量。另外，相比石墨材料，硬碳的可逆比容量的提高幅度不大，且电压平台的提高降低了全电池的比能量密度。近年来的研究主要集中在不同碳源的选择、调控工艺、与高容量材料复合、包覆等。

4.3.2 钛基负极材料

钛基材料由于价格低廉、毒性小、体积变化小和具有良好的循环寿命等特点成为锂离子电池的常用负极，但是其理论容量较小(175～330 mA · h/g)，电子电导率较低(10^{-12}～10^{-13} S/cm)。就工作电位而言，其电位值超过碳基材料导致输出电压更小，而稳定的工作电位会带来极高的安全性和延长的循环寿命。为此，人们投入了大量的精力来开发钛基材料，包括不同相结构的二氧化钛及钛酸锂等。

因具有出色的离子迁移速率、可逆性、稳定性、低成本和环保等优点，尖晶石钛酸锂($Li_4Ti_5O_{12}$，LTO)一直被认为是最适合替代石墨的锂电负极材料。其具有相对较高的嵌锂电位(1.55 V vs. Li/Li^+)，可从根本上杜绝负极析锂现象，具有极高的安全性。此外 LTO 的零应变特性可以在材料晶格体相中插入多达 3 个 Li^+ 后体积基本不发生变化，因此具有优异的循环性能。同时，其具有领先于石墨一个数量级的锂离子扩散系数(约 2×10^{-8} cm^2/s)，因而使 LTO 具有优异的倍率性能。因此，尽管 LTO 基负极材料的比容量相对较低(175 mA · h/g)，但在面向具有特殊需求场景(如快充、长寿命和高安全性的电池系统设计)中，LTO 基材料仍是负极的不二之选。

4.3.3 硅基负极材料

与其他合金型负极相比，硅(Si)具有的独特性能引起了众多研究者的关注，因为它具有约 4 200 mA · h/g 的高理论容量和高于石墨的工作电位(约 0.4 V vs. Li/Li^+)，以及更好的环境友好性和丰度。尽管 Si 负极与插层型负极相比具有显著的容量和成本优势，但是较低的电子/离子电导率、充放电过程中的大体积变化以及由于颗粒粉碎导致界面 SEI 的反复生成等问题阻碍了其商业化进程。所以，一些研究人员把目光投向体积膨胀相对较小的 SiO_x。相比 Si，SiO_x 以较低的初始放电容量(2 200～2 500 mA·h/g)换取了更长的循环寿命。在 Li 与 SiO_x 的反应和循环过程中，不可逆的 Li_2O 和 Li_4SiO_4 的形成降低了比容量。但是 Li_4SiO_4 作为一个天然的体积缓冲基质，反过来可以改善循环和保持容量。基于此，特斯拉已经率先将其与石墨混合装备在新能源汽车上。然而，SiO_x 仍面临体积膨胀大、反应动力学慢、ICE 低等与硅负极类似的挑战。

硅碳负极(SiO_x/C，$0 \leqslant x \leqslant 2$)是顺应市场需求的产物，具有比石墨和 $Li_4Ti_5O_{12}$ 更高的质量比容量。单质 Si 的比容量高达 4 200 mA·h/g，高于金属 Li 的比容量(3 860 mA·h/g)。但 Si 插 Li 后体积膨胀率达 320%，极大限制了其应用。将硅单质或化合物分散在碳基体中可有效抑制插锂后的体积膨胀，同时，碳基体具有较好的导电性，能提升复合材料的电子电导率，最终大幅度提升电池的循环稳定性能。根据碳含量不同，SiO_x/C 的比容量一般为 500～1 500 mA·h/g，1 C 电流密度下循环寿命可达1 000 次。在传统石墨负极中加入少量 SiO_x 以提高负极总体容量的方法是目前公认的最有前景的发展方向。国外许多电芯产业巨头致力于 SiO_x/C 产业化，我国许多电芯企业也开始布局 SiO_x/C 产业化研究生产。

石墨、乙炔黑、MCMB、碳纳米管、石墨烯和碳纳米纤维等均可用于形成 SiO_x/C 的碳框架材料。在结构上，SiO_x/C 可分为连续碳层包覆和不连续碳层包覆两类。连续包覆结构(如核-壳结构)能较好地抑制 SiO_x 的体积膨胀，减少固体电解质膜的生成，首次库仑效率较高；非连续包覆结构(如均匀分散结构)能使电解液更好地浸润，倍率性能较好，但首次库仑效率较低。Si 的电压平台为 0.1～0.4 V，与石墨的电压平台(0.1～0.3 V)非常接近，SiO_x/石墨烯类复合材料的电压平台低于 0.5 V。采用 SiO_x/石墨烯替代传统石墨负极材料不会降低全电池的开路电压(这也是业界认为采用石墨复合是行业最有前景的发展方向的原因)。非石墨类碳材料，如乙炔墨、酚醛树脂热裂解碳和碳纳米管(CNTs)等没有明显的电压平台，且平均电压高(约 1 V)，此类 C 与 Si 的复合材料电压平台较高，甚至没有明显的电压平台。对全电池而言，负极电压平台高意味着开路电压低，比功率密度降低。目前，SiO_x/C 存在商业化成本高(约为石墨价格的 10 倍)、比容量和循环稳定性不佳等问题，目前的研究主要集中在采用新工艺降低生产成本和提高循环稳定性。许多非碳类物质，如过渡金属氧化物、硫化物、MXene 和高分子聚合物等都能很大程度上提高 SiO_x 的比容量和循环稳定性，通过结构设计和工艺调整有望使生产成本降低至大众能接受的水平。

4.3.4 新型负极材料

目前商业化负极仅有石墨、$Li_4Ti_5O_{12}$ 和 SiO_x/C 3 种。石墨的商品化比容量最高约为 350 mA·h/g，$Li_4Ti_5O_{12}$ 的商品化比容量最高仅约为 160 mA·h/g。传统的嵌入/脱嵌型储锂负极(石墨，$Li_4Ti_5O_{12}$)的比容量受到嵌入/脱嵌 Li^+ 量的限制，比容量低，越来越难以满足目前电动车动力电池高体积比容量、高质量比容量的要求。SiO_x/C 属于合金化反应储锂负极，虽然商业化容量达到约 650 mA·h/g，但目前生产成本高，且大体积电池安全性差，未见作为电动车动力电池负极的应用报道，因此开发应用成本低、比容量高的负极材料刻不容缓。新型负极材料可分为两大类:转化反应型储锂负极、合金化反应储锂负极。

(1) 转化反应类负极

转化反应类负极主要有过渡金属化合物(MX_n,M 为过渡金属,可为一种或多种;X 为 P、S、Se、Te、O 等非金属,可为一种或多种),理论比容量视 MX_n的种类而定,通常为 700～1 000 mA·h/g。此类材料的理论比容量稍高于当前 SiO_x/C 负极的商品化比容量,但原料成本远低于 SiO_x/C 的;转化反应过程体积变化率较低(通常低于 250%),循环稳定性较好。结构对转化型储锂材料的可逆性有着至关重要的影响。在充放电过程中,活性颗粒反复体积胀缩,发生组分偏析,导致颗粒接触性变差,转化效率降低。通过将纳米化的活性材料分散包覆在导电框架内部(碳、高分子聚合物和 Mxene)等,可大幅度提高材料的比容量和循环稳定性。氧化物之间的复合也可以在一定程度上提高循环稳定性。总体而言,转化反应型储锂负极普遍存在氧化还原电压高的问题,组装成全电池后工作电压低,不能很好地与目前市场上的电子产品匹配。

(2) 合金反应类负极

合金反应类负极可以与锂形成合金类材料,通常为元素周期表第四主族、第五主族、第六主族能与锂形成合金的单质,例如 Ge、Sn、Pb、P、Sb、Bi、Se、Te 等。放电过程中,Li^+ 进入材料的晶格形成合金,充电过程中 Li^+ 从合金中脱出。充放电前后体积变化在此类材料中更明显,达到 260%～360%。比容量及氧化还原电压因材料而异。合金反应负极普遍具有比转化反应负极更高的比容量和更低的工作电压。

此类材料的比容量差异较大。Sn 的比容量为 991 mA·h/g,同族的 Pb 的比容量仅为 569 mA·h/g;P 的比容量高达 2 596 mA·h/g,同族的 Bi 仅为 384 mA·h/g。电压平台也差别较大,总体上随原子量增大电压平台升高。未经纳米化的材料直接用作负极时比容量衰减很快,没有实用价值;经纳米化并分散在导电性载体后有较高的可逆比容量和较好的充放电循环稳定性。目前此类材料的研究集中在载体的结构和形貌设计方面。

4.4 隔膜材料

在充电过程中,锂离子从正极发出,在电解液中通过隔膜,然后运动到负极并嵌入负极层状结构材料中。放电的时候,锂离子从富锂态的负极出发,在电解液中穿过隔膜到达贫锂态的正极并嵌在正极层状结构材料中。作为锂离子电池的核心材料之一,隔膜影响着电池的化学性能和安全性能。隔膜位于正极和负极之间,将正极和负极隔开,防止正负极材料直接接触而造成短路,可以允许电解液中的锂离子在正负极间自由通过。同时,电池的安全运行也离不开隔膜的保护。

4.4.1 隔膜的基本要求

目前,商业化的电池隔膜主要是基于聚烯烃材料的聚合物微孔膜,包括聚乙烯(Polyethylene,PE)和聚丙烯(Polypropylene,PP)的单层、双层或多层结构的微孔膜,需要满足以下基本要求:

(1) 化学和电化学稳定性。隔膜材料必须在任何条件下不与电解液和电极材料发生化学副反应,尤其是在满充电条件下强还原的负极和强氧化的正极仍然保持稳定。

(2) 厚度及其均匀性。由于隔膜作为非活性材料不参与锂离子电池的能量转换，在提高能量密度的要求下，隔膜材料应尽可能在保证基本功能和安全的前提下减小质量与厚度。据推算，当聚烯烃隔膜的厚度由 30 μm 下降到 20 μm 时，高功率锂离子电池的能量密度可提高 2%，高能量锂离子电池的能量密度可提高 10%。虽然从提高电池能量密度的角度应尽可能降低隔膜的厚度，但是为了保证机械强度和安全性能又需要保持一定的厚度，因此其厚度需要按照实际使用的具体条件确定，目前商业化聚烯烃隔膜的厚度在 9～40 μm 之间。厚度的一致性会影响锂离子传输的均匀性，进而影响电池的循环寿命和安全性能，因此隔膜需要保持厚度均匀。

(3) 微孔结构，包括孔隙率、孔径与曲率等。锂离子电池所使用隔膜的孔隙率大致为 40%～50%。孔隙率较低时，保持的电解液较少，离子电导率偏低；孔隙率过高时，膜的机械性能则较差。孔隙率是隔膜制备工艺中的关键参数之一，需要在离子传导与机械强度等性能要求下进行综合调节。为了防止颗粒穿透导致的电池微短路，隔膜的孔径应比电极极片组成材料的孔径小。在实际应用中，具有一定曲率、亚微米尺度的孔径被认为可以有效阻止颗粒的穿透。

(4) 机械强度。在电池生产工艺和流程方面，尤其是圆柱电池的卷绕工艺中，隔膜的机械强度(如弹性模量等参数)会产生极大的影响。由于施加于隔膜的应力与其受力的速度和均匀性相关，所以需降低卷绕速度以保证生产过程中的应力不会显著增大隔膜的孔径，以及后续干燥和使用过程中的热收缩率。因此，提高隔膜的机械强度对提高电池生产的效率十分有益。为了满足电池在装配和使用过程中的要求，隔膜必须具有较强的机械强度，隔膜的机械强度主要用拉伸强度和穿刺强度表征。

(5) 电解液润湿性。电极间的离子传导依靠隔膜孔隙中保持的电解液来实现，因此，隔膜需要易被电解液润湿并具有在电池全生命周期保持电解液活性的能力，以有利于电池制造过程中的注液工艺和电池循环寿命的延长。

(6) 尺寸稳定性。隔膜在电解液浸润条件下应仍保持平整，并在较宽的温度范围内保持尺寸的稳定。对于聚烯烃材料而言，即便孔隙率很低，一旦达到软化点，由于晶相和无定型相密度的差异，隔膜都会收缩。如 PE 隔膜在 120 ℃下放置 10 min 就会产生 10 ℃的热收缩。另外，电池装配过程也会显著受到干燥过程中隔膜收缩的影响，这是由于电池最终除水的最高干燥温度往往受到电池各组成部件中热稳定性最差材料的限制。目前，影响这一温度上限的材料基本是聚烯烃隔膜，如能提高隔膜的热稳定温度，则可减少干燥室等投资，进一步降低锂离子电池的生产成本。

(7) 热关闭功能。热关闭功能是指在电池发生热失控的温度下关闭电池防止热失控发生的功能。其机制主要是利用不同聚合物的熔点差异以及多层结构，最为典型的是 Celgard 公司 PP/PE/PP 三层复合隔膜。当短路或过充发生时，系统急速升温，当升温到 PE 的熔化温度(约 135 ℃)时，PE 熔化，堵塞隔膜中的微孔，离子传导通路被切断，电池内阻急剧增大，阻止反应进一步发生；熔点较高的 PP(约 165 ℃)保持尺寸稳定性，防止正负极接触，从而抑制热失控的发生。

(8) 成本。电池隔膜的规模化制造方法包括干法拉伸、湿法拉伸、流延法、相反转法和静电纺丝法等。对于可商业化的材料而言，除优异的性能外，成本也是需要着重考虑的因素。聚烯烃微孔隔膜成本占锂离子电池成本的 20%，这是因为除原材料成本之外，工艺的复杂程度和门槛决定了产品的价格。

4.4.2 隔膜材料种类

(1) 微孔聚烯烃隔膜

微孔聚烯烃隔膜是目前市场化程度最高的锂离子电池隔膜，其中以聚乙烯(PE)和聚丙烯(PP)为代表。微孔聚烯烃隔膜因具有良好的稳定性、力学性能以及较低的成本等优点，在锂电池隔膜中处于领先地位。在实际应用中，主流产品又可以分为单层聚丙烯膜、单层聚乙烯膜和三层 PP/PE/PP 复合膜。表 4-1 是三种不同隔膜的比较。

(2) 改性聚烯烃隔膜

虽然聚烯烃隔膜应用广泛，但仍存在许多不足之处，如对电解液的亲和性较差、高温下容易发生热收缩、孔隙率偏低，这也影响着电池的性能。因此，研究人员对传统的聚烯烃隔膜进行了改性。

(3) 无纺布隔膜

无纺布隔膜又称为非织造布隔膜，通过非织造方法(熔喷法、静电纺丝法、湿法抄造、纺黏法等)将均匀分散的纤维进行随机或者定向排列，在形成网状结构后使用机械、物理或者化学的方法加固成型而形成的新型纤维制品。聚酰亚胺(PI)、聚丙烯腈(PAN)、聚对苯二甲酸乙二醇酯(PET)、聚偏氟乙烯(PVDF)、聚偏氟乙烯-六氟丙烯(PVDF-HFP)等材料是无纺布隔膜常用的材料。无纺布隔膜由于具有良好的电化学稳定性、高电导率和较高的机械强度等特点，成为锂离子电池隔膜的研究热点。其中聚酰亚胺(PI)是一种综合性能优异的有机高分子材料。其耐热性可以达到 400 ℃以上、机械性能优异、绝缘性好、耐辐射性好，是电池隔膜材料的选择之一。有研究者通过共混缩聚的方法制备出了聚酰亚胺隔膜，这种隔膜可以在 280 ℃高温下持续工作，甚至可以短时间内在 400 ℃的高温下工作，基于此可以看出 PI 隔膜具有更高的热稳定性和安全性。采用静电纺丝的方法可将溶胶 PI 制备出纳米纤维膜，再通过退火的方法增加纳米纤维之间的交联。

表 4-1 三种不同聚烯烃微孔隔膜的比较

隔膜材料	物理化学性质	工艺要求	优点	缺点
PP	熔点为 165～175 ℃，分子量大	挤出成型或注塑成型，再机械拉伸	机械性能优异，可以双向拉伸	高温加热容易发生氧化
PE	熔点为 109～131 ℃，密度高的聚乙烯可以提高熔点	将溶液混合，用吹塑法成型后再加工	孔隙率较高、耐热性较好、力学性能较好	熔点较低
PP/PE/PP	根据聚烯烃的不同特性，材料具有自关闭功能	多层共挤技术	熔点较低的聚乙烯具有热反应功能，聚丙烯具有优异的机械性能和安全性	价格高、技术难度高

(4) 有机/无机复合隔膜

有机/无机复合隔膜是一类将无机纳米颗粒材料与有机聚合物均匀混合后涂覆在聚烯

烃隔膜基材上的复合材料。这一类隔膜同时具有有机聚合物表面改性和无机纳米颗粒表面改性的优良性能，是一种很有前景的锂离子电池隔膜。

（5）纤维素隔膜

纤维素广泛存在于树木、植物、果实、树皮和叶片中，是环境友好的可再生线形高分子化合物，因其具有大量手性位点和优良的亲水性、热稳定性、可生物降解性，被应用于制浆造纸、纺织、废水处理和日化等行业。纤维素及其衍生物由于具有独特的功能结构，是一种非常有前途的电池材料，可以用于优化锂离子电池隔膜的性能研究。纤维素纸基隔膜通过简单、低成本的造纸工艺制备，即以天然纤维或再生纤维为主要原料，添加无机或有机粒子，通过打浆、配浆、抄纸、干燥、压光等步骤制成纤维素纸隔膜。纤维素基隔膜具有较高的孔隙率、良好的电解液润湿性、热稳定性和尺寸稳定性等优势，可使电池具有更好的循环性能和更低的电阻抗。同时，纤维素纸基隔膜的吸水性和保液率也均优于商业聚乙烯隔膜。然而，纤维素隔膜由于拉伸强度和耐穿刺强度较低，使得电池容易出现锂枝晶刺穿隔膜造成电流密度不均或者短路现象。

4.5　电解质材料

电解质材料是锂离子电池不可或缺的组成部分，在锂离子电池工作过程中，在正极、负极之间起着传输离子和传导电流的作用。性能优良的电解质，是获得长循环寿命、高能量密度、高安全性和高功率密度等性能优异锂离子电池的关键。电解质材料常被分为液态电解质和固态电解质，其中固态电解质包括无机固态电解质和聚合物电解质，具体分类如图 4-4 所示。

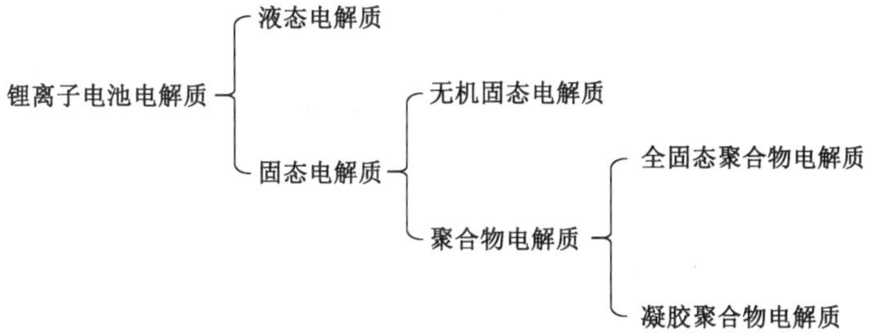

图 4-4　锂离子电池电解质分类

目前商业化应用的锂离子电池几乎都采用液态电解质。液态电解质通常由锂盐、高纯有机溶剂和一种或多种功能型添加剂组成。其中锂盐通常包括四氟硼酸锂（$LiBF_4$）、六氟磷酸锂（$LiPF_6$）、高氯酸锂（$LiClO_4$）和六氟砷酸锂（$LiAsF_6$）等无机阴离子锂盐；以及三氟甲基磺酸锂（$LiCF_3SO_3$）、双三氟甲烷磺酰亚胺锂（LITFSI）及其衍生物、全氟烷基磷酸锂（LiFAP）、四氟草酸磷酸锂和双草酸硼酸锂（LiBOB）等有机电解质锂盐。有机溶剂通常由高介电常数有机溶剂与低黏度有机溶剂混合而成，包括酯类和醚类两大类，比如碳酸乙烯酯（EC）、碳酸丙烯酯（PC）、碳酸二乙酯（DEC）、碳酸二甲酯（DMC）和碳酸甲乙酯（EMC）等。常用的混合溶剂体系有 EC＋DMC、EC＋DEC、EC＋DMC＋DEC 和 EC＋DMC＋EMC 等。添加剂主要包括有助于 SEI 膜形成的添加剂、导电添加剂、阻燃添加剂、过充保护添加剂、控制痕量水和 HF 的添加剂以及高低温型温度添加剂等。

虽然液态电解质已经得到广泛应用，但由于其含大量易燃、分解温度低的有机溶剂，在电池短路、过充或热失控等条件下，电解液将加速分解，并释放可燃性气体，加速正负极材料的分解，造成热失控，引发自燃或爆炸，存在较大安全隐患。据 OFweek 锂电网不完全统计结果显示，2016 年在锂电池生产、运输、应用和回收等产业环节发生起火事故 40 余起。从手机、笔记本等移动便携设备到电动汽车，均有锂离子电池起火、冒烟甚至燃烧爆炸的安全事故发生。这些现象不止发生在山寨产品中，即使是国内外一线品牌的锂离子电池，诸如尼康、松下、三星、小米、联想、特斯拉和比亚迪等也有类似安全事故发生。

相比液态电解质，固态电解质由于不含流动态的有机电解液，能大幅度提高锂离子电池的安全性能。无机固态电解质虽然可以克服一系列安全性问题，但由于其在室温条件下离子电导率较低（$10^{-7}\sim10^{-4}$ S/cm），存在严重的电极界面问题，制备工艺不成熟，距离实际应用仍有差距，适合作为中长期的技术解决方案。聚合物电解质相比无机固态电解质具有良好的界面兼容性和尺寸可加工性强等优点，不仅有利于提高锂离子电池的安全性，还可以使锂离子电池朝微型化、轻型化和高能量密度等方向发展，近年来成为研究热点。

聚合物固体电解质是聚合物材料与碱金属盐发生络合反应形成的具有离子导电性的固态物质。1973 年，英国 Wright 等首次发现 PEO 与碱金属盐形成的络合物具有离子导电性并进行了报道，从此针对聚合物电解质的研究陆续展开。1978 年 Armand 等提出可将聚合物电解质应用于电池中的设想，激发了人们对聚合物电解质研究的极大兴趣，展现出聚合物电解质巨大的应用潜力。聚合物固体电解质容易加工成不同形状，适用范围广，克服了传统电解液的流变性以及化学稳定性与安全性差等缺点，在锂离子电池、超级电容器、燃料电池、医用传感器等领域具有极高的应用价值。

聚合物电解质按照形态可分为凝胶聚合物电解质和固体聚合物电解质。凝胶聚合物电解质的原理类似于电解液的，在聚合物和锂盐体系中加入适量的极性小分子液态塑化剂，塑化剂可以增强聚合物体系对锂盐的溶解和解离，可以促进锂离子的传递，凝胶聚合物电解质有可以和电解液相媲美的高的室温导电率，然而由于其对液态塑化剂的依赖性强，所以凝胶电解质也存在类似电解液的安全隐患，如易挥发、易泄露、稳定性低等。固体聚合物电解质由于具有固体聚合物和离子导电的共同特性，在一些特殊的场合中可以发挥柔性固体的优点，这也是快离子导体的一个重要的发展方向。锂盐溶解在聚合物基体中，通过聚合物分子链段的热运动以及锂离子与聚合物极性基团间不断的“络合”、“解络合”过程来实现锂离子的移动，由于整个电解质体系中没有极性导锂溶剂的参与或者参与量很小，所以大多数情况下固体聚合物电解质导电率较低，尤其在室温下导电率一般低于 10^{-6} S/cm，只能在较高温度下当导电率达到要求时使用。

锂盐提供了聚合物电解质的载流子，通过优选锂盐可以在一定程度上改善聚合物电解质的性能。选用锂盐要考虑在聚合物基体中易溶解，并且要求缔合度小，易解离。锂盐在聚合物基体中解离为锂离子与阴离子，聚合物链段上的极性基团与锂盐相互作用，锂离子通过在极性基团间的迁移实现电荷传输。锂盐根据阴离子的不同通常可分为有机锂盐和无机锂盐，锂盐重要的工艺性能是其在聚合物基体中的溶解度。锂盐的晶格能、高分子溶剂化能和介电常数影响其溶解性。一般的聚合物基体更适合溶解晶格能较低、阴离子较大的锂盐。常用的有机锂盐有三氟甲基磺酸锂（$LiCF_3SO_3$）、二（三氟甲基磺酰）亚胺锂（LiTFSI）及其衍生物和新型的含氟、磷的锂盐。常用的无机锂盐有高氯酸锂（$LiClO_4$）、六氟硼酸锂（$LiBF_6$）、六氟磷酸锂（$LiPF_6$）、六氟砷酸锂（$LiAsF_6$）、四氟硼酸锂（$LiBF_4$）等。理论上锂盐浓度越大，聚合物电解质导电率越高，但事实上锂盐浓度太大时会产生离子对，使得离子迁移困难，锂盐的浓度也会对聚合物电解质成型固化造成影响，所以不能完全依靠增大锂盐浓度来提高电解质导电率，提高电导率还要从多方面考虑。

思　考　题

1. 锂离子电池的电化学原理是什么？
2. 锂离子电池的主要结构组成是什么？
3. 锂聚合物电池具有哪些优点？
4. 正极材料通常包括哪些类型？
5. 负极材料通常包括哪些类型？
6. 简述隔膜材料的种类。

参考文献

[1] 陈凯，程丽乾. 体型无机全固态锂离子电池研究进展[J]. 硅酸盐学报，2017，45(6)：785-792.

[2] 陈龙，池上森，董源，等. 全固态锂电池关键材料：固态电解质研究进展[J]. 硅酸盐学报，2018，46(1)：21-34.

[3] 陈跃颖，盘盈滢，杜文卿，等. 金属-有机框架在锂离子电池电极材料中的应用[J]. 材料研究与应用，2022，16(1)：68-80.

[4] 梁幸幸，杨帆，杨颖. 静电纺丝制备锂电池隔膜研究进展[J]. 绝缘材料，2018，51(11)：7-13.

[5] 孙国梁，宋歌，娄有信，等. 锂离子电池用勃姆石/PP 复合隔膜[J]. 电池，2023，53(1)：62-65.

[6] 徐宁. 锂离子电池导电聚合物电极材料的制备及其电化学性能研究[D]. 杭州：浙江工业大学，2020.

[7] 张鹏，彭龙庆，沈秀，等. 锂离子电池功能隔膜的研究进展[J]. 厦门大学学报（自然科学版），2021，60(2)：208-218.

第 5 章　太阳能电池材料

5.1　太阳能电池概述

5.1.1　太阳能电池的历史

太阳能电池是利用太阳光和材料相互作用直接产生电能的器件。自 1839 年法国科学家 E. Becquerel 发现液体的光生伏特效应(简称光伏现象)算起，太阳能电池已经经过了漫长的发展历史。总体来看，基础研究和技术进步都起到了积极推进的作用。对太阳能电池的实际应用起到决定性作用的是美国贝尔实验室三位科学家关于单晶硅太阳能电池的研制成功，在太阳能电池发展史上起到了里程碑的作用。至今，太阳能电池的基本结构和机理没有发生改变。

我国太阳能电池市场在国家政策支持、丰富的应用市场及良好的投资环境等有利因素的影响下，产量呈逐年增加趋势。根据观研报告网《中国太阳能电池行业发展现状分析与投资前景研究报告(2022—2029 年)》数据显示，2021 年我国太阳能电池产量达到 2.34054×10^{8} kW，同比增长 42.1%。

5.1.2　太阳能电池的发电原理

太阳能电池能够发电的核心原理是光伏效应，能产生光伏效应的材料有许多种，很多金属元素例如 Al、Ni、Ga、In、Sn、Cd、Cu、Se、Te 等，某些化合物例如 ZnO、TiO_2、CdTe、$CuInSe_2$等。其中最常见的是硅系材料，包括单晶硅、多晶硅、非晶硅等，它们的发电原理基本相同。辐射到电池的太阳光通过同时产生电流和电压的形式来产生电能。这个过程需要两个条件：首先，被吸收的光要能在材料中把一个电子激发到高能级；第二，处于高能级的电子能从电池中移动到外部电路。外部电路的电子消耗了能量然后回到电池中。许多不同的材料和工艺基本上都能满足太阳能转化的需求，但实际上，几乎所有的光伏电池转化过程都是使用组成 PN 结形式的半导体材料来完成的。

太阳能电池运行的基本步骤：

(1) 光生载流子产生；

(2) 光生载流子聚集成电流；

(3) 穿过电池的高电压产生；

(4) 能量在电路和外接电阻中消耗。

5.1.3　三代太阳能电池材料

太阳能电池至今已经发展至第三代。

第一代的太阳能电池采用晶圆技术，包括单晶硅和多晶硅太阳能电池。太阳能电池领域已经发展至第三代，但硅基太阳能电池仍然是目前发展最成熟、应用最广泛的一类。其中，单晶硅太阳能电池光电转换效率为 25%左右，比多晶硅和非晶硅太阳能电池转换效率更高。并且硅单晶制备工艺成熟，硅源在地壳中含量丰富，对环境绿色友好，密度低，材料相对较轻，电池工作稳定，寿命长达 20 年左右。但单晶硅电池所需的高纯单晶硅纯度要求高，成本高，工艺复杂，想要进一步普及和规模化，还需在降低成本和提高转换效率上继续下功夫。而多晶硅和非晶硅太阳能电池分别改进了单晶硅太阳能电池成本高和工艺复杂的问题，同时非晶硅的开路电压也较高。但是多晶硅太阳能电池的光电转换效率和寿命都有所下降，非晶硅太阳能电池的光电转换效率低，光致衰退效应强，稳定性也不高。因此，硅基太阳能电池依旧需要进一步的研究探索来同时实现成本低、制备工艺简单、光电转换效率高、稳定性好和寿命长等目标。

第二代太阳能电池采用薄膜技术，主要包括多晶和非晶硅薄膜太阳能电池以及多元化合物薄膜太阳能电池（例如砷化镓电池、铜铟硒电池、铟镓砷电池、碲化镉电池等）。薄膜技术所需的材料相比晶体硅太阳能电池少得多，而且更易大规模生产。但该类材料或有毒性，或价格昂贵，来源稀少，导致大规模生产受限。目前最高效率已经超过 21%，与单晶硅太阳能电池性能相比，在转换效率和寿命上还有一定差距。

第三代太阳能电池则是通过溶液法制备的新型薄膜太阳能电池，主要包括染料敏化太阳能电池、有机太阳能电池、钙钛矿太阳能电池和量子点太阳能电池等，其发展迅速，势头强，是目前太阳能电池研究中较为前沿的一个领域。后续将对这四种电池一一进行介绍。

5.1.4　太阳能电池的优点和缺点

太阳能电池是一种环保、可再生、寿命长、维护成本低、受天气影响较大的能源电池。其优缺点主要体现在成本、转化率、生产工艺、技术等方面，影响电池转换效率提高的因素主要包括：

（1）材料质量的改善，显著提高了光生载流子在电池体内的扩散长度和收集效率；

（2）电池表面绒面和减反射膜的形成有效提高了太阳光在电池体内的吸收；

（3）铝背场（BSF）的形成有效降低了电池背面的表面复合速率；

（4）磷吸杂、铝吸杂和体内的氢钝化有效提高了多晶硅材料的质量；

（5）二氧化硅和氮化硅对发射结的表面进行了有效钝化，从而降低了电池前表面的复合速率；

（6）选择性扩散，即金属电极下的发射结浓度远大于其余发射结的浓度，从而有效抑制电极区的复合速率，并提高了电池在短波处的光谱响应。

后面的章节将对几种主要和新型太阳能电池及其材料进行介绍。

5.2 硅基太阳能电池材料

硅基太阳能电池可分为单晶硅太阳能电池、多晶硅太阳能电池和非晶硅太阳能电池三类。硅基太阳能电池的电流产生原理如图 5-1 所示，在两种半导体的交界面区域存在一个特殊薄层，界面处的 P 型一侧带负电，N 型一侧带正电，这种现象是两侧电子与空穴数量不同形成浓度差而造成的。N 区电子向 P 区扩散，P 区空穴向 N 区扩散，一旦扩散发生，便形成由 N 指向 P 的“内电场”，阻止扩散继续。当达到平衡时，形成特殊薄层电势差，进而形成 PN 结。当 PN 结受到太阳光照射时，N 型区空穴向 P 型区移动，P 型区电子向 N 型区移动，从而形成从 N 型区到 P 型区的电流。在 PN 结中产生电势差，进而可在电路中产生电流。

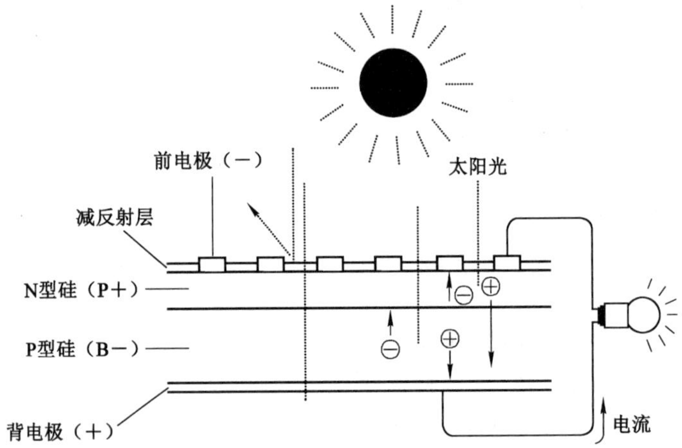

图 5-1　硅基太阳能电池的电流产生原理

5.2.1 单晶硅太阳能电池

单晶硅单从其内部原子排列来说是有序排列的，这也是它在硅基太阳能电池中转化效率最高的一个重要原因，当然它的构造和生产工艺已经定型，所以说其技术比较成熟。目前开发的电池主要有平面单晶硅电池和刻槽埋栅电极单晶硅电池，这些电池主要采取的处理工艺有发射区钝化、表面织构化和分区掺杂等。在转化效率的提高方面，德国弗劳恩霍夫太阳能系统研究所(fraunhofer ISE)宣布，该研究所研制以 N 型半导体为底板，然后在其上面形成较薄的 P 型半导体层的单晶硅太阳能电池，其能量转换效率高达 23.4％。国内北京太阳能研究所研制的平面高效单晶硅电池(2 cm×2 cm)的转换效率达到 19.79％。

由于单晶硅的价格比较昂贵，以及单晶硅太阳能电池的制备工艺比较烦琐，这种电池的成本居高不下，因此这种电池的应用也仅限于人造卫星、太阳能汽车等高科技产品。所以进一步寻找其替代产品成为必须，其中在硅基领域多晶硅薄膜太阳能电池和非晶硅薄膜太阳能电池就是典型代表。

5.2.2　多晶硅太阳能电池

与单晶硅不同，更多的缺陷和杂质出现在多晶硅衬底上。正因为这样，改进多晶硅太阳能电池性能的工作主要是研究如何消除杂质并采用各种氢钝化技术使晶体缺陷伴生的悬空键钝化。多晶硅太阳能电池的衬底材料有玻璃、p-Si、n-Si、SiC、Al_2O_3和 SiO_2膜等。隔离层是在衬底上再沉积一层薄膜，如在玻璃衬底上沉积的 SiO_2 薄膜，起介质层（绝缘）和隔膜层（阻止衬底中杂质渗入多晶硅薄膜）的作用。籽晶层一般采用低温等离子体法（LPCVD）制备，通过再结晶等方法使晶粒增大。多晶硅薄膜多采用的制备方法有：化学气相沉积法（CVD）、再结晶法、液相外延法（LPE）、溅射沉积法和等离子喷涂法（PSM）。

随着科技的日新月异，低杂质、少晶粒晶界、取向规则、均匀且厚度可控的高质量多晶硅薄膜可以通过改变实验参数和实验方法来获得，这样多晶硅薄膜太阳能电池光电转化效率可以进一步得到提高，生产成本再次降低，也就具备与常规能源竞争的资本，进而取代之。

5.2.3　非晶硅太阳能电池

作为一种资源丰富和环境安全的材料，非晶硅薄膜材料对太阳光有着较高的吸收率。据统计，1 mm 厚的薄膜就可以吸收 80％的太阳光。此外，薄膜材料能在较低的温度下直接沉积在廉价衬底上，显示了大幅度降低成本的潜力。

性能较好的非晶硅太阳能电池结构有 PIN 结构，如图 5-2 所示。非晶硅太阳能电池的实验室光电转换效率达 15％，稳定效率为 13％。商品化非晶硅太阳能电池的光电效率一般为 6％～7.5％。温度升高，对其效率的影响比晶体硅太阳能电池的要小。非晶硅太阳能电池经光照后，会产生 10％～30％的电性能衰减——光致衰减效应，此效应限制了非晶硅太阳能电池作为功率发电器件的大规模应用。为减弱这种光致衰减效应，又开发了双结和三结的非晶硅叠层太阳能电池，目前实验室光致衰减效应已降至 10％。

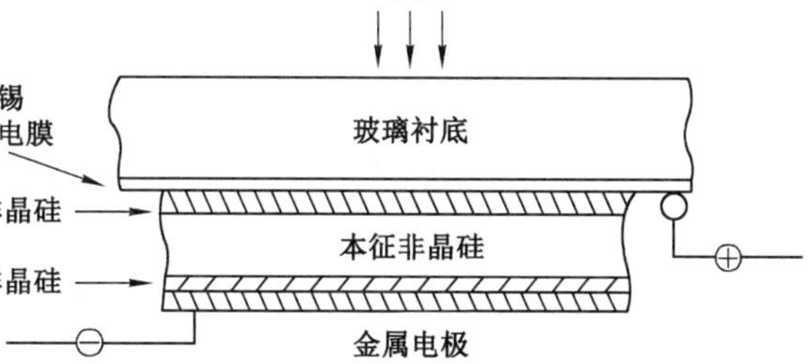

图 5-2　非晶硅太阳能电池结构

太阳能电池的稳定性以及其转换效率是衡量太阳能电池的两个重要指标。目前非晶硅太阳能电池的稳定性和转换效率不高，影响了它的实际应用。随着科技的进一步发展，非晶硅太阳能电池将采用高新技术制备，例如表面减反射（ARC）技术、叠层太阳能电池技术、少数载流子寿命提高技术、光陷阱技术和降低太阳能电池的串联电阻损失技术等。如果这两大指标得到改善，那么非晶硅太阳能电池无疑会在众多的太阳能电池中崭露头角。

5.3 薄膜太阳能电池材料

薄膜太阳能电池由沉积在玻璃、不锈钢、塑料、陶瓷衬底或薄膜上的几微米或几十微米厚的半导体膜构成。由于薄膜太阳能电池材料半导体层很薄，可以大大节省太阳能电池材料，降低生产成本，其是最有前景的新型太阳能电池。

本节对当前主要的几种薄膜太阳能电池材料（如硅基类、无机化合物类、有机类和染料敏化类等）进行介绍。

5.3.1 硅基类薄膜太阳能电池

硅基类薄膜太阳能电池包含非晶硅薄膜太阳能电池、多晶硅薄膜太阳能电池和微晶硅薄膜太阳能电池。

非晶硅薄膜太阳能电池是以非晶硅半导体材料在玻璃、特种塑料、陶瓷、不锈钢等为衬底制备的一种目前公认环保性能最好的太阳能电池。它有如下优点：质量小且光吸收系数高，开路电压高，抗辐射性能好，耐高温，制备工艺和设备简单，能耗小，可以沉积在任何衬底上且沉积温度低、时间短，适于大批量生产。非晶硅虽然是一种很好的电池材料，但是还存在一些不足：

(1) 光学禁带宽度为 1.7 eV，使得材料本身对太阳辐射光谱的长波区域不敏感，从而限制了其光电转换效率。

(2) 光电转换效率会随着光照时间的延长而衰减，即光致衰退（S-W）效应，使得电池性能很不稳定。

多晶硅薄膜太阳能电池既具有晶体硅太阳能电池的高效、稳定、无毒（或毒性很小）及材料资源丰富的优点，又具有薄膜太阳能电池省材料、低成本且光照稳定性强等优点，是目前公认的高效率、低能耗的理想太阳能电池。晶体硅太阳能电池通常由厚度为 350～450 μm 的高质量硅片制得，这种硅片从提拉或浇铸的硅锭上锯割而成，因此实际消耗的硅材料很多。为了节省材料，人们从 20 世纪 70 年代中期就开始在廉价衬底上沉积多晶硅薄膜，但是由于生长的硅晶粒较小，未能制成有价值的多晶硅薄膜太阳能电池。

微晶硅薄膜太阳能电池的制备技术能与现有非晶硅薄膜电池的制备技术兼容，而且微晶硅薄膜电池几乎不存在光致衰退效应。但是微晶硅薄膜太阳能电池吸收系数低、沉积速率较低、带隙较窄。

5.3.2 无机化合物类薄膜太阳能电池

为了寻找单晶硅电池的替代品，人们除开发了多晶硅、非晶硅薄膜太阳能电池外，还不断研制了其他材料的太阳能电池，主要包括砷化镓Ⅲ-Ⅴ族化合物、硫化镉及铜铝硒薄膜电池等。

碲化镉多晶薄膜电池的转换效率较非晶硅薄膜太阳能电池的转换效率高，成本较单晶硅电池的低，在广泛深入的应用研究基础上，国际上许多国家的碲化镉薄膜太阳能电池已由实验室研究阶段开始走向规模工业化生产。该组件不但性能优良，而且生产工艺先进，使得该光伏组件具有完美的外形，能在建筑物中使用，既拓宽了应用面，又可以取代某些建筑材料，从而使电池成本进一步降低。但是由于镉有剧毒，会对环境造成严重污染，因此，并不是晶体硅太阳能电池最理想的替代产品。虽然 20 世纪 90 年代 CdTe 薄膜太阳能电池就已实现了大规模商业化生产，但是市场发展的速度缓慢，所占市场份额一直不大。影响 CdTe 薄膜太阳能电池发展的原因是 Cd 有剧毒，Te 为稀有元素。由于 CdTe 有剧毒，这一致命缺点直接影响 CdTe 薄膜材料类太阳能电池的研发价值和应用范围。

铜铟硒（$CuInSe_2$，CIS）薄膜是在玻璃或其他廉价衬底上沉积的半导体薄膜，其厚度为 2～3 μm，具有成本低、性能稳定、无光诱导衰变且抗辐射能力强等特点。

20 世纪 70 年代人们开始关注并进行 CIS 作为太阳能电池吸收材料的研究。20 世纪 70 年代中后期，波音公司用真空蒸发方法制备的 CIS 薄膜太阳能电池，其转换效率达到 9%。2009 年日本昭和石油公司开发出了面积为 800 cm^2、转换效率为 15% 的 CIS 薄膜太阳能电池。目前，CIS 薄膜太阳能电池的实验室转换效率接近 20%，大面积集成组件的转换效率超过 13%。

CIS 薄膜太阳能电池除了自身的优点外还存在一些不足之处：

① 材料的性质易变；

② 目前常用的制备方法是真空蒸发法和溅射法，这两种方法都易造成原材料浪费；

③ In 为稀有元素。

砷化镓（GaAs）半导体材料与传统的硅材料相比具有以下优点：

① 砷化镓的禁带宽度（1.424 eV）与太阳光谱匹配好，效率较高；

② 禁带宽度大，其太阳能电池可在高温下工作；

③ 砷化镓的吸收系数大，只要 5 μm 厚就能吸收 90% 以上的太阳光，太阳能电池可以做得很薄；

④ 砷化镓太阳能电池耐辐射性能好，由于砷化镓是直接跃迁型半导体，少数载流子的寿命短，所以由高能射线引起的衰减较弱；

⑤ 在砷化镓多晶薄膜太阳能电池中，晶粒直径只需几个微米；

⑥ 在获得同样转换效率的情况下，砷化镓开路电压大，短路电流小，不容易受串联电阻的影响，这种特征在大倍数聚光、流过大电流的情况下尤为优越。

同时，其也有以下缺点：

① 砷化镓单晶晶片价格比较昂贵；

② 砷化镓密度为 5.318 g/cm^3（298 K），而硅的密度为 2.329 g/cm^3（298 K），这在空间应用中不利；

③ 砷化镓比较脆，易损坏。

综上所述，砷化镓化合物材料具有十分理想的光学带隙和较高的吸收效率，抗辐照能力强，对热不敏感，适合用于制造高效单结电池。因此，广泛应用于高频及无线通信中制作 IC 器件。所制得的这种高频、高速、防辐射的高温器件，通常应用于激光器、无线通信、光纤通信、移动通信、GPS 全球导航等领域。砷化镓除在 IC 产品中应用以外，也可以加入其他元素改变能带隙及其产生光电反应，制作成光电元件，还可以与太阳能结合制备砷化镓太阳能电池。

制备 GaAs 薄膜太阳能电池的方法有晶体生长法、直接拉制法、气相生长法、液相外延法等。

由于 Ga 比较稀缺且 As 有毒，制造成本又高，所以其发展受到限制，不适合大规模的民用化生产，多用于空间。目前国际上已将 GaAs 太阳能电池作为航天飞行空间主电源，而且 GaAs 组件所占比例也在逐渐增大。

5.3.3 有机薄膜类太阳能电池

有机薄膜类太阳能电池是把 2 层有机半导体薄膜结合在一起制成的。这种电池因具有大面积、易加工、毒性小、成本低的特点,成为近些年的研究热点。

由于共轭有机半导体材料的导电机理与无机半导体的不同,因此有机太阳能电池与无机太阳能电池的载流子产生过程也不同。聚合物吸收光子能量产生激子,激子只有离解成自由载流子(电子和空穴)才能产生光电流。一种被广泛接受的观点是有机薄膜太阳能电池的作用过程由 3 个步骤组成:光激发产生激子;激子在施体、受体(D/A)界面分裂;电子和空穴的漂移以及各自电极的收集。

有机薄膜太阳能电池主要有单层结构的肖特基电池、双层 PN 异质结电池以及 P 型和 N 型半导体网络互穿结构的体相异质结电池。

目前制作有机半导体层材料主要采取的方法有真空技术(真空镀膜溅射和分子束外延生长技术)、溶液处理成膜技术(电化学沉积技术、铸膜技术、分子组装技术、印刷技术等)和单晶技术(电化学法、气相法和扩散法)。

虽然有机薄膜太阳能电池有很多优点,但由于处于研发初期再加上激子结合能大、电子迁移率低,从而导致其具有光电转化效率低且寿命短等缺点。

5.3.4 染料敏化类薄膜太阳能电池

染料敏化类薄膜太阳能电池(dye-sensitized solar cell,DSSC)实际上是模仿光合作用原理而研制出的一种新型的光电化学电池,是人们在探索电池制备新工艺、新材料和电池薄膜化过程中发展起来的一种新型光伏器件。其基本结构如图 5-3 所示。染料敏化薄膜太阳能电池的结构与染料敏化太阳能电池的相同。以染料分子作为吸光的主要材料在吸收到太阳光时电子被激发到高能隙层,但激发态是一个不稳定态,所以电子必须以最快速度传输到紧邻的染料分子的导电层内,同时染料分子所失去的电子也能在第一时间从电解质中得到回馈。在染料分子导带中的电子最终经过电极传送到外部回路从而产生光生电流。

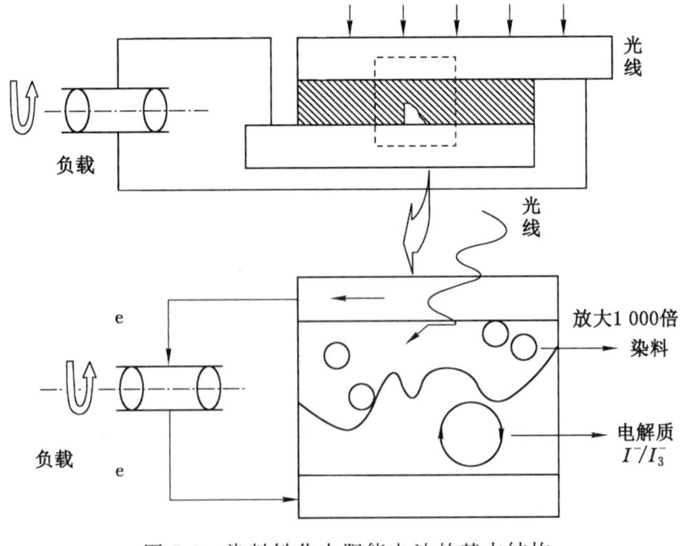

图 5-3 染料敏化太阳能电池的基本结构

5.4　有机太阳能电池材料

有机太阳能电池，顾名思义，就是由有机材料构成核心部分的太阳能电池，主要是以具有光敏性质的有机物作为半导体材料，以光伏效应产生电压形成电流，实现太阳能发电。由于无机硅太阳能电池的材料生产成本高、污染大、能耗高，寻找新型太阳能电池材料和低成本制造技术便成为人们研究太阳能电池技术的目标。有机太阳能材料和电池制备技术有望成为低成本制造的选择之一。

5.4.1　有机太阳能电池工作原理

在有机半导体材料中，分子之间只有很弱的范德瓦耳斯力，不能形成连续的能带，电子被光激发后只能停留在原分子轨道内，不能转移到其他分子上。因此，有机分子在光激发后会形成较为稳定的空穴-电子对，即激子。既然激子是没有分离的空穴-电子对，要实现光电转化，就要将这一对空穴与电子分离开。在有机太阳能电池中，激子的分离意味着电子从一个分子转移到另一个分子上，从化学角度来看，就是发生了氧化还原反应。

有机太阳能电池光电转化过程关键步骤：

(1) 电子给体吸收入射光，形成激子；

(2) 激子扩散到电子给体与电子受体的界面上；

(3) 激子在给体/受体的界面上被分离(即发生氧化还原反应)；

(4) 分离后的电子和空穴被传导到阴极和阳极上。

5.4.2　有机太阳能电池材料

有机太阳能电池材料包括以下几类：

(1) 有机小分子化合物；

(2) 有机大分子化合物；

(3) 富勒烯衍生物；

(4) 聚对亚苯基亚乙烯及其衍生物；

(5) 聚噻吩及其衍生物；

(6) 含氮共轭聚合物；

(7) 聚芴及其衍生物；

(8) 模拟叶绿素材料。

5.5　染料敏化太阳能电池材料

染料敏化太阳能电池(dye-sensitized sollar cells，DSSC)近年来发展迅速。相比硅基太阳能电池，染料敏化太阳能电池(DSSC)具有成本低廉、工艺简单和光电转换效率较高的特点。

5.5.1 染料敏化太阳能电池的结构

典型的染料敏化太阳能电池的结构包括纳米多孔 TiO_2 半导体薄膜、透明导电玻璃、染料光敏化剂、空穴传输介质和对电极，如图 5-4 所示。纳米多孔 TiO_2 半导体薄膜是电池的光阳极，其性能直接关系太阳能电池的转换效率。这种薄膜一般是用 TiO_2 纳晶微粒涂覆在导电玻璃表面，在高温条件下烧结形成多孔电极。透明导电玻璃一般为 ITO 玻璃或 TCO 玻璃等，起着传输和收集电子的作用。染料光敏化剂吸附在多孔电极表面上，要求具有很宽的可见光谱吸收及具有长期的稳定性。空穴传输介质主要起氧化还原作用和电子传输作用。各种染料敏化电池的主要区别是空穴传输介质不同。对电极一般使用铂电极、碳电极或导电聚合物电极，主要用于收集电子。

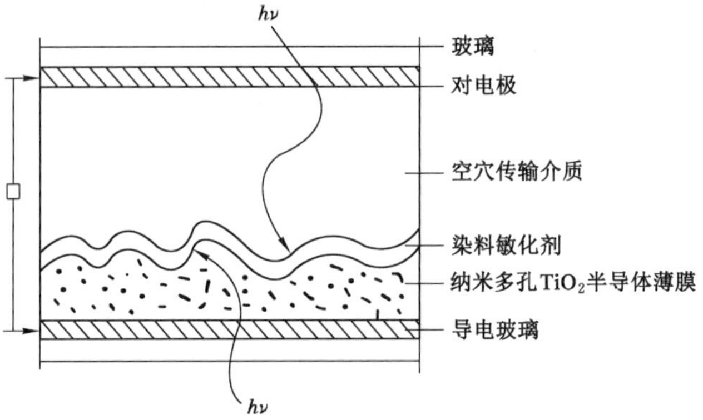

图 5-4　染料敏化太阳能电池的结构示意图

5.5.2 染料敏化太阳能电池的基本工作原理

染料敏化太阳能电池的基本工作原理：当太阳光照射在多孔电极上时，吸附在多孔电极表面的染料分子中的电子受激跃迁至激发态，再注入 TiO_2 导带，而染料分子自身成为氧化态。注入 TiO_2 中的电子通过扩散富集到导电玻璃基板，然后进入外电路。处于氧化态的染料分子从电解质溶液中获得电子而被还原成基态，电解质中被氧化的电子扩散至对电极，这就是完成了一个光电化学反应的过程。在染料敏化太阳能电池中，光能被直接转换成电能，而电池内部并没有发生净的化学变化。

DSSC 电池的工作原理类似自然界中的光合作用，与传统硅电池不同。它对光的吸收主要通过染料来实现，而电荷的分离传输则是通过动力学反应速率来控制。电荷在 TiO_2 中的运输由多数载流子完成，所以这种电池对材料纯度和制备工艺的要求并不是十分苛刻。

5.5.3 染料敏化太阳能电池的优点

染料敏化太阳能电池的优点：

(1) 价格低和工艺简单。

(2) 理论光电转化效率高。

(3) 其他优点：染料敏化太阳能电池透明度高，可以制成透明的产品；在柔性基底上制备，电池可以制成各种形态，极大地扩大了应用范围；可以在各种光照条件下使用；对光线的入射角度不敏感，可充分利用折射光和反射光；工作温度范围较宽，上限可高达 70 ℃；等等。

为提升 DSSC 的光电性能，需综合考虑电池各部分的作用与协同效果。光阳极作为 DSSC 的重要组成部分，主要起接收从染料分子激发的电子和将电子传递到外电路的作用。目前，TiO_2、ZnO、Nb_2O_5 等成本较低的宽禁带半导体作为光阳极材料已得到广泛且深入的研究。大量的实验表明 TiO_2 相比其他半导体材料具有更好的优越性，是 DSSC 中最常用的半导体材料。

5.5.4　染料敏化太阳能电池组成及材料

(1) 对电极

DSSC 对电极一般使用化学性质较稳定的金属或半导体，要求其导电率较好、低电阻、比表面积大和电催化活性好，还要求成本应较低。金属对电极中最常见和效率较高的是铂对电极，然而，作为贵金属，铂对电极具有成本高、使用不稳定等缺点。铂对电极通常用溅射法、自组法和电沉积法制备。较早应用在对电极上的碳材料主要为石墨、活性炭和多孔炭等，其较低的成本使铂对电极具有更大的优势。与铂对电极和碳对电极相比，导电聚合物对电极成本更低且制备更简单，符合产业化生产要求，在可穿戴织物发电领域具有良好的应用前景。

(2) 光阳极

在 DSSC 中将半导体氧化物（如 Cu_2O、ZnO、SnO、In_2O_3、CdO、TiO_2、Al_2O_3 等）作为敏化剂单层的载体，负责将电子转移到导电基底上。TiO_2 由于具有成本低、高催化等优点，成为目前光阳极的最佳选择。光阳极技术突破的关键在于加速扩散过程与电荷重组过程的动态平衡，有效的方法是结合具有高电导率的功能纳米材料，加速光诱导电荷的分离和扩散。

(3) 电解质

DSSC 中使用的电解质有液态电解质、准固态电解质和固态电解质三大类。液态电解质由有机溶剂、氧化还原电对和添加剂组成。其黏度较低，离子扩散速度快，对 TiO_2 光阳极的浸润和渗透较好，因此 DSSC 电池效率通常较高。液体电解质虽然导电性和扩散系数较高，但是在蒸汽压较低的情况下，由于其流动性，可能会出现泄漏或者密封剂被腐蚀等问题。准固态电解质具有稳定性好、电解液不易泄露等特点。准固态电解质可使用低分子量凝胶剂、聚合物凝胶剂或添加纳米颗粒制得。固态电解质具有柔性好、电导率高和安全性高等特点，因此具有较好的研究前景。

DSSC 作为备受关注的太阳能电池之一，在可穿戴电子设备领域有良好的应用前景。然而主要问题还是可穿戴柔性太阳能电池的实际应用，更多的研究应该着重于探索新的电子和活性材料，来提高能量采集和存储设备的性能。

5.6　钙钛矿太阳能电池材料

钙钛矿(perovskite)是以俄罗斯矿物学家 Perovski 的名字命名的，最初是指 $CaTiO_3$。典型的钙钛矿化合物的分子式为 ABX_3。A、B 为金属，X 为非金属。

钙钛矿太阳能电池的吸光材料是一种有机-无机杂化钙钛矿结构材料，其化学式为 ABX_3[A：$CH_3NH_3^+$ (MA^+)、$CH(NH_2)_2^+$ (FA^+)、Cs^+；B：Pb^{2+}、Sn^{2+}；X：I^-、Br^-、Cl^-]，晶胞结构如图 5-5 所示，是典型的钙钛矿($CaTiO_3$)晶体结构。在 ABX_3 晶体中，BX 构成正八面体，BX_6 之间通过共用顶点 X 连接起来，构成三维骨架，A 嵌入八面体空隙中使得晶体结构得以稳定。

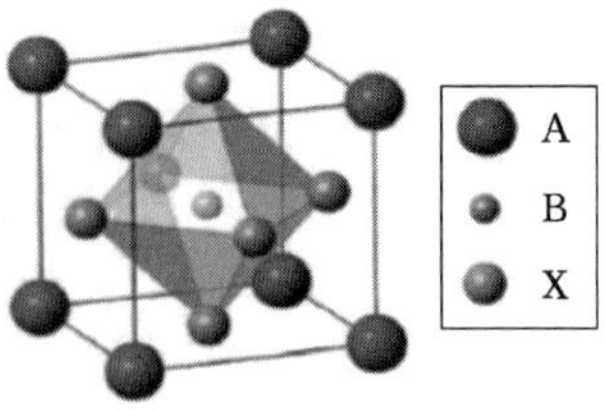

图 5-5　钙钛矿的晶胞结构

5.6.1　钙钛矿太阳能电池的优点和缺点

钙钛矿太阳能电池(perovskite solar cells)，是利用钙钛矿型的有机金属卤化物半导体作为吸光材料的太阳能电池。与现有太阳能电池技术相比，钙钛矿材料及器件具有以下优点：

(1) 综合性能优良的新型材料。

(2) 消光系数高且带隙宽度合适。

(3) 优良的双极性载流子输运性质。

(4) 开路电压较高。

(5) 结构简单。

(6) 低成本温和条件制备。

(7) 可制备高效柔性器件。

同时，钙钛矿太阳能电池具有以下缺点：

(1) 目前实验室内制造的大部分电池是微小的，仅几厘米大，很难生产较大的钙钛矿连续膜，导致制备大面积器件有困难。

(2) 研究人员没有解决电池的耐久性问题。钙钛矿电池对水汽和氧气非常敏感，会与其发生化学反应进而破坏晶体结构，溶解盐状的钙钛矿。

(3) 目前最好的钙钛矿中的铅都有可能会被滤出，污染屋顶和土壤。

5.6.2　钙钛矿太阳能电池的工作原理

钙钛矿太阳能电池一般由 FTO、电子传输层(如 TiO_2 等)、钙钛矿吸收层(如 $CH_3NH_3PbI_3$)、空穴传输层(如 Spiro-OMeTAD)以及金属电极等组成，以 FTO/TiO_2/$CH_3NH_3PbI_3$/Spiro-OMeTAD/Au 结构的太阳能电池为例，其工作原理如图 5-6 所示。

当钙钛矿层吸收太阳光被激发后，产生一对自由电子和空穴；被激发到钙钛矿导带的自由电子扩散到钙钛矿/TiO_2 界面处，并注入 TiO_2 的导带；自由电子在 TiO_2 层中传输并到达 FTO 电极，然后流经外电路到达 Au 电极。在自由电子被激发到钙钛矿导带的同时，空穴也在钙钛矿价带产生并扩散到钙钛矿/空穴传输层界面，然后注入 Spiro-OMeTAD 的价带；空穴在空穴传输层中传输并到达 Au 电极，在此处与自由电子结合，完成一个回路。

5.6.3　钙钛矿太阳能电池的结构和组成

钙钛矿太阳能电池主要由导电玻璃基底(FTO、ITO)、电子传输材料(ETM)、钙钛矿材料、空穴传输材料(HTM)以及对电极(Au、Ag、Al 等)等组成。

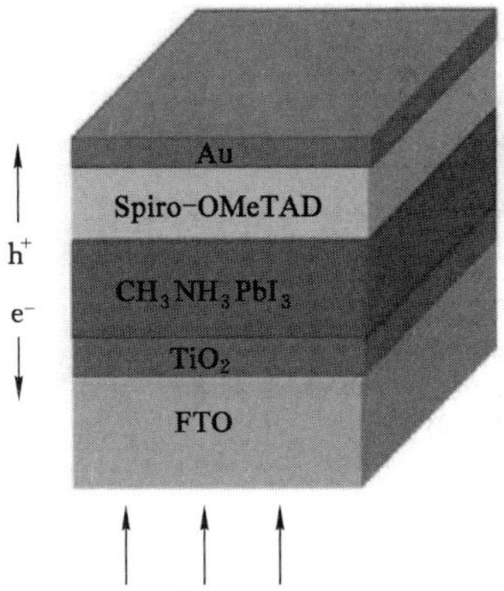

图 5-6　钙钛矿太阳能电池的工作原理

钙钛矿电池的器件结构可以分为介孔结构和平面异质结两类，其中，平面异质结可以进一步分为 PIN 结构和 NIP 结构。介孔结构由 FTO 电极、致密 TiO_2 层、TiO_2 多孔层、钙钛矿吸收层、空穴传输层、Au 电极组成。平面异质结是由一层钙钛矿吸收层夹在电子传输层和空穴传输层之间构成的。

5.6.4　钙钛矿太阳能电池材料

5.6.4.1　衬底材料

钙钛矿太阳能电池大部分使用玻璃制做衬底，也可以在 PET 等柔性衬底上制备可卷曲的柔性电池。

5.6.4.2　电极材料

钙钛矿太阳能电池中所使用的透明导电氧化层（TCO）通常为 FTO 或 ITO。FTO 可以耐 500 ℃左右的高温，主要用于需要烧结 TiO_2 的场合，比如介孔结构，采用 TiO_2 作为电子传输层的器件。ITO 的透光率和导电性能都优于 FTO，但不能耐高温，主要用于低温和柔性器件。另一个电极一般采用金属电极，如 Au、Ag、Al 等，也可以采用碳电极。

5.6.4.3　修饰层材料

修饰层材料包括空穴传输材料（HTM）和电子传输材料（ETM）。

空穴传输材料起传输空穴的作用，对空穴传输材料的要求是其能级与钙钛矿材料的价带匹配，并且具有良好的空穴传输能力。空穴传输材料分为有机空穴传输材料和无机空穴传输材料。

电子传输材料起到传输电子和阻挡空穴与电子复合的作用，对电子传输材料的要求是其能级与电极的导带位置匹配，并且具有高的电子迁移率和高的透光率。电子传输材料分为有机电子传输材料和无机电子传输材料。钙钛矿太阳能电池中常用的无机电子传输材料是 TiO_2，ZnO 也可以作为电子传输材料，其他无机电子传输材料有 SnO_2、WO_x、In_2O_3 等。富勒烯（C_{60}、C_{70}）及其衍生物（PC_6BM、$PC_{71}BM$）也是钙钛矿太阳能电池常用的有机电子传输材料。

5.6.4.4　钙钛矿吸光材料

钙钛矿太阳能电池中的吸光物质钙钛矿材料是一种有机-无机杂化的材料，可以表示为

ABX_3，其中，A 一般为有机阳离子 $CH_3NH_3^+$（MA^+）、$CH(NH_2)_2^+$（FA^+），B 为金属离子 Pb^{2+}、Sn^{2+}，X 为卤素离子 Cl^-、Br^-、I^-。

钙钛矿材料可通过温和条件制备，并逐步优化，如涂布法、气相沉积法以及混合工艺等，工艺简单、制造成本低、能耗低、环境友好。目前制备钙钛矿薄膜的方法主要有一步法和两步法。

5.7 量子点敏化太阳能电池材料

量子点敏化太阳能电池（quantum dot sensitized solar cells，QDSCs）是第三代太阳能电池的一种，利用量子力学原理来提高太阳能的转换效率。量子点敏化太阳能电池是以染料敏化太阳能电池（DSSC）为基础构造的，二者的工作原理相似，只是前者选择窄带隙半导体量子点替代有机染料分子作为光敏剂连接到宽带隙半导体（如 TiO_2、ZnO、SnO_2 等）阳极材料上使其达到敏化效果。这种电池技术可以克服传统太阳能电池的一些限制，例如只能捕获一小部分可用的太阳辐射。QDSCs 由于制备相对简单，成本低廉且理论效率水平较高，引起了世界各国研究者的广泛关注。QDSCs 是用量子点材料作为光敏化剂制备量子点敏化太阳能电池的，然而实际制备的 QDSCs 存在光生电子的复合以及液态电解质的挥发等缺点，导致 QDSCs 的实际的光电转化效率远达不到理论水平。

5.7.1 量子点敏化太阳能电池的工作原理

QDSCs 由三个部分组成，分别为光阳极（photoanode）、电解质（electrolyte）和对电极（counter electrode）。QDSCs 的结构如图 5-7 所示。其中光阳极部分包括导电玻璃（FTO）、氧化物薄膜（ZnO、SnO_2、TiO_2 等）和量子点敏化剂，目前实验室常用的是 TiO_2 光阳极。图 5-7 所示 QDSCs 的工作原理，QDSCs 的结构就是通过光化学反应传递和电动力学传输等过程对太阳光进行有效吸收转化和能量传递转换，类似植物的光合作用。

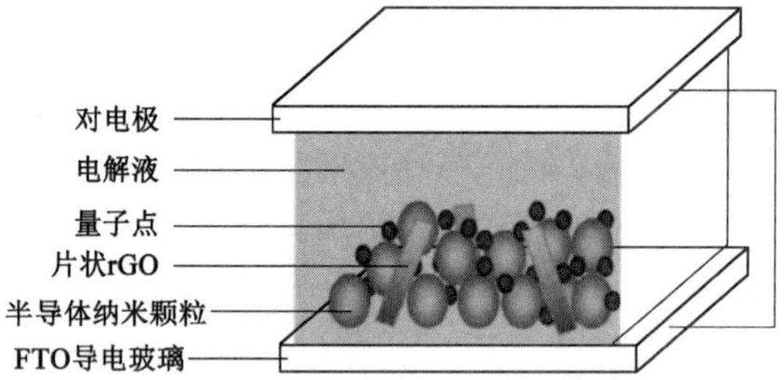

图 5-7　量子点敏化太阳能电池的结构示意图

如图 5-8 所示，光阳极以 FTO 作为导电玻璃，石墨烯（rGO）与二氧化钛（TiO_2）作为复合光阳极半导体薄膜材料，由 Ag_2S 和 Bi_2S_3 作为共敏化量子点，电解质为多硫化物（Sn^{2-}/S^{2-}），$CuS/g\text{-}C_3N_4$ 作为复合对电极。在光照条件下，量子点敏化剂吸收光子能量从而使电子激发并从价带跃迁至导带，之后这些电子快速传输至 TiO_2 导带，这些光生电子迅速传输至导电玻璃基底材料上并且被收集，电子在注入 FTO 导电玻璃基底材料后会通过外电路直接传输到对电极表面，之后多硫电解质中的 Sn^{2-} 与对电极上的电子发生还原反应生成 S^{2-}。同时 S^{2-} 会与 Ag_2S 和 Bi_2S_3 量子点失去电子后产生的空穴发生氧化反应，此过程为电解质完成循环恢复原状从而再生。从工作原理来看，影响光电转换效率的重要因素是电子-空穴的复合。

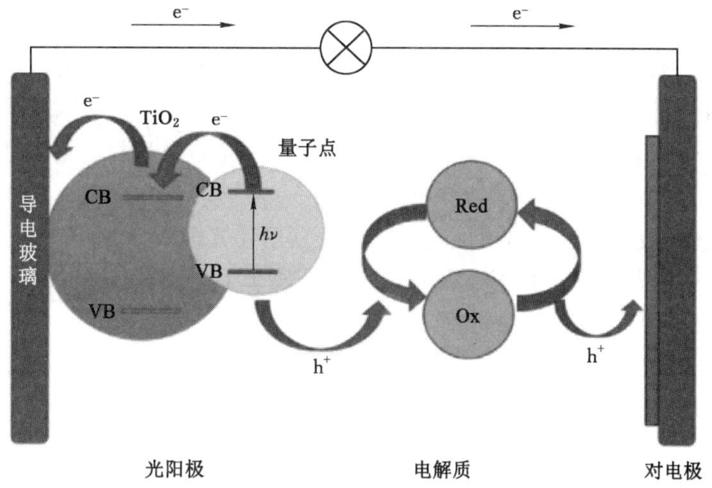

图 5-8　量子点敏化太阳能电池的工作原理示意图

5.7.2　量子点敏化太阳能电池的优点

首先，半导体量子点（quantum dots，QDs）通常具有很高的光吸收系数（大约为 $10^6\ cm^{-1}$），几百纳米厚的量子点薄膜就足以吸收 QDs 带隙以上的大部分太阳光。其次，QDs 的带隙宽度可以通过改变其形状和大小来调节，基于 QDs 的太阳能电池往往具有很宽的光谱吸收范围。此外，量子点太阳能电池很适合多节太阳能电池结构，大尺寸的 QDs 可以很好地利用太阳光谱中的红外波段并作为多结或者叠层结构的底电池使用，从而克服单结太阳能电池因热化而造成的能量损失。易于溶液处理的胶体 QDs 可以通过“卷对卷”工艺来制造器件，这大幅度降低了制造成本。就电学性能而言，缺陷较少的量子点薄膜具有超过1 cm^2/Vs 的载流子迁移率，因此可以有效减少光电流传输过程中的损耗。QDs 还可以利用表面配体来改变自身的能级位置，从而通过调整带隙排列来优化电池的电学性能。更重要的是，由于量子限域效应，QDs 具有比普通半导体材料更高的多激子产率，提供了通过多激子效应进行热激子提取的可能性。因此，量子点太阳能电池具有突破传统太阳能电池 SQ 极限的潜力。理论研究表明：QDSCs 可以达到 45％的单结理论极限效率，而应用热激子提取效应的该类太阳能电池甚至可以达到 67％的极限效率。目前量子点太阳能电池的最高光电转换效率（power conversion efficiency，PCE）已经达到了 18.1％。

5.7.3　量子点敏化太阳能电池的组成及材料

5.7.3.1　透明导电玻璃

透明导电玻璃基板是 QDSCs 纳米晶半导体薄膜的重要载体，也称为基底材料，导电玻璃基底载体的主要功能是收集和传输光生电子，基底材料的透光率需要达到 80％以上，并且需要较低的电阻率。目前常用的导电基底材料是在透明的玻璃表面上镀一层完全透明的掺锡氧化铟(ITO)或者掺氟氧化锡(FTO)薄膜，然而由于铟的稀缺性，ITO 的长期使用受到很大限制，随着对导电基底材料的需求不断增长，导致 ITO 的价格迅速上涨。掺氟氧化锡(FTO)是一种低成本的替代材料，具有在高温、酸性和富氢环境中稳定性强的优点。

5.7.3.2 光阳极半导体材料的种类

光阳极是整个 QDSCs 体系的关键，是其组成和部件结构之一，而每个光阳极又大致可细分为半导体薄膜材料元件和半导体量子点敏化剂两部分，其中半导体薄膜材料还具有直接吸附半导体量子点敏化剂和传输光电子材料的功能。光阳极材料的选取通常至少要符合以下条件：

(1) 对可见光透明，以保证内层的光敏剂吸收到可见光而被激发。

(2) 必须具有较大的比表面积以利于对光电子的选择性吸收；

(3) 光阳极材料与量子点敏化剂的禁带宽度相符合，这也是保证光电子能引入和顺利输运的重要决定性条件之一；

(4) 电子迁移率高。

现在人们对于一种适用于制备 QDSCs 的光阳极材料技术的基础研究已经取得了一系列较多原创性的成果，从其结构形貌上分类来讲，介孔结构材料、纳米棒、纳米管、纳米片等各种实际可用的材料也已经被成功制成器件和发展应用，以下是几种常用的光阳极半导体材料。

ZnO 经常被广泛用作光阳极材料，因其颗粒状结构具有较高的比表面积，可以作为量子点的优良的吸附载体，用其制备的 QDSCs 可以达到 2.44%左右光电转换效率。虽然 ZnO 作为光阳极材料具有成本低廉、制备简单等优点，然而 ZnO 材料不稳定且与多硫电解液不兼容，因此在 QDSCs 的研究和应用中受到很大限制。

SnO_2也是制备 QDSCs 光阳极较好的材料，其本身有着更好的光电子导电性，更高的电子迁移率[甚至可以达到 240 $cm^2/(V \cdot s)$]，比 TiO_2和 ZnO 的都高，并且具有更低的导带位置，更有利于量子点的快速注入，同时可以有效增强量子点的光响应，可以有效分离和传输电荷。

TiO_2材料无毒无害，成本低，且具有良好且持久耐用的耐高温及抗腐蚀等独特性能，使得其在人类生产生活中的应用越来越广泛。目前普遍认为最适合的光阳极材料是锐钛矿型的 TiO_2半导体材料，因为其禁带宽度(3.2 eV)较合适而且能级结构与量子点匹配程度比较理想。虽然纳米颗粒状的 TiO_2已经被相关研究工作者广泛应用在 QDSCs 系统中，并且其总体性能和表现还比较平稳和可观，但是随着近年来人们对相关领域的研究不断深入，发现了 TiO_2颗粒团聚现象严重，影响电子的高效传输。目前有种改善方法是将片状结构的石墨烯和 TiO_2纳米颗粒复合制备复合光阳极起到相互支撑的结构，可以减少团聚现象并且传输光生电子更为快速高效。

5.7.3.3 量子点敏化剂

量子点敏化剂是可以使 QDSCs 结构中的光阳极结构发挥敏化作用的关键部分，量子点本身具有许多独特的优点：一是制备简单且成本比较低；二是吸光系数比较高；三是具有量子尺寸效应；四是量子点所具有的多激子效应，使得其理论的光电转化效率最高可以达到

44%。随着不断探索，多种量子点被发现，包括一些无机半导体量子点（CdS、PbS、CdSe等）。

5.7.3.4　电解质

电解质离子作为参与整个电解QDSCs过程的不可或缺的有着重要的化学活性的组成部分，其主要的化学功能之一就是能通过它与在量子点表面上所受到的在光子的激发条件下发射出光电子而产生的空穴发生氧化反应，且同时能够通过和从对电极处收集到的光电子发生还原反应，从而促使电解质溶液及其本身电解质离子得到充分再生，同时电解液也进行另外一个光化学反应循环，形成一个电池通路，从QDSCs工作过程中的电化学工作原理中可以看出光阳极、电解质和对电极这三者表面之间必须有比较紧密的接触，电荷需要在电解质和电极的接触面进行转移，因此电解质的一些微观性能变化也可以对QDSCs光电转化系统的微观总体性能及变化规律有着一种相当重要的影响作用，决定与制约着电荷传输的途径和与其他能量介质复合的过程。目前，电解质根据宏观状态可以分为液态电解质、准固态电解质和全固态电解质。

5.7.3.5　对电极

对电极也是QDSCs极其重要的构成部分，其负责收集QDSCs光阳极传输到外电路的e^-，之后高效迅速地传递给电解质，还原氧化态的电解质。

传统的对电极主要是铂电极（Pt），是一种惰性贵金属，自身不参与电极反应，其维护方便，不易阻塞。然而，这种对电极有其局限性：一方面，Pt对电极在温度较高的环境下易被电解质中的氧化还原电极腐蚀，另一方面，Pt是贵金属元素，因地球上储量有限，限制了它的应用与发展。这两个方面导致Pt对电极无法商业化和大规模生产。因此研究出可以代替Pt对电极的新型对电极是降低QDSCs生产成本的重要途径之一。

目前碳材料和碳复合材料也被研究用于制备碳电极，譬如石墨烯、活性炭、碳纳米管等。碳基对电极的共同特点是导电性好、成本低、寿命长等，因此被认为是制备对电极的优秀材料。对于单一的碳材料的优点各不相同，比如石墨烯的介电性能更优秀，多壁碳纳米管具有半导体性能，活性炭的比表面积更大等，因此多种碳材料复合制备的对电极拥有较为全面的优点，制备出的QDSCs性能更加优异。

金属的硫化物因具有比表面积较大、稳定性极好、电催化活性较优异等优点，可以替代贵金属对电极作为研究对象。目前研究较多的对电极有Cu_2S、CuS等。

思　考　题

1. 简述太阳能电池的优点和缺点。
2. 太阳能电池运行的基本步骤有哪些？
3. 硅基太阳能电池分为哪三大类？
4. 简述硅基太阳能电池的工作原理。
5. 列举三种薄膜太阳能电池。
6. 有机太阳能电池光电转换过程关键步骤有哪些？
7. 列举三种有机太阳能电池材料。

8. 图 5-9 为哪种太阳能电池的结构示意图？其中空穴传输介质起什么作用？并根据图 5-9 简述其工作原理。

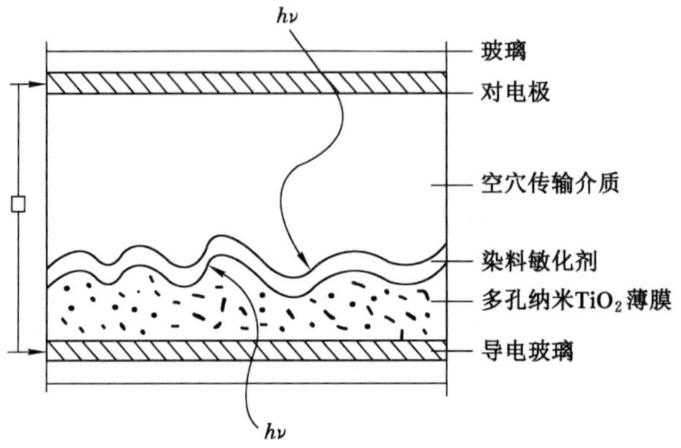

图 5-9　题 8 图

9. 典型的钙钛矿化合物的分子式为 ABX3。A、B 是指什么？X 是什么？钙钛矿型太阳能电池的主要组成部分是什么？它的器件结构有哪两大类？

10. 列举钙钛矿型太阳能电池的三个优点。

11. 量子点敏化太阳能电池由哪三个部分组成？其中光阳极部分又包含哪三个部分？

12. 写出 3 种常用的量子点敏化太阳能电池中光阳极半导体材料。

参考文献

[1] 邓林龙，谢素原，黄荣彬，等. 钙钛矿太阳能电池材料和器件的研究进展[J]. 厦门大学学报(自然科学版)，2015，54(5)：619-629.

[2] 邓漫君，王小平，王丽军，等. 介孔层材料在介孔型钙钛矿太阳能电池中的研究进展[J]. 材料科学与工程学报，2020，38(5)：852-859.

[3] 卢志安，迟晓红，赵国华. 非晶硅薄膜太阳能电池生产简述[J]. 玻璃，2008，35(12)：49-51.

[4] 孙艳乐. 量子点敏化太阳能电池光阳极的制备及性能研究[D]. 长春：长春工业大学，2018.

[5] 徐闻龙，刘岩，陈卓明，等. 染料敏化太阳能电池的研究进展[J]. 材料科学与工程学报，2020，38(1)：167-172.

[6] 张剑，杨秀程，冯晓东. 有机太阳能电池结构研究进展[J]. 电子元件与材料，2012，31(11)：75-78.

[7] 张天慧，朴玲钰，赵谡玲，等. 有机太阳能电池材料研究新进展[J]. 有机化学，2011，31(2)：260-272.

[8] 张秀清，李艳红，张超. 太阳能电池研究进展[J]. 中国材料进展，2014，33(7)：436-441.

[9] 张旭. 基于 rGO/TiO_2 复合光阳极绿色硫化物量子点敏化太阳能电池的制备与性能[D]. 哈尔滨：哈尔滨理工大学，2023.

[10] 张雪妮. 单晶硅太阳能电池钝化接触工艺的研究[D]. 西安：西安理工大学，2017.
[11] 章诗，王小平，王丽军，等. 薄膜太阳能电池的研究进展[J]. 材料导报，2010，24(9)：126-131.
[12] 郑皓源. 量子点敏化太阳能电池研究进展[J]. 化工技术与开发，2015，44(3)：31-34.

第6章 超级电容器材料

6.1 超级电容器概述

超级电容器的发展历程如图 6-1 所示。电容器的发明可追溯至 18 世纪中叶，由德国的 Ewald Georg von Kleist 和荷兰的 Pieter van Musschenbroek 发明了莱顿瓶(Leden jar)，并提出了双电层的最初概念。1853 年，Helmholtz 首次研究了电容器的电荷存储机制，并通过研究胶体悬浮物建立了第一个双电层模型(helmholtz model)。C. Pollak 研究发现铝阳极上的氧化物层在中性或碱性溶液中能够保持稳定，并在 1897 年获得了硼砂电解质铝电容器的专利。20 世纪初，Gouy、Chapman 和 Stern 等界面电化学家进一步发展了电极和液体电解质界面处的双电层电容理论。1957 年，通用电气公司(GE)的 HI Becker 申请了第一项电化学电容器专利，但是其并未商业化。之后俄亥俄州标准石油公司(SOHIO)的 Robert Rightmire 发明了第一个基于非水电解质的碳材料电化学电容器，可以提供更高的工作电压和能量密度，1971 年发明了一种电荷存储机制属于法拉第性质的 RuO_2 赝电容器，其循环伏安曲线呈矩形，表明其具有典型的电容特性。赝电容电极材料的发现大幅度增强了超级电容器的能量储存性能。1978 年，日本 NEC 公司首先将电化学电容器商业化，并命名为"supercapacitor"，在电力供应市场上获得了成功。与此同时，日本松下公司也研发了一种商业上使用的以活性碳及有机电解质为基础的超级电容器。1989 年，美国能源部开始研究适用于电动汽车的具有高能量密度的超级电容器。之后，Maxwell 公司与美国能源部签约共同开发高性能超级电容器。到 20 世纪末，超级电容器得到了迅速发展。随着超级电容器制备技术的不断突破，超级电容器所使用的电极材料的性能和质量也在不断提升。美国、法国、日本、瑞士和韩国的超级电容器行业处于世界领先水平，且拥有超高影响力的大型企业，比如美国的 Maxwell 公司、日本的 Elna 公司和韩国的 Ness 公司等。我国的超级电容器行业起步比较晚，目前尚处于发展阶段，但也出现了很多大型公司，比如北京集星和上海奥威等。但是我国的超级电容器制备技术同国外相比仍有较大差距，因此，提高我国目前超级电容器的制备技术在当下具有重要的实际意义。近年来，随着人们对电子设备的要求提高，相应的储能设备成为研究热点，柔性超级电容器得到了极大发展。

超级电容器与传统电容器和可充电电池之间的能量密度和功率密度的对比如图 6-2 所示。超级电容器是一类新型的储能设备，不仅具有传统电容器的高功率密度，还具有二次电池的高能量密度，是一种储能特性介于二者之间的新型储能设备。同时，它还具有一些独特优势，比如充放电速度快，一般的锂离子电池充电完成往往需要几个小时，而超级电容器仅

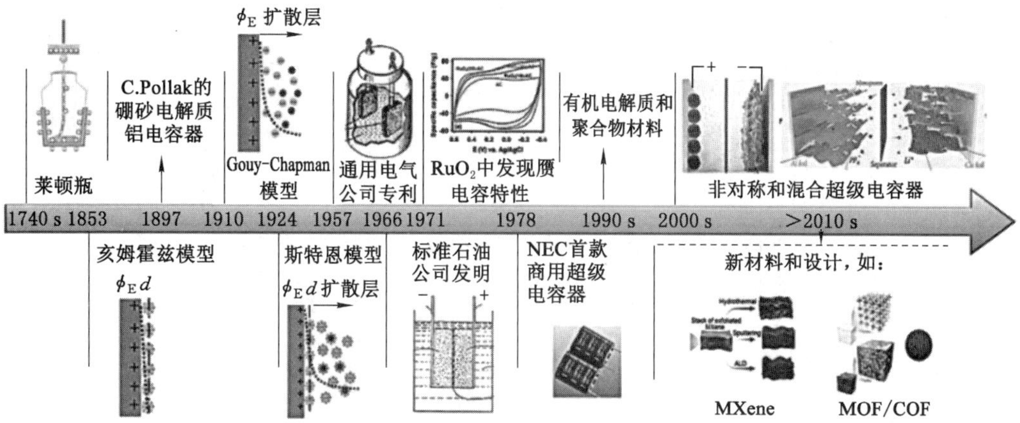

图 6-1　超级电容器的发展历程

需要几秒钟。超级电容器不仅有着如此快速的充放电性能，还具有良好的可逆性能，表现出优异的库仑效率。同时，超级电容器的工作环境温度极其宽泛，常规电容器的工作温度区间一般为－40～70 ℃。相比其他二次电池，超级电容器具有优秀的循环使用寿命，且不需要过多的维护保养。

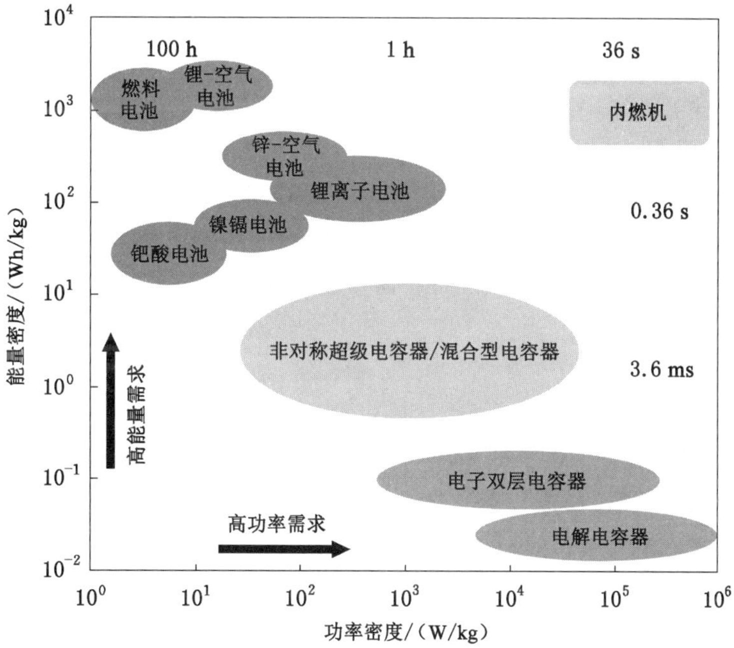

图 6-2　超级电容器、传统电容器和可充电电池间能量密度和功率密度对比图

随着超级电容实现产业化，全球涌现出大量的超级电容器公司，这些公司从科学技术制备方案、综合储能性能及成本等方面着手，致力于研发出更先进、更高效的电容器，从而为人们提供更加便利的生活。从图 6-3 所示统计数据可以看出：到 2025 年，全球超级电容器市场预计将达到 83 亿美元，并将以 30％的年增长率持续增长。目前，超级电容器已经成为成

熟的商业产品，在国防军事、航天航空、汽车制造、智能电网以及可穿戴便携式电子器件等重要领域得到了广泛应用。

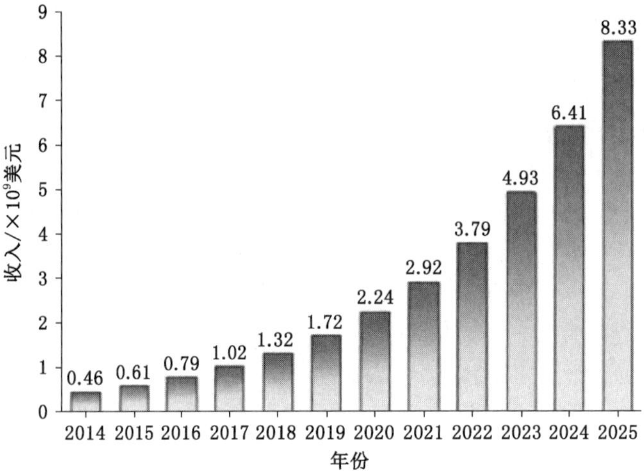

图 6-3　全球超级电容器市场规模及增长率

6.2　超级电容器的分类及储能机理

超级电容器可根据不同的标准进行分类。超级电容器的工作机理主要包括双电层电容机理与赝电容机理。常用的分类方法是根据电荷存储机理进行划分，可分为双电层电容器（EDLCs）、赝电容电容器（PCs）和混合型电容器（ASCs）三类[31]，如图 6-4 所示。超级电容器根据电解液可分为液态电解液超级电容器和固态电解质超级电容器，根据器件结构可分为常规的三维立体结构超级电容器、二维平面型超级电容器和一维纤维状超级电容器。

6.2.1　双电层电容器(EDLCs)

双电层是指在电极-电解液界面会形成带有两种相反电荷的电荷层，其工作原理如图 6-5 所示。充电时，在外加电场的作用下，电解液中的阴离子向正极移动，而阳离子则向负极移动。当充电完成后，在整个体系的静电引力作用下，正负极的阴阳离子不会进入电解液中从而形成稳定电势差，这就是双电层结构。当连接负载时，为了继续维持整个系统的电中性，正负极上吸附的电解液离子由于双电层结构中所存在的电势差，会重新移动到电解液中，在移动的过程中会形成电流，从而达到放电的效果。由此可见双电层电容器的充放电过程实际上就是一个电荷在正负极表面发生可逆的吸附和脱附的过程，是一个物理储能过程，不涉及化学反应。在整个充放电过程中仅发生了电荷的移动现象，而整个系统未发生相变，所以双电层电容器几乎不存在电极消耗问题，因此其循环使用寿命较传统的电容器和二次电池高得多。从双电层电容器的充放电过程可以看出从理论上讲具有较大比表面积和发达孔隙结构的材料往往具有更好的电容储存性能，其中碳材料是最常见的双电层电容器电极材料，目前应用最广泛的主要是活性炭、碳纳米管、石墨烯、碳气凝胶等。

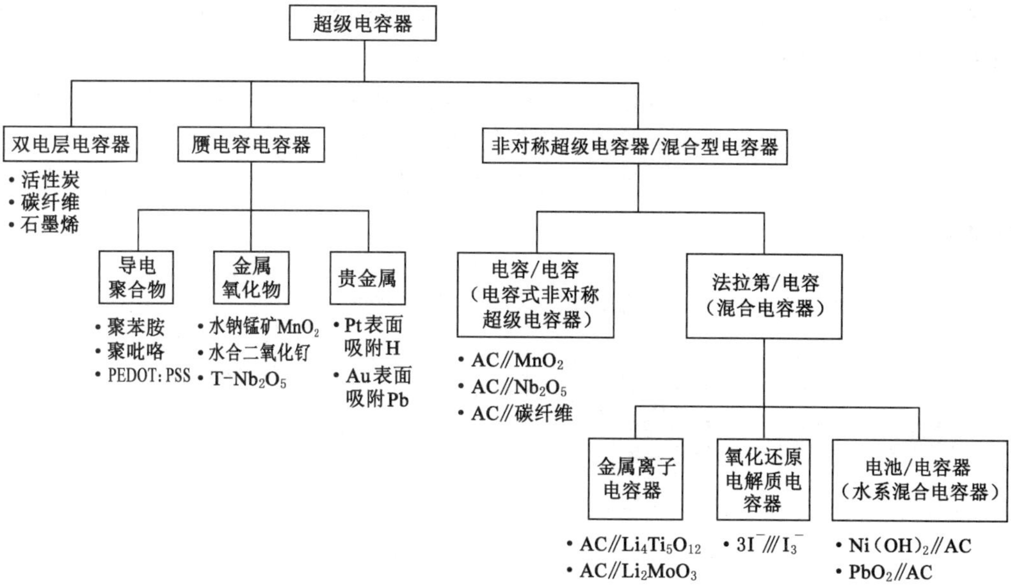

图 6-4　超级电容器的主要分类

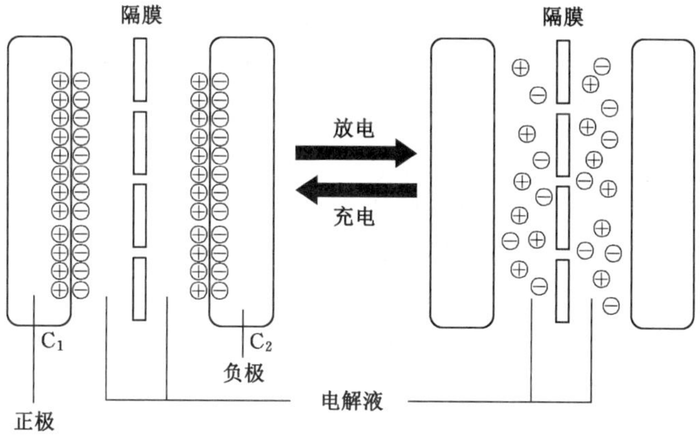

图 6-5　双电层电容器的储能机理

6.2.2　赝电容电容器(PCs)

赝电容超级电容器又被称为法拉第电容超级电容器，其储能机理是电极材料表面或体相中的活性物质与电解质离子发生快速和可逆的氧化还原反应，同时伴随着电解质离子的嵌入/脱嵌实现能量的存储和释放，从而形成与电极充电电位有关的电容。这是一种在电化学电荷迁移过程中产生的电容，其容量在一定程度上受限于有限的活性材料的数量和有效比表面积。充电过程中，在超级电容器的两极施加一定的电压，电解质离子吸附或者嵌入电极材料的表面或内部。放电过程中，吸附或嵌入的电解质离子发生脱附或脱嵌回到电解质中，电极为了保持电中性释放电荷，在电路中形成电流。赝电容电容器产生电容的过程不仅发生在电极材料的表面也发生在电极材料内部，因此赝电容超级电容器比双电层超级电容器具有更高的比容量和能量密度。但是法拉第反应发生的速度要慢于静电作用的速度，所以赝电容超级电容器的功率密度比双电层超级电容器的低。在发生氧化还原反应的过程中，由于电解质离子的嵌入/脱出，对电极材料的微观结构容易造成损坏，超级电容器会出现膨胀等问题，所以赝电容超级电容器的循环寿命不长。

随着科学研究的进一步深入，研究人员认为赝电容电极材料可以存在以下电荷存储机制，如图 6-6 所示。

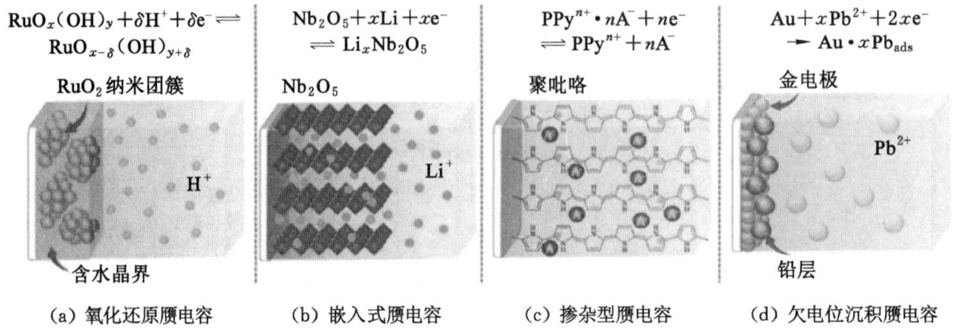

图 6-6　赝电容器的各种能量存储机制

(1) 氧化还原赝电容：由于其储能过程涉及氧化还原过程，故既具有法拉第特性，又具有电容特性。但是，不是所有的法拉第过程对赝电容电荷的储存都有帮助。赝电容材料通过可逆的反应储存电荷，包括金属氧化物（MnO_2、RuO_2、NiO、Co_3O_4 和导电聚合物）的法拉第反应。

(2) 嵌入/脱嵌式赝电容：当电解质离子（如 Li^+、Na^+、K^+、H^+）嵌入或插入层状电极材料时，伴随着法拉第电荷转移且没有晶相变化，就会产生嵌入式赝电容。

(3) 掺杂型赝电容：该方法可用于导电聚合物的电化学掺杂和脱掺杂。

(4) 欠电势沉积赝电容：欠电位沉积的过程可以分为吸附和沉积两个阶段。在吸附阶段，金属离子在电极表面吸附形成一个原子层。吸附过程是一个物理吸附过程，其速率受到金属离子浓度、电解液中的溶质浓度以及电极表面的结构等因素的影响。在沉积阶段，吸附在电极表面的金属离子逐渐被还原为金属原子，并与电极表面上的金属原子结合形成金属层。沉积过程是一个电化学反应过程，其速率受到电极电势、电解液中的金属离子浓度以及电极表面的结构等因素的影响。

6.2.3　混合型电容器(ASCs)

混合型超级电容器的正负极一般是由具有不同储能机理的材料组成的，不同于对称型的双电层电容器和赝电容电容器，因此也称为非对称型超级电容器。混合型超级电容器的工作原理如图 6-7 所示，其阳极材料一般是由金属氧化物、导电聚合物或者锂离子电池材料组成的，而阴极材料一般是碳材料。电解液往往选择具有锂盐或者钠盐的有机电解液，阳极发生锂离子或者钠离子的嵌入或者脱嵌，而阴极发生电荷的吸脱附。混合型超级电容器的工作电压一般情况下是正负电极电压的叠加值，因此混合型超级电容器往往具有很高的工作电压窗口。混合型超级电容器不仅具有双电层电容器的工作稳定性和较高的循环使用寿命，还具有赝电容电容器的高比电容和高能量密度的特性，因此受到越来越多的研究人员的关注而得到快速发展和推广。

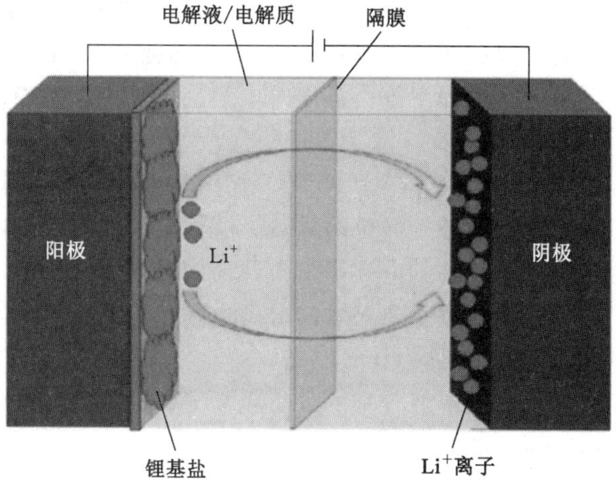

图 6-7　混合型超级电容器储能机理示意图

6.3　超级电容器的结构

超级电容器的结构根据实际工作场合需求会有所不同，但主要都是由电极材料（正极和负极）、电解液和隔膜三部分构成的，其结构示意图如图 6-8 所示，电极材料、电解液和使用的隔膜是影响超级电容器性能的主要因素。

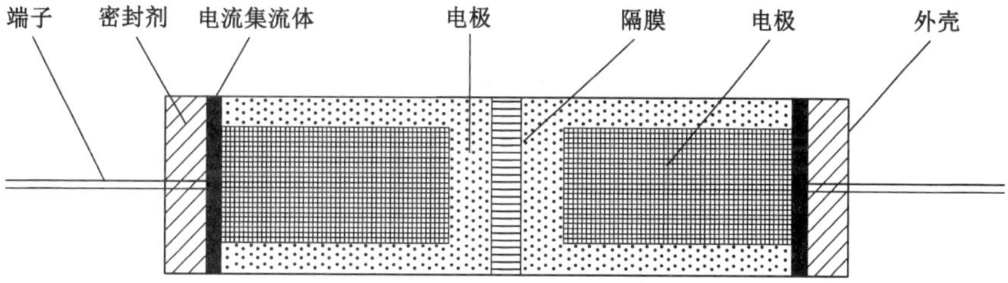

图 6-8　超级电容器结构示意图

6.3.1　电极材料

电极材料是决定超级电容器电化学性能的关键组成部分，为减小电极材料接触电阻则需要将其与集流体紧密相连。常见的电极材料分为碳材料、金属氧化物、导电聚合物以及由上述材料组成的复合电极材料。不同种类的电极材料的储能机理不同，电化学性能有较大差别。因此，电极材料应具有比表面积大、合适的孔隙结构、优异的电导率、稳定的电化学性能和机械性能等特点。采用设计和优化材料结构、材料纳米化、多组分复合以及元素掺杂等方法可制备出更优异的电极材料。

6.3.2 电解液

电解液通常由水或有机溶剂与电解质构成，是超级电容器的重要组成部分，电极材料的性质决定了电解液类型的选取。在选择电解液时，需要考虑电解液的种类与浓度、安全性、离子尺寸与电极材料孔径的匹配程度等。常用的电解液可分为水系、有机系、固态电解质和离子液体。

水系电解液分为酸性（H_2SO_4）、碱性（KOH）和中性（Na_2SO_4）三类，具有电导率较高、离子尺寸小、成本低、无毒和制备条件简单的优点。酸性电解液与碱性电解液都具有电导率大、离子浓度高的优点，中性电解液的电导率虽不及前两者，但是对电极材料的腐蚀性较弱，而且安全性高。水系电解液的缺点主要是水的分解电压低（1.23 V），容易发生析氢和析氧反应，大幅度降低超级电容器的工作电压。

有机系电解液拥有比水系电解液较高的分解电压，因此基于有机系电解液的超级电容器具有较高的工作电压和更大的能量密度。但是因其有毒性，易燃烧的危险特性使得其应用受到一定限制。目前针对有机电解液的研究主要集中在开发新的电解质盐和优化有机溶剂体系，促使电解液具有更优异的电化学性能。

固态电解质主要分为陶瓷电解质和聚合物电解质，是将电解液与隔膜整合到一个材料中，同时起到了传输离子和避免正负极短路的作用，可与电极材料组装成全固态超级电容器，安全性和可靠性高，可促进电容器向小型化、柔性化方向发展。此类电解质虽然没有液体泄漏等风险，但离子传导性被大幅度降低，使得超级电容器电化学性能受到影响。目前常用的聚合物电解质有固态聚合物电解质和凝胶聚合物电解质。凝胶聚合物电解质的离子电导率（$10^{-4}\sim10^{-3}$ S/cm）通常比固态聚合物电解质的离子电导率（$10^{-8}\sim10^{-7}$ S/cm）高，因为凝胶聚合物基体中存在大量水，提高了其导电性。常用的凝胶电解质基质有聚丙烯酸酯（PAA）、聚乙烯醇（PVA）、聚丙烯腈（PAN）、聚偏氟乙烯（PVDF）等。

离子液体包括室温熔融盐和有机离子液体等，由阴、阳离子构成，室温下呈液态。纯的离子液体黏度大、导电性差，添加适当溶剂后能明显改善电导率。

6.3.3 隔膜

隔膜的主要作用是隔离正负极材料，防止短路，同时保证电解质离子可以通过，使得充放电过程不被阻碍。常用的隔膜主要分为纤维素纸隔膜、合成高分子聚合物隔膜、静电纺丝隔膜和生物隔膜。隔膜主要影响超级电容器中电解质离子交换速率，也是重要的介电材料，可以影响超级电容器的功率密度和工作电压。因此，高的离子电导率和尽可能低的电子电导率应是隔膜满足的必要条件。

6.4 超级电容器的电极材料

在实际商业化过程中，超级电容器研究者主要面临电极的晶格结构、反应过电位和动力学问题，所以超级电容器是根据电极材料（图 6-9）的储能机理来研究的。

电极材料对电容器的性能有至关重要的影响，高性能电极材料的设计和开发是提升超级电容器电化学性能的关键，选取电极材料的基本要求：

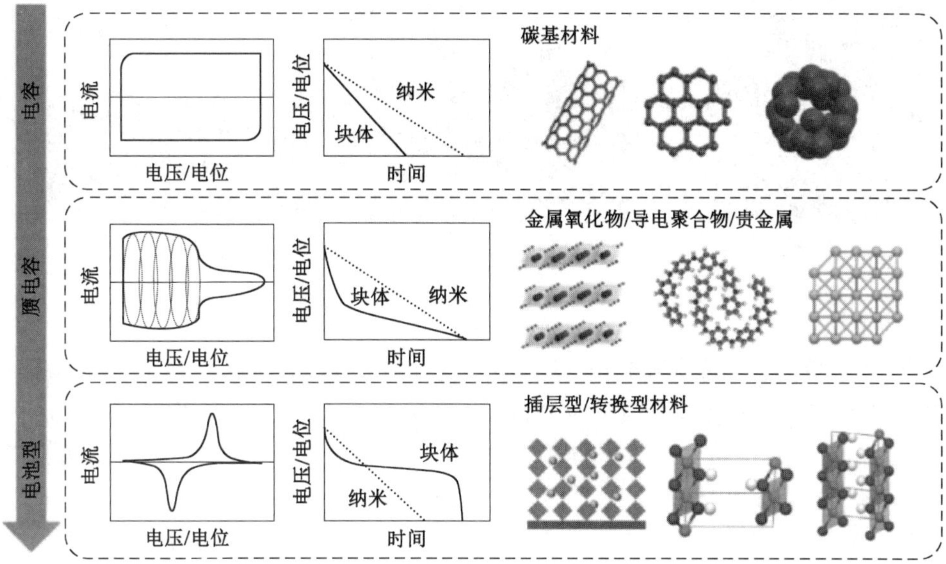

图 6-9　典型电极材料及其电化学行为

（1）制备电极材料的方法较为简单方便，所需要的材料来源广泛，成本较低；

（2）电极材料要具有较大的比容量和比表面积，以便提供更多的活性位点可进行反应和能量存储；

（3）较低的电阻，即良好的电导率，可以让电极材料在大电流充放电情况下保持性能稳定，具有较好的倍率性能；

（4）电极材料同样要具备优异的机械稳定性，较小的体积膨胀和结构变形，可以让材料在长循环中具备优异的稳定性。

常用的电极材料可以分为碳基材料、过渡金属基材料、导电聚合物材料以及上述材料组成的复合电极材料四类。

6.4.1　碳基材料

碳材料由于具有储量丰富、易获得、高导电性、高化学稳定性等优点作为超级电容器的电极材料广泛应用。在电极体系中，主要用作导电添加剂、活性物质支撑材料、活性物质等，通过优化自身的孔隙结构以及掺杂元素等来提高比电容。常用的碳电极材料主要包括活性碳(activated carbons，ACs)、石墨烯(graphene，GN)、碳纳米管(carbon nanotubes，CNTs)等，三者的 SEM 图如图 6-10 所示。其他碳材料如介孔碳、碳纤维和生物质炭等，也都是备受关注的电极材料。目前，国内外对碳基材料的研究都是将其与其他材料进行复合作为复合电极来进行研究。

6.4.1.1　活性炭

活性炭在碳材料中所需的制备成本最低，并且可以产业化生产。在超级电容器中活性炭又是以双电层电容方式储存电荷的一种常用多孔碳材料，其高比表面积和良好的化学稳定性使其广泛用于电容器电极材料中。然而，活性炭由于孔径结构分布不均，大小不易控

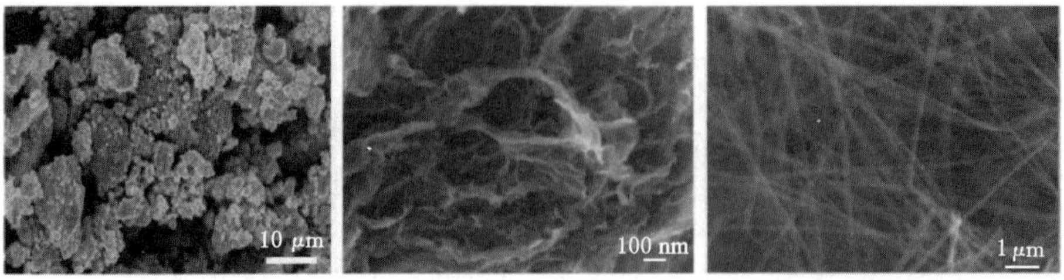

(a) 活性炭　　(b) 氧化石墨烯　　(c) 碳纳米管

图 6-10　活性炭、氧化石墨烯和碳纳米管的 SEM 图

制，使其比表面积无法充分得到利用，导致活性炭材料的导电性和比容量受到极大影响。大量研究证实：电极材料的电容性能与材料的比表面积并非呈线性正比关系。虽然活性碳具有很发达的微孔（<2 nm）结构，但是缺少介孔（2～50 nm）和大孔（>50 nm）结构。但是一个理想化的优异的活性碳作为电极材料时必须具备微孔、介孔、大孔的协同作用。微孔主要作为电解液离子的吸附位点，而介孔可以有效缩短电解液离子的传输距离，大孔可以为电解液离子提供存储空间而提高电极材料储存电荷的能力。因此如何精准调控活性碳材料的孔隙结构和分布就成为制备活性碳电极材料的关键。

6.4.1.2　石墨烯

石墨烯是由 sp2 杂化碳原子以共价键的形式通过相互连接所组成的一种二维结构的超薄材料，是理想的具有单原子厚度的二维材料，能提供高至 550 F/g 的理论比电容，是所有碳材料中理论比电容最高的材料，其在电化学能量存储领域的应用如图 6-11 所示。石墨烯可通过增加分层或成型，为制备球形和管形石墨材料提供基础模型。石墨烯的化学性质与石墨的相似，通过氧化石墨得到的氧化石墨烯层状材料具有大量的含氧官能团，位于石墨的基面和边缘处，包括羟基、羰基、羧基、环氧官能团等。石墨烯具有高理论比表面（2 630 m^2/g）、良好的导电性、优异的机械性能。然而，石墨烯片极高的表面能使得其在电极制造过程中很容易自行凝结。由此看来，对石墨烯优异性能充分利用的同时若能改善材料团聚现象，对其在超级电容器电极材料中的应用大有裨益。但是，石墨烯超级电容器一直难于实现产业化，主要是因为成本太高，且产量很低，制备过程复杂且耗能严重。

6.4.1.3　碳纳米管

碳纳米管作为碳的同素异形体，碳原子也是以 sp2 杂化为主，片层外形为高度离域化的大 π 键，是碳纳米管与一些具有共轭性能的大分子以非共价键复合的化学基础。不同于石墨烯，碳纳米管是一类一维材料，可以理解成由石墨烯片层卷曲形成的两端闭合的中空管状结构材料。碳纳米管的径向尺寸只有纳米级，而轴向尺寸达到微米级。依据碳纳米管的原子层数，可以将碳纳米管分为单壁碳纳米管、双壁碳纳米管和多壁碳纳米管。由于碳纳米管具有独特的中空结构、良好的导电性能和高比表面积，且其表面含有很多缺陷位点，使其成为一种理想的超级电容器电极材料。碳纳米管和大部分碳材料一样都是通过在材料表面对电解液离子吸附形成一个双电层，从而达到存储电能的目的。碳纳米管由于 π-π 键的结合，使得碳纳米管出现严重的团聚现象，进而影响其电化学性能。现在的研究中如何减少团聚，增加比表面积和孔隙结构，一直是研究热点。相比石墨烯，碳纳米管的制备工艺相对简单且

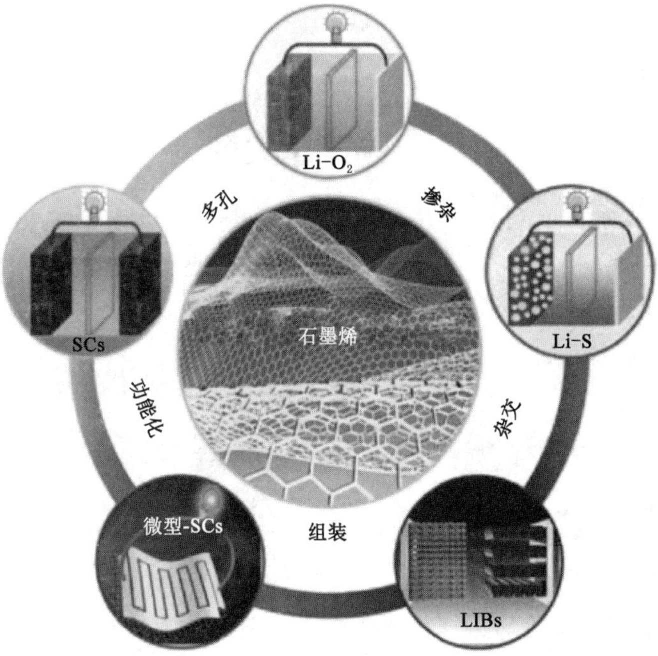

图 6-11　石墨烯电化学能量存储领域的应用

产量较多，因此具有很好的应用前景。

6.4.1.4　生物质

生物质资源从广义上来讲，是指一切通过光合作用所产生的有机物质，包括各种动物、植物、微生物以及这些生物通过新陈代谢或者排泄所产生的有机物质。生物质材料作为一种传统的有机天然材料，是人类早期能利用的资源之一。随着我国对环境改善和资源的高效利用越来越重视，生物质资源及其废弃物的高效二次利用就成为当下比较热门的研究方向，例如利用生物质资源进行分解液化得到具有高燃值的油类物质和可燃性气体。同时，生物质材料凭借其自身的特点和优势在储能领域飞速发展。

生物质材料是一种理想的制备碳材料的前驱体，因为碳元素是它的主要组分之一，含量往往超过 50%，同时还具有天然的孔隙结构，其自身含有的一些天然杂元素(N,P,S,Mg,Fe 等)还能够提高碳材料的比电容。一些生物质材料本身就具有极大的比表面积和丰富的表面官能团，再加上生物质资源是一类可再生资源，其来源广泛、产量高、储量丰富且价格低廉。综合以上优势，生物质材料在超级电容器领域具有极好的应用前景。通常情况下，生物质材料在少氧或者无氧的条件下通过高温热解的方式制备衍生碳材料。通过优化工艺参数，例如活化时间、碳化温度、升温速率等，来达到调控最终产物的孔隙结构和比表面积的目的。近年来，研究者们对大量的生物质材料进行了研究和尝试，取得了一定的成果，比如木屑、秸秆、棉花、植物果实外壳、细菌、动物粪便和外壳等，如图 6-12 所示。现阶段制备生物质衍生碳材料的方法主要有水热法、热解法、活化法和模板法等。

6.4.2　过渡金属基材料

过渡金属基材料作为超级电容器材料一般要具备三个条件:(1) 金属元素具有多价态

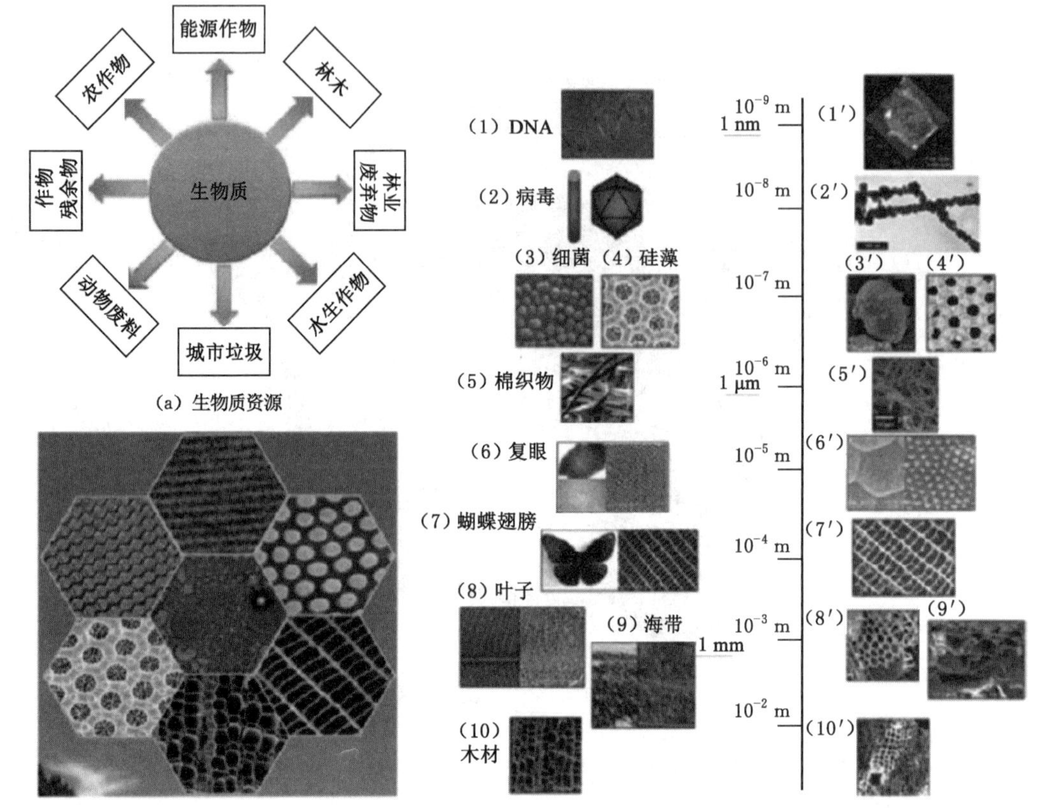

(a) 生物质资源

(b) 生物质结构

(c) 生物质结构与碳材料结构的多样性

图 6-12 生物质资源、生物质结构及生物质结构与碳材料结构的多样性

和较高的化学稳定性，不易发生相变；(2) 具有良好的导电性能；(3) 质子能够自由进入或脱出晶格结构。过渡金属基材料作为超级电容器电极材料不仅可以在其表面发生电荷的吸附和聚集，还可以在材料表面发生快速、可逆的氧化还原反应，显示出很强的赝电容行为，因此过渡金属基材料相比碳材料，其在作为电极材料使用时理论上具有更高的比电容，与导电聚合物电极材料相比拥有更强的电化学稳定性。

6.4.2.1 贵金属氧化物

常见的贵金属氧化物电极材料为氧化钌(RuO_2)和氧化铱(IrO_2)，它们在酸性电解液体系中的比容量较高，导电性和稳定性良好，也有一定的工业化应用，但是贵金属成本高且有一定的毒性，加上酸性电解液的腐蚀性，容易造成环境污染，这些缺陷使贵金属难以扩大应用。

6.4.2.2 过渡金属氧化物

过渡金属氧化物中的金属元素存在多种价态的氧化物，在电极与电解液发生反应时可以产生大的赝电容，用作超级电容器的材料主要有铁氧化物(FeO_x)、镍氧化物(NiO_x)、钴氧化物(CoO_x)、V_2O_5、MoO_2、ZnO、CuO、MnO_2 等。在对过渡金属氧化物电极材料的研究中，出现最多的是锰氧化物(MnO_x)，由于其原料易得、成本低、环境友好且在中性电解液中能表现出良好的电容特性，因而成为极具潜力的超级电容器电极材料。以 MnO_2 为例，其工作电压窗口为 0～1 V，理论比电容约为 1 400 F/g，比电容值远超大部分同类金属氧化物，具有＋2～＋7 多种价态，由此可以制备不同晶体结构的 MnO_2，由 MnO_2 八面体的不同空间排列可以产生同素异形体。而且纳米级 MnO_2 可以提供更大的比表面积，可以有效提高超级电容器比电容，因此具有很大的发展潜力。MnO_2 一般用作非对称超级电容器的正极，用来扩大器件的电压窗口。但是过渡金属氧化物存在一个致命的缺点——导电性能差，电荷在传输过程中会受到很大的阻力，因此在实际制备出的过渡金属氧化物电极材料中很难达到理想的比电容值。为了克服这个问题，研究人员把重点放在了通过工艺条件的改良来有效控制产物的形貌和晶型结构，并研发了纳米棒阵列、纳米片阵列、刺球状和具有明显核壳结构的过渡金属氧化物电极材料，或者将其与有机物复合来提高导电性能。

6.4.2.3　过渡金属氢氧化物

过渡金属氢氧化物通过氧化还原反应进行能量存储，且其比电容高于传统双电层电容材料，同时相对简易的制备方式使其受到广泛关注。储能装置中常见的氢氧化物材料有 $Mn(OH)_2$、$Co(OH)_2$ 和 $Ni(OH)_2$。研究发现 $Mn(OH)_2$ 和 MnO_2 一样也具有优良的电化学行为。特别是正极为 $Mn(OH)_2$、负极为 MnO_2 的非对称电容器，电位窗口可达 1.9 V，远高于将 $Mn(OH)_2$、MnO_2 单独作为电极材料组成电容器的电位窗口。虽然针对 $Mn(OH)_2$ 的研究有了一定的进展，但是导电性能较差仍是限制其电化学性能的重要因素。因此，目前主要将 $Mn(OH)_2$ 与其他材料复合制备复合材料。$Co(OH)_2$ 结构与水镁石类似，为双层结构，循环稳定性好，理论比容量高，达 3 460 F/g，是一类非常有潜力的电极材料。近年来也有许多研究者利用不同的制备方法制得了不同结构与性能的 $Co(OH)_2$。目前发现 $Co(OH)_2$ 有两种晶型结构——α 型和 β 型。β 型 $Co(OH)_2$ 为典型的六方晶系型，为八面型配体，每一个 OH^- 在同一层中与 3 个 Co 原子配位成键，并与 3 个 OH^- 接触。α 型 $Co(OH)_2$ 为层状水镁石结构，层与层之间有插层离子。因此，相比 β 型 $Co(OH)_2$，α 型 $Co(OH)_2$ 具有较大的层间距，便于电解质离子进入层间进行电化学反应。相比而言，α 型 $Co(OH)_2$ 是性能更好的电化学材料。但遗憾的是，α 型 $Co(OH)_2$ 结构不稳定，极易转变为 β 型 $Co(OH)_2$。$Ni(OH)_2$ 理论容量较高，但实际容量却不尽如人意，同时因为相结构不稳定又表现出较低的导电性，使得氢氧化物的循环性能较差，这也影响了其应用。但是经过不断的研究证明：金属离子的掺杂，即通过引入不同的金属离子到相组成中引起协同作用，或与其他材料复合进行形貌控制等方法都可以有效提升电极材料的电化学性能。

6.4.2.4　过渡金属硫化物

在最近的研究中，由于过渡金属硫化物（如 NiS、Co_3S_4、ZnS 等）具有存储丰富、成本低等特点而引起关注。同时过渡金属硫化物中硫元素具有较低的电负性，相比氧化物拥有更高的反应活性和导电性，此外，化学组成多样、价态以及晶体形态丰富、高理论比容量等优势使其在能源存储方面被广泛研究。但是相对较差的电导率和倍率性能依旧是过渡金属硫化物需要解决的主要问题。通过材料纳米化控制形貌可增大比表面积，元素掺杂将改变电子结构，构建异质结构改善晶体结构，以上方法都是提升其电化学性能的有效方法。

6.4.3　导电聚合物材料

导电聚合物是能够导电的有机聚合物，常见的导电聚合物有聚苯胺（PANI）、聚吡咯

(PPy)和聚噻吩(PTh)及其衍生物,其化学结构如图 6-13 所示,具有独特的掺杂机制、内阻小、制备工艺简单、良好的环境稳定性等特点。导电高聚物是通过聚合物主链的共轭键导电,通过氧化还原反应提供电容,这不仅发生在表面上,还发生在聚合物内部,因此导电聚合物储存的能量通常比双电层型材料的高得多。充电时,导电聚合物会吸收电解液中的 H^+ 或自身失去负电荷,与此同时在系统静电力作用下,电解液中的阴离子会聚集到聚合物骨架上,完成充电过程。放电时,吸附到骨架上的阴离子会脱离导电聚合物骨架的束缚,将自身从充电时获得的电子释放出去完成放电过程。导电聚合物的充放电过程实际上就是分子链上反复发生快速可逆的掺杂和去掺杂过程。在这个过程中,导电聚合物骨架会发生十分明显的膨胀和收缩,因此其结构极易破坏甚至降解,因此其循环使用寿命非常短,同时导电聚合物往往具有较高的毒性,这些条件严重限制了导电聚合物作为超级电容器电极材料的应用和推广。因此,将无机物与导电聚合物复合就成为研究者关注的焦点。导电高聚物材料固有的灵活性,使其成为一种优秀的柔性超级电容器电极材料。

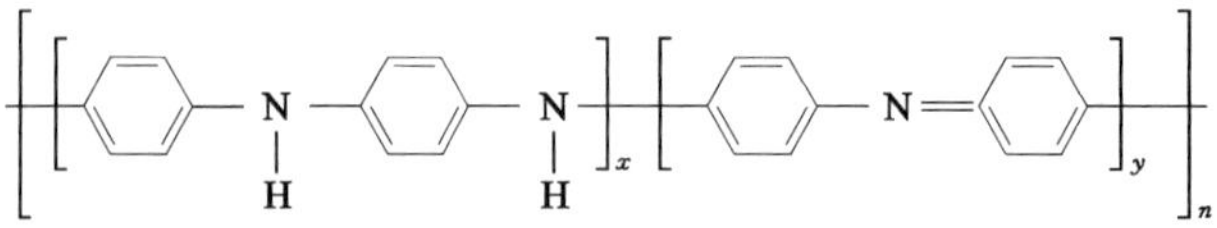

(a) 聚苯胺

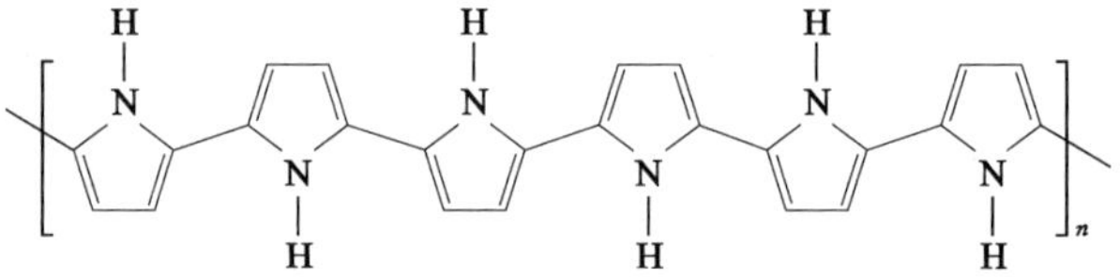

(b) 聚吡咯

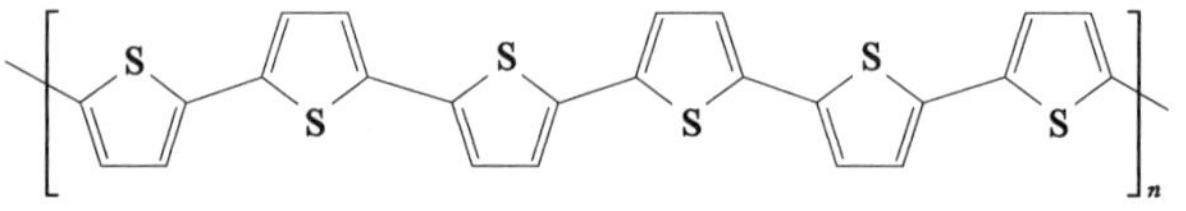

(c) 聚噻吩

图 6-13 聚苯胺、聚吡咯和聚噻吩的化学结构

在氧化过程中导电聚合物被阴离子 P^- 型掺杂,在还原过程中,其被阳离子 N^- 型掺杂(图 6-14)。单独用导电高聚物制备的电容器可以分成四种类型:① Ⅰ型(对称机构):电容器中两个电极为相同的 P 型掺杂导电聚合物材料;② Ⅱ型(非对称结构):两个电极为不同的 P 型掺杂的聚合物材料;③ Ⅲ型(对称结构):电容器两个电极用相同的导电聚合物,正极可进行 P 型掺杂,负极可进行 N 型掺杂;④ Ⅳ型(非对称结构):利用不同 P 型掺杂和 N 型掺杂的导电聚合物作为电极。

$$P^-X^+ \xrightleftharpoons{\text{去掺杂}} P \xrightleftharpoons{\text{氧化掺杂}} P^+A^-$$

P—聚合物;A^-—阴离子;X^+—阳离子。

图 6-14 导电聚合物中反离子的掺杂和去掺杂

6.4.3.1　聚苯胺

聚苯胺作为一种被广泛研究的Ⅰ型导电高聚物，具有独特的氧化还原态和理论电容高等特性。聚苯胺具有易在水溶液中制备（化学或者电化学方法）、掺杂能力强、良好的导电性（0.1～5 S/cm）、高比电容以及环境稳定性好的优势。但是其循环稳定性弱，且实际比电容远低于理论值，因为在实际条件下氧化还原反应只发生在表面的活性材料中，电极效率低。

6.4.3.2　聚吡咯

聚吡咯被认为是用于Ⅰ型和Ⅱ型电容器（正极）最有前途的电极材料之一。采用不同的聚合方法可以制备不同形态和结构的聚吡咯及其复合物。原位聚合和电化学聚合是最常用的两种合成方法，其实质都是吡咯单体持续被氧化产生具有 N 聚合度的线性吡咯分子。原位聚合一般是通过在吡咯单体的水溶液中加入特定的氧化剂和掺杂剂等。

6.4.3.3　聚噻吩

聚噻吩既可以被 P 型又可以被 N 型掺杂（Ⅲ型）。但是聚噻吩的 N 型掺杂过程在电位很低的条件下才发生，与常规电解液中溶剂的分解电位很接近。聚噻吩具有高自放电速率，但是导电率很低和循环寿命很短。为了克服这些限制，聚噻吩的衍生物（N 型掺杂发生在更负的电位）被进行大量研究，通过在噻吩环 3 位上用苯基、乙基、烷氧基或者其他吸电子基团取代，聚噻吩衍生物的稳定性得到显著改善。常见的聚噻吩衍生物有聚 3-甲基噻吩（PMT）、聚 4-氟苯基-3-噻吩（PFPT）和 3,4-乙烯二氧噻吩（PEDOT）。

6.4.4　复合电极材料

超级电容器作为一种绿色储能装置，有着令人瞩目的性能和良好的应用前景，随着对超级电容器认识的不断加深，提高其性能的关键是提高电极材料的性能。随着纳米级复合材料的发展，研究者将目光逐渐聚焦高性能、低成本的复合电极材料的制备。复合材料综合了单组分材料的优点，通过各组分间的协同作用，扬长避短，克服单一组分的缺陷，与一般的复合材料相比具有更优异的电化学性能、热性能、磁性能、机械性能和光性能，具有更好的发展前景。

多孔框架材料是一类通过价键连接形成规则网络结构的多孔材料，具有规则的孔道结构、丰富的活性位点、高比表面积等优点被广泛应用于气体存储与分离、传感、载药、储能等领域。经过多年的发展，多孔框架材料家族得到了迅速发展，金属有机框架（MOF）和共价有机框架（COF）是其中应用最广泛的两类材料。有序的 π 电子堆叠模型赋予了多孔框架材料高结晶度和大比表面积。同时，规则的孔道结构、丰富且分布均匀的活性位点为多孔框架材料提供了高效的离子传输通道和附着位点。多孔框架材料凭借其高结晶性、规则孔隙率、丰富且分布均匀的活性位点和结构可调等独特的结构优势，在能量存储、气体分离、催化和传感等领域受到广泛关注，在柔性超级电容器领域应用广泛。有机单元的多功能组件为多孔框架材料提供了结构可调性。然而，多孔框架材料的本征导电性、结构稳定性较差、粉末状结构等劣势难以满足柔性电极的力学和电学要求。多孔框架材料的储能机理以 EDLCs 为主，这归因于规则孔道结构和大比表面积有利于电解质离子的吸脱附。还可以通过引入氧化还原活性基团赋予多孔框架材料赝电容储能特性。

6.5 超级电容器的应用和挑战

6.5.1 超级电容器的应用

由于超级电容器具有短时间内存储或释放大量能量、高功率密度和长循环寿命的独特性质，因此吸引了很多人的注意。易于制造和重量小的特性使超级电容器适合作为电能储存设备，并得到了广泛应用。在许多应用中，超级电容器已取代电池和传统电容器。它们具有较高的功率密度（相比各种电池）和能量密度（相比传统电容器）。在大多数应用中，混合电池/超级电容器储能系统有更高的倍率性能和更好的循环性能，并且还能延长电池的寿命。超级电容器已被设计成各种形式，如可折叠、自充电和电致变色等。它们被用于便携式电子产品、备用电源、智能电网、内存备份、混合动力汽车、能量收集系统、太阳能电池阵列、风力蜗轮机运输和可穿戴电子领域，特别是为汽车工业中的应用带来了许多优势。同时有很多方法可以用来改善混合能源车辆的效率（通常在汽车停止时关闭发动机，然后储存的能量会被有效再次启动）。

6.5.2 超级电容器面临的挑战

如上所述，在改善超级电容器综合性能方面的研究已经有了突破性进展。电极材料、电解质以及它们的含量是决定超级电容器比容量的关键因素。因其电荷存储机制是在电极的表面或近表面进行，并且在长期的充放电过程中不会产生显著的体积膨胀，因而具有良好的循环稳定性。瞬间充放和高功率密度使其具有大范围应用，从小到大的各种各样的电力设备，甚至到电动绿色车输运电源模块，都有必不可少的用途。尽管如此，由于 SCs（超级电容器）的能量密度较低，阻碍了它的发展和商业化规划。实验室超级电容器相关的研究已获得许多进展，但是环保、低成本、稳定、高能量和高功率的要求使得器件的开发远不能满足人们的需求。在研究乃至商业应用中，SCs 所面临的问题与挑战如下：

(1) 电极和电解液材料：制备具有导电性良好、储能多且便宜、较高比表面积、可控的孔隙结构以及同时存在双电层电容和赝电容行为的电极是改善超级电容器综合性能的可行方案。但是这些材料价格昂贵（RuO_2）、导电性能较差（NiO）、结构稳定性低（导电聚合物）和工作电位不高（水系电解液），阻碍了其在器件上的广泛应用。所以，探究和开发新型材料很有必要，包括双氢氧化物（LDHs）、共价有机骨架化合物（COFs）、金属硫化物（MSs）、金属磷化物（MPs）、金属有机骨架（MOFs）和 2D 碳氮化物（Mxenes）等。另外，对于新的电解质材料的研制，氧化还原性电解质、“water-insalt”电解质、离子液体电解质，都是加快离子传输速度和提高电势的重要途径。

(2) 制备方法：大多数氧化物基材料都经过退火处理，该过程旨在去除前驱体中的有机残基，这些有机残基充当模板（形貌导向剂）和/或羟基离子供体。同时，使其结晶度增大，含水量减少。一些学者认为无定形氢氧化镍不适合超级电容器应用，而其他学者认为它优于晶体结构，因为无定形氢氧化镍的结构无序。那么退火过程是必要的还是有害的，合成过程中的这个相互矛盾的问题值得更多的深思和深入的探讨。

(3) 超级电容器组装：同一种电解质的超级电容器，不对称配置的稳定工作电压范围普遍高于对称型配置(图 6-15),这主要是由于不对称结构能使正、负极电位最大限度地发挥作用。当然,如何匹配等细节还需要详细研究。

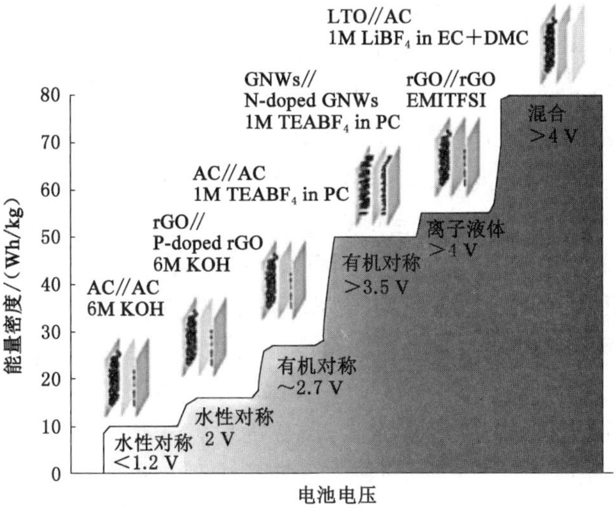

图 6-15　不同配置的超级电容器和液体电解质的能量密度与电池电压的关系图

(4) 电荷存储机制:对储能机理的深刻认识是非常重要的,不但可以对各种电化学体系进行区别,而且是促进技术创新的关键。此外,不仅为提升超级电容的能量与功率密度提供了理论依据,也为器件与模组的性能检测提供了参考。近年来,人们对超级电容储能机理的研究正逐步深入。随着人们对其进一步研究,具有高放电与高比容量的电极材料之间的界限越来越模糊。但同时也显示:在储能性能上,电容器和电池之间的距离越来越近,而且它们的能量和功率密度也进入相接近的趋势。

(5) 集流体:目前应用最广的集流体为泡沫镍。另外还有铝箔、金属箔或者一些金属泡沫(钛、不锈钢和铜等)。正如"集流体"这一名称,集流体的内阻越低越好。在此基础上,对集流体与活性物质的界面进行调控。二者的接触应紧密到足以使保护材料分开,从而有效减小内部阻力。与其他材料相比,泡沫镍具有高导电性、制备工艺简单和廉价等优点。作为网络多孔基质的泡沫镍能够提供充分的扩散通道。根据经验,我们意识到泡沫镍不适合作为镍基电极材料的集流体,因为根据镍 Pourbaix 图,泡沫镍本身在电解液中会被腐蚀,并在其表面形成氢氧化镍。考虑到活性材料和泡沫镍之间的质量比,这会显著降低电容。换句话说,由于活性材料的负载量很小,即使只有泡沫镍表面转化为氢氧化镍,整体膨胀仍不可小觑。另外,由于二者都含镍,因此难以区分镍来自活性材料还是泡沫镍基底,要想明确区分它们,需要付出额外的努力。如今,有吸引力的集流体是碳衍生物,例如碳纤维、石墨烯纸或碳泡沫。有些是通过棉纺织品的碳化获得的,轻巧和灵活使它们成为集流体的独特候选者。同时,该材料在电解液中也表现出良好的稳定性,特别是在水溶液中。碳基集流体中碳和镍基材料的碳的亲水性或水性电解质中的低润湿性可通过表面修饰(酸化)得到解决,但存在高温脆性大、成本高等问题。此外,在今后的发展中还需进一步提高结构鲁棒性和降低成本,从而进一步提高其综合性能。在柔性超级电容领域,银、金等金属离子的溅射法也是一种很有前景的选择。然而,仍然需要开发一种能够提供电子并作为高速传输通道的优良衬底以实现商业化。

(6) 器件结构设计和集成:电压窗口是影响超级电容器能量密度的主要参数。实际中,由于能量密度不理想,SC 的广泛应用仍然受到限制。不对称 SCs 以充分利用两极的不同潜在窗口来扩展电压范围而引起人们的广泛关注。然而,如何更精确调整两极之间的质量比以及器件所需要的最优电解液浓度和含量等是需要深入考虑和解决的问题。另外,电极材料结构中未能发挥活性作用的部分对于电化学储能来说是“死的”或“不活跃的”,因此降低了材料的利用率。所以,开发和设计新颖、性能一流的赝电容电极材料成为许多学者的研究方向和目标。此外,大电流循环时会影响电极的长期充放电,缩短了器件的寿命。在保证结构稳定性和高导电性情况下,最大限度提高电极结构的利用率仍然是非常具有挑战性的。

(7) 器件的应用:为了更加准确地比较不同性能,必须同时考虑面积比电容和体积比电容这两个重要的参数。面积比电容是指两个电极之间的距离,其大小决定了电流大小。因此,只有同时考虑这两个重要参数,才能更好地比较不同器件的性能。比较这些值时,还应指定质量负载,Gogotsi 和 Simon 已经指出,质量负载应为 10 mg/cm^2。虽然难以达到这个要求,但是高质量负载(1～10 mg/cm^2)在实际应用中具有重要意义。除了小型装置,其质量负载必须大于 1 mg/cm^2。否则很难进行适当比较。不选择高度和厚度的原因是电导率降低,机械性能差导致薄膜破碎。通常赝电容材料仅在约 20 nm 厚的表面层中存储电荷。在此情况下,电极与电解质接触距离越近越好,这样才能有利于活性物质的充分利用。但是在商业设备中,所需的负载比实验室中的高得多,所以性能差异很大。在研究高负载电极时,由于材料的团聚堆积、结构坍塌等,电化学性能表现并不理想。组装的器件中,活性物质仅是电池质量的一小部分,优化高负载与电解质之间的最佳接触并提高活性物质的利用率,巧妙设计和制备性能优良的材料是提高 SC 能量密度的有效方法,进而拓宽其在其他领域的实际应用。

思 考 题

1. 超级电容器可以分为哪几类?
2. 简述超级电容器的储能机理。
3. 超级电容器常用的电极材料有哪些?
4. 采用不同制备方法,设计 1～2 种电极材料的制备工艺流程图。
5. 超级电容器的应用领域有哪些?
6. 从文献、教材或网络等资源中收集至少 2 个超级电容器的应用实例,并根据收集的资料对超级电容器的应用前景进行分析。

参考文献

[1] 阿迪力·伊敏.镍锰基电极材料的可控制备及赝电容性能研究[D].兰州:兰州大学,2023.

[2] 范新枭.基于碳纤维的纤维状柔性超级电容器的制备及性能研究[D].北京:北京化工大学,2020.

[3] 郭曼盈. 构建超级电容器正负电极材料及其电化学性能的研究[D]. 长春：吉林大学，2022.

[4] 李滨. 超级电容器用生物质基电极材料的制备及其电学性能的研究[D]. 哈尔滨：东北林业大学，2022.

[5] 梁芳楠. 细乳液法制备纳米 MnO_2/PPy 复合材料及其电化学性能研究[D]. 太原：中北大学，2018.

[6] 王维康. 多孔框架材料复合柔性电极的设计、制备及在超级电容器中的应用[D]. 南京：南京邮电大学，2022.

第7章 储氢材料

7.1 储氢材料概述

氢气(H_2)作为一种普遍存在于自然界中的资源,其来源广泛且蕴藏丰富,具有出色的燃烧性能、高能量密度特性,且燃烧后只生成水这一单一环保产物,因而被视为极具潜力的绿色能源。然而,通常氢以气态形式存在,具有低密度、极易燃烧、易爆炸及迅速扩散的属性,这对氢能储存构成重大挑战。推动氢能普及的瓶颈是如何有效克服并妥善解决安全高效的氢能存储问题,尤其是追求高密度的储存方式。根据不同的储氢原理,现今已发展出三大主要储氢技术途径:气态储氢、液态储氢以及固态储氢。

7.1.1 气态储氢

高压气态储氢是指在高压下将氢气压缩,以高密度气态形式储存,具有成本较低、能耗低、易脱氢、工作条件较宽等特点,是发展最成熟、最常用的储氢技术。但是其储量小,需要耐压容器,存在氢气泄漏与容器爆炸等不安全因素。

目前高压气态储氢容器主要分为纯钢制金属瓶(Ⅰ型)、钢制内胆纤维环向缠绕瓶(Ⅱ型)、铝内胆纤维全缠绕瓶(Ⅲ型)及塑料内胆纤维缠绕瓶(Ⅳ型)4个类型。其中Ⅲ型和Ⅳ型瓶具有重容比小、单位质量储氢密度高等优点,已广泛应用于氢燃料电池汽车。

7.1.2 液态储氢

液态储氢是指氢气以液态氢或液态富氢化合物的形式进行储存的技术。前者是将氢气降温至−253 ℃液化成液氢进行储运,后者是将氢气储存在富氢化合物(如液氨、甲醇、甲苯、二甲基咔唑等)中进行储运,并通过催化加氢/脱氢的方式进行氢气储存和释放。

氢气绝热膨胀生成的液氢可以作为氢的储存状态。液氢沸点仅为20.38 K,气化潜热小,仅为0.91 kJ/mol,因此液氢的温度与外界的温度存在巨大的差值,稍有热量从外界渗入容器,就可以快速沸腾而损失。液氢通常储存在绝热的密封储罐内,常用液氢储罐分为大型站用储罐、中型运输储罐和车用储罐。采用液氢方式储运的最大优点是质量储氢密度高(按目前的技术可以大于5%),存在的问题是液氢蒸发损失和成本。

7.1.3 固态储氢

由于高压气态氢储运及液态氢储运方式存在不安全、能耗高、经济性差等缺陷,因此最有前景、安全经济的氢气储运方式是用储氢材料进行储氢。储氢材料是指一类能在温和条件下可逆吸收和释放氢气的材料，对于氢能的广泛应用具有重要意义，主要包括金属储氢材料(与氢发生化学反应)和物理吸附储氢材料。

研究发现某些金属具有很强的捕捉氢的能力，当处于一定温度和压力下的氢气氛中时，能够大量“吸收”氢气，反应生成金属氢化物，同时放出热量。生成的金属氢化物在加热后又释放出氢气。这些会“吸收”氢气的金属称为金属储氢材料。金属储氢材料的优点是有较大的储氢容量，单位体积储氢密度可高达 40～50 kg/m^3，安全性也很好，即使遇枪击也不会爆炸，另一个重要的优点是释放氢气时氢气的纯度可达99.999 9%。因此，与传统高压储氢和液态储氢相比，此技术具有以下优点：① 设备紧凑，便于储存和运输；② 不需要高压或绝热设备，易操作；③ 储氢条件容易满足，安全；④ 能长期保存；⑤ 可释放高纯度氢。该方法的缺点是储氢质量分数低，多数储氢金属的储氢质量分数仅为 1.5%～3%。另外，储氢金属易粉化。储氢时金属氢化物体积膨胀，而解离释氢过程又会发生体积收缩。经多次循环后，储氢金属便破碎粉化，氢化和释氢变得越来越困难。金属储氢材料的低温特性不好，释氢需向金属提供热量。AB_5 型合金所需的加热温度最低，为 40～50 ℃，而镁基合金则需加热到 300 ℃左右。

物理吸附储氢是指氢与固体材料在其表面上发生作用时，固体表面处气体的浓度高于气相时的现象。物理吸附中的作用力是范德瓦耳斯力，物理吸附储氢的吸附热低，一般数量级在－10 kJ/mol 以下，只能在低温下达到较大储氢量，活化能很小，吸放氢速度较快，一般可逆，循环性好。物理吸附储氢通常选择比表面积大的固体材料，如碳材料(包括活性炭、碳纳米管、石墨烯等)、沸石、金属有机骨架材料(metal-organic framework，MOF)等。常见的工作温度在液氮温度附近。

另外还有一些复合储氢方法，如同时使用高压和储氢合金，同时使用高压和液氢等，希望提高储氢容量，改善储氢系统特性。

7.2 金属储氢材料

金属储氢材料是利用纯金属或合金在一定的温度和压力下吸收/放出氢气进行储氢的一类材料。元素周期表中的多数金属都能与氢发生反应，形成金属氢化物，且反应比较简单，只要控制在一定的温度和压力，金属和氢接触就会发生反应：$M+xH_2 \rightleftharpoons MH_{2x}$。式中 M 表示金属元素，反应为可逆反应，反应方向由氢气的压力和温度决定。若反应向右进行，称为吸氢反应，属于放热反应；若反应向左进行，称为释氢反应，属于吸热反应。在氢气的吸储和释放过程中，伴随着热能的生成或吸收，也伴随着氢压的变化，因此，可利用这种可逆反应将化学能(H_2)、热能(反应热)和机械能(平衡氢压)有机结合起来，构成具有各种能量形态转换、储存或输运的载能系统。

7.2.1 金属储氢材料的储氢原理

在一定温度和压力下，氢可以与许多金属、合金生成金属氢化物 MH_x 和 MH_y，化学反应式为：

$$M+\frac{x}{2}H_2 \xlongequal{} MH_x \tag{7-1}$$

$$\frac{2}{y-x}MH_x + H_2 \xlongequal{} \frac{2}{y-x}MH_y + \Delta H \tag{7-2}$$

式中，MH_x为固溶体；MH_y为氢化物；ΔH 为反应生成热。

根据 Gibbs 相律，上述反应与温度、压力的关系可用图 7-1(a)描述，即压力-组成等温曲线，即 PCT(pressure-composition-temperature)曲线：图中的横坐标表示固相中氢与金属原子比，纵轴为氢压。当温度 T 不变时，随氢压升高，氢溶入金属形成固溶体(称为 α 相)。组成达到 A 点时，α 相中氢的固溶度达到饱和。α 相与氢发生反应生成氢化物相(称为 β 相)，当所有的 α 相都变成 β 相时，组成达到 B 点，理想情况下 AB 段为一条水平线，水平线段的压力常称为平台压力，平台的出现是 Gibbs 相律的必然结果。进一步增大氢压，氢溶入 β 相，使 β 相中氢的固溶度增大。若初始态在 C 点，随氢压降低，上述过程逆向进行。另外，随温度升高平台压力也升高。通过改变温度和压力条件，使反应正向或逆向进行即可实现吸氢或放氢。应当指出的是，实际储氢合金的吸氢与放氢过程并不完全可逆，两个过程形成如图 7-1(b)所示滞后回线，吸氢过程的平台压力总是高于放氢过程的平台压力。

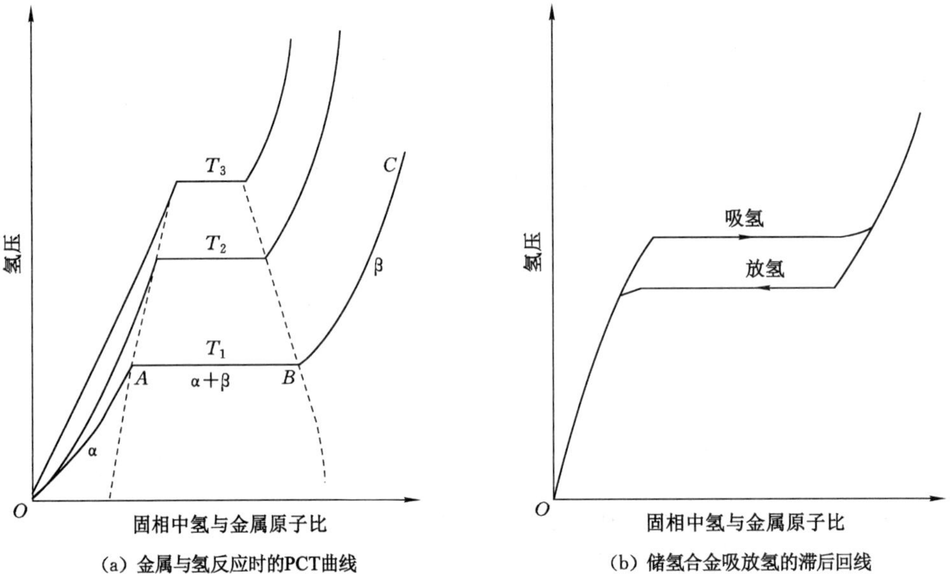

图 7-1　金属与氢反应时的 PCT 曲线及储氢合金吸放氢的滞后回线

PCT 曲线中吸放氢的温度与对应的平台压力的关系可用 Van't Hoff 方程描述：

$$\ln p_{H_2} = \frac{\Delta H}{RT} - \frac{\Delta S}{R} \tag{7-3}$$

式中，p_{H_2} 为氢分压；R 为气体常数；T 为测试时的热力学温度；ΔH 和 ΔS 为反应的焓变与熵变。

ΔH 和 ΔS 在一定范围内随温度变化不大，若将它们看作常数，则 $\ln p_{H_2}$ 与 $1/T$ 呈直线关系。可由 PCT 曲线不同温度下的平台压力拟合出该直线，根据拟合得到的斜率和截距，分别计算出氢化物的 ΔH 和 ΔS。也可以用 Van't Hoff 方程估算室温下具有适宜氢分解压的储氢合金的生成焓。几乎对于所有的金属 ΔS 都变化不大，约为 $-125\ J/(mol\cdot K)$。但是 ΔH 变化很大，金属与氢反应的压力和温度也随之变化。若按吸放氢温度在 298 K、氢压为 0.01～1 MPa 计算，取 $\Delta S=-125\ J/(mol\cdot K)$，则 $\Delta H=-42.9\sim-31.5\ kJ/mol$。研究表明：纯金属与氢反应生成氢化物的生成焓几乎没有在上述范围内。因此，需要组合不同生成焓的金属来获得具有合适生成焓的储氢合金。

储氢合金的吸放氢动力学性能取决于两方面因素：① 合金表面特性，与合金表面氧化层的厚度、合金表面不同成分对氢分子分解为氢原子的影响程度以及氢原子穿过表面层进入合金基体的难易程度等有关；② 合金基体的特性，与合金中的金属原子和氢原子的亲和力、氢原子在合金中的扩散速度以及吸氢过程中产生微裂的难易程度等有关。

7.2.2 对金属储氢材料性能的基本要求

为了满足应用要求，金属储氢材料一般应满足以下几方面的要求：

(1) 储氢量大，能量密度高。不同金属或合金的储氢量差别很大，一般认为可逆吸氢量不宜低于 150 mL/g。

(2) 吸放氢压力和温度：金属储氢材料应能按应用的要求在适当的温度和压力下吸放氢。合金吸氢时生成焓要小，一般宜为 $-46\sim-29$ kJ/mol。分解压适中，例如在室温附近分解压为 0.1～1.0 MPa。同时，PCT 曲线应有较平坦和较宽的吸放氢平台，在这个区域内稍微改变压力就能吸收或释放较多的氢气。

(3) 动力学特性：金属储氢材料应能较迅速地吸放氢。吸氢过程中，氢分子在金属表面分解为氢原子，然后氢原子向金属内部扩散，发生相转变形成金属氢化物，这些步骤都直接影响吸收氢的速率。

(4) 强耐中毒能力、寿命长：储氢材料在吸放氢反复循环中，不可避免会接触杂质气体等并导致储氢能力降低甚至丧失，称为储氢材料的中毒。金属储氢材料应有强的耐中毒能力。经吸放氢循环运作，储氢性能不明显衰减，即使有衰减现象，再生处理后也能恢复到原来的水平，即具有长的使用寿命。

(5) 易活化：金属储氢材料常需要经过活化处理(在纯氢气气氛下使金属处于中压至高压，使其吸氢，以消除对吸氢不利的表面障碍物，如氧化膜，然后在加热条件下减压脱氢循环才能正常吸放氢。活化的难易程度直接影响金属储氢材料的实用价值。它与活化处理的温度、氢气压及其纯度等有关。

(6) 抗粉化：金属储氢材料需要具有一定的抗粉化能力。

(7) 在储存与运输中安全、无害。

(8) 原材料来源广，成本低廉。

金属氢化物除了在气-固储氢方面应用以外，在镍氢(MH-Ni)电池负极材料中也有广泛应用，用作 MH-Ni 电池负极材料时需要满足以下基本条件：

(1) 材料易活化，并具有较高的电化学容量，表面活性高，能够很好地催化氢的阳极反应过程。

(2) 金属或合金在强碱性电解质中抗氧化能力强。

(3) 在电极的充/放电过程中，金属或合金晶格体积膨胀率小，粉化程度低。

(4) 金属或合金在强碱性电解质中能够稳定存在，不溶解。

(5) 具备良好的导电、导热能力。

(6) 金属或合金可以在较大的温度范围内保持放电容量稳定。

(7) 原材料在地壳中存储量大,价格低。

7.2.3 金属单质储氢材料

金属储氢材料可分为金属单质储氢材料和合金储氢材料。常见的储氢金属单质有镁、钛、钒等。其中,镁由于具有成本低、质量小和无污染等优点被认为是最有发展前途的固态储氢材料之一。镁氢化合物(MgH_2)储氢容量相对较高,质量储氢密度达到7.6%,体积储氢密度达到110 g/L,主要缺点是MgH_2非常稳定,存在放氢温度高且放氢动力学性能很差的问题。在一个标准大气压下,MgH_2的放氢过程通常要在350 ℃以上才能完成。近年来研究者们采用纳米化、添加剂、合金化等方法对MgH_2的储氢性能进行了改进。同时寻找高效的催化剂,以及改进整个体系的储氢热力学性能,也是研究的重点。

钛可以与氢形成稳定的化合物TiH_2,TiH_2放氢条件苛刻,低于400 ℃可以缓慢分解,真空中在600~800 ℃完全脱氢,可见TiH_2很难进行氢的释放,因此多数将Ti与其他金属(如Fe、Cr、Mn等过渡金属)进行合金化后作为储氢材料。

钒可以与氢形成氢化物VH和VH_2,V的理论储氢量达到3.8%,但是VH中的H难以在常温常压条件下释放,仅VH_2中的氢在此条件下释放,因此目前直接利用的仅为1.9%。与钛储氢性能的改善方法类似,多采用合金化的方法来改变钒氢化物的稳定性。

7.2.4 储氢合金

目前世界上已成功研制出多种储氢合金,大致可分为稀土系AB_5型储氢合金、钛铁系AB型储氢合金、镁系A_2B型储氢合金、钛/锆系AB_2型Laves相储氢合金、稀土-镁-镍RE-Mg-Ni系超晶格储氢合金、BCC型储氢合金等。

(1) 稀土系AB_5型储氢合金

AB_5型合金是研究开发较早的一类储氢合金,A侧由La一种稀土元素或者Ce、Pr、Nd等多种稀土元素组成,B侧由Ni、Co、Mn、Al等不吸氢金属组成,以$LaNi_5$为代表,具有$CaCu_5$型晶体结构,空间群为P6/mmm,晶体结构如图7-2所示。$LaNi_5$的吸氢产物为六方结构$LaNi_5H_6$,氢原子位于八面体间隙中,质量储氢密度约为1.38 wt%,体积储氢密度约为88 kg/m^3。吸氢焓变为−30.1 kJ/mol,25 ℃的放氢平台压力约为0.2 MPa,适合在室温下使用。

$LaNi_5$合金的优点是易活化、吸/放氢条件温和、平台压力适中且平坦、滞后小、动力学性能优良、抗杂质气体中毒性能较好,但由于$LaNi_5$合金在吸氢后晶胞体积膨胀为24%,导致材料易粉化、循环性能差。此外,高成本限制了$LaNi_5$合金的实际应用。目前可通过成分优化、结构调控和调节化学计量比等方法对AB_5型稀土合金的性能进行提高。

① 合金成分优化

合金成分优化是改善AB_5型合金储氢性能应用最广泛的方法,包括A侧优化和B侧优化。

A侧优化:具有不同物理性质和化学性质的Ce、Pr、Nd、Sm、Gd等元素部分或混合取代La,形成混合稀土$MmNi_5$储氢合金。少量Ce的存在可提高合金的韧性,增强合金抗粉化能

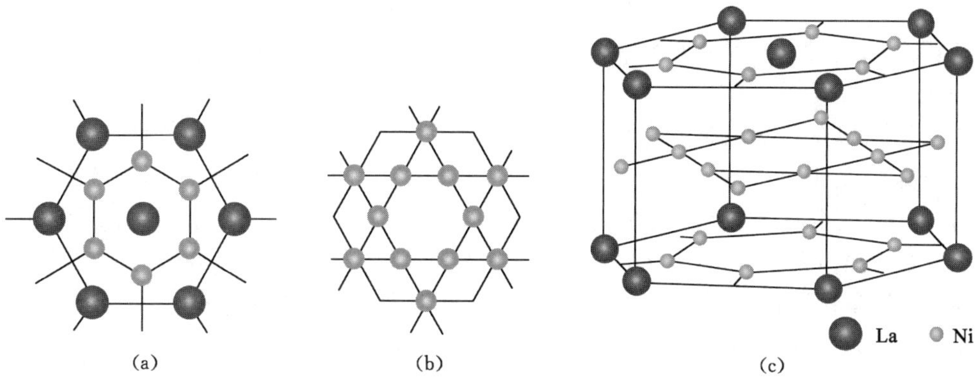

图 7-2 $LaNi_5$储氢合金的晶体结构示意图

力和循环性能。由于 Ce 的原子半径小于 La 的，Ce 含量的增加会降低晶胞体积，最大吸氢量下降，减小了合金体积膨胀，从而降低合金的粉化速度。但晶胞体积过小时由于晶格的畸变又会加速合金粉化，且 Ce 含量过高会造成 Ce 偏析，导致合金的稳定性降低。此外，除 Ce 元素外，Pr 和 Nd 等稀土元素也有相似的作用。

B 侧优化：以第三组分元素（如 Al、Cu、Mn、Si、Ca、Zr、V、Co、Ag 等）部分取代 Ni，可改善 $LaNi_5$的储氢性能。其中，Co 是减少吸氢时体积膨胀、提高抗粉化能力、降低合金的腐蚀速率、改善循环寿命的有效元素，但是 Co 的成本较高。Mn 的原子半径大于 Ni 的，在 Mn 部分取代 Ni 后，合金晶胞体积增大，体积膨胀降低，但是 Mn 过量会降低合金循环寿命。Mn 还起到降低储氢合金平衡氢压和吸放氢滞后程度的作用。Al 对 Ni 的部分替代能够使储氢合金的平衡氢压降低，随着替代量的逐渐增加，合金的容量有所下降。通过采用混合稀土代替纯镧和 B 侧多元合金化的方法制备的 $Mm(NiMnAlCo)_5$（富铈）和 $Ml(NiMnAlCo)_5$（富镧）等合金已在国内外 MH-Ni 电池中得到广泛应用。

② 微观结构调控

AB_5型储氢合金晶格应力大，合金内部易产生偏析和缺陷。采用快速凝固制备技术（如气体雾化法和离心快淬法）获得非平衡组织，能够使合金向纳米晶或非晶态组织演变，结合退火工艺可更好地消除结构应力和成分偏析，使合金均匀化，改善合金循环稳定性。根据合金成分来调控冷却速度，使合金组织结构得到改善，可进一步提高合金的综合储氢性能。此外，将储氢合金纳米化，由于其特殊的表面效应、小尺寸效应等更易形成氢化物，可实现储氢性能的极大改善。

③ 非化学计量比研究

非化学计量比储氢合金是指 A、B 组分的比例不是按照化学计量配比的合金，即在 A/B 比例上不足或过量所形成的合金。在 $LaNi_5$体系中，当 Ni 含量过少或过多时，将发生偏析现象，产生第二相。在两相合金中一般主相起到储氢的作用，而第二相也就是辅相，起电催化作用。这一类合金的综合电化学性能往往比单一结构的合金好，并且第二相的性质（如成分、大小、数量、形态和分布）对整个合金的组织结构、平衡氢压、电化学性能（如放电容量、活化性能及高倍率放电性能、循环寿命）等都将产生一定的影响。

(2) 钛铁系 AB 型储氢合金

AB 型储氢合金的典型代表是 TiFe。TiFe 合金具有 CsCl 型结构，充分活化后，TiFe 合金在温度低于 55 ℃吸氢时有两个平台，分别对应两种氢化物相，即 β 相($TiFeH_{1.04}$)和 γ 相($TiFeH_{1.95}$)。

TiFe 活化后在室温下能可逆地吸收和释放氢，最大吸氢量可达 1.86 wt%(质量分数，下同)。室温下的平台压力为 0.3 MPa，可逆储氢量为 1.5wt%，且价格低廉，适合工业大规模应用。TiFe 合金的缺点是容易被氧化，活化困难，在 CO、CO_2 等气体杂质存在下易中毒，平衡压力差(滞后)大等，影响了此类合金的实际应用。为了改善 TiFe 合金的储氢性能，人们从 Ti、Fe 计量比调整、元素取代或添加、表面改性等方面来改善合金的储氢性能。

其中，元素取代是改善 TiFe 合金储氢性能的有效方法，主要是采用 Mn、Cr、Ni、Zr 等过渡金属元素、稀土元素和其他金属元素等对 Fe 和 Ti 进行部分取代。以 Mn 部分取代 Fe 或 Ti 获得的 Ti-Fe-Mn 三元合金在活化性能方面得到了明显改善，这主要与相界面的增加和第二相的析出有关。此外，Ni、V 对 TiFe 合金的储氢性能也有明显改善作用，并引起 TiFe 合金储氢平台压力的变化，其中 Ni 对合金的吸放氢动力学性能的改善尤为明显。稀土元素等对合金的活化性能也有改善作用，稀土相在合金中的微细分布使合金更容易被活化，且加入稀土金属可以夺取氧原子而免于生成 TiFe 的氧化物相，提高合金储氢容量。TiFe 合金难以活化的特性与表面致密的氧化膜有一定的关系，因此，采用球磨破坏其表面氧化层或者采用表面酸、碱刻蚀等去除氧化膜也具有加快合金活化过程的作用。

(3) 镁系 A_2B 型储氢合金

镁系储氢合金是很有潜力的轻型高能储氢材料，其典型代表 Mg_2Ni 合金的理论储氢容量可以达到 3.6wt%，并且金属镁在地壳中储量丰富，在价格上也优于稀土系 AB_5 型合金和 AB_2 型 Laves 相合金的。镁系储氢合金的缺点是放氢需要在相对高的温度下进行，一般为 250～300 ℃，且放氢动力学性能较差。Mg_2Ni 合金的理论放电容量高达 999 mA·h/g，远高于其他类型的储氢合金的。然而 Mg_2Ni 合金却一直未能实际应用于电化学储氢材料，主要原因是此类合金极易受到腐蚀，性能衰减过快。因此，如何改善镁基储氢合金的性能是研究热点。现有的大量研究结果表明：通过合金化以及制备非晶、纳米晶的镁系合金是改善动力学性能、降低吸/放氢温度、提高电化学容量的有效方法。同时，为了提高合金的寿命，国内外研究者开展了镁基合金的多元合金化、表面处理、热处理等方面的工作。

典型代表 Mg_2Ni 及其氢化物 Mg_2NiH_4 的晶体结构如图 7-3 所示。Mg_2Ni 晶体为六方结构，其空间群为 P6222。吸氢后首先形成 $Mg_2NiH_{0.3}$，$Mg_2NiH_{0.3}$ 的结构与 Mg_2Ni 一致。在较高的温度和压强下(2 MPa、300 ℃)，Mg_2Ni 与氢反应生成 Mg_2NiH_4，其结构发生变化。Mg_2NiH_4 存在低温结构和高温结构，转变点为 240 ℃。低温相 Mg_2NiH_4(LT-Mg_2NiH_4)为单斜晶体，空间群为 C12/C1。此氢化物在温度为 253 ℃时分解压力为 0.101 MPa，放氢温度相比纯镁明显降低，而且镍的加入对镁氢化物的形成起催化作用，加快了氢化反应。Mg_2Ni 型储氢合金目前在储氢领域应用面临的最大问题是合金氢化物的稳定性极强，不易释氢，需要很高的温度才能释放出晶体结构中存储的氢气。对合金中的 Mg 和 Ni 进行部分取代可以改变合金的晶体结构参数，进而影响合金的储氢性能。

A 侧优化：稀土元素 La、Nd、Y 等对 Mg 的取代可以实现 Mg_2Ni 型储氢合金的储氢性能改善。

B 侧优化：部分研究结果显示 Co 取代 Ni 增大了合金晶胞体积，并细化合金晶粒尺寸，

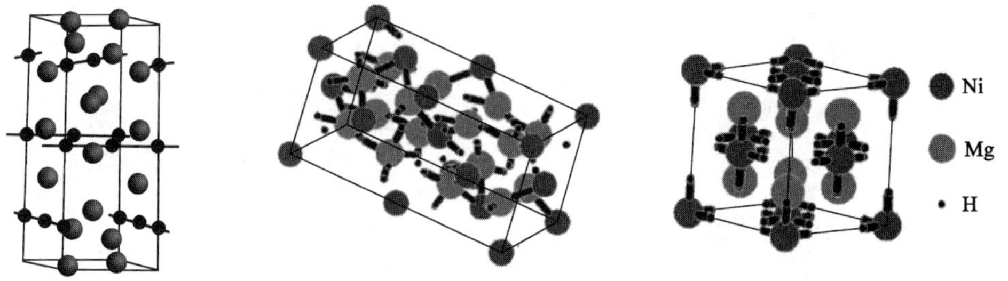

(a) Mg_2Ni的晶体结构　(b) Mg_2NiH_4低温晶体结构　(c) Mg_2NiH_4高温晶体结构

图 7-3　Mg_2Ni 及 Mg_2NiH_4的晶体结构示意图

致使合金气态吸氢量和动力学性能得到改善。Cu 部分取代 Ni 时，合金吸氢量随 Cu 元素的增加而减少；然而当 Cu 的取代量明显增加后，有利于改善其动力学性能。Mn 取代 Ni 增大了合金晶胞体积，并细化合金晶粒尺寸，致使合金动力学性能得到改善，但是吸氢量随着 Mn 含量的增加先增加后减少。Nb 加入 Mg_2Ni 合金后生成 NbO_2 氧化物，提高了 Mg_2Ni 合金在碱液中的抗腐蚀能力。

(4) 钛/锆系 AB_2型 Laves 相储氢合金

AB_2型 Laves 相储氢合金有锆系和钛系两大类。锆系主要有 $ZrCr_2$、ZrV_2、$ZrMn_2$，其中 $ZrMn_2$是一种具有代表性的合金，具有储氢容量高(理论容量为 482 mA·h/g)、循环寿命长等优点，是目前新型高容量储氢电极合金的研发热点。钛系主要有 $TiMn_2$和 $TiCr_2$系储氢合金，通过元素替代开发出了一系列多元合金。

在 A-B 二元合金中，ZrM_2(M＝Mn、V、Cr 等)合金的化学式均为 AB_2，且因 A 原子和 B 原子半径之比(r_A/r_B)接近 1.2，而形成一种密堆排列的 Laves 相结构，故称该类合金为 AB_2型 Laves 相合金。在合金中半径较大的 A 原子与半径较小的 B 原子相间排列，故 Laves 相的晶体结构具有很高的对称性和空间填充密度。Laves 相的结构有 C14($MgZn_2$型，六方晶系，空间群为 $P6_3/mmc$)、C15($MgCu_2$型，立方晶系，空间群为 Fd/3m)及 C36($MgNi_2$型，六方晶系)三种类型，但是 AB_2型储氢合金只涉及 C14 和 C15 两种结构。图 7-4 为这两种 Laves 相储氢合金的晶体结构。由于原子排列紧密，C14 和 C15 型 Laves 相晶体结构中的间隙均是四面体间隙，即氢进入 Laves 相合金晶格中的位置全部是四配位位置，它们根据 4 个靠近的金属原子的种类，区分为 A_2B_2位置、AB_3位置和 B_4位置 3 种位置。

由于 ZrM_2或 TiM_2(M＝Mn、V、Cr 等)二元合金吸氢生成的氢化物均过于稳定，不易释放，不能满足储氢要求，因此常需加入其他合金成分形成多组元合金。在一定的范围内改变合金中 A、B 两侧元素的化学计量比并不改变 AB_2型合金的 Laves 相结构，然而当取代元素大量引入后则可能改变合金的相结构，进而改变其储氢性能。

AB_2型 Laves 相多元合金中通常均含有 C14 型和 C15 型两种结构。此外，一般还可能存在 Zr_7Ni_{10}、Zr_9Ni_{11}、ZrNi 以及固溶体等少量非 Laves 相。在 AB_2型合金中，由于 C14 型与 C15 型 Laves 相是合金的主要储氢物相，其丰度直接影响合金的电化学容量，但是在不同的合金体系中，C14 型和 C15 型两种 Laves 相对电极的综合性能往往表现出不同的作用和影响。因此，必须针对具体合金体系研究确定两种 Laves 相的合适比例，才能使合金具有较好的综合性能。而 Zr_7Ni_{10}、Zr_9Ni_{11}、ZrNi 等非 Laves 相具有很高的气态吸氢容量，在室

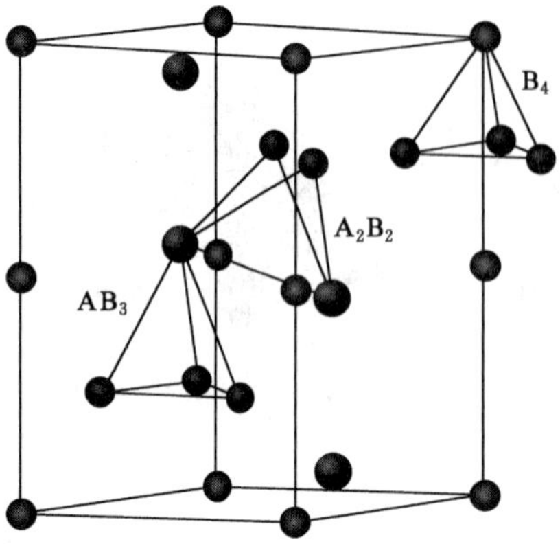

(a) C14

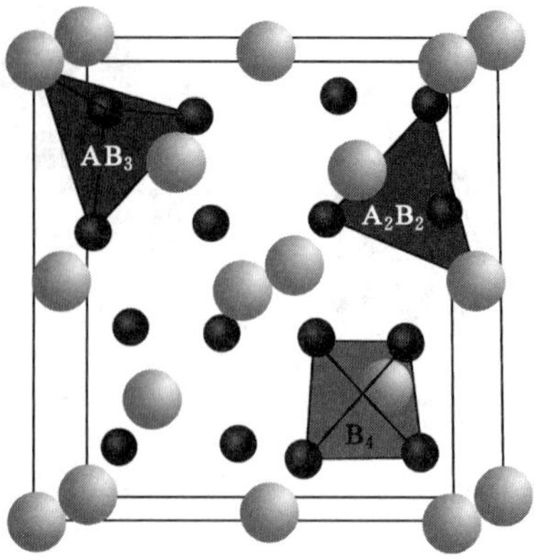

(b) C15

图 7-4 AB_2 型储氢合金的晶体结构示意图

温下这些合金氢化物非常稳定，吸放氢平台很低，可逆吸放氢性能差，故电化学容量很低。但是这些 Zr-Ni 相易于活化，且具有良好的催化活性和耐腐蚀性能，因此合金析出适量的 Zr-Ni 相，与合金中的 Laves 相起协同效应，可改善合金的综合电化学性能。

Ti-Mn 基储氢合金的成本较低，具有良好的吸放氢性能、较高的储氢容量（约 2.0%）、容易活化以及良好的抗中毒性能等优点。

Ti-Cr 基储氢合金具有很高的储氢密度，其最大储氢容量超过 2.4%。Ti-Cr 基储氢合金的典型氢化物为 $TiCr_2H_{3.6}$，质量储氢密度接近 2.5%。达到最高吸氢量时相应的氢化物为 $TiCr_2H_{5.3}$，此时相应的质量储氢密度可达 3.6%。

作为一种新型的高容量储氢合金电极材料，AB_2 型合金的放电容量已达 380～420 mA·h/g，比已商品化的 AB_5 型混合稀土储氢合金提高约 30%，并开始在美国 Ovonic 公司的 MH-Ni 电池生产中应用，显示出良好的应用前景。

目前，AB_2 型合金还存在初期活化困难、高倍率放电性能较差以及合金的原材料价格相对偏高等问题。但是由于 AB_2 型合金具有储氢量高和循环寿命长等优点，目前被看作 MH-Ni 电池的下一代高容量负极材料。

(5) 稀土-镁-镍 RE-Mg-Ni 系超晶格储氢合金

在金属储氢材料中，AB_5 型稀土系合金的动力学性能很强，但理论储氢容量相对较低；AB_2 型 Laves 相合金的理论储氢容量高，但是动力学性能相对较差；RE-Mg-Ni 系超晶格储氢合金可看作由 AB_2 结构和 AB_5 结构沿 c 轴堆垛组成，弥补了 AB_2 型和 AB_5 型合金的缺点，从而引起了人们的广泛关注。

典型的合金超晶格类型有 AB_3、A_2B_7、A_5B_{19}，如图 7-5 所示。图中 n 为[AB_5]亚单元与[A_2B_4]亚单元的比例。

AB_3 型结构可表示为 $A_2B_4+AB_5 \rightarrow A_3B_9 \rightarrow 3AB_3(n=1)$。

A_2B_7 型结构可表示为 $A_2B_4+2AB_5 \rightarrow A_4B_{14} \rightarrow 2A_2B_7(n=2)$。

A_5B_{19} 型结构可表示为 $A_2B_4+3AB_5 \rightarrow A_5B_{19}(n=3)$。

由于 Laves 相合金结构可分为 $MgZn_2$ 型(C14)和 $MgCu_2$ 型(C15)，因而 RE-Mg-Ni 系合金每种类型超晶格结构也可以分为两种：当[A_2B_4]亚单元为 $MgZn_2$ 型结构时形成的超晶格结构为 P63/mmc 空间群结构(2H 型);当[A_2B_4]亚单元为 $MgCu_2$ 型结构时形成的超晶格为 R-3m 空间群结构(3R 型)。即每种超晶格合金均有 2H 和 3R 两种类型:AB_3型合金分为 $CeNi_3$ 型(2H 型)和 $PuNi_3$ 型(3R 型);A_2B_7 型合金分为 Ce_2Ni_7 型(2H 型)和 Gd_2Co_7 型(3R 型);A_5B_{19} 型合金分为 Pr_5Co_{19} 型(2H 型)和 Ce_5Co_{19} 型(3R 型),如图 7-5 所示。

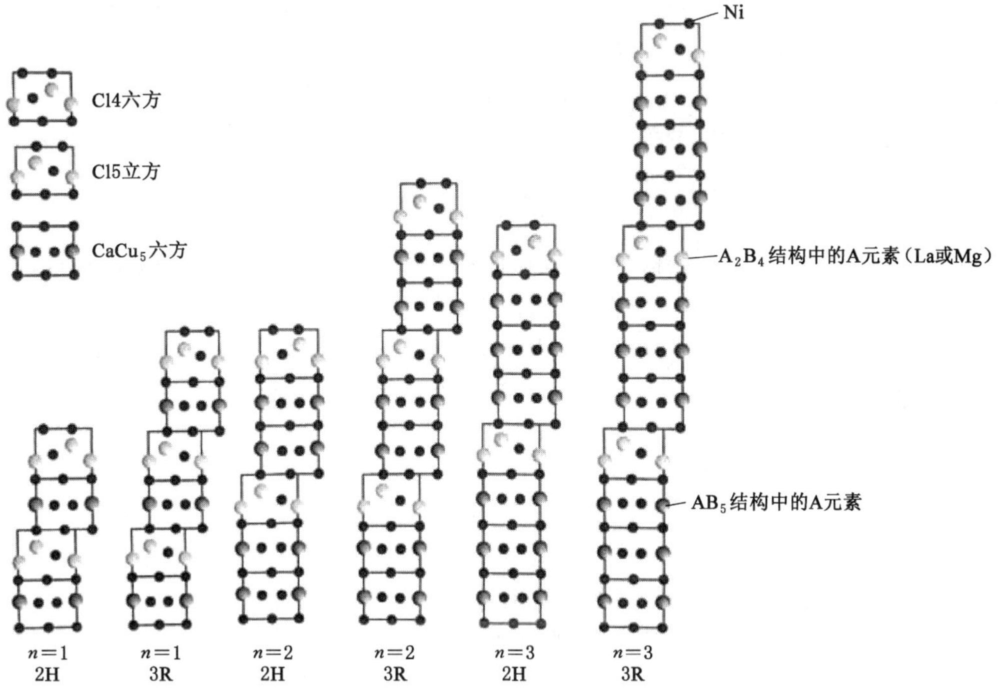

图 7-5 RE-Mg-Ni 系超晶格储氢合金的结构示意图

RE-Mg-Ni 系超晶格储氢合金在制备过程中由于不同超晶格结构热力学稳定性差异和对价电子的选择性,合金化学组成与热处理条件不同,往往会导致所制备的合金具有不同的晶体结构,从而形成多个物相。一定条件下,不同物相会共存并相互转变,因此,所制备的合金通常含有多相结构。此外,超晶格结构是通过包晶反应形成的,合金晶体结构中还会出现非超晶格结构的 $CaCu_5$ 型的 AB_5 相。

在二元 RE-TM 合金中,除 Ce 以外的稀土元素均有利于 $PuNi_3$ 型结构的形成;而当稀土元素采用 Ce 时,合金的结构转变为 $CeNi_3$ 型。B 侧元素的研究表明:当使用 Co 和 Mn 部分取代时,$PuNi_3$ 相保持不变,而 Al 部分取代则会使合金结构向 Ce_2Ni_7 型转变。A_2B_7 型结构一般分为 Ce_2Ni_7 和 Gd_2Co_7 两种晶体结构,原子半径较大的稀土元素(La、Ce、Pr)有利于前者的生成,而当使用原子半径较小的稀土元素时,物相结构以后者为主。

超晶格 La-Mg Ni 系储氢合金的电化学性能与合金的结构密切相关,而合金化学计量比、元素组成和 La 与 Mg 比例是影响合金结构的重要因素。目前关于 B 侧元素的取代研究较多,主要集中在 Al、Co、Mn、Fe、Cu、Si、B、Cr 等元素,而研究较为系统且广泛使用的为 Al、Co、Mn,并且成为不可或缺的 B 侧元素。另外,研究发现 Mg 在合金中具有重要作用,由于 Mg 原子半径小,只进入超晶格结构中的[A_2B_4]亚单元,Mg 的加入消除了[AB_5]亚单元与[A_2B_4]亚单元之间的不匹配性,提高合金结构稳定性,使得合金体系吸/放氢性能得到明显改善。

除了元素取代以外，热处理和表面处理也是提高 La-Mg-Ni 系超晶格合金电化学性能的有效后处理手段。对超晶格 La-Mg-Ni 系储氢合金进行退火处理可以消除合金内部应力，调整合金相的相对含量，使合金组分更加均匀，明显提高合金电极的电化学放氢容量和循环稳定性。表面电化学反应在 MH-Ni 电池负极工作过程中起着至关重要的作用。储氢合金电极的电化学反应发生在气、固、液三相界面，很大程度上取决于合金表面的特性。对超晶格 La-Mg-Ni 系储氢合金进行表面处理，使合金表面形成具有高催化活性的金属或合金层，有利于提高合金表面的电荷转移速率，加速电化学反应的进行，可以显著提高合金电极的大电流放电能力。

(6) BCC 型储氢合金

V 基固溶体合金为 BCC 结构，具有多个 H 原子可占据的四面体空位，因此具有较高的理论储氢量。吸氢后可生成 VH 和 VH_2 两种氢化物，有储氢量大(按 VH_2 计算理论容量可达 1 052 mA・h/g)的特点。尽管由于 VH 的热力学性质过于稳定而不能被利用，合金的放氢量仅为吸氢量的 50%左右，但 V 基合金的可逆储氢量仍高于 AB_5 型和 AB_2 型合金的。其主要缺点是合金表面易生成氧化膜，增大了激活难度。

Ti 与 V 能以任意比例形成固溶体，一般情况下具有较大的吸氢量，少量 Fe 掺杂后形成的 $Ti_{43.5}V_{49}Fe_{7.5}$ 和 $Ti_{46}V_{44}Fe_{10}$ 合金均为单一的 BCC 固溶体相。储氢性能测试表明：合金的动力学性能均很好。Ti-V-Cr 三元体系可以在较大的范围内形成均一的固溶体，Cr 的加入可以降低合金的晶格常数，提高合金的放氢平台氢压，这对提高合金的放氢量也是有一定帮助的。在 Ti-V-Mn 三元合金中增加 V 的量而减少 Mn 的量可以使得合金的放氢量增大，Ti-V-Mn 合金的最大吸氢量可以达到 3.5%以上。四川大学开发的四元 V-Ti-Cr-Fe 合金体系是已报道的含 Fe 的低成本钒钛基储氢合金中 0.01 MPa 截止压力下放氢量最高的，部分合金 25 ℃放氢量超过 2.5%，在 3 ℃下吸氢、60 ℃放氢量超过 3.0%。

7.3 纳米储氢材料

纳米储氢材料是近年来能源储存和氢能利用领域的重要研究方向之一。这一类材料通过在纳米尺度上调控结构和性能，显著提高了氢的吸收和释放效率，以实现安全、高效地存储氢气的目的。

7.3.1 金属有机骨架(MOF)储氢材料

金属有机骨架(MOF)是一类新型的多孔晶态材料，由无机金属离子或金属簇与有机配体通过配位键自组装形成具有高度有序、周期性网络结构的化合物。因其具有超高的比表面积、可调的孔径和可调的内部表面性质，以及富含未配位的金属位点，因而具有较好的储氢应用前景。例如 MOF-5 在温度为 78 K、压力为 2 MPa 下能吸附 4.5 wt%的氢，在室温下吸附氢 1.0 wt%。NU-1501-Al 具有较好的质量和体积储氢容量平衡，在 77 K、10 MPa 到 160 K、0.5 MPa 区间的质量和体积储氢容量分别为 14 wt%和 46.2 g/L。Ni_2(m-dobdc)拥有室温下较高的质量储氢容量和体积储氢容量，在 298 K、10 MPa 到 0.5 MPa 区间的质量储氢容量和体积储氢容量分别为 1.9 wt%和 11 g/L。

研究表明:MOF中的最大储氢容量与表面积密切相关。储氢MOF材料的理想孔径应该与H_2分子的动力学直径匹配(约2.9 Å)。MOF和氢气之间的相互作用力可以用吸附热衡量,吸附热越大,相互作用力越大。目前大部分MOF的氢气吸附热为5 kJ/mol,理论计算表明高储氢容量MOF的最佳氢气吸附热为15~25 kJ/mol。目前提高MOF储氢容量的方法包括:

① 增加不饱和配位金属中心或掺杂金属阳离子,以提高MOF和氢分子之间的电荷诱导偶极子相互作用。通过去除金属中心的配位溶剂分子,在孔表面形成不饱和金属位点(unsaturated metal sites),不饱和金属位点与H_2分子之间电荷诱导的偶极相互作用可提高H_2的吸附热,从而提高氢吸附量。同样的,在MOF中掺杂金属阳离子(主要是Li^+、Na^+和K^+),通过金属阳离子和H_2分子之间的电荷诱导偶极子相互作用,提高H_2的吸附热,也可以增强MOF的储氢能力。

② 掺杂钯或铂等易解离氢分子的贵金属以实现"溢出"机制。掺杂钯或铂等易解离氢分子的贵金属,解离的H_2从金属向支撑表面扩散,即"溢出"效应,可以增强MOF的储氢能力。但是有研究表明钯纳米颗粒的加入确实提高了吸附量,但是这完全是由于钯氢化物的形成,因此需要进一步的实验研究和可重复的数据来阐明溢出效应。

MOF材料的主要缺点是室温下吸氢容量低,可加工性差,但是其具有可控的结构、高比表面积、高纯度及高结晶度等优点,作为储氢材料值得深入研究。

7.3.2　共价有机骨架化合物(COF)储氢材料

共价有机骨架化合物(covalent-organic framework,COF)是一类由轻质的有机构筑单元通过稳定的共价键连接形成的多孔晶态材料。这些构筑单元通常包含碳、氮、氧和其他非金属元素,并按照特定的周期性排列构建三维网络结构。

COF的主要特点包括:

① 高度有序:其结构具有高度的结晶性和周期性,这意味着它们的孔径和形状可以预先设计和精确控制。

② 大比表面积:由于其多孔特性,COF拥有巨大的内表面积,这对于吸附、存储、分离气体或小分子是非常有利的。

③ 低密度:COF结构中不含金属元素,因而有较低的密度,从而得到较高的质量储氢密度。

④ 稳定性:与一些传统的多孔材料相比,COF通过强共价键连接,理论上能够提供更高的热稳定性和化学稳定性。

⑤ 吸放氢条件简单:COF的吸附原理多数为通过范德瓦耳斯力来进行吸附,可以在很多简单的条件下进行吸附、释放氢。

⑥ 功能多样性:通过改变有机构筑单元的种类和连接方式,实现对材料功能的定制化设计,如引入特定官能团以实现催化、光电转换、传感等功能。

⑦ 应用广泛:COF在能源储存与转化、环境净化、药物输送、光电子学等领域都有潜在的应用价值。

7.3.3　碳纳米材料储氢

碳纳米材料是20世纪90年代发展起来的储氢材料。已报道的储氢碳纳米材料包括碳纳米纤维、碳纳米管等高碳原子簇材料。

纳米碳纤维(nanocarbon fibers)是指直径在纳米级别(通常小于 100 nm)的碳纤维材料。纳米碳纤维可通过多种途径制备,如化学气相沉积、电弧放电法、模板合成法、静电纺丝后碳化等。由于其纳米级别尺寸,纳米碳纤维具有非常大的比表面积,这对吸附、催化、储能、导电、隔热、增强复合材料等应用至关重要。1995 年,有科学家报道碳纳米纤维的吸附特性与常规活性炭的吸附特性正好相反,表明碳纳米纤维有可能对小分子氢显示超强吸附。

碳纳米管(carbon nanotubes,CNTs)是由碳原子以六角形网格形式沿着圆筒轴向排列形成的封闭管状结构。碳纳米管具有结构多样性,可分为单壁碳纳米管(single-walled carbon nanotubes, SWCNTs)和多壁碳纳米管(multi-walled carbon nanotubes, MWCNTs)。单壁碳纳米管是由一层石墨烯卷曲而成的,而多壁碳纳米管则是由多层同心圆的石墨烯卷起来形成的。

碳纳米管以其独特中空结构和高比表面积,展现出作为储氢介质的巨大潜力。尤其是多壁碳纳米管间的层间空隙,增加了储氢位点,不仅有一维管内微孔,还有管间孔隙。理论计算显示:纯净单壁 CNT 的吸氢量可达 5 wt%~10 wt%,而多壁 CNT 的吸附位包括管内、层间及外壁。碳纳米管的大比表面积和空腔使其能大量吸附氢气,有望在车载储氢系统中发挥作用。

储氢机制主要通过物理吸附和化学吸附两种方式。物理吸附利用范德瓦耳斯力吸附氢气,虽然理论储氢量大,但需高压或低温条件;化学吸附则通过化学键合固定氢原子或分子,可提高储氢密度,但氢的活化和解吸过程中涉及较高能量消耗。

为了优化碳纳米管储氢性能,科研人员常采用功能化处理手段,如添加金属催化剂、在其表面负载氢存储物质或制造复合材料,旨在提高储氢量、降低能耗和实现快速充放氢。

尽管碳纳米管储氢极具前景,但是仍面临提升储氢密度、降低成本、确保安全稳定等实际应用挑战。全球科研工作者正致力于研发新型碳纳米材料,以求在未来能源存储与燃料电池等领域发挥关键作用。

7.4 有机储氢材料

有机储氢材料是指一类能够通过化学反应与氢气结合,并在一定条件下可逆地释放氢气的有机化合物。这一类材料在氢能储存与运输领域受到广泛关注,因为它们能够在相对较低的压力和温度条件下吸附和释放氢气,从而解决了纯氢气难以储存和运输的问题。有机储氢材料主要包括各种有机液体、有机框架材料以及其他一些新型有机体系。

有机液体储氢材料又称为液态有机储氢载体(liquid organic hydrogen carriers, LOHC),利用不饱和液态芳香族化合物和对应饱和有机物之间的加、脱氢反应来实现储放氢。不饱和有机液体化合物做储氢剂可循环使用。常用 LOHC 物质包括苯(benzene)、甲苯(toluene)、萘(naphthalene)、咔唑(carbazole)、N-乙基咔唑(N-ethylcarbazole,NEC)、二苄基甲苯(dibenzyltoluene,DBT)等。例如苯(或甲苯)与氢反应生成环己烷(或甲基环己烷)。

LOHC 储氢技术具有较高的储氢密度(5 wt%~10 wt%),在一定的反应条件下即可储氢,安全性较高,运输方便。其主要缺点是氢的吸放比物理储氢困难,存在副反应,循环使用稳定性低,需要配备额外的反应设备和氢分离纯化装置,放氢过程需要加热,因而高耗能导致成本增高。

有机物可逆储放氢技术适用于大规模、季节性氢能储存或制作汽车燃料，目前存在的主要问题是脱氢温度偏高，实际释氢效率偏低。开发低温高效的有机物氢载体脱氢催化剂和采用膜催化脱氢技术对提高过程效能具有重要意义。

7.5 储氢材料的应用

7.5.1 氢的固态储运

固态储运氢技术利用储氢合金、配位氢化物及 MOF 等固体材料储存和运输氢气，其中储氢合金已具备实用价值。该技术将合金装载在特制储罐中进行充放氢操作，优势在于：储氢密度高（≥100 g/L），工作压力低，无需额外增压装置即可与电解水制氢直接对接；安全性高，无爆炸风险；具有上千次可逆充放氢能力，且氢气释放纯度高。

针对不同应用场景，可选择适宜的储氢合金体系：

① 室温型储氢合金，适用于日常环境，如 $LaNi_5$ 系、TiFe 系、$TiMn_2$ 系及 V 基固溶体等，虽然其质量储氢密度相对较低（1%～3.7%），但是由于能在室温下高效释氢，故适用于加氢站、固定储能设施以及部分移动设备（如叉车）的氢气存储需求。

② 高温型储氢合金，如 Mg 系合金，工作温度≥150 ℃，具有 4 wt%～7.6 wt%的质量储氢密度，可在常温常压下储存和输送氢气。鉴于中国在全球镁资源储量中占比高达 22.5%，居世界首位，原料充足且成本低廉，因此，镁系储氢合金尤其适用于大规模储运氢气场合，包括氢冶金、大规模储能系统、加氢站等场合的氢气储存与运输作业。

7.5.2 MH-Ni 电池负极材料

MH-Ni 电池，即镍氢电池，其负极材料主要是储氢合金，这种合金在充电过程中能吸收氢并形成金属氢化物，放电时则释放氢并恢复到原始金属状态，通过这样的氧化还原反应完成能量的储存和释放。

目前研究的镍氢电池负极材料主要有 AB_5 型稀土镍系储氢合金、AB_2 型 Laves 相合金、A_2B 型镁基储氢合金及 V 基固溶体型合金等类型，其中 AB_5 型合金最早被用于电极材料，对其研究也最广泛，而 AB_2 型、A_2B 型及 V 基固溶体型合金因具有更高的容量正受到更多研究者的关注。

近年来的研究重点还包括开发无钴或少钴的储氢合金，以降低成本和提高环境友好性。此外，为了进一步提高电池的性能，研究人员还在探索改进合金的微结构、优化合金组分以及混合不同类型的储氢合金等，以期实现更高的储氢容量、更好的动力学性能以及更长的循环寿命。

7.5.3 氢分离精制技术

化工厂排出的一些废气中含有较高比例的氢气，将之收集提纯可变废为宝。此外，化工和半导体工业需要大量的高纯氢，一般采用深冷吸附法和氢气扩散透过钯合金膜法制取，需要在超低温下进行，操作复杂，成本高。利用储氢合金只吸氢这一特性可分离精制氢，其工作原理是利用储氢合金在常温附近对氢进行选择性化学吸收，生成金属氢化物，而氢气中的其他杂质气体则浓缩于氢化物之外，随着废氢排出。当金属氢化物再升温时，发生分解反应释放氢气，从而获得高纯度的氢气。

7.5.4 热压传感器和热液激励器

利用储氢合金有恒定的 PCT 曲线的特点，可以制作热压传感器。热压传感器利用氢化物分解压和温度的一一对应关系通过压力来测量温度。其优点是：有较高的温度敏感性（氢化物的分解压与温度呈对数关系）、探头体积小、导管长、测量精度高、无重力效应等。它要求储氢材料有尽可能小的滞后及尽可能大的反应热和反应速度。

7.5.5 空调、热泵及热储存

储氢合金在吸放氢过程中伴随着显著的热效应，实现热能与化学能的高效转换，且反应可逆性优良、速度快，因此成为一种高效的蓄热和热泵介质。储氢合金凭借其长期储存热能无损耗的特性，适用于化学储能。理想的金属氢化物在热源温度下分解时，其平衡压力应在 1 个至几十个大气压之间。这一类热装置能够有效回收利用太阳能以及各类 300 ℃以下的余热、废热和环境热，使能源利用率提高 20%～30%，远胜于燃烧化石燃料或电能采暖的低热效率。

储氢合金氢化物热泵是以氢气为工作介质，以储氢合金为能量转换材料，由同温度下分解压不同的两种氢化物组成热力学循环系统，使两种氢化物分别处于吸氢（放热）、放氢（吸热）状态，利用它们的平衡压差来驱动氢气流动，从而利用低级热源来储热、采暖和制冷。氢化物热装置的特点：升温或降温热效率高；可利用废热和太阳能等低品位热源驱动；为气固相作用，无腐蚀、无运动部件（无磨损、无噪声）；工作温度范围广且可调节；避免氟利昂对大气臭氧层的危害；可实现制冷和采暖双重效果。

储氢合金的性能对热泵性能至关重要。理想的合金应具有大的有效氢容量、平坦的平台、小滞后、良好的动力学性能、强耐衰退和抗中毒能力及合理的热值。未来研发方向主要包括四个方面：新材料开发及优化配对以最大化有效氢气容量；改进传质过程以减小粉体和容器阻力对氢气流动的影响；改善传热性能以增强氢化物床的导热性，进而提升氢吸收速率和系统制冷能力；减少材料床体及容器的吸热损失并降低成本。若能逐一攻克这些问题，氢化物热泵有望率先应用于汽车或轮船空调系统，或在电力匮乏却急需制冷的地区推广，并逐渐实现商业应用。

思 考 题

1. 氢能大规模商业应用所需解决的关键问题是什么？
2. 什么是储氢材料？储氢材料的主要特点是什么？
3. 储氢合金分为几种？其主要优缺点是什么？
4. 在金属氢化物中，氢吸收和解吸过程的原理是什么？
5. 储氢合金作为 MH-Ni 电池负极材料的主要特征是什么？
6. 简述金属-有机骨架材料的结构特点和储氢性能。
7. 储氢材料的应用领域有哪些？

参考文献

[1] 蔡颖.储氢技术与材料[M].北京:化学工业出版社,2018.
[2] 冯飞,张蕾,等.新能源技术与应用概论[M].3版.北京:化学工业出版社,2023.
[3] 刘木子,史柯柯,赵强,等.固体储氢材料的研究进展[J].化工进展,2023,42(9):4746-4769.
[4] 孙昊.稀土合金化及球磨制备对镁镍系合金储氢行为的影响[D].包头:内蒙古科技大学,2019.
[5] 邬娇娇,徐向亚,刘东兵,等.金属有机骨架材料在储氢领域的应用[J].化工新型材料,2023,51(11):16-21.
[6] 吴朝玲,李永涛,李媛,等.氢气储存和输运[M].北京:化学工业出版社,2021.
[7] 袁吉仁.新能源材料[M].北京:科学出版社,2020.
[8] 翟秀静,刘奎仁,韩庆.新能源技术[M].3版.北京:化学工业出版社,2017.
[9] 朱宏伟.氢能利用中的新材料[M].北京:人民邮电出版社,2022.
[10] 邹建新.氢气储存和运输[M].北京:机械工业出版社,2023.

第8章　燃料电池材料

8.1　燃料电池概述

燃料电池是一种可以将燃料和氧化剂的化学能不经过燃烧而直接转换成电能的能量转换装置或发电装置。其中，可用作电池燃料的物质来源广泛，如氢气、天然气、甲醇、乙醇、甲酸等。只要连续不断地向电池中输送燃料和氧化剂，电池就能连续不断地输出电能。燃料电池不受卡诺循环的限制，能量转换效率高（一般为 40%～60%）、质能比高、灵活性强、可低温快速启动、负荷响应快、NO_x和 SO_x等排出量少、清洁无污染，被认为是继水力发电、火力发电、核电之后的第四大发电系统——化学能发电。

8.1.1　燃料电池发展历程

1839 年，英国物理学家威廉·葛洛夫（William Robert Grove）发明了一种"气体"电池。他设想将电解水的实验逆向进行，进而氢气、氧气反应就可以产生电流。为此他将两个铂片分别放入两个密封瓶，其中一个瓶内充满氢气，另一个瓶内充满氧气，将这两个密封瓶同时浸入稀硫酸溶液，便有电流在两个电极之间产生，并且在装有氧气的瓶中产生水。为了提高反应所产生的电压，Grove 将 4 组同样的装置串联起来，这种装置后来被公认为世界上第一台燃料电池，如图 8-1 所示。1842 年，Grove 将该燃料电池的设计草图刊登在《科学的哲学杂志与期刊》上，Grove 也因此被称为"燃料电池之父"。

1889 年，英国化学家 L. Mond 和助手 C. Langer 用氢气作为燃料，氧气作为氧化剂，铂黑作为电催化剂，以钻孔的铂为电流收集器，成功制造出了氢氧燃料电池，并将其首次正式命名为"燃料电池"。后来，他们用空气与工业煤气分别取代氧气和氢气，制造出了世界上第一个实用的燃料电池装置。

1959 年，英国剑桥大学的培根（Francis T. Bacon）建造了第一个实用的氢-空气碱性燃料电池 5 kW 系统，为焊接机提供动力。同年，由哈利·伊律格（Harry Ihrig）领导的团队也制造出 15 kW 的燃料电池驱动系统，为农用拖拉机提供动力。这为现代燃料电池的商业化奠定了基础。

20 世纪 60 年代初，燃料电池首次应用在美国航空航天管理局（NASA）的阿波罗登月飞船上作为辅助电源，为人类登陆月球做出了积极贡献，这也标志着燃料电池由实验室阶段开始转向军用阶段。

1966 年，美国通用汽车推出了全球第一款燃料电池汽车 Electrovan，之后各大车厂纷

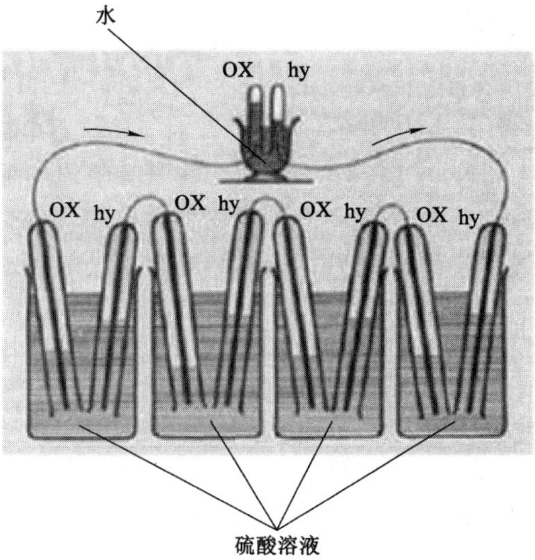

图 8-1 Grove 提出的燃料电池模型

纷展开燃料电池汽车研究。

1973 年，燃料电池的研究重点从航天转向地面发电装置。磷酸燃料电池（PAFC），熔融碳酸盐燃料电池（MCFC）以及直接采用天然气、煤气和碳氢化合物作为燃料的固体氧化物燃料电池（SOFC）作为电站或分散式电站相继问世。1973 年石油危机后，人们研究了以净化重整气为燃料的磷酸燃料电池，以净化煤气、天然气为燃料的熔融碳酸盐燃料电池，还有固体氧化物电解质燃料电池。

1993 年，加拿大 Ballard 公司展示了一辆零排放、最高时速为 72 km/h、以质子交换膜燃料电池为动力的公交车，引发了对燃料电池电动车的全球性研发热潮。自此，燃料电池由军用阶段开始转入民用阶段。

20 世纪末，以醇类直接为燃料的燃料电池（DMFC）成为研究与开发的热点，受到世界各国学者的广泛重视，并取得了长足进展。

2000—2010 年是燃料电池汽车示范运行验证、技术攻关研究阶段；2010—2015 年是燃料电池汽车性能提升阶段，这个阶段燃料电池的汽车功率密度和寿命取得进步，在特定领域商业化取得成功，在物流运输等领域率先使用，初步实现特定领域用车商业化。2015 年，本田公司和丰田公司面向私人轿车领域的燃料电池汽车进入商业化推广阶段，以 Mirai 和 Clarity 的上市代表着面向私人乘用车领域开始销售，正式进入商业化阶段。

中国的燃料电池研究始于 1958 年。原电子工业部天津电源研究所最早开展了 MCFC 研究。20 世纪 70 年代在航天事业的推动下，中国燃料电池的研究出现了第一次高潮。到 90 年代中期，中国进入燃料电池研究的第二个高潮。经过长时间的努力与探索，2008 年北京奥运会期间，福田欧辉与清华大学共同研发的 3 辆燃料电池客车参与示范运行，实现了燃料电池汽车零的突破。到目前为止，我国在燃料电池汽车领域已取得极大的进展，如福田欧辉、宇通客车等多家企业均已实现燃料电池汽车的投入使用。

8.1.2 燃料电池技术优势

相比蓄电池和传统发电系统(如水电、火电等),燃料电池具有以下一些技术优势:

(1) 与蓄电池相比,燃料电池的容量是无限的。对于传统蓄电池而言,其活性物质被封装在电池内部,每进行一次充放电过程,其充放电容量是有限的。而燃料电池电极和活性物质在空间上是分离的,从理论上讲,只要不断地向其供给燃料和氧化剂,就可以连续不断地发电,因而其容量是无限的。二者的性能对比见表 8-1。

表 8-1 燃料电池与普通化学电池的区别

区别	燃料电池	普通化学电池
反应物质	分别储存并以连续流动状态供给电极	依靠化学物质储存能量
电能	连续不断	反应物质耗尽,电能用完
化学反应过程	类似燃烧,生产反应物质,放出热量	—
电极	气体扩散电池,具有催化作用的多孔材料	—
腐蚀	电解质不会因长时间反应发生变化,不腐蚀	时间过长会腐蚀

(2) 与传统发电系统相比,燃料电池发电不受卡诺循环限制,发电效率更高。燃料电池能量利用效率通常在 50%～60%之间,若考虑热电联供,其效率会更高(80%～90%)。燃料电池发电是将化学能直接转换成电能的过程,而传统发电过程需要经过多次能量形式转换才能将燃料的化学能最终转换成电能。根据能量传递过程的贬值原理,从起始能量形态到最终能量形态期间经历的转换过程越多,能量损耗就越多。因此,传统发电比燃料电池发电能量转换效率要低得多。

(3) 与热发电不同,燃料电池不受发电规模的限制。如图 8-2 所示,燃料电池功率即使只是 10 kW 级别,发电效率也能达到约 40%;柴油发电机功率只有达到 100 kW 级别以上,效率才能达到约 40%;燃气蜗轮机功率即使达到 1 000 kW 级别以上,效率也只能达到 20%左右。

(4) 燃料电池可用于用户身边发电、热电联产,能源利用效率更高。作为汽车等动力源使用时,具有低于规定负荷也能保持效率不降的特点。

(5) 在储能领域,氢燃料电池启停灵活、工作时不排放 CO_2、可长时间运行、电堆较为紧凑、工作时较为静音,能够满足可再生能源电力循环中消纳和调峰的需求,可以在城市和社区中广泛应用。

(6) 在车辆运输领域,氢燃料电池车(FCV)能量密度高、加氢时间短、能量更新迅速,在定速巡航、长途续航和稳压工作中表现更为出色。图 8-3 展示了 FCV 和电池电动汽车(BEV)在车辆运输领域的预期应用场景,FCV 适合重型和长途运输行业,BEV 更适合中小型、便携式交通工具和市区内乘用车。

(7) 燃料电池更环保。燃料电池不需要锅炉、汽轮机等大型设备,没有 SO_x、NO_x 气体和固体粉尘的排放。

8.1.3 燃料电池分类

按照燃料分类,燃料电池分为氢燃料电池、甲醇燃料电池、一氧化碳燃料电池、金属空气

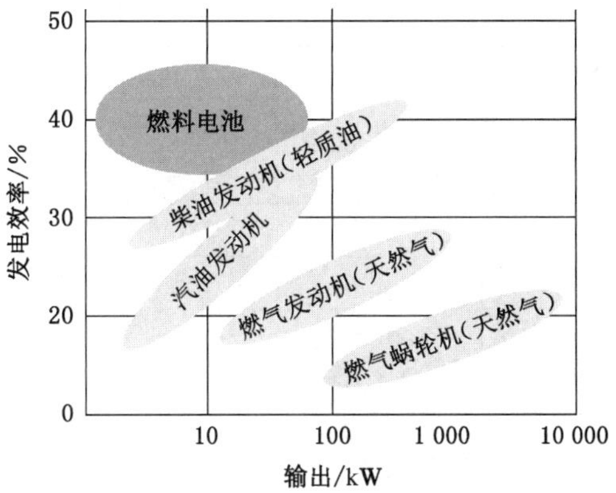

图 8-2　燃料电池与传统发动机发电效率对比示意图

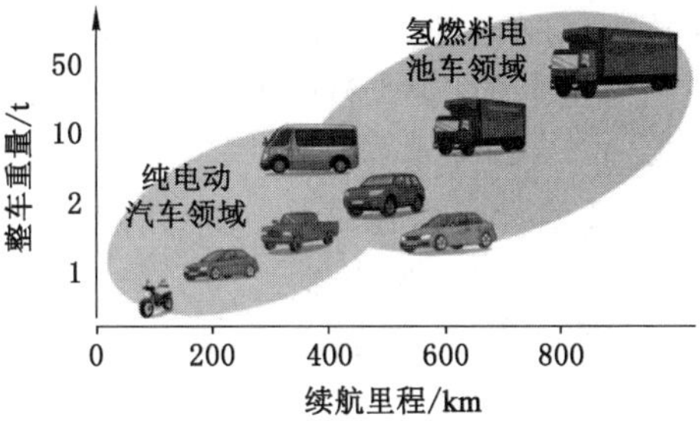

图 8-3　BEV 和 FCV 在未来汽车运输中的预期应用领域

燃料电池等。

按照电解质分类，燃料电池分为质子交换膜燃料电池(proton exchange membrane fuel cell，PEMFC)、碱性膜燃料电池(anion exchange membrane fuel cell，AEMFC 或 AFC)、磷酸燃料电池(phosphoric acid fuel cell，PAFC)、熔融碳酸盐燃料电池(molten carbonate fuel cell，MCFC)、固体氧化物燃料电池(solid oxide fuel cell，SOFC)。

按照工作温度分类，燃料电池可分为高温燃料电池(600～1 000 ℃)、中温燃料电池(160～220 ℃)和低温燃料电池(50～100 ℃)。

目前业界常按电解质类型来划分和命名燃料电池。因为选择了不同的电解质，燃料电池的工作温度、电极材料、燃料气体、氧化物气体、热能利用系统等都会发生改变，相当于换了一套完全不同的发电设备。以电解质分类的燃料电池的主要特征见表 8-2。

不同种类的燃料电池的结构虽相仿，但是电极结构、电解质和操作工况会有较大差别。

表 8-2　以电解质分类的燃料电池的主要特征

电池类型	AFC	MCFC	PAFC	SOFC	PEMFC
阳极催化剂	Pt/Ni	Ni/Al	Pt/C	Ni	Pt/C
阴极催化剂	Pt/Ag	Li/NiO	Pt/C	Sr/$LaMnO_3$	Pt/C
电解质	KOH 溶液	K_3/$LiCO_3$	H_3PO_4溶液	氧化锆	全氟磺酸膜
腐蚀性	强	强	强	弱	无

表 8-2(续)

电池类型	AFC	MCFC	PAFC	SOFC	PEMFC
导电离子	OH^-	$CO_3{}^{2-}$	H^+	O^{2-}	H^+
燃料	纯氢气	天然气/甲醇	重整气	天然气	氢气
氧化剂	纯氧	空气	空气	空气	纯氧/空气
工作温度/℃	50～200	650～700	100～200	900～1 000	室温～100
发电效率	45%～60%	45%～60%	35%～60%	50%～60%	45%～60%
寿命/h	10 000	13 000	15 000	7 000	100 000

8.2 碱性燃料电池材料

碱性燃料电池也称为培根燃料电池，是以其英国发明者弗朗西斯·托马斯·培根(Francis Thomas Bacon)的名字命名的，是燃料电池系统中开发最早且最发达的燃料电池。碱性燃料电池消耗氢气和纯氧，产生纯净水、热量和电力，主要为空间任务(包括航天飞机)提供动力和饮用水。它是最高效的燃料电池之一。自 1960 年代中期以来，NASA 在阿波罗系列任务和航天飞机上一直使用碱性燃料电池。

AFC 通常使用 30%～45%浓 KOH 水溶液作为电解质和冷却剂，工作温度为 60～90 ℃，且由于氧在碱性介质中的还原反应比酸性介质的高，因而发电效率可达 50%～60%。另外，AFC 不需要或者少量使用贵金属铂催化剂，可以采用镍板作为双极板，制造成本低。但是 AFC 的碱性电解质对 CO_2 很敏感，易与 CO_2 生成 K_2CO_3、Na_2CO_3 沉淀，严重影响电池性能，所以必须使用高纯的氢气或者氧气，这给 AFC 在常规环境中的应用带来很大困难。此外，AFC 电池的水平衡问题也很复杂，影响电池的稳定性。

8.2.1 AFC 结构及工作原理

图 8-4 为碱性燃料电池结构及工作原理示意图，其电极反应如下：

阳极反应：$$H_2+2OH^- \longrightarrow 2H_2O+2e^-$$

阴极反应：$$\frac{1}{2}O_2+2e^-+H_2O \longrightarrow 2OH^-$$

电池总反应：$$H_2+\frac{1}{2}O_2 = H_2O+\text{电能}$$

从上述碱性燃料电池阴极和阳极的半反应式可以看出 AFC 的阳极侧为氢气氧化 OH^- 生成 2 个水，而阴极是氧气还原且消耗掉 1 个水，且 AFC 生成的水多数存在于阳极一侧。所以，如果电池中的产物水没有被及时排出，阳极侧电解质的浓度会在一定程度上被稀释，进而造成电池性能的衰退。但是由于 AFC 在碱性环境下工作时其阴极侧的氧还原(ORR)反应的缓慢动力学特征得到明显改善，工作电压可高达 0.8 V 以上，高的工作电压使得 AFC 能够获得更高的转换效率。

8.2.2 AFC 电解质

AFC 中通常使用浓 KOH 水溶液作为电解质，碱性水溶液不排斥二氧化碳，AFC 会因

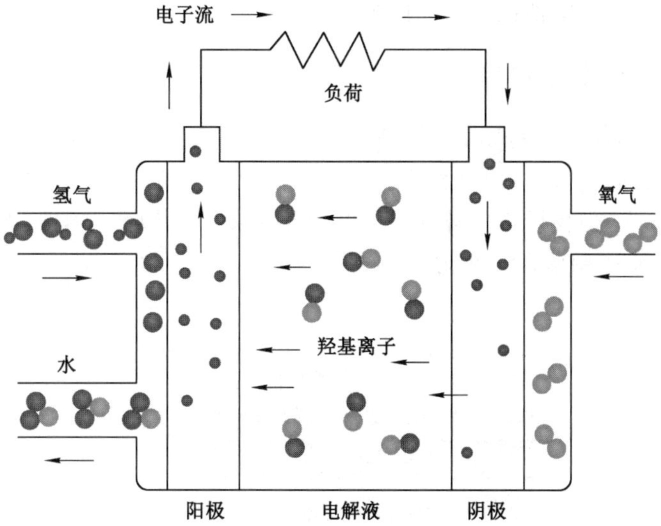

图 8-4　碱性燃料电池结构及工作原理示意图

KOH 转化为溶解度极低的碳酸钾 K_2CO_3 而中毒，造成多孔阴极的堵塞，电解质离子电导率降低，严重影响电池的效率。因此，AFC 必须使用纯氧或经净化的空气才能运行，或者不断通入新鲜的 KOH 电解液以尽可能减少二氧化碳中毒，但是不能从根本上解决。

8.2.3　AFC 电极材料及催化剂

AFC 电极材料一般需要满足如下要求：① 良好的导电能力；② 充分的机械稳定性和适当的孔隙率；③ 在碱性电解质中的化学稳定性；④ 长期的电化学稳定性，包括催化剂的稳定性及与电极组成一体后的稳定性。

与 PAFC 和 PEMFC 不同，AFC 不仅可以使用贵金属，也可以使用非贵金属。铂或铂合金可以沉积在碳上，也可以组成金属电极（多数为镍基体）。采用非贵金属时通常以雷纳（Raney）镍为基体材料作为阳极，银基催化剂粉为阴极。

8.3　磷酸燃料电池材料

磷酸燃料电池是第一代商业化应用的燃料电池，也是当前商业化发展最快的一种燃料电池，世界上第一个大型燃料电池项目就是美国燃气公司发起的磷酸型燃料电池的验证项目。PAFC 以液体浓磷酸为电解质，工作温度（150～220 ℃）比 AFC 的略高，电极上仍需添加铂金催化剂来加速反应。PAFC 阳极和阴极上的反应与 PEMFC 相同，但是由于其工作温度较高，所以其阴极上的反应速度要比 PEMFC 阴极的速度快，且较高的工作温度也使 PAFC 对杂质的耐受性较强。

磷酸燃料电池具有多个优点：一方面，PAFC 以浓磷酸为电解质，挥发度低，以碳材料作为骨架，性能稳定，成本低廉；另一方面，PAFC 燃料种类多样，如氢气、甲醇、天然气、煤气，这些燃料获取成本低，且最终反应物中无毒害物质，也不需要 CO_2 处理设备，具有清洁安全无噪声的特点。此外，PAFC 构造简单、性能稳定，既可以用于大规模发电，也可以作为医院或居民区供电、汽车动力电池以及不间断电源等。

8.3.1 PAFC 结构及工作原理

单体 PAFC 电池结构示意图如图 8-5 所示，由磷酸电解质层、阴极和阳极多孔催化剂层、阴极和阳极多孔质支撑层、双极板构成。电极是疏水黏结性气体扩散电极，为多孔结构。磷酸电解质不易挥发，即使燃料气体掺入 CO 也不易中毒。磷酸电解质需要固定在多孔隔膜材料中，依靠毛细作用吸附电解质。磷酸的 CO_2 耐受性也很强，不必去除燃料气体中的 CO_2。

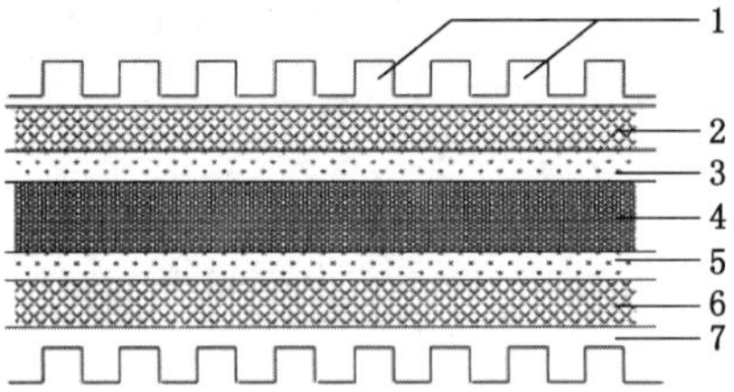

1—气体通道；2，6—多孔质支撑层；3，5—多孔催化剂层；4—磷酸电解质层；7—集流体。

图 8-5 磷酸燃料电池结构示意图

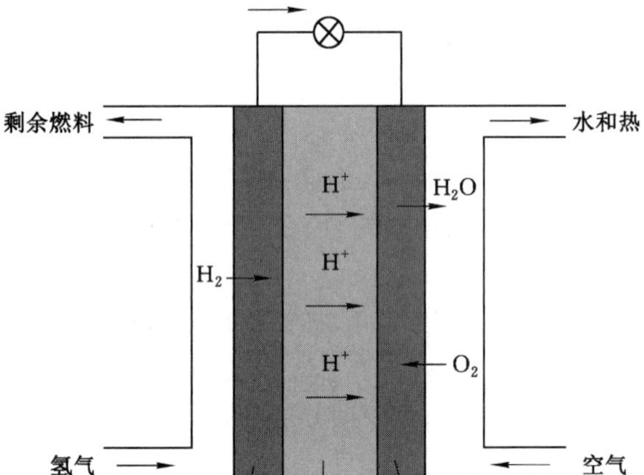

图 8-6 磷酸燃料电池工作原理示意图

图 8-6 为 PAFC 工作原理示意图，由图可知：PAFC 阳极中氢电离成 H^+，并向阴极迁移，与氧结合形成水，水扩散到氧气流中，以蒸汽的形式从系统中流出。燃料电池在两个电极之间产生电动势，从而将反应自由能转变为电能和热。PAFC 的电化学反应式如下：

阳极反应：
$$H_2 = 2H^+ + 2e^-$$

阴极反应：
$$2H^+ + \frac{1}{2}O_2 + 2e^- = H_2O$$

总反应：
$$H_2 + \frac{1}{2}O_2 = H_2O + \text{电能} + \text{热}$$

8.3.2　PAFC 电极材料

PAFC 电极材料包括载体材料和催化剂，催化剂附着于载体表面。PAFC 采用 Pt/C 催化剂，催化剂铂搭载在碳材料载体上，碳材料在 PAFC 工作条件下是相对稳定的。作为催化剂的碳载体，必须具有高的化学与电化学稳定性、良好的电导率、适宜的孔分布、高的比表面积及低杂质含量。在 PAFC 工作条件下，由于磷酸电解质、空气中杂质以及磷酸自身的阴离子在铂表面吸附结块导致铂的有效活性表面积减小外，还有铂的溶解-再沉积也会导致铂在碳载体表面的迁移和再结晶也能导致纳米级铂微晶催化剂表面积的减小。另外，由于铂微晶和碳载体之间的结合力很小，小的铂微晶可经碳表面迁移、聚合生成大的铂微晶而导致铂表面积的减小。为了防止铂微晶的溶解、迁移、聚合导致铂表面积减小，人们想办法将铂锚定在碳载体上。一是用 CO 处理 Pt/C 催化剂，因为 CO 裂解沉积在铂微晶周边的碳起锚定铂微晶的作用；二是引入合金元素与铂形成合金，增大铂与碳的结合力，同时增强铂的电催化活性。

8.3.3　PAFC 电解质材料

PAFC 的电解质是浓磷酸溶液。磷酸在常温下导电性弱，在高温下具有良好的离子导电性，所以 PAFC 的工作温度为 200 ℃左右。磷酸是无色、油状且有吸水性的液体，在水溶液中可离析出导电的氢离子。浓磷酸（质量分数为 100%）的凝固点是 42 ℃，低于这个温度使用时 PAFC 的电解质将固化，而电解质的固化会对电极产生不可逆转的损伤，导致电池性能下降。因此，PAFC 电池一旦启动，体系温度要始终维持在 45 ℃以上。

8.3.4　PAFC 隔膜材料

PAFC 的电解质封装在电池隔膜内。隔膜材料目前采用微孔结构隔膜，由 SiC 和聚四氟乙烯组成，写作 SiC-PTFE。新型的 SiC-PTFE 隔膜有直径极小的微孔，可兼顾分离效果和电解质传输。隔膜的孔径要远小于 PAFC 多孔气体扩散电极的孔径，这样可以保证浓磷酸容纳在电解质隔膜内，起到离子导电和分隔氢、氧气体的作用。隔膜与电极紧贴组装后，部分磷酸电解液会在电池阻力的作用下进入氢、氧多孔气体扩散电极的催化层，形成稳定的三相界面。

8.3.5　PAFC 双极板材料

双极板的作用是分隔氢气和氧气，传导电流，使两极导通。双极板材料使用玻璃态的复合碳板，复合碳板分为三层：中间为无孔薄板，两侧为多孔碳板。双极板表面平整光滑，以利于电池各部件接触均匀。为了减小电阻和热阻，双极板材料都非常薄。作为 PAFC 双极板材料，需满足的要求为：① 足够的气密性，以防止反应气体的渗透；② 在高温、高压及磷酸中化学性能稳定；③ 良好的导电导热能力；④ 足够的机械强度。在众多双极板材料中，对热固树脂（如酚醛树脂、环氧树脂）在 1 000～2 000 ℃碳化制得的玻璃化碳强度高，气密性好。模铸双极板的性能由石墨粉粒度分布、树脂类型与含量、模铸条件与焙烧温度等决定。

8.4 熔融碳酸盐燃料电池材料

熔融碳酸盐燃料电池是继磷酸燃料电池之后开发的第二代商业化应用的燃料电池。它是在 650 ℃左右温度下运行的高温燃料电池，其效率可高达 60%左右，主要应用于电力、工业和军事的发电厂。MCFC 燃料来源广泛，可以为天然气、沼气、工业煤气、氢气，且可以对燃料进行电池内重整；氧化剂可以直接使用空气。由于工作温度高，能够使用镍等廉价金属作为催化剂，而不需使用价格昂贵的铂金作为电极催化剂。此外，MCFC 余热利用价值很高，通过热能收集、热电联产等可以极大地提高系统的效能，当余热被捕获和使用时，整体燃料效率可高达 85%。但是在高温工作条件下，MCFC 液态电解质的管理较困难，长期操作过程中，熔融态电解质的腐蚀和渗漏现象严重，降低了电池的使用寿命。

8.4.1 MCFC 结构及工作原理

MCFC 由多孔陶瓷阴极、多孔陶瓷电解质隔膜、多孔金属阳极、金属极板构成的燃料电池，电解质是熔融碳酸盐，其结构如图 8-7 所示。

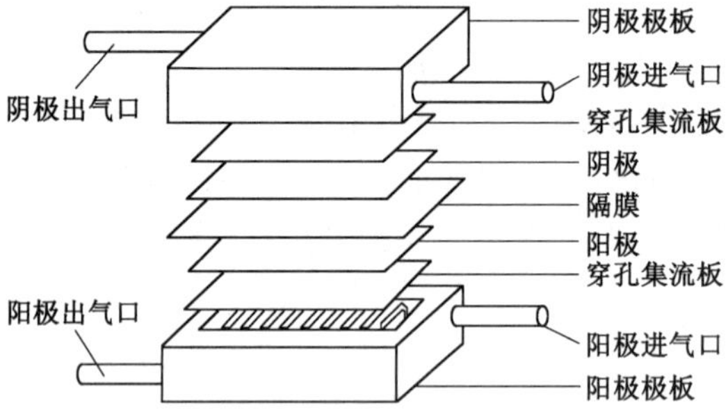

图 8-7 熔融碳酸盐燃料电池结构示意图

MCFC 工作原理如图 8-8 所示，电极反应方程式为：

阳极反应：
$$H_2 + CO_3^{2-} \longrightarrow CO_2 + H_2O + 2e^-$$

阴极反应：
$$\frac{1}{2}O_2 + CO_2 + 2e^- \longrightarrow CO_3^{2-}$$

总反应：
$$H_2 + \frac{1}{2}O_2 \longrightarrow H_2O + 电能 + 热$$

由上述反应可知：MCFC 的导电离子为 CO_3^{2-}，CO_2 在阴极为反应物，而在阳极为产物。实际上在电池工作过程中 CO_2 在循环，即阳极产生的 CO_2 返回到阴极，以确保电池连续工作。通常采用的方法是将阳极室排出来的尾气经燃烧消除其中的 H_2 和 CO，再分离除水，然后将 CO_2 返回到阴极循环使用。

8.4.2 MCFC 电解质材料

MCFC 使用由混合的锂钠或锂钾构成的熔融碳酸盐电解质，并由陶瓷（$LiAlO_2$）基质容纳支撑。MCFC 需要通过这种电解质产生足够的碳酸盐离子电导率，常见的 MCFC 电解质

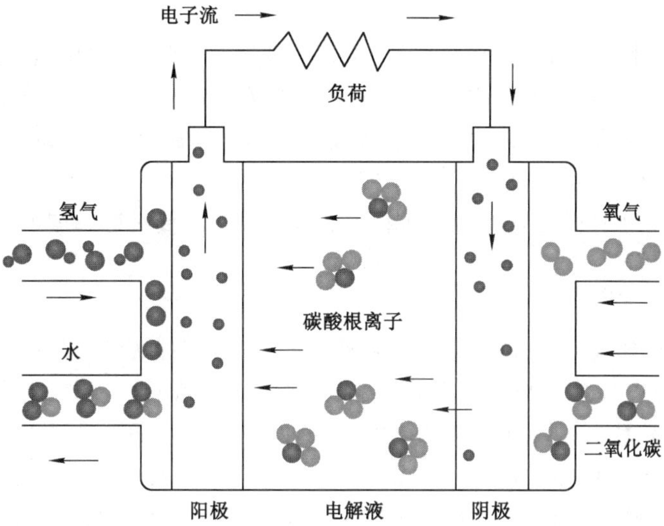

图 8-8　熔融碳酸盐燃料电池工作原理示意图

为含有 62%的 Li_2CO_3 和 38%的 K_2CO_3 的混合碳酸盐。由于 Li_2CO_3 具有较高的离子电导率，因此 MCFC 电解质中其使用比例较高，但是 Li_2CO_3 气体溶解度和氧离子扩散性较低，因此其使用比例一般限制在 62%。

基于上述问题，人们研究用碳酸钠代替碳酸钾。与碱性 Li/K 电解质相比，Li/Na 电解质显示出更高的电导率和稳定性。另外，人们还对电解质的基质进行了修改，以防止电池运行期间材料的相变（γ-$LiAlO_2$ 到 α-$LiAlO_2$）等问题。相变会伴随着电解质体积的减小进行着，从而导致离子电导率降低。

8.4.3　MCFC 阳极材料

MCFC 阳极材料最初采用 Ag、Pt、Ni 等单质金属，目前主要采用镍基 Ni-Cr 合金或 Ni-Al 合金。采用 Ni 取代 Ag 和 Pt 是为了降低电池成本，而用镍合金代替金属镍是为了防止镍的蠕变。Ni 与 2%～10%的铬或铝形成 Ni-Cr 或 Ni-Al 合金。这些合金元素能够在晶界处形成 $LiCrO_2$/$LiAlO_2$，从而提高材料的抗蠕变性并防止 Ni 基阳极材料在高工作温度下发生烧结粗化。

最新研究着眼于使用纳米镍和其他镍合金来提高性能，并降低 MCFC 的工作温度。

8.4.4　MCFC 阴极材料

MCFC 普遍使用的阴极材料是锂化后的多孔 NiO，但是这种阴极材料的主要问题是 NiO 的溶解。当 NiO 与碳酸盐电解质接触时，会与 CO_2 发生反应生成镍离子，溶解的镍离子与碳酸根离子一起移到电解质中，与阳极的氢气发生反应，析出金属镍。电池长时间运转后，NiO 溶解到熔融碳酸盐中，活性表面积减小，同时析出的金属镍会造成阳极和阴极之间发生短路，使电池性能下降。为了解决 NiO 阴极的溶解问题，人们重点对 NiO 进行了修饰改性或研发其他新的阴极替代材料。目前 NiO 阴极替代材料研究中主要涉及 Li_2MnO_3、$LiFeO_2$ 和 $LiCoO_2$。与 NiO 相比，Li_2MnO_3 和 $LiFeO_2$ 在高温融盐中的溶解度较低，但是其电导率和电极的电催化性能均不如 NiO。

MCFC 的 NiO 阴极材料的溶解机理主要是酸性溶解，因此增强融盐电解质的碱性是降低 NiO 溶解速率的一种有效方式。人们研究了在熔融碳酸盐电解质中加入 MgO、CaO、SrO 和 BaO 等碱土金属氧化物，这种添加可以提高熔盐的碱性，但是碱土金属离子在溶盐中会逐渐泳动到阴极侧，并不能长期抑制 NiO 的溶解。

对传统 NiO 阴极材料进行掺杂改性和表面改性也是降低其溶解度的有效途径。

8.4.5 MCFC 隔膜材料

隔膜是 MCFC 的核心部件，必须具有高强度、耐高温熔盐腐蚀、浸入熔盐电解质后能阻气和良好的离子导电性能。MCFC 常用的隔膜材料是 $LiAlO_2$。$LiAlO_2$ 粉体有三种晶型，分别为 α 型(六方晶系)、β 型(单斜晶系)和 γ 型(四方晶系)，而作为 MCFC 隔膜的主要为 α-$LiAlO_2$ 和 β-$LiAlO_2$ 两种晶相材料。α-$LiAlO_2$ 在 650 ℃是稳定的相态，较低的 CO_2 分压阴极气氛促进偏铝酸锂颗粒生长，高温、强碱性碳酸盐环境也有利于偏铝酸锂颗粒生长。电池操作条件下偏铝酸锂颗粒发生液相烧结长大，诱发隔膜孔径粗化，致使隔膜的保持电解质能力下降，进而导致 MCFC 电池性能下降。隔膜的性能主要取决于隔膜材料的粒度和制备工艺。因此，对于 MCFC 隔膜材料的研究重点是改进制备方法。

8.4.6 MCFC 双极板材料

MCFC 双极板的主要作用：隔开氧化剂与还原剂，提供气体流动通道和集流导电。MCFC 的双极板材料主要为不锈钢和各类镍基合金。

MCFC 双极板目前面临的最大问题是电解质对其腐蚀。腐蚀会造成三方面严重后果：首先，腐蚀造成电解质的流失，使电池内电解质的量下降，若不及时补充电解质，将使电池性能严重衰减，而 MCFC 的高工作温度使电解液的补充并不容易。其次，腐蚀造成了双极板电导率的下降，使电池的阻抗增大，降低了电池性能。最后，腐蚀使双极板的机械强度有一定程度的下降，增大了电池高压操作的危险性。因此，对于腐蚀机理的研究应是今后 MCFC 双极板研究的重点，以便有针对性地对双极板进行防护。

8.5 固体氧化物燃料电池材料

固体氧化物燃料电池是继 PAFC、MCFC 之后的第三代燃料电池，是一种在中高温下将储存在燃料和氧化剂中的化学能高效、环境友好地转化成电能的全固态化学发电装置。在几种燃料电池中，SOFC 理论能量密度最高，被普遍认为是在未来会与 PEMFC 一样得到广泛普及应用的一种燃料电池。

SOFC 工作温度相对较高(500～1 000 ℃)，在这种温度下，SOFC 无需昂贵的铂金属作为催化剂，与使用高纯度氢气和昂贵铂催化剂的 PEMFC 相比，SOFC 可以使用相对便宜的电极材料，并且催化剂不易受到一氧化碳中毒的影响。同样与 MCFC 类似，SOFC 余热利用价值很高，通过热能收集、热电联产等可以极大地提高系统的效能，当余热被捕获和使用时，整个系统效率可提高到 70%以上。拥有固体电解质是 SOFC 的另外一个优势，因为它消除了与 PAFC 和 MCFC 相关的电解质管理问题。

尽管 SOFC 拥有很多优势，但商业化道路仍不顺畅，主要是由于 SOFC 多以氧化钇稳定的氧化锆（YSZ）为电解质，而 YSZ 只有在较高的工作温度（大多数为 800～1 000 ℃）下才显示出较高的电导率。在如此高的温度下运行，不仅会缩短 SOFC 的寿命，还会增加电池材料的成本。因此，降低 SOFC 的运行温度，开发中低温固体氧化物燃料电池是 SOFC 研发的重要方向之一。

8.5.1 SOFC 工作原理

固体氧化物燃料电池单体主要由电解质、阳极（燃料极）、阴极（空气极）和连接体（双极板）四部分组成。其中多孔结构的阴、阳极负责提供燃料或氧气发生催化裂解的场所，同时传导电子和离子，且要求与电解质材料具有良好的兼容性。中间致密的陶瓷固体氧化物电解质膜负责传递离子并隔绝燃料气与氧气，防止两电极接触而短路。连接材料主要用于多个单电池的串并联，从而实现电池堆的安装以获得较高的电压和电流。

电解质传导离子的不同，SOFC 的工作原理也有所变化，分别为氧离子传导型（O-SOFC）和质子传导型（H-SOFC）两种。图 8-9 为以氢气为燃料气体的 O-SOFC 和 H-SOFC 的工作原理示意图。

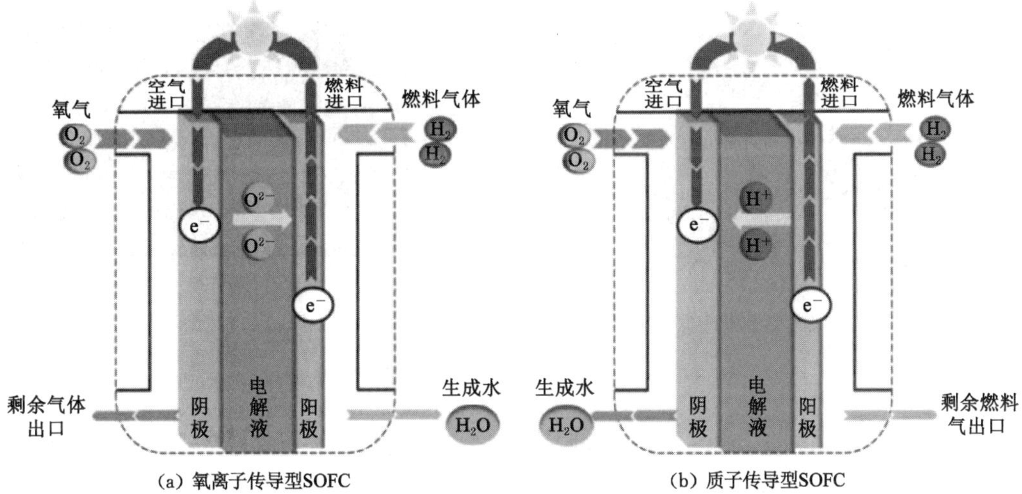

图 8-9 固体氧化物燃料电池工作原理示意图

如图 8-9(a)所示，O-SOFC 以氢气作为燃料时，吸附在阴极催化剂表面的氧气被分解为氧原子，氧原子接受从外电路传来的电子被还原为氧离子，在氧浓度差与电势差的驱动下，氧离子通过电解质薄膜传输到阳极，与阳极被镍催化形成的氢离子结合生成水，电子通过外电路传输，并在这个过程中释放能量。其中，阳极与阴极发生的反应分别为：

阳极反应：$$H_2 + O^{2-} = H_2O + 2e^-$$

阴极反应：$$\frac{1}{2}O_2 + 2e^- = O^{2-}$$

总反应：$$H_2 + \frac{1}{2}O_2 = H_2O + 电能 + 热$$

如图 8-9(b)所示，H-SOFC 以氢气作为燃料时，在阳极的氢气分解为原子后被晶格氧俘获同时释放电子；之后扩散经过电解质层，并在氧富集的阴极反应产生水。反应式如下：

阳极反应：
$$H_2 = 2H^+ + 2e^-$$

阴极反应：
$$\frac{1}{2}O_2 + 2H^+ + 2e^- = H_2O$$

总反应：
$$H_2 + \frac{1}{2}O_2 = H_2O + 电能 + 热$$

8.5.2 SOFC 结构类型

SOFC 根据电池结构主要分为平板式和管式两种。它们各有优劣，但是目前应用最多的是平板式 SOFC。

(1) 平板式 SOFC

图 8-10 显示了一个典型的平板式 SOFC 结构，主要由阳极、阴极、电解质和连接体组成。平板式 SOFC 的空气电极、YSZ 固体电解质、燃料电极烧结成一体，组成“三合一”结构，其间用开设导气沟槽的双极板连接，使电池相互串联构成电池组。这种沟槽双极板设计可以使电流收集均匀、流经路线短、输出功率密度高。

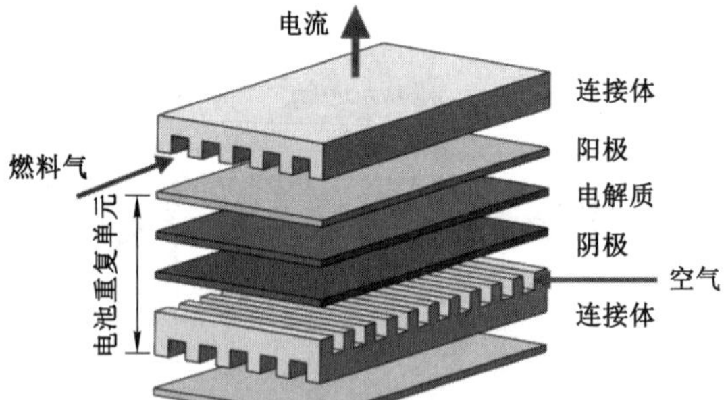

(a) 平板式SOFC结构示意图

(b) 平板式SOFC实物图

图 8-10　平板式 SOFC 结构示意图和实物图

烧结平板型 PEN 结构是一项困难的技术，SOFC 的阴极、阳极、电解质基本上是离子键构成的陶瓷材料，陶瓷材料晶体内部缺乏滑移面，不具有弹性和塑性。热膨胀时，材料所受热应力没有释放的余地，所以要求避免热循环过程中热应力产生破裂，保证结构的完整致密，避免燃气和空气泄漏。

平板式 SOFC 电池结构简单，三合一组件制备工艺简单，造价低；电流流程短、采集均匀、电池功率密度较高。但是平板式 SOFC 运行温度高，密封困难，抗热循环性能差，难以组装成大功率电池组。

(2) 管式 SOFC

图 8-11 为一个典型的管式 SOFC 结构。管式 SOFC 与平板式 SOFC 的结构相似，都是由阴极、电解质、阳极和连接体四个基本部分组成。单电池结构从内到外分别为多孔支撑管、空气电极、固体电解质薄膜和金属陶瓷阳极。管内侧有空气流动，外侧有燃料气体流动。

空气通过一个同心的 Al_2O_3 被引入电池内侧，该管将空气输送到电池的封闭端。电池的封闭端提供了一个完整的空气回流通道，允许空气从封闭端到开放端流过整个电池。在

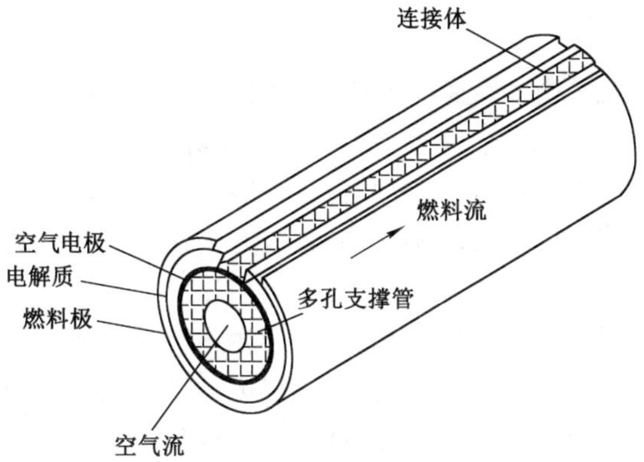

图 8-11 管式 SOFC 结构示意图

电池外侧，在封闭端将燃料气引入电池，并沿外表面轴向流向电池的开放端。H_2沿该路径与 O^{2-} 反应被氧化成 H_2O。在这个过程中，电子被释放并流经外电路。管式 SOFC 解决了平板式 SOFC 设计所遇到的高温密封技术难题，而且燃料可以循环利用，对从阳极回收的水蒸气产物和水气转移反应的产物进行内部重整。

管式 SOFC 电池组由一端封闭的管状单电池以串联或者并联方式组装而成，如图 8-12 所示。管式 SOFC 电池组可以满足大功率、高电压的要求，而且可以避免某个单一电池损坏时电池组整体会失效的问题。单电池之间的连接体设在还原气氛一侧，这样电池在高温下运行时即便使用廉价金属作为集流体，也能保持稳定的化学性质和较高的电子导电性。否则，如果将连接体设在氧化气氛一侧，在高温高湿强氧化气氛下必须使用昂贵的材料制作集流体，导致电池制造成本增加。管式 SOFC 的缺点是电流通过的路径较长，电子必须沿圆周路径移动，所以其内部欧姆电阻较高，这就降低了电池的电流密度。

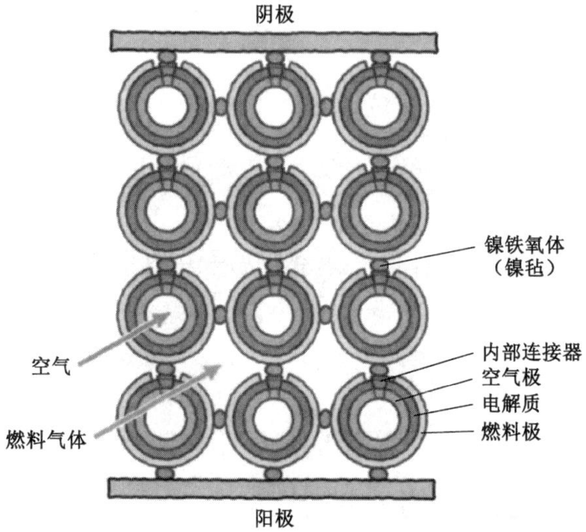

图 8-12 管式 SOFC 叠层电池组结构示意图

8.5.3 SOFC电解质材料

电解质是SOFC的核心部件之一，选择电解质材料需要具备几个条件：① 较高的离子电导率，为氧离子传导提供通道，但不能有电子电导，防止短路；② 在氧化和还原气氛中具有良好的化学稳定性和热稳定性，与电池其他组件匹配良好；③ 能够形成致密的薄膜，即气密性，以此阻隔氧化气体和燃料气体；④ 对于电解质支撑型电池来说，还要具有足够的机械强度，价格能够接受。

按照导电离子的不同，电解质可分为氧离子导体电解质和质子导体电解质两大类，其性能不仅直接影响电池的工作温度与转化效率，还影响与之匹配的电极材料及制备技术的选择。目前应用最广泛的仍然是氧离子导体电解质，主要集中在氧化锆系、氧化铈系和镓酸镧系几类材料和近年来出现的黄长石结构材料。质子型电解质材料主要是钡掺杂的 $BaCeO_3$ 体系和 $BaZrO_3$ 体系。

(1) 氧化钇稳定立方氧化锆(YSZ)高温电解质

纯 ZrO_2 在室温下为单斜相，上升至2 370 ℃时则转换为具有良好氧离子传导性能的立方萤石相。如何让氧化锆高温立方相晶体结构稳定在常温下使用呢？材料学家通过在氧化锆中掺杂低价态金属氧化物来稳定高温相结构。其中最具代表性的低价态掺杂离子是 Y^{3+}，加入 Y_2O_3 后，形成 Y_2O_3 稳定的 ZrO_2(yttria stabilized zirconia，YSZ)，可以使萤石结构的 ZrO_2 在常温下维持稳定，且在800 ℃以上具有较高的氧离子电导率，在氧化和还原气氛中都表现出良好的电化学稳定性。此外，低价态离子可增加 ZrO_2 的氧空位，使氧离子在氧空位中进行迁移使其成为良好的电解质材料，YSZ中氧离子传导机制如图8-13所示，氧空位的形成可以表示为：

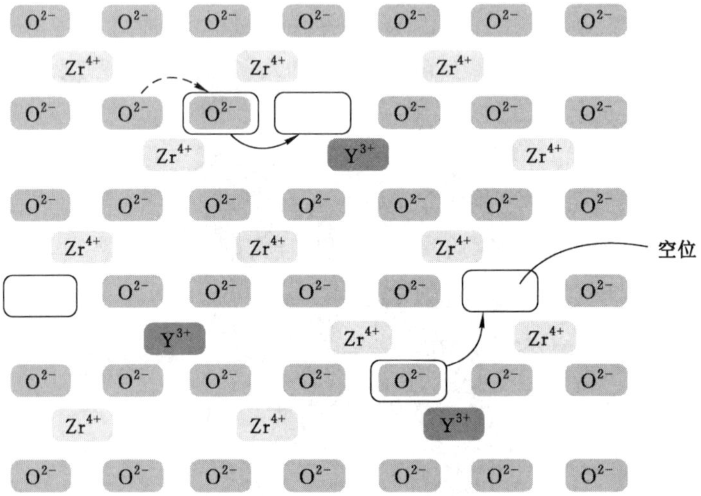

图8-13 YSZ中氧离子传导机制示意图

$$Y_2O_3 \longrightarrow 2Y'_{Zr} + 3O_O + V''_O$$

在氧化锆晶体中，2个 Zr^{4+} 邻近有4个 O^{2-}。加入 Y_2O_3 之后，Y^{3+} 置换了 Zr^{4+}，为了保持电中性，2个 Y^{3+} 周围除了3个 O^{2-} 之外，还出现1个氧离子空位。在化学势梯度和氧离子浓度差的作用下，氧离子空位可以接受氧离子，使氧离子从 YSZ 固体电解质一侧向另一侧定向移动。这就是 YSZ 的氧离子空位导电机理。但是，YSZ 材料在 800 ℃以下时离子导电率会大幅度下降（$\sigma_{800\,℃}=0.021\,2$ S/cm，$\sigma_{1\,000\,℃}=0.164$ S/cm），因此 YSZ 作为固体电解质通常用在 800～1 000 ℃工作温度下的 SOFC 中。

（2）氧化钪稳定立方氧化锆（SSZ）中温电解质

由于 Sc^{3+} 的半径与 Zr^{4+} 的半径十分接近，所以可以固溶 10 mol%的 Sc_2O_3，产生较多的氧空位，氧离子传导性能更优异。Sc_2O_3 掺杂 ZrO_2（SSZ）在 800 ℃时电导率可达 0.1 S/cm，表现出极大的优势。但目前发现的钪源非常有限，SSZ 的产量很小，因此材料的制造成本很高，价格比较昂贵，使得 SSZ 电解质的推广应用受到很大限制。

（3）镓酸镧系（LSGM）中温电解质

高温条件下，SOFC 的电极、电解质与密封件之间容易产生化学反应，电极上的金属催化剂也会在高温下发生烧结退化，导致电池效率和稳定性降低。因此，在现有工作原理和设备框架下，降低 SOFC 的运行温度，开发中低温下离子导电率高的固体电解质材料，是 SOFC 研发的重要内容。

中温 SOFC 最常见的电解质材料是掺杂了锶和镁的钙钛矿结构的镓酸镧系化合物。研究发现锶离子和镁离子掺杂的镓酸镧在 700 ℃以下具有很高的氧离子电导率（10^{-2} S/cm），且氧离子电导率与 Sr 和 Mg 的掺杂比例关系很大：随着 Sr 掺杂量的增加，氧离子电导率增大，Sr 的固溶极限为 20 mol%，超过此浓度会形成离子导电率较低的杂相。目前应用最广的是 $La_{0.8}Sr_{0.2}Ga_{0.8}Mg_{0.2}O_3$（LSGM），其离子导电率在同类化合物中最高，几乎没有电子电导，是纯的氧离子导体材料，且在氧化和还原气氛下稳定。但是高温下，LSGM 的结构和成分都不稳定，高温烧结时 Ga 元素易挥发，易生成 $LaSrGaO_4$、$LaSrGa_3O_7$ 等离子电导率较低的杂相，因此它只适合于 800 ℃以下工作的中温 SOFC。

（4）掺杂立方氧化铈（DCO）低温电解质

掺杂立方氧化铈体系（doped ceria oxides，DCO）也属于立方萤石相结构。纯 CeO_2 离子的电导率很低，不适合作为 SOFC 的电解质材料。当用低价态的稀土氧化物对 CeO_2 进行掺杂时，可产生一定浓度的氧空位，极大地提高了其离子传导性。虽然掺杂型 CeO_2 电解质在高氧分压下为纯的氧离子导体，但是在高温低氧分压下，Ce^{4+} 易被还原为 Ce^{3+}，从而导致离子电导率急剧增大，会产生两极之间的短路而消耗能量，降低电流的输出功率，进而影响 SOFC 的开路电压和能量转换效率。因此，DCO 电解质只适合于 600 ℃以下工作的低温 SOFC。

（5）δ-Bi_2O_3 基氧离子导体电解质

纯 Bi_2O_3 有两种晶型：大于 730 ℃时为 δ 型的立方萤石结构，小于 730 ℃时为 α 型的单斜结构。δ-Bi_2O_3 表现出良好的氧离子电导性；α-Bi_2O_3 是 P 型半导体，掺入一定量金属氧化物将形成低温稳定的 δ-Bi_2O_3。在已知的氧离子导电体中，稳定的 δ-Bi_2O_3 表现出最大的离子导电率。

但是，Bi 基氧化物问题是在低氧分压下被还原为氧化亚铋和铋单质，而且出现电子电导，造成电解质破坏。此外，Bi 基电解质热膨胀系数高，和电极材料匹配性不好。Bi 基电解质的热稳定性和相结构的稳定性还有待进一步研究和提高。综上所述，SOFC 的几种主要电解质的性能对比情况见表 8-3。

表 8-3 固体氧化物燃料电池主要电解质性能比较

电解质	优点	缺点
YSZ	在氧化和还原气氛下稳定性良好；机械性能良好；寿命可达 4×10^4 h 以上；稳定可靠的原材料供给	氧离子电导率低；与部分阴极材料不相容
DOC	与阴极材料相容；在低氧分压下为混合电子、氧离子导体，适合作为阳极材料	低氧分压下具有电子导电性，开路电压低；机械性能比 YSZ 的低
LSGM	与阴极相容	低氧分压下 Ga 挥发；与 NiO 不相容；机械性能与 DOC 相当
SSZ	在氧化和还原气氛下稳定性良好	Sc 昂贵，来源受限制

8.5.4 SOFC 阳极材料

阳极是 SOFC 燃料发生电化学氧化反应（HOR）的场所，也是燃料输入和产出排出的通道，同时还担负着将电子传递出去的任务。因此从功能到结构考虑，阳极材料需要满足一些特定的性能要求：① 对燃料的电化学氧化反应具有足够高的催化活性；② 在燃料气氛中，阳极材料必须在化学、形貌和尺度上保持稳定；③ 在还原气氛中要具有足够高的电子电导率，以降低阳极的欧姆极化，同时还具备高的氧离子导电率，以实现电极立体化；④ 与相接触的其他电池材料必须在室温到制备温度范围内化学相容；⑤ 必须与其他电池材料热膨胀系数相匹配；⑥ 必须具有足够高的孔隙率，以确保燃料的供应和反应产物的排出；⑦ 具有强度高、韧性好、加工容易、成本低的特点。

阳极材料主要可以分为镍基金属陶瓷、铜基金属陶瓷、钙钛矿结构型氧化物基阳极材料。

（1）镍基金属陶瓷阳极材料

SOFC 阳极通常选择由金属镍及 YSZ 骨架组成的 Ni/YSZ 金属陶瓷阳极材料，其结构如图 8-14 所示。这种复相金属陶瓷具有催化活性高、价格低等优点。其中金属镍起着导电和催化的作用，YSZ 陶瓷相起着降低阳极膨胀系数、避免镍颗粒长大和提供氧离子传导路径的作用。在金属镍中加入 YSZ 可以使电化学反应三相界面向空间扩展，实现电极立体化。1 000 ℃以下，Ni/YSZ 几乎不与 YSZ 及连接材料 $LaCrO_3$ 发生反应。Ni/YSZ 阳极材料的电导率与 Ni 含量相关，当 Ni 含量低于 30wt%时，YSZ 离子导电占主导地位；当 Ni 含量高于 30wt%时，Ni 粒子连通构成电子通道，Ni/YSZ 电导率增大 3 个数量级以上，即此时 Ni 的电子电导占主导地位。此外，Ni/YSZ 热膨胀系数随组成的不同而改变。随着 Ni 含量的增加，Ni/YSZ 热膨胀系数增大。

Ni/YSZ 阳极性能衰退的主要原因是在长期高温运行下金属 Ni 粒子会烧结粗化，造成三相界面电导率降低，并且当燃料气体中含有水蒸气时，镍的烧结速率会被加速。镍作为阳极催化剂的另外一个缺点是：采用碳氢燃料时，容易发生积碳现象，以及不耐受硫化氢气体而发生催化剂中毒。

（2）铜基金属陶瓷阳极材料

鉴于镍基阳极不适合于碳氢化合物燃料的直接利用，可采用铜基金属陶瓷阳极材料，原因是铜本身是惰性金属，对 C—C 键形成不具有催化活性，因而对碳氢化合物的裂解反应有抑制作用，不会出现碳沉积的问题。但缺点在于铜及其氧化物熔点较低（均低于 1 150 ℃），

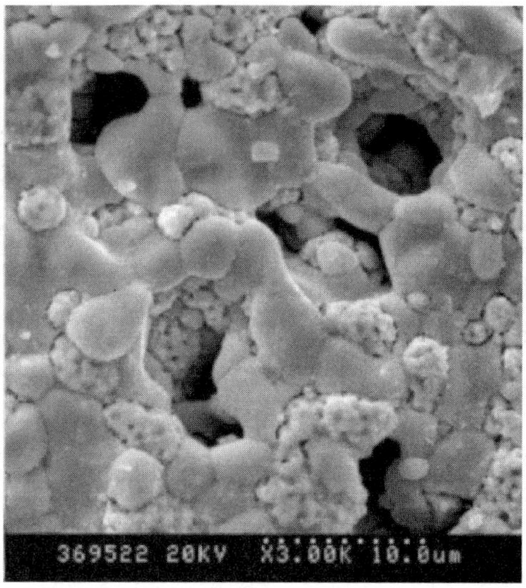

图 8-14　Ni-YSZ 金属陶瓷阳极电子显微结构图

不适用镍基阳极的高温制备方法(一般高于 1 200 ℃)。尤其是铜基阳极对燃料电化学氧化活性较低,导致铜基阳极对氢分子的催化和氢离子传输性能受到限制。

研究表明:在阳极中引入催化活性较高、离子导电率较高的氧化铈,形成 40%Cu/20% CeO_2/YSZ 复合阳极系统,在保证较好电化学性能前提下可显著改善积碳和碳纤维形成问题以及耐硫毒化能力。

(3) 钙钛矿结构型氧化物基阳极材料

应用在阳极的单钙钛矿材料的化学式为 ABO_3,属于离子电子混合导体,其结构如图 8-15(a)所示。A 位通常为离子半径较大的稀土或碱土金属离子(La^{3+}、Sr^{2+}、Ca^{2+} 等),B 位通常为离子半径小的过渡金属离子(Ti^{4+}、Cr^{3+}、Fe^{3+}、Co^{3+} 等)。钙钛矿材料 A、B 位有很强的掺杂能力,可通过掺杂不同大小、价态的离子对钙钛矿阳极材料进行改性。一般对 A 位采用低价态的金属离子掺杂,为了保证材料的电中性,B 位金属离子价态会升高或产生氧空位,其中氧空位的生成即材料出现氧离子电导性能的关键因素。

目前研究较多的单钙钛矿材料主要有 Y_2O_3 掺杂 $SrTiO_3$、Sr 掺杂 $LaCrO_3$ 等,都是具备稳定催化活性的阳极材料。另一种钙钛矿阳极材料 $La_{0.75}Sr_{0.25}Cr_{0.5}Mn_{0.5}O_3$(LSCM),其膨胀系数与 YSZ 相近,化学相容性好,具有良好的抗积碳和抗硫中毒能力,但中温时其电导率和催化活性较低。

此外,钙钛矿结构阳极材料对燃料气的催化活性不如 Ni 基阳极的,为此人们陆续开发了新型钙钛矿结构氧化物阳极,其中性能最优异的是双钙钛矿材料。双钙钛矿阳极材料是以单钙钛矿材料为前提提出的,其化学式为 $AA'BB'O_6$,结构如图 8-15(b)所示。双钙钛矿材料的典型代表为 $Sr_2MgMoO_{6-\delta}$,其膨胀系数与 YSZ 的相近,保证了良好的匹配性,对水具有高度容忍性,具备优异的抗硫毒化和抗碳沉积性能,是优良的 SOFC 阳极材料。

8.5.5　SOFC 阴极材料

阴极是 SOFC 氧气扩散并发生氧气还原(ORR)反应的场所,同时担负着接收电子和输

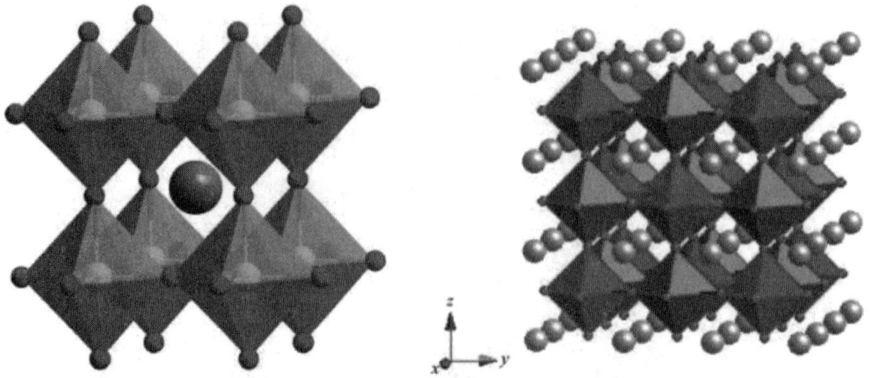

(a) 单钙钛矿结构　　　　(b) 双钙钛矿结构

图 8-15　SOFC 钙钛矿阳极材料晶体结构图

送氧离子进入电解质的任务。阴极材料是 SOFC 中研究最广泛的部件，从功能到结构，阴极材料需要满足一些特定的性能要求：① 在氧化气氛中要具有足够的化学稳定性，形貌、微观结构、尺寸等在电池长期运行过程中不能发生明显变化；② 要有足够高的电子电导率，以降低阴极的欧姆极化，同时要具有一定的离子导电能力，以利于氧化还原产物向电解质的传递；③ 具有足够高的催化活性，以降低阴极电化学极化的过电位，提高电池的输出性能；④ 在 SOFC 制备和操作温度下与电解质材料、连接材料或双极板材料、密封材料化学上相容，且与其他电池材料热膨胀系数相匹配；⑤ 具有足够的孔隙率，以确保活性位上氧气的供应。

SOFC 阴极材料主要有两大类型：一类是以铂为代表的贵金属单相阴极材料；另一类是以锰酸盐、钴酸盐和亚铁酸盐等为代表的钙钛矿氧化物复合阴极材料。虽然在高温下贵金属阴极对氧气的催化还原十分优异，但材料价格昂贵、高温下化学稳定性差、与电解质热膨胀系数不匹配等问题限制了其在 SOFC 商业中的应用。而钙钛矿型金属氧化物材料，不仅拥有高的电子电导率和氧催化还原活性，还具有良好的热稳定性，与电解质热膨胀系数相近等，因此现在对阴极材料的研究工作主要集中在此类材料。目前商用级别的阴极材料主要有 Sr 掺杂的亚锰酸镧（LSM，$La_{1-x}Sr_xMnO_{3-\delta}$）和 Sr、Fe 双掺杂的钴酸镧 LSCF（$La_{1-x}Sr_xCo_{1-y}Fe_yO_{3-\delta}$）。

（1）Sr 掺杂的亚锰酸镧 SOFC 阴极材料（LSM）

LSM 是广泛应用的阴极材料，具有电子电导率高、电化学活性好、与 YSZ 热膨胀系数相近等综合优良性能，其中最典型的 LSM 阴极材料为（$La0.8Sr_{0.2}$）$0.95MnO_{3-\delta}$。$LaMnO_3$ 为本征半导体，室温下电导率很低。在其 A 位和 B 位掺杂低价态的金属离子，如 SrO，Sr^{2+} 会替代 La^{3+}，增加了 Mn^{4+} 的含量，从而大幅度提高了材料的电导率。另外，LSM 的热膨胀系数与 YSZ 非常相近，避免了热应力引起的疲劳。然而，LSM 材料在温度较低时氧离子电导率非常低（900 ℃，$\delta=10^{-7}$ S/cm），这严重限制了 LSM 阴极材料在中温 SOFC 中的使用。此外，此类阴极材料的化学计量比稍微变化，就会严重影响电池的输出性能。

（2）Sr、Fe 双掺杂的钴酸镧 SOFC 阴极材料（LSCF）

LSCF 是一种良好的电子导体（900 ℃时为 230 S/cm），且具有非常高的氧扩散系数。然而，LSCF 在低至 800 ℃的温度下会与 YSZ 反应形成 $SrZrO_3$ 绝缘相。因此，在 LSCF 阴极体系下通常使用掺杂氧化铈等电解质，而在 YSZ 电解质情况下，掺杂氧化铈用作缓冲层以避免 LSCF 和 YSZ 之间的反应。另外，Co 基材料在低于 600 ℃的工作温度下仍然具有较高的催化活性和离子传导率，然而其热膨胀系数远大于常用的电解质的，阻挡了其广泛应用。

此外，还有利用 Ba 取代 La 的新型阴极材料 BSCF($Ba_{1-x}Sr_xCo_{1-y}Fe_yO_{3-\delta}$)，显示出优越的性能。BSCF 阴极材料在 500 ℃时电导率最大，可用在以 DCO 为电解质的低温 SOFC 阴极材料中。几种常见钙钛矿阴极材料的电化学性能见表 8-4。

表 8-4　常见 LSM 基阴极材料在 800 ℃的电导率、热膨胀系数及高温下与电解质的相容性

阴极材料	电子电导率 /(S/cm)	离子电导率 /(S/cm)	热膨胀系数	化学相容性		
				ZrO_2基	CeO_2基	LSGM
LSM	180	1.7×10^{-4}	11.2	轻微反应	无反应	无反应
LSC	1 584	0.22	20.5	剧烈反应	无反应	无反应
LSF	128	5.6×10^{-3}	16.3	无反应	无反应	无反应
LSCF	302	8×10^{-3}	14.8	轻微反应	无反应	无反应
$La_{0.6}Sr_{0.4}Mn_{0.8}Co_{0.2}O_{3-\delta}$	79.4	3.1×10^{-3}	9.5	剧烈反应	无反应	无反应

8.5.6　SOFC 连接体材料

在 SOFC 中连接体起多重作用，连接体材料也是在 SOFC 电池元件中要求最严格的。尤其是连接体两侧氧化、还原气氛下的化学势梯度对连接体材料的选择有严格限制。为了得到期望的性能，连接体材料必须具有以下特性：① 与电池其他部件的化学相容性，包括热膨胀系数匹配和不发生有害的扩散反应；② 高温下抗氧化性良好；③ 导电性好，兼作电流收集器；④ 气道分布均匀，设计要求严格，不漏气；⑤ 具有良好的机械性能，易加工，成本低。

基于上述要求，目前 SOFC 的连接体材料主要分为陶瓷连接体材料和合金连接体材料。一般情况下陶瓷连接体因其优异的化学稳定性、耐腐蚀性、耐高温性而适用于 800 ℃以上的高温 SOFC，但是其电导率相对较低、机械加工困难。而合金连接体具有良好的电导率和机械加工性能，但是其化学稳定性较差，易被氧化腐蚀，只能用于低温工作的板式 SOFC 中。

8.6　质子交换膜燃料电池材料

质子交换膜燃料电池是继 PAFC、MCFC、SOFC 之后的第四代燃料电池，是目前应用最广泛的燃料电池，其显著特点包括较低的工作温度/压力范围(50～100 ℃)和特殊的质子传导聚合物电解质膜(PEM)。PEMFC 也称为聚合物电解质膜燃料电池、固态聚合物电解质膜燃料电池或聚合物电解质膜燃料电池。

PEMFC 能量密度较高，体积相对较小，工作效率高，且能快速根据用电需求改变其输出。但是由于昂贵的质子交换膜材料和催化剂，PEMFC 制造成本高。此外，PEMFC 极易受到 CO 和其他杂质的污染而导致催化剂中毒，因此必须使用纯氢作为燃料。因此，开发成本较低、性能优良的聚合物电解质膜和低铂催化剂或非铂族催化剂是 PEMFC 的研究重点。

8.6.1 单体质子交换膜燃料电池结构

单体 PEMFC 电池为平行堆叠中心对称结构，如图 8-16 所示。从中心到两侧，每一个核心部件情况介绍如下。

(1) 质子交换膜(proton exchange membrane,PEM)

位于电池中心部位，其作用是隔离阴阳极，实现质子的快速传导，阻隔氢气和氧气在阴阳极之间的渗透，同时阻止电子从电池内部通过，迫使电子从阳极通过外部电路到达阴极，形成电流。PEM 性能的好坏直接决定燃料电池的性能和使用寿命。理想的 PEM 需要具备高质子传导率，低电子导电率，气体渗透性低，化学、电化学、热稳定性强等特点。

(2) 催化剂层(catalyst layer,CL)

分别附着在 PEM 两侧，分为阳极催化剂层和阴极催化剂层，其作用是促进氢气在阳极的氧化反应(hydrogen oxidation reaction，HOR)以及氧气在阴极的还原反应(hydrogen oxidation reaction,ORR)。催化剂层是膜电极的重要组成部分，阳极使用催化剂促进氢气的氧化反应，涉及氧化反应、氢气扩散、电子运动、质子运动、水的迁移等过程。阴极使用催化剂促进氧气的还原反应，涉及氧的还原、氧气扩散、电子运动、质子运动、反应生成的水排出等。

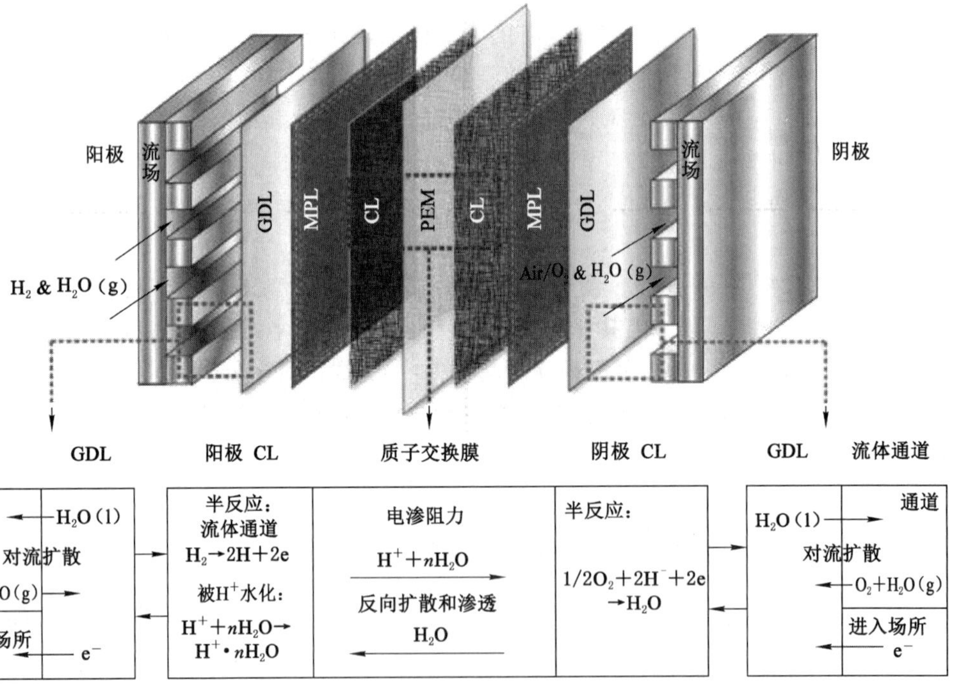

图 8-16 质子交换膜燃料电池单体电池结构示意图

(3) 气体扩散层(gas diffusion layer,GDL)

气体扩散层分别位于阴极和阳极催化剂层外侧，其作用是促进反应气体的扩散、利于反应生成水的排出和有效传导电子的输入与输出。气体扩散层一般由碳纸或碳布构成的支撑层和附着在其一侧的微孔层(micro-porous Layer,MPL)构成。气体扩散层和微孔层需有多孔性、疏水性和高导电性。构建复合多层的气体扩散层结构可以改善膜电极的气体扩散和水管理能力,特别是对于阴极气体扩散层,既需要扩散反应气体还需要排出反应生成的水。在氢气输入端,由该侧的气体扩散层和催化剂层组成单体 PEMFC 的阳极;在氧气输入端,由该侧的气体扩散层和催化剂层组成单体 PEMFC 的阴极。PEMFC 的阴极、阳极以及 PEM 膜组成的整体部件称为膜电极(membrane electrode assembly,MEA)。膜电极是发生电化学反应并产生电能的场所,是燃料电池的核心部件。膜电极为 PEMFC 提供了多相物质传递的微通道和电化学反应场所,直接决定 PEMFC 的性能、寿命及成本。

(4) 双极板(bipolar plate,BP)

双极板分别位于阴极和阳极气体扩散层外侧,是 PEMFC 电池最外围组成部分。燃料电池双极板又称为流场板(flow field plate,FFP),是电堆中的"骨架",与膜电极层叠装配成电堆,在燃料电池中起到支撑、收集电流、为冷却液提供通道、分隔氧化剂和还原剂等作用。

8.6.2 PEMFC 工作原理

图 8-17 展示了 PEMFC 单电池的电极反应以及 4 种水传输路径。首先,质子交换膜通过水合作用将增湿气体中的水转变为膜态水,用于质子传导(路径 1)。氢气通过阳极流场板进入阳极催化层形成氢离子。氢离子在质子交换膜中通过膜内的水溶液或磺酸基团之间的窄通道进行传输(路径 2),最终到达阴极侧。在阴极催化层中,氢离子通过离子聚合物形成的交联网络传输到催化剂反应位点上,与氧气发生氧还原反应(ORR)并形成产物水。产物水依次通过微孔层、气体扩散层到达流道,在氧气或空气的吹扫下排出电池(路径 4)。若催化层中产物水不能及时排出,则会阻碍氧气到达反应位点参与反应,造成功率密度下降,这种现象称为"水淹"。由于水在阴极侧产生,相比阳极侧水浓度更高,在浓度梯度的作用下,水从阴极透过质子交换膜到达阳极的过程称为逆扩散(路径 3)。

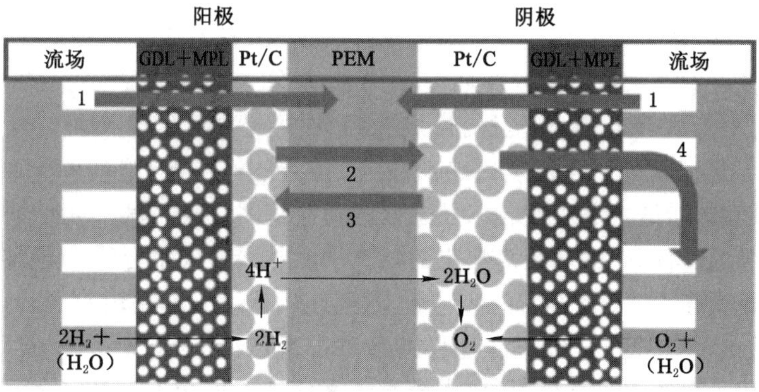

图 8-17 PEMFC 物质传输和反应示意图

PEMFC 电极反应方程式如下:

阳极反应: $H_2 = 2H^+ + \text{电能}$

阴极反应：$\frac{1}{2}O_2+2H^++2e^-=H_2O+$电能

总反应：$H_2+\frac{1}{2}O_2=H_2O+$电能

PEMFC 中存在两个水管理问题：一是避免阴极侧生成水含量过高导致水淹；二是避免低湿度下质子交换膜膜态水含量过低，导致质子传导能力下降。当膜态水含量低于 3(每个磺酸基团的水分子数)时，质子交换膜离子导电率接近 0，几乎不发生质子传导。

8.6.3 PEMFC 膜电极材料

膜电极是 PEMFC 的核心部件，为 PEMFC 提供了多相物质传递的微通道和电化学反应场所，直接决定 PEMFC 的性能、寿命及成本。MEA 主要包括阴极和阳极气体扩散层(GDL)、催化层(CL)、质子交换膜(PEM)。其中 GDL 又通常由碳纸/碳布和负载在其上的微孔层(MPL)组合而成。

8.6.3.1 质子交换膜

质子交换膜的离子传导能力高度依赖水合程度，增强保水能力、降低离子传输阻力以及提高离子导电性成为改性质子交换膜的主要目标。质子交换膜性能直接影响燃料电池整体的性能和寿命，二者之间的关系见表 8-5。

表 8-5 质子交换膜性能对燃料电池性能及寿命的影响

质子交换膜性能	电池性能/寿命
高质子传导率	提高输出功率密度、电池效率
低电子导电率	使电子从外电路通过，提高电池效率
低气体渗透性	阻隔燃料和氧气的互串
化学、电化学、热稳定性优	不发生化学降解，提高电池寿命
机械性能、尺寸稳定性优	溶胀率低，提高电池寿命

根据含氟情况，质子交换膜主要分为全氟磺酸膜、部分氟化聚合物质子交换膜、复合质子交换膜和非氟化聚合物质子交换膜四类。其中，全氟磺酸膜力学性能、化学稳定性、热稳定性最优，使用寿命也优于其他膜材料，成为目前主流的质子交换膜。杜邦公司生产的 Nafion 系列膜是最成功的商业化全氟磺酸膜，该膜由结构稳定、强韧的氟碳组链形成疏水相，部分氟碳链和脒脂链构成中间相以及亲水的磺酸基团组成。其中 $n=5\sim10$，m 为 1。当质子在膜中传导的时候，磺酸基团离解出的氢离子能与水形成水合质子，吸收了水的相邻磺酸根之间能形成直径为 4 nm 左右的离子簇，其间距约为 5 nm，并由直径为 1 nm 的细管相连，如图 8-18 所示。水合质子能够在这样的通道中快速传递。当氢离子离开后，磺酸根会吸引附近的氢离子填补空位，继续形成水合离子来传递。电位差所导致的离子迁移率促使膜内的氢离子只能从阳极向阴极迁移，如图 8-19 所示。但是其传导质子必须要有水存在，为了确保电解质膜的离子通道畅通，电堆需要配备加湿器来补充水分。

8.6.3.2 催化剂

良好的催化剂层应该具有良好的催化活性、质子和电子传输能力、气体扩散能力和水管

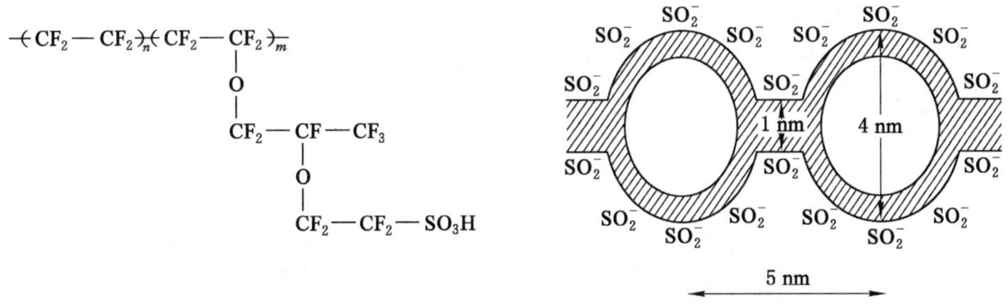

(a) 化学结构式　　　　(b) 传导质子机理示意图

图 8-18　全氟磺酸膜的化学结构式和传导质子机理示意图

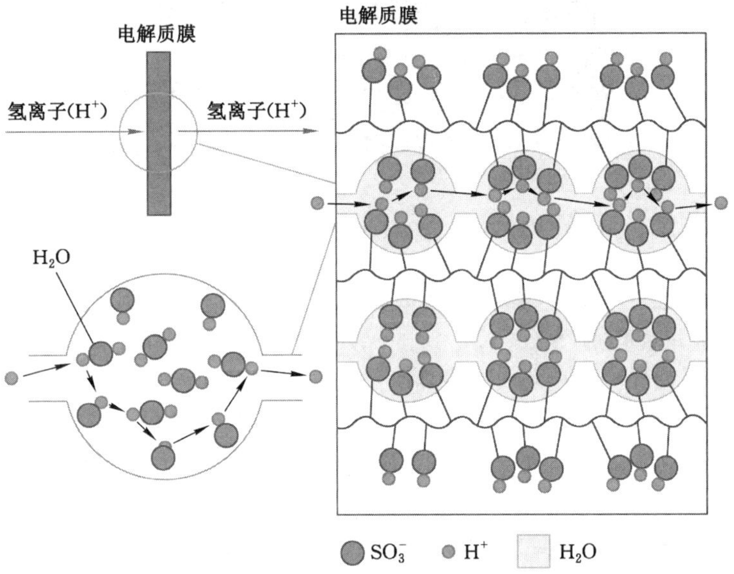

图 8-19　质子交换膜中水合质子传递原理示意图

理能力。催化剂层的活性主要取决于催化剂，电子传导则取决于催化剂的碳载体，质子在催化剂层的传导由离子聚合物来完成，离子聚合物同时还起黏结剂作用。催化剂层由支撑铂金催化剂的碳颗粒、离子导电体聚合物、疏水材质混合而成。疏水材料是为了防止水分子进入和堵塞气体通路；支撑铂金催化剂的碳微粒越小越细越好，这样可以增大催化剂载体的比表面积，增加反应活性位点，提升催化效果。

在膜电极中，阳极通常以碳载纳米铂(Pt/C)或碳载纳米铂钌(Pt-Ru/C)为催化剂，阴极则以 Pt/C 为主要催化剂。一般来说，电极反应速率越慢，过电势就越高，性能损失越大。对于相同的电极材料(如 Pt)，发生在阴极的 ORR 反应速率远低于发生在阳极的 HOR，从而导致阴极上 ORR 的过电势远高于阳极的 HOR 的。这是因为 ORR 是一个多电子转移过程，包括众多的基元步骤和反应中间体。因此，阴极缓慢的 ORR 是制约 PEMFC 规模化应用的主要障碍。

催化剂表面对每种反应中间体都具有最佳的吸附能，以实现最佳的催化活性。各种材料的吸附能和活性之间并不是单纯的线性关系，而是呈现先上升后下降的趋势，如同一个火山，所以被称为火山图。图 8-20 为部分催化剂在 ORR 过程中其吸附能和活性大小的关系图，由图可知：接近火山顶点的催化剂具备最佳催化活性。研究发现 Pt3Ni(111)催化活性是 Pt/C 催化活性的 30 倍。而传统的 Pt(111)催化剂落在顶点左侧，说明 Pt(111)对中间产物的吸附过强。

图 8-20　ORR 催化剂的火山图

阴极 ORR 催化剂主要有四类：铂族贵金属催化剂(PGM 催化剂)、非 PGM 基催化剂、碳基催化剂、单原子催化剂(SACs)。

(1) 铂族贵金属催化剂(PGM 催化剂)

铂依然是 ORR 反应最有效的催化剂，但是 PGM 催化剂最大的问题是价格昂贵，产业化成本很高。为了降低 ORR 过程中 PGM 催化剂的成本，人们通过提高铂基催化剂的本征活性和暴露活性中心来降低成本。具体采取的方法有合金化、减小颗粒尺寸、构建形态良好的多面体核壳结构和纳米框架结构来提升性能和降低成本。

(2) 非 PGM 基催化剂

非铂族贵金属催化剂具有储量丰富、易大规模制备和成本低的优点。但是目前非铂基催化剂内在活性还不够理想，特别是在酸性电解质中其 ORR 活性远低于 Pt/C 催化剂的。对于非铂族贵金属催化剂，可采取调节电子结构、缺陷工程、选择适当载体等手段来改善其催化活性。此外，非 PGM 基催化剂在酸性条件下不太稳定，会显示出一定的溶解性。非 PGM 基催化剂会对 ORR 和析氧反应(OER)显示双功能电催化特性。

(3) 碳基催化剂

碳基催化剂从材料微观形貌来划分主要有碳纳米管(CNT)、石墨烯、碳量子点、碳纳米带、碳笼和源自金属有机骨架(MOFs)的碳材料等。碳基催化剂从掺杂元素来划分主要有过渡金属掺杂碳基材料和非金属原子掺杂碳基材料两类。碳基催化剂材料具有较高的 ORR 活性，有望取代昂贵的铂族贵金属催化剂。目前，一些碳基催化剂在碱性介质和酸性介质中均表现出高 ORR 活性和稳定性。对于碳基催化剂，可以通过掺杂杂质原子和引入缺陷工程来调节其 ORR 活性。同时还要设计碳材料的分层多孔结构便于形成更多的活性位点，实现活性位点的高利用率。

(4) 单原子催化剂(SACs)

单原子催化剂的活性位点以原子级别分散在载体上，成为目前 ORR 电催化领域研究热点。随着达到 100％原子利用率和优异的催化性能，单原子催化剂被认为具有巨大潜力。

综上所述，开发高活性、耐用性、低成本的催化剂至关重要。

8.6.3.3　气体扩散层和微孔层

气体扩散层要求具有多孔性、疏水性和高导电性，其对燃料电池性能和寿命的影响见表 8-6。气体扩散层由支撑层和微孔层组成，支撑层材料主要为多孔的碳纤维纸、碳纤维织布、碳纤维无纺布及碳黑纸，微孔层通常由导电炭黑和憎水剂构成，其结构如图 8-21 所示。

表 8-6　气体扩散层性能对燃料电池性能及寿命的影响

气体扩散层性能	电池性能/寿命
高导电性	电子在双极板和催化层之间传递需要以气体扩散层为通道，且需要收集电流，故要求 GDL 具有较低的电阻率
高机械强度	为了使膜电极能够稳定安装，要求其具有较高的机械强度以稳定整个电极结构和提高电池寿命
多孔性	GDL 是氢气、氧气及生成水的传递通道，要求其具有较高的孔隙率和一定的孔径分布来保证均匀分布气体和产物水排出
适当的亲水/憎水平衡	防止过多水分阻塞孔隙而导致气体渗透性能下降
化学、电化学、热稳定性优	不发生化学降解，提高电池寿命

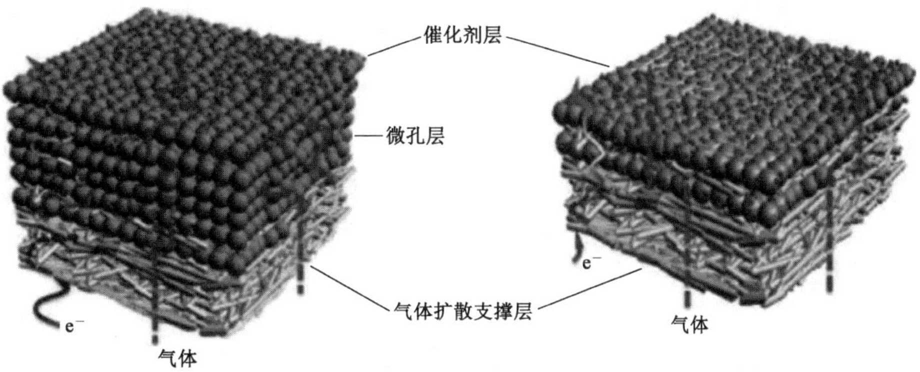

图 8-21　气体扩散层(GDL)和微孔层(MPL)结构示意图

MPL 的作用主要包括：① 改善 PEMFC 的水管理和气体传输；② 降低 GDL 与 CL 层之间的接触电阻；③ 为 CL 层提供良好的支撑，限制催化剂在 GDL 中的损失。新型的疏水性和亲水性并存的微孔层结构，提升了膜电极在低湿度和高湿度情况下的性能。在低湿度情况下，疏水层可以阻止亲水层中水的大量流失，能够有效保证膜的湿度。高湿度情况下，这种双层微孔层可以有效促进阴极产物水的排出，从而防止水淹和提高电池性能。

8.6.4　PEMFC 膜电极类型

MEA 的性能除了与材料有关外，还取决于制备技术。MEA 根据制备工艺的不同，经历了从第一代 GDE 型到第二代 CCM 型再到第三代有序化型的发展阶段。

(1) GDE(gas diffusion electrode)型膜电极

第一代 GDE 型 MEA 是将催化层涂覆在气体扩散层上，再将涂覆有催化层的气体扩散层通过热压方式分别压制在 PEM 的两侧，制作成膜电极，如图 8-22(a)所示。这一类膜电极制备工艺简单成熟，利于气孔形成，PEM 不会因"膜吸水"变形。但在制备过程中催化剂容易渗透进 GDL，造成催化剂浪费和较低的催化剂利用率(约 20%)。

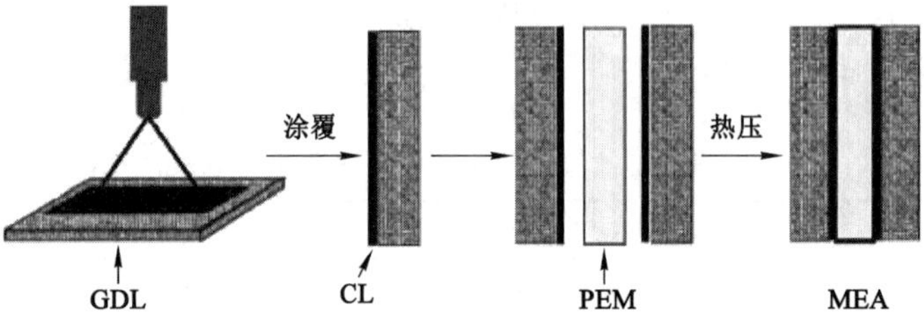

(a) 第1代GDE膜电极

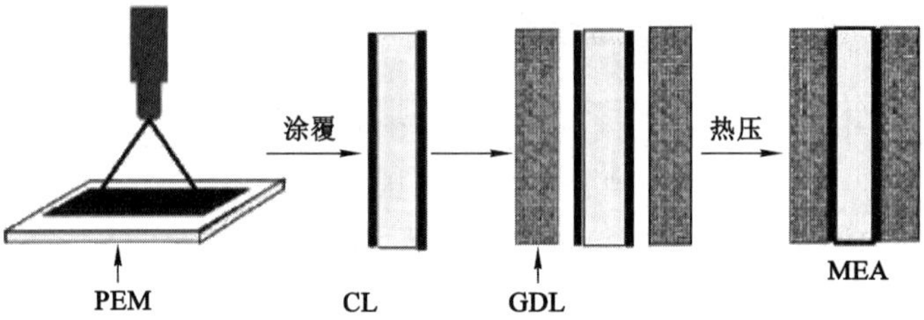

(b) 第2代CCM膜电极

图 8-22　第 1 代 GDE 和第 2 代 CCM 膜电极

(2) CCM(catalyst coated membrane)型膜电极

第二代 CCM 型 MEA 是将催化剂直接涂覆在质子交换膜上，然后将阴极和阳极的气体扩散层通过热压方式压制在质子交换膜的两侧，制备成 CCM 型膜电极，如图 8-22(b)所示。与第一代 GDE 相比，第二代 CCM 能够有效提高催化剂利用率、大幅度降低膜与 CL 之间的质子传递阻力，成为当前 MEA 制备的主流技术。

(3) 有序化膜电极

第一代和第二代 MEA 的催化层都是催化剂(电子导体)与电解质(质子导体)以一定比例混合制备而成的，水、气、电子和质子传输通道处于无序状态，存在较强的电化学极化和浓差极化，制约膜电极的大电流放电性能。此外，膜电极结构存在缺陷，催化剂利用率和物质传输效率较低。为此，第三代有序化膜电极被开发出来。第三代有序化膜电极的开发目的是实现 CL 中催化剂载体、催化剂、质子导体(Nafion)等物质的有序分布，以此扩大三相反应界面，形成优良的多相传质通道，进而降低电子、质子及反应物的传质阻力，提高催化剂利用率，降低膜电极中 Pt 催化剂载量，提升膜电极的性能和使用寿命。近几年，CL 有序化结构得到快速发展，成为 MEA 制备技术领域的研究热点。

有序化膜电极包括质子导体有序化膜电极和电子导体有序化膜电极两大类，而电子导体有序化膜电极又分为催化剂材料有序化膜电极和催化剂载体材料有序化膜电极两类。图 8-23 为美国 3M 公司商业化生产的典型催化剂有序化膜电极 NSTF；图 8-24 为清华大学核能与新能源技术研究院与汽车系首次合成基于阵列 Nafion 纳米棒的新型有序化催化剂层。

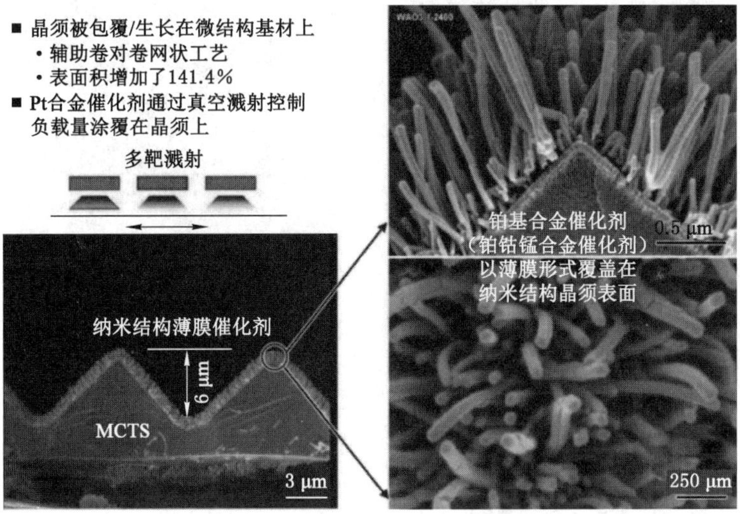

图 8-23　3M 公司生产的有序化 NSTF 电极图

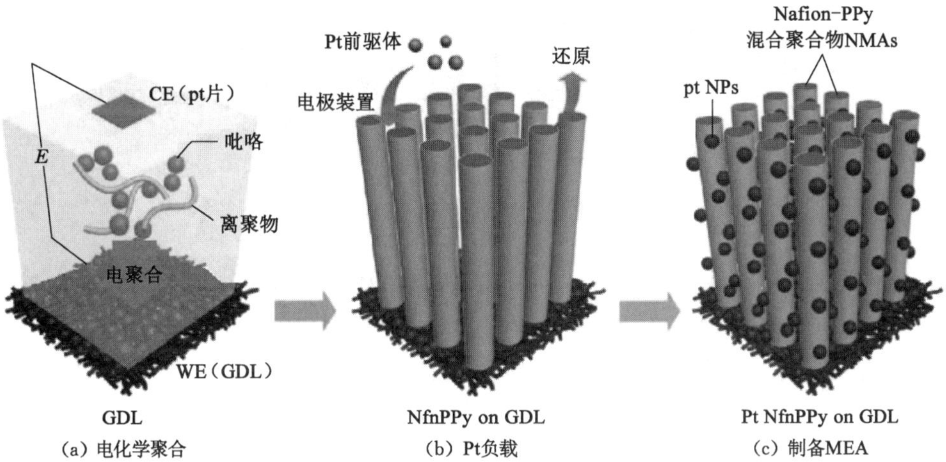

图 8-24　NfnPPy 构造方案

除上述有序化膜电极外，还可以采用喷墨印刷、模具铸造等方法在催化层上构造可控的 2D 或 3D 图案，制备图案催化层(pattern catalyst layer，PCL)，如图 8-25 所示。

8.6.5　PEMFC 双极板

真正可以实用的 PEMFC 是以燃料电池电堆(fuel cell stack)的形式存在的，如图 8-26 所示。燃料电池电堆由多个燃料电池单体以串联方式层叠组合构成，双极板与膜电极 MEA 交替叠合，各单体之间嵌入密封件，经前、后端板压紧后用螺杆紧固拴牢，即构成燃料电池电堆。电堆工作时，氢气和氧气分别经电堆气体主通道分配至各单体电池的双极板，经双极板导流均匀分配至电极，通过电极支撑体与催化剂接触进行电化学反应。

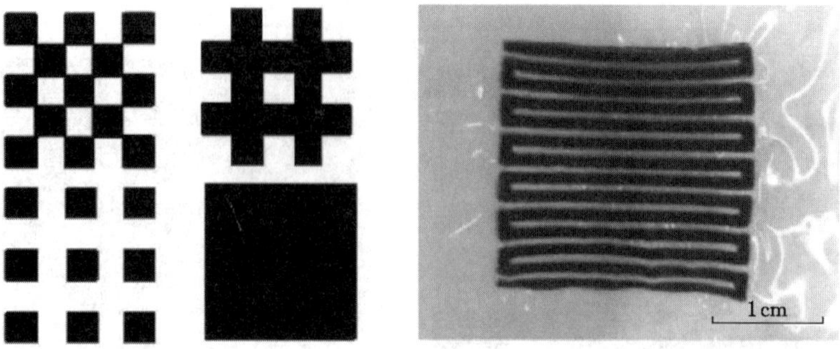

(a) (b)

图 8-25 图案催化层(PCL)

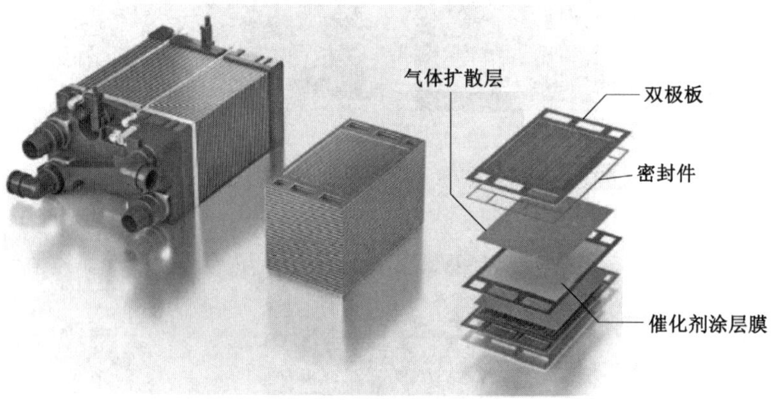

图 8-26 PEMFC燃料电池电堆

在 PEMFC 中,双极板(bipolar plate,BP)是除 MEA 以外最核心的部件。双极板又称为流场板,是电堆的“骨架”,在燃料电池中起到支撑、收集电流、为冷却液提供通道、分隔氧化剂和还原剂等作用。相邻两个单体燃料电池的双极板由一个阳极板和一个阴极板合并,如图 8-27 所示。双极板将燃料电池的正负极隔开,确保反应气体可以均匀分布在整个电极板表面。

双极板按材料可分为石墨、金属和复合双极板。石墨双极板是应用最早也是应用最广泛的双极板,但是石墨的机械加工性能差。金属双极板多采用不锈钢、铝合金和 Ni 合金等,强度高且加工简单,但是实际应用时阴极表面易钝化,导致接触电阻增大且阳极侧易被腐蚀而溶出金属阳离子。导电复合材料双极板由导电填料和聚合物经热压、注塑等方法制成,该类双极板加工加单,价格便宜,将来有望用于燃料电池的商业化生产。

8.7 直接甲醇燃料电池材料

前面介绍的燃料电池使用的主流燃料是氢气、天然气、重整气体等气体燃料,而直接甲醇燃料电池使用的是液体燃料。液体燃料的优势在于它的密度比气体燃料的密度大很多,便于存储、运输和携带。直接甲醇燃料电池是在 PEMFC 基础上发展起来的一种燃料电池,

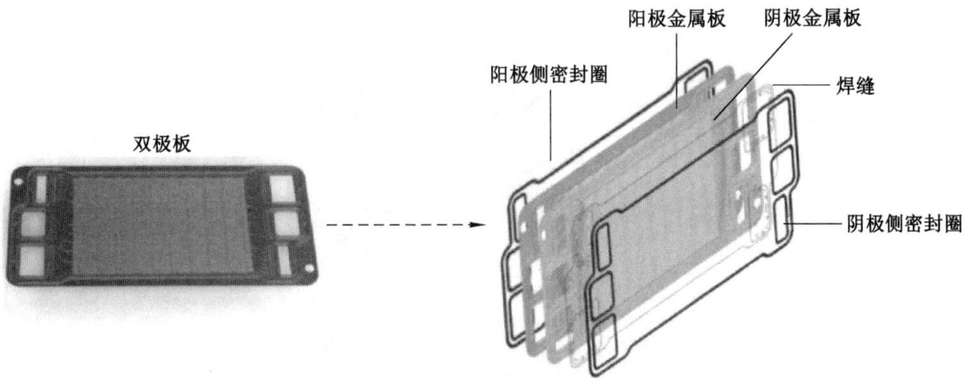

图 8-27　双极板结构示意图

可以直接以甲醇作为燃料，无需进行改制重整，通过直接给阳极通入甲醇溶液，就能产生氢离子和电子。根据使用电解质酸碱性的不同，DMFC 又分为质子膜直接甲醇燃料电池（PDMFC）和碱性阴离子膜直接甲醇燃料电池（ADMFC）。

在实际应用时 DMFC 会发生甲醇渗漏现象，即甲醇和水会挤过电解质膜，造成相对电流、电压下降很大。因此，实测的 DMFC 发电输出功率和效率都比 PEMFC 的低得多。而 ADMFC 由于采用了碱性体系，阴阳极的电催化性能得到大幅度提高，许多在强酸介质中无法使用的非铂金属和氧化物成为可选的催化剂，电渗方向的改变也抑制了甲醇从阳极向阴极的穿透。这些优点使 ADMFC 有望解决长期困扰 PDMFC 的难题，不过 ADMFC 阳极区电解质碳酸化所引起的热力学电压损失也是不容忽视的。

8.7.1　DMFC 结构及工作原理

最初的 DEMFC 是质子交换膜燃料电池的一种特例，其结构与 PEMFC 一致，同样由电解质膜、催化层、扩散层、双极板等部件组成，如图 8-28 所示。刻有流道的双极板或流场板为反应物和产物提供通道并收集电流。扩散层将甲醇从储液层扩散到催化剂层，同时将水释放到阴极，因此需要具备多孔性、机械稳定性好、导电性高和耐腐蚀等特点。电解质膜作为阳极和阴极之间的隔板，除了能防止甲醇从阳极流到阴极，同时只允许质子从阳极传递到阴极，因此，它必须具有良好的质子导电性、气体密封性、化学稳定性，目前最常用的电解质膜是 Nafion 膜。

在酸性或碱性电解质中电极反应的具体过程有所区别，具体电极反应方程式如下：

① 酸性电解液中：

阳极反应：　$CH_3OH + H_2O \longrightarrow 6H^+ + CO_2 + 6e^-$

阴极反应：　$\frac{3}{2}O_2 + 6e^- + 6H^+ \longrightarrow 3H_2O$

总反应：　$CH_3OH + \frac{3}{2}O_2 \longrightarrow 2H_2O + CO_2 + \text{电能}$

② 碱性电解液中：

阳极反应：　$CH_3OH - 6e^- + 6OH^- \longrightarrow CO_2 + 5H_2O$

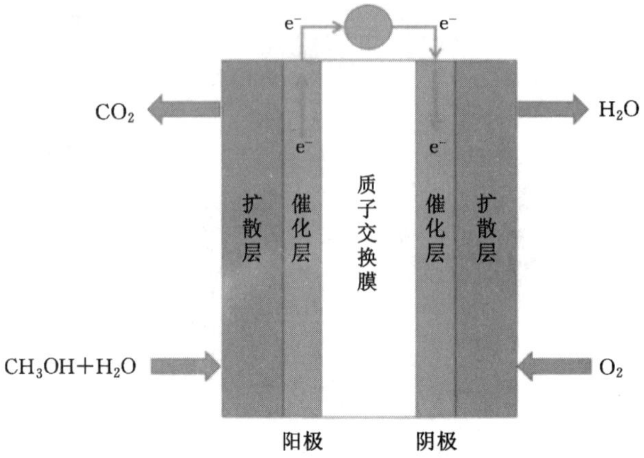

图 8-28　直接甲醇燃料电池结构示意图

阴极反应：　$\frac{3}{2}O_2+6e+3H_2O = 6OH^-$

总反应：　$CH_3OH+\frac{3}{2}O_2 = 2H_2O+CO_2+$电能

8.7.2　PDMFC 阳极催化剂

PDMFC 最常用的阳极催化剂为 Pt 基催化剂。但是 Pt 催化剂易被甲醇氧化生成的中间产物 CO 毒化，导致 Pt 催化剂的催化性能降低。因此，研制高效、抗毒化阳极催化剂是 PDMFC 实现商业化应用的首要任务。在众多研究中，非 Pt 基催化剂的使用可以显著降低催化剂的制备成本，但是其催化活性效果却远不如 Pt 基催化剂的。因此在以 Pt 基催化剂为基础进行改良改性，想方设法在降低 Pt 用量的同时提升催化剂的催化活性和耐久性是当前 DMFC 催化剂的研究重点。

近年来，在载体上负载铂和铂的合金纳米颗粒是 DMFC 催化剂领域研究的热点。纯 Pt 催化剂在甲醇催化氧化过程中容易“中毒”失活，因此，人们通常会在原有一元催化剂(如 Pt)的基础上掺杂第二种或者多种非 Pt 金属制成二元催化剂或多元催化剂。利用金属掺杂原理，把性能相近但价格较为便宜的金属和贵金属 Pt 一起掺杂制备，在保证催化氧化能力的前提下能有效降低贵金属的使用量。另外，通过金属掺杂还能提升阳极催化剂的抗中毒性能。除了优化催化剂以外，人们还通过设计合理的载体表面和孔道结构，制备具有大比表面积、粒度均匀的阳极催化剂载体，使得贵金属催化剂实现均匀分散负载，避免金属粒子的团聚浪费。

8.7.3　PDMFC 阴极催化剂

目前，PDMFC 阴极催化剂主要有 Pt/C 催化剂、Pt 基复合催化剂、过渡金属大环化合物催化剂、Chevrel 相催化剂、过渡金属硫化物催化剂、过渡金属羟基化合物催化剂等。

(1) Pt/C 催化剂

20 世纪 70 年代，Pt/C 催化剂为 PDMFC 中的主要阴极催化剂。该催化剂的催化性能远胜 Pt 催化剂，但容易使阴极产生混合电位，毒化 Pt 催化剂，从而降低催化剂的催化活性。

(2) Pt 基复合催化剂

Pt 基复合催化剂包括过渡金属与 Pt 构成的合金催化剂、Pt 与过渡金属氧化物的复合催化剂两大类。过渡金属与 Pt 构成的合金催化剂对氧还原的电催化活性明显高于 Pt 催化剂的，并且有较好的耐甲醇能力，但是这一类催化剂增强了催化剂对甲醇氧化的惰性性质。

(3) 过渡金属大环化合物催化剂

过渡金属大环化合物催化剂具有很高的共轭结构和化学稳定性，同时对分子氧表现出良好的电催化活性，从而被广泛应用于燃料电池氧还原的催化剂。该类型催化剂具有很好的耐甲醇性，但制备困难、价格昂贵、稳定性差，制约其商业化应用。

(4) Chevrel 相催化剂

Chevrel 相催化剂也称为过渡金属原子簇化合物，主要分为二元化合物(Mo_6X_8，X＝S、Se、Te)、三元化合物($M_xMo_6X_8$)、假二元化合物($Mo_{6-x}M_xX_8$)三类。此类催化剂对氧还原有良好的点催化活性，但是制备困难。

(5) 过渡金属硫化物催化剂

过渡金属硫化物催化剂主要包括 $Mo_xRu_yS_z$、$Rh_xRu_yS_z$、$Re_xRu_yS_z$ 三类。该类催化剂对氧还原的电催化活性最强，其中碳载 MRu_5S_5(M＝Rh、Re)对氧还原的电催化活性最强，且对甲醇氧化没有电催化活性。

(6) 过渡金属羟基化合物催化剂

过渡金属羟基化合物催化剂主要包括 $W_x(CO)_n$、$Mo_xRu_ySe_z$-$(CO)_n$两类。该类催化剂在酸性溶液中对氧还原有较强的点催化活性，但是其耐甲醇性研究尚未进行。

8.7.4 PDMFC 质子交换膜

PDMFC 中使用的基本上都是全氟磺酸型质子交换膜，但是这种膜会引起甲醇从阳极到阴极的渗透，导致阴极性能衰退，电池输出功率显著降低，PDMFC 系统使用寿命缩短，因此要使 PDMFC 进入商业化，必须开发性能良好、防止甲醇渗透的质子交换膜。目前，用于 PDMFC 中的质子交换膜的研究主要是基于 Nafion 膜的改性研究。如对 Nafion 膜的表面处理改性，可以降低甲醇渗透系数、提升膜的综合性能；Nafion/多孔材料共混改性，可以降低膜的成本、拥有良好的化学稳定性和机械性能等。此外，还研究开发了成本更低的部分含氟型质子交换膜和非氟型质子交换膜。

8.7.5 ADMFC 阳极催化剂

在早期的碱性介质 ADMFC 阳极催化剂研究中，多以贵金属 Pt 为活性组分，但是因催化剂中毒、稳定性差和成本高等缺点，近年来关于同族的 Pd 基和 Ni 基的研究备受关注，使得便宜的非金属催化剂研制成功。

(1) Pt 基催化剂

Pt 基催化剂存在成本高和易中毒造成的活性低和稳定性差等主要问题。为解决这些一问题，最常用的是合金化和添加助催化剂两种方法，以此提高贵金属 Pt 的利用率、稳定性和抗中毒性能。在合金化中，目前主要采用非贵金属与 Pt 形成二元催化剂或三元催化剂，如 PtZn、PtNi、PtCu、PtPdCu 等。在添加辅助催化剂中，常用的辅助催化剂有氧化物、硫化物、氢氧化物、磷化物。

（2）Pd 基催化剂

Pd 基材料成本相对较低，在碱性环境下具有良好的 MOR 催化活性和耐中毒性而受到青睐，有望成为 Pt 基催化剂的替代品。然而，单金属 Pd 催化剂仍存在易中毒、稳定性差和利用率低等缺点。研究表明添加助催化剂和与 Cu 合金化这两种方法可以有效克服以上缺点。通过将 Pd 与 Cu 形成合金催化剂在性能上可以与 Pt 催化剂媲美，PdCu 合金被认为是最有希望代替 Pt 基的催化剂之一。

（3）Ni 基催化剂

Ni 基催化剂在高电位下呈现甲醇催化氧化活性。在 Ni 基催化剂中引入过渡金属 Co、Cu、Bi、Sn 等第二种金属，容易使 Ni 上的电子转移到第二种金属上，促进活性位点 NiOOH 的生成。但是 Ni 基催化剂的 MOR 活性只有在高于阴极的 ORR 电位下才能发生，因此，开发在低电位下具有 MOR 催化活性的 Ni 基催化剂也是今后研究的重点。

8.7.6 ADMFC 阴极催化剂

ADMFC 与 PDMFC 的最大差异除了离子传递方向不同之外，在阴极供氧的同时还必须保障足够的水供应。水在 ADMFC 中不仅是阴极电化学反应的反应物，也是 OH^- 向阴极迁移所需要的媒介。因此，在 ADMFC 在阴极催化剂和阴极设计理念上与 PDMFC 存在本质区别。PDMFC 阴极和阴极催化剂需要提高憎水性，以利于氧还原产物以及质子迁移所需要的水尽快排出阴极。而 ADMFC 阴极及阴极催化剂则需要提高亲水性，需要足够的空间储水以满足氧还原反应以及 OH^- 迁移的需要。因此，在 ADMFC 的阴极及阴极催化剂的研究中必须强化阴极水的供给机制才能提高 ADMFC 的发电性能。

ADMFC 阴极 ORR 反应中氧和水的传递过程复杂，水扩散困难，动力学缓慢。催化剂的设计不但要构建 ORR 催化中心，还必须在催化剂中建立氧和水的传输通道。ADMFC 阴极催化剂主要有无金属催化剂和非贵金属催化剂两大类。无金属催化剂是在碳材料中掺杂 N、F、S、P 等非金属后形成的阴极催化剂，在碱性条件下表现出较高的 ORR 催化活性，其中氮掺杂碳材料催化 ORR 的效果最明显。非贵金属催化剂主要为碳载 Fe、Co、Mn 等非贵金属催化剂，其优点是成本低且受甲醇的毒化影响小，在碱性条件下表现出优异的 ORR 催化性能。

8.7.7 ADMFC 碱性电解质膜

目前，国内外对 DMFC 中使用的电解质膜的研究主要集中在质子交换膜上，随着 ADMFC 研究的兴起，越来越多的学者开始研究碱性电解质膜。已商业化的碱性电解质膜主要有 Morgane©-ADP 膜、日本 Tokuyama 公司的 AHA 膜、聚偏氟乙烯及聚四氟乙烯辐射接枝苯乙烯基氯（VBC）的碱性阴离子交换膜等。这些膜或者阻抗比 Nafion 膜高，甲醇扩散系数比 Nafion 膜的低，或者结构稳定、电导率高。

思　考　题

1. 说明不同类型燃料电池系统的结构和主要组成部分，画出结构及工作原理简图，并写出相应的电极反应方程式。

2. 碱性燃料电池为什么一般只应用于航天或军事领域？

3. 磷酸燃料电池与质子交换膜燃料电池的电解质中传递的同为氢离子，电极反应也一样，它们各自的优缺点是什么？分别应用在哪些领域？

4. 质子交换膜燃料电池中膜电极主要有哪些类型？各自的优缺点是什么？

5. 在各种类型燃料电池中，为什么质子交换膜燃料电池是在电动汽车上最有应用前景的电力能源？

6. 固体氧化物燃料电池主要有哪些类型？各自的优缺点是什么？

7. 请说出熔融碳酸盐燃料电池的主要应用，并简要说明该类型燃料电池存在的主要问题。

8. 直接甲醇燃料电池与质子交换膜燃料电池相比有哪些优缺点？

9. 在直接甲醇燃料电池中，应用质子交换膜和碱性电解质膜各有什么优点和不足之处？

10. 从文献、教材或网络收集至少 3 个燃料电池的应用实例，并根据收集到的资料展望燃料电池的应用前景。

参考文献

[1] 常春，李宝莹，纪博伟，等. 固体氧化物燃料电池阴极材料的研究进展[J]. 稀有金属，2023，47(8)：1143-1162.

[2] 陈匡胤，李蕊兰，童杨，等. 质子交换膜燃料电池气体扩散层结构与设计研究进展[J]. 化工进展，2023，42(S1)：246-259.

[3] 付凤艳，邢广恩. 碱性燃料电池用阴离子交换膜的研究进展[J]. 化工学报，2021，72(增1)：42-52.

[4] 高月，黄笑莹，王帅，等. SOFC 的 Ni-YSZ 阳极功能层中 Ni 的迁移机制研究[J]. 陶瓷学报，2022，43(5)：839-845.

[5] 顾颖颖，于永昌，龙安椿，等. Bi 掺杂的直接甲醇燃料电池阳极催化剂研究进展[J]. 有色金属材料与工程，2023，44(2)：35-44.

[6] 李聪，王桃，任延杰，等. 熔融碳酸盐燃料电池阴极溶解与防护[J]. 储能科学与技术，2023，12(8)：2444-2456.

[7] 李双滨. 熔融碳酸盐阳极固体氧化物碳燃料电池的研究[D]. 北京：中国科学院大学，2018.

[8] 梁梓恒. 碱性氢氧燃料电池阳极催化剂的制备与性能研究[D]. 北京：北京化工大学，2023.

[9] 林剑春，李伟章，王文广，等. 中低温固体氧化物燃料电池电解质的研究进展[J]. 中国陶瓷，2023，59(11)：1-10.

[10] 燃料电池技术新进展[J]. 中国材料进展，2020，39(6)：449.

[11] 邵然磊，王鲁元，张兴宇，等. 质子交换膜燃料电池非贵金属型 Fe-N-C 催化剂的研究进展[J]. 化学通报，2023，86(12)：1426-1433.

[12] 孙杨，陈海峰，杨杰，等. 固体氧化物燃料电池电解质发展现状[J]. 中国材料进展，

2023,42(5):421-430.

[13] 王贺武,欧阳明高,李建秋,等.中国氢燃料电池汽车技术路线选择与实践进展[J].汽车安全与节能学报,2022,13(2):211-224.

[14] 王兴栋.镍基氢气氧化电催化剂的合成及其在燃料电池中的应用[D].北京:北京化工大学,2023.

[15] 韦斐.低温固体氧化物燃料电池层级结构骨架阴极的构建与电化学性能研究[D].景德镇:景德镇陶瓷大学,2023.

[16] 杨冠军,张瑞云,程健,等.熔融碳酸盐燃料电池阴极改性实验及其性能研究[J].热力发电,2018,47(4):37-40.

[17] 张曼,韩继续,王盈雪,等.直接甲醇燃料电池电催化剂研究进展[J].浙江化工,2023,54(11):7-13.

[18] 张万英.碱性直接甲醇燃料电池阳极催化剂的制备及性能研究[D].汕头:汕头大学,2021.

[19] 赵桐辉.贵金属基碱性氢氧化反应电催化剂的结构设计及性能调控[D].武汉:华中科技大学,2021.

[20] JAMIL A,RAFIQ S,IQBAL T,et al. Current status and future perspectives of proton exchange membranes for hydrogen fuel cells[J]. Chemosphere,2022,303:135204.

[21] LOU Y W,LIU J J,LIU M,et al. Hexagonal Fe_2N coupled with N-doped carbon:crystal-plane-dependent electrocatalytic activity for oxygen reduction[J]. ACS catalysis,2020,10(4):2443-2451.

[22] SAJID A,PERVAIZ E,ALI H,et al. A perspective on development of fuel cell materials:Electrodes and electrolyte[J]. International journal of energy research,2022,46(6):6953-6988.

[23] SUN B,WANG S B,LI X,et al. Giant polyoxomolybdate clusters-derived bimetallic Ni/Mo2C catalyst for electrochemical hydrogen evolution[J]. International journal of hydrogen energy,2023,48(25):9353-9361.

第 9 章　光催化材料

9.1　光催化和光催化原理

光催化(photocalalysis)是催化化学和光化学的交叉领域。光化学(photochemistry)是化学学科领域发展较快的一个分支,涉及紫外光、可见光和红外光照射下引发的化学反应。光催化是“光催化反应”的一个概念,光催化反应是光和物质之间相互作用的多种方式之一,是光反应和催化反应的融合,是在光和催化剂同时作用下所进行的化学反应。

光催化剂(fhotocaialyst)在光催化反应中起到关键作用,在吸收光后能够使得反应物发生化学变化,激发态的光催化剂能够循环多次地与反应物作用生成中间物质,并通过这种作用保证自身在反应前后不变。目前,用于光催化降解环境污染物的光催化剂多数为 N 型半导体材料(图 9-1)的金属氧化物以及金属酸盐类物质,如 TiO_2、ZnO、WO_3、CdS、Cu_2O、Fe_2O_3、Bi_2O_3、$Bi_{12}TiO_{20}$等。在众多半导体光催化剂中,二氧化钛以其所具有的高活性、安全无毒、化学性质稳定(耐化学和光腐蚀)、成本低、分布广等优点,被公认为环境治污领域最具开发前途的环保型光催化材料。光催化材料降解技术的最大优点是降解反应在常温常压下就可以进行,能彻底破坏空气和水中的污染物,并使之完全矿化为无害物质,避免二次污染产生。另外,光催化材料降解技术只使用光能,通过对光催化剂的掺杂、复合、敏化等改性,光催化剂还可以很好地利用太阳能,从而大大地解决了日益严峻的能源问题。

半导体的光催化活性主要取决于导带与价带的氧化-还原电位(图 9-1),价带的氧化-还原电位越正,导带的氧化-还原电位越负,则光生电子和空穴的氧化还原能力就越强,从而使半导体光催化降解有机物的能力越强,图 9-1 是几种常见半导体光催化剂的能带位置,TiO_2 的价带位置较正,这样产生的空穴氧化能力强,在环境中能有效形成具有强氧化活性的羟基自由基,因此在光催化作用下能够破坏几乎所有的有机污染物,二氧化钛是被研究最广泛的光催化剂。

二氧化钛是一种多晶型的化合物,常见的 n 型半导体,在自然界中有三种结晶形态:金红石型(rutile)、锐钛型(anatase)和板钛型(brookite)。金红石、锐钛矿的应用范围比较广,都属于四方晶系。锐钛矿相 TiO_2 在可见光短波部分的反射率比金红石型 TiO_2 的高,对紫外线的吸收能力比金红石型的低,光催化活性却比金红石的高;金红石型 TiO_2 比锐钛矿相 TiO_2 有着比较多的优点,如稳定性好、比较致密、硬度较高、折射率大、着色力比较强、密度介电常数也比较高。这些结构的共同特点是组成结构的基本单元为钛氧八面体,图 9-2 为二氧化钛的三种晶型形态示意图。

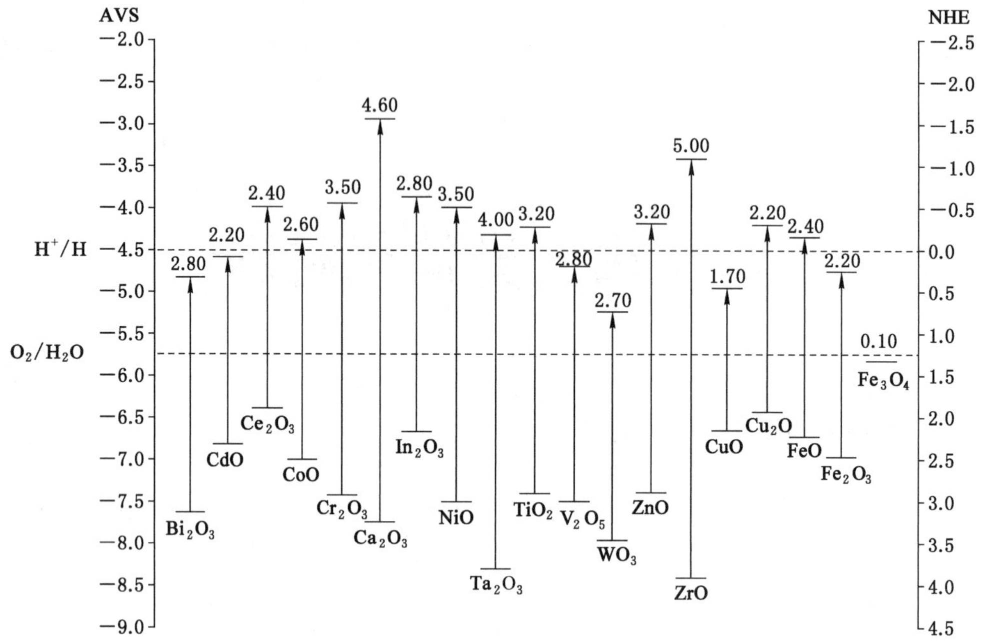

图 9-1　常见半导体光催化剂的能带位置以及带隙宽度

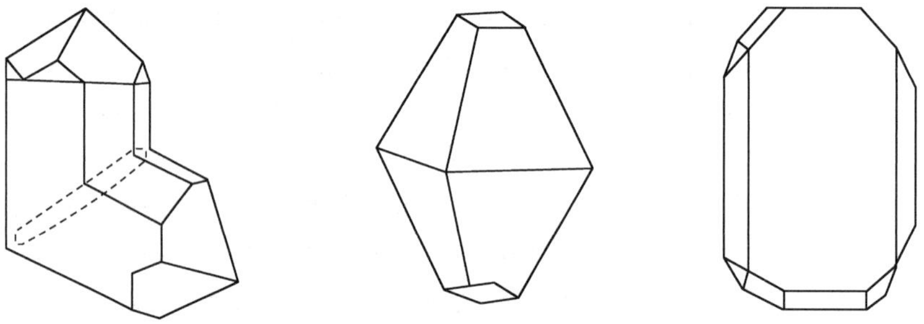

(a) 金红石型　　(b) 锐钛型　　(c) 板钛型

图 9-2　二氧化钛的三种晶型形态示意图

9.1.1　光催化反应机理

通常非均相光催化反应发生在 TiO_2 的表面。TiO_2 是 N 型半导体，其禁带宽度为 3.2 eV，当 TiO_2 表面光能($h\nu$)大于或等于其禁带宽度的光照射后，价带上的电子就可以被激发跃迁到相应的导带上，在价带上产生空穴(h^+)，从而形成电子-空穴对。光生电子和空穴在空间电荷层的作用下发生有效分离，空穴转移到 TiO_2 的表面，与 TiO_2 表面上的—OH 基团作用产生高活性的—OH 自由基，该自由基具有强氧化性，在一定程度上可将几乎所有的有机物氧化分解为水或二氧化碳等无机物小分子。被激发后分离的电子和空穴有几种可能的失活途径，如图 9-3 所示。

途径 A 为光催化剂被所吸收的光激发，电子和空穴发生分离，当电子和空穴各自迁移到表面后，在表面迁移过程中发生了复合，一般被称为表面复合。途径 B 是指电子和空穴

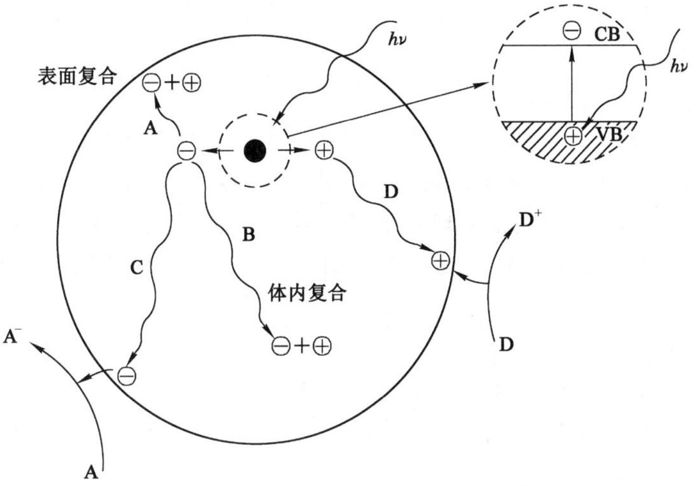

图 9-3　二氧化钛光催化机理

还没有来得及迁移到表面时，电子和空穴在向光催化剂表面迁移的过程中已经发生了复合，这个过程一般被称为体内复合。如果物质被预吸附在半导体表面上，则电子的转移过程将更有效。途径 C 是指表面半导体能够提供电子去还原电子接受体(通常是通入溶液中的氧气)。途径 D 是指表面空穴通过给体的电子与空穴的复合氧化给体物质。电子和空穴的电荷转移过程的速率和可能性取决于导带和价带各自的位置和被吸附物的氧化还原电位。

9.1.2　光催化活性的影响因素

(1) 晶体结构

在 TiO_2的三种晶型锐钛矿、金红石和板钛矿中，锐钛矿表现出高活性。其原因如下：① 锐钛矿的禁带宽度为 3.2 eV，金红石禁带宽度为 3.2 eV，锐钛矿较高的禁带宽度使其电子空穴对具有更正或更负的电位，因而具有较高氧化能力；② 锐钛矿表面吸附 H_2O、O_2及 OH 的能力较强，导致其光催化活性较高，在光催化反应中表面吸附能力对催化活性有很大的影响，较强的吸附能力对其活性有利；③ 在结晶过程中锐钛矿晶粒通常具有较小的尺寸及较大的比表面积，对光催化反应有利。但是，如果按照上面的理论简单地认为锐钛矿比金红石活性高显然是不严谨的，它们的活性同时还受晶化过程的一些因素影响。Ohno 等在反应中用氟化氢将锐钛矿溶解去除，通过对丙酮的光催化降解发现 TiO_2不同晶型的光催化活性还与电子受体有关，以 O_2 为电子受体时，锐钛矿的活性很高而金红石的活性低，而以 Fe^{3+} 为电子受体时，金红石表现出更高的光催化活性。Tsai 等采用不同方法制备锐钛矿和金红石型 TiO_2光催化降解含酚溶液，结果表明 TiO_2活性与制备方法和煅烧温度有关，活性主要取决于晶粒的表面性质及尺寸等因素。

(2) 晶格缺陷

缺陷的存在对光催化活性起着重要作用，根据热力学第三定律，除了在温度 0 K 所有的物理系统都存在不同程度的不规则分布，实际的晶体只是近似的空间点阵结构，总有一种或几种结构缺陷。TiO_2晶格缺陷能够成为催化剂的活性中心，有的缺陷可能成为电子或空穴的捕获中心，对光催化反应有利，但是有的晶格缺陷可能成为电子-空穴的复合，光催化活性下降，晶格缺陷也可能形成载流子复合中心而导致光催化活性下降，晶格中的氧原子也可能参与光催化反应。

(3) 粒径

粒径也是影响 TiO_2 光催化活性的重要因素。粒子的粒径越小，单位质量的粒子越多，比表面积也就越大，有利于光催化反应在表面进行，因而光催化反应速率和效率也越高。当粒子的大小在 1～10 nm 时，就会出现量子尺寸效应，成为量子化粒子，导致明显的禁带变宽，从而使空穴电子对具有更强的氧化-还原能力，光催化活性将随量子化程度的升高而增强。

(4) 比表面积

一般的以固体为催化剂的多相光催化反应，催化过程主要在催化剂表面发生。对于单纯的 TiO_2 光催化剂，影响光催化活性的表面性质有：① 表面积，尤其是充分接受光照的表面积；② 表面对光子的吸收能力；③ 表面对光生电子和空穴的捕获并使其有效分离的能力；④ 电荷在表面向底面转移的能力。表面对光子的吸收能力很少能和光催化活性直接关联，因为很难仅改变表面而不改变其他结构，所以往往不能排除有其他因素的干扰。光催化反应是由光生电子与空穴引起的氧化还原反应，在催化剂表面不存在固定的活性中心，而催化剂的热处理不充分，大比表面积晶化度较低，存在更多的复合中心，会出现活性降低的情况。

9.2 纳米二氧化钛光催化剂

9.2.1 纳米二氧化钛光催化剂的制备

纳米 TiO_2 的制备方法有气相法和液相法。气相法是利用气态物质在固体表面进行化学反应，生成固态沉积物的过程，其反应速率快，能实现连续化生产，而且制造的纳米 TiO_2 粉体纯度高、分散性好、团聚小，一般将 $TiCl_4$ 在高温下氧化来制备 TiO_2。液相法一般是将 $TiCl_4$ 或钛醇盐水解生成 TiO_2 水合物，干燥后经煅烧得到纳米 TiO_2，其具有合成温度低、设备简单、易操作、成本低等优点，常用的方法主要包括液相沉淀法、溶胶-凝胶法、醇盐水解(沉淀)法、微乳液法以及水热法等。

9.2.1.1 气相法

(1) $TiCl_4$ 氢氧火焰水解法

$TiCl_4$ 氢氧火焰水解法是将 $TiCl_4$ 导入高温(700～1 000 ℃)的氢氧火焰中进行气相分解，其化学反应式为：

$$TiCl_4(g)+2H_2(g)+O_2(g)=\!=\!=TiO_2(s)+4HCl(g)$$

$TiCl_4$ 氢氧焰水解法最早由德国德固萨公司开发成功，制得的粉体一般是锐钛型和金红石型的混晶型，产品纯度高(99.5%)、粒径小(21 nm)、表面活性强、分散性好、团聚程度较低，主要用于电子材料、催化剂和功能陶瓷等方面。今年来该工艺已经成熟，德固萨公司又在原来工艺的基础上进行了改进，将 $AlCl_3$、$SiCl_4$、$FeCl_3$ 等汽化后通过氮气导入氢氧焰，与氢气、氧气和 $TiCl_4$ 充分混合、反应，制备出纳米 TiO_2 复合物。这种纳米 TiO_2 复合物具有较高的热稳定性和分散性，用在防晒化妆品中具有优异的紫外线屏蔽性和可见光透明性。当纳米 TiO_2 用作紫外线屏蔽剂时，需要纳米 TiO_2 具有良好的耐久性，当用作光催化剂时，考虑更多的是其光化学活性。

(2) $TiCl_4$ 气相氧化法

$TiCl_4$ 气相氧化法是利用 N_2 携带 $TiCl_4$ 蒸气，预热到 435 ℃后经套管喷嘴的内管进入高温管式反应器，O_2 预热到 870 ℃后经套管喷嘴的外管也进入反应器，$TiCl_4$ 和 O_2 在 900～1 400 ℃下反应，生成的纳米 TiO_2 微粒经粒子捕集系统实现气固分离。其化学反应式为：

$$TiCl_4(g)+O_2(g)=\!=\!=TiO_2(s)+2Cl_2(g)$$

$TiCl_4$ 气相氧化法具有节能、环保、成本低和自动化程度高的优点，可以分别制备出锐钛矿型、混晶型和金红石型纳米 TiO_2 粉体。但由于这种工艺过程的复杂性，目前还处于实验室阶段，反应器的结构设计、纳米 TiO_2 粒子在反应器壁的结疤和工程放大等问题仍需深入研究。

(3) 钛醇盐气相水解法

该工艺是将钛醇盐气化成蒸气或经喷嘴雾化成微小的液滴，然后与水蒸气反应，可以用来合成单分散的球形纳米 TiO_2，由于反应温度不高，所制备的纳米 TiO_2 通常为非晶型或锐钛矿型，如要得到金红石型纳米 TiO_2，还需经过高温煅烧。该工艺最早是由美国麻省理工学院开发成功的，可以用来生产单分散的球形纳米 TiO_2。日本曹达公司和出光兴产公司利用氮气、氦气或空气作为载气，把钛醇盐蒸汽和水蒸气分别导入反应器中的反应区，进行瞬间混合和快速水解反应；通过改变反应区内各种蒸汽的停留时间、物质的量比、流速、浓度以及反应温度来调节纳米 TiO_2 的粒径和粒子形状。这种制备工艺可以获得平均原始粒径为 10～150 nm、比表面积为 50～300 m^2/g 的非晶型纳米 TiO_2。其特点是操作温度较低、能耗小，对材质要求不是很高，并且可以连续化生产。

(4) 钛醇盐气相氧化法

将钛醇盐蒸汽导入反应器与氧气反应，由于饱和蒸气压，反应前驱体一般选用钛酸四异丙醇酯(TTIP)。Arabi-Katbi 等以 TTIP 为原料，研究了火焰的方位和结构对合成纳米 TiO_2 的影响。预混合反应器的方位主要影响停留时间，对晶型组成、颗粒尺寸有一定影响，但是对粒子的形貌影响不大。在层流扩散焰反应器中合成纳米 TiO_2，反应器的混合方式和火焰结构可以有效控制产物的平均原始粒径(10～50 nm)和晶型组成(金红石型的质量分数为 6%～50%)。为增大粒径和提高产物的金红石型含量，可以通过增加甲烷气体的流量而提高反应温度来实现。

(5) 钛醇盐气相热解法

该工艺以钛醇盐为原料，将其加热汽化，用氮气、氦气或氧气作为载气把钛醇盐蒸汽经预热后导入热分解炉，进行热分解反应。日本出光兴产株式会社利用钛醇盐气相热解法生产球形非晶型的纳米 TiO_2，这种纳米 TiO_2 可以用作吸附剂、光催化剂、催化剂载体和化妆品等。据称，为提高分解反应速率，载气中最好含有水蒸气，分解温度以 250～350 ℃为宜，钛醇盐蒸汽在热分解炉中的停留时间为 0.1～10 s，其流速为 10～1 000 m/s，体积分数为 0.1%～10%。为提高所生成纳米 TiO_2 的耐候性，可向热分解炉中同时导入易挥发的金属化合物(如铝、锆的醇盐)蒸汽，使纳米 TiO_2 粉体制备和无机表面处理同时进行。

除了上述各种气相合成法外，气相法还有低温等离子体化学法、激光化学反应法、金属有机化合物气相沉积法、强光离子束蒸发法、乳液燃烧法等，虽然采用这些方法制得的粉体纯度高、粒径分布窄、分散性好，但由于生产成本高，应用价值不大。在上述各种方法中，$TiCl_4$气相氧化法由于经济、环保和生产工艺温和而最具竞争力。

9.2.1.2 液相法

(1) 溶胶-凝胶法

溶胶-凝胶法可以通过低温化学手段剪裁和控制材料的显微结构合成纳米粉体，具有反应温度低(通常在常温下进行)、设备简单、工艺可控可调、过程重复性好等特点，并且粉体粒度细且单分散性好，不需过滤洗涤，不产生大量废液。纳米 TiO_2 粉的合成一般以钛醇盐 $Ti(OR)_4$ ($R=—C_2H_5$，$—C_3H_7$，$—C_4H_9$)为原料，其主要步骤是：钛醇盐溶于溶剂中形成均相溶液，以保证钛醇盐的水解反应在分子均匀的水平上进行，由于钛醇盐在水中的溶解度不大，一般选用醇(乙醇、丙醇、丁醇等)作为溶剂；钛醇盐与水发生水解反应，同时发生失水和失醇缩聚反应，生成物聚集成 1 nm 左右的粒子并形成溶胶；经陈化，溶胶形成三维网络而形成凝胶；干燥凝胶以除去残余水分、有机基团和有机溶剂，得到干凝胶。干凝胶研磨后煅烧，除去化学吸附的羟基和烷基团以及物理吸附的有机溶剂和水，得到纳米 TiO_2 粉体。因为钛醇盐的水解活性很高，所以需加抑制剂来降低其水解速率，常用的抑制剂有盐酸、氨水、硝酸等。溶胶-凝胶法是以钛醇盐为原料，避免了以无机盐为原料的阴离子污染问题，且醇盐易于通过蒸馏提纯，所以制得的纳米 TiO_2 粉体纯度好，能适用于如电子陶瓷等对粉料纯度要求高的应用领域，但是也存在原料成本高的缺点，而且为除去化学吸附的羟基和烷基团，粉体煅烧工序必不可少。

(2) 醇盐水解沉淀法

醇盐水解沉淀法是利用钛醇盐的水解和缩聚反应，通过醇盐水解、均相成核与生长等过程在液相中生成沉淀产物，再经过液固分离、干燥和煅烧等工序制备 TiO_2 粉体。醇盐水解沉淀法的反应对象主要是水，不会引入杂质，所以能制备高纯度的 TiO_2 粉体；水解反应一般在常温下进行，设备简单，能耗少。由于需要大量的有机溶剂来控制水解速率，致使成本较高，若能实现有机溶剂的回收和循环使用，则可以有效降低成本。

(3) 液相沉淀法

液相沉淀法合成 TiO_2 粉体，一般以 $TiCl_4$ 或 $Ti(SO_4)_2$ 等无机钛盐为原料，原料便宜易得，是最经济的制备方法。通常采用的工艺路线是将氨水、$(NH_4)_2CO_3$ 或 NaOH 等碱类物质加入钛盐溶液，生成无定形的 $Ti(OH)_4$。将生成的沉淀过滤、洗涤、干燥后，经 600 ℃左右煅烧得到锐钛矿型、800 ℃以上得到金红石型纳米 TiO_2 粉体。目前工业中生产超细 TiO_2 粉体的液相中和法就属于此类，是将硫酸法生产钛白粉的半成品水合 TiO_2 洗净后加硫酸溶解形成 $TiOSO_4$ 水溶液，再加碱中和水解，将生成的产物煅烧得到超细 TiO_2。采用液相沉淀法合成纳米 TiO_2，因必须通过液固分离才能得到沉淀物，又由于 SO_4^{2-} 或 Cl^- 等无机离子的大量引入，需要经过反复洗涤来除去这些离子，所以存在工艺流程长、废液多、产物损失较大的缺点，而且因完全洗净无机离子较困难，因而制得的 TiO_2 粉体纯度不高，适用于对 TiO_2 纯度要求不高的应用领域。

(4) 微乳液法

微乳液法是近年来刚开始被研究和应用的方法。微乳液是由表面活性剂、助表面活性剂(通常为醇类)、油(通常为碳氢化合物)和水(或电解质溶液)组成的透明的、各向同性的热力学稳定体系。它可以分成 O/W 型微乳液和 W/O 型微乳液。W/O 型微乳液的微观结构由油连续相、水核及表面活性剂与助表面活性剂组成的界面三相组成，其中，水核可以看作一个“微型反应器”，其大小可控制在几纳米到几十纳米之间，彼此分离，是理想的反应介质。当微乳液体系确定后，超细粉的制备是通过混合两种含有不同反应物的微乳液实现的。其反应机理：当两种微乳液混合后，由于胶团颗粒的碰撞，发生了水核内物质的相互交换和传递，这种交换非常快。化学反应就在水核内进行，因而粒子的大小可以控制。一旦水核内粒子长到一定尺寸，表面活性剂分子将附在粒子表面，使粒子稳定并防止其进一步长大。微乳液中反应完成后，通过超离心或加入水和丙酮混合物的方法，使超细颗粒与微乳液分离，再用有机溶剂清洗，以去除附在粒子表面的油和表面活性剂，最后在一定温度下干燥、煅烧后得到超细粉。微乳液的结构从根本上限制了颗粒的生长，使超细粉末的制备变得容易实现。

(5) 水热法

水热法是在特制的密闭反应容器(高压釜)内，采用水溶液作为反应介质，通过对反应容器加热，创造一个高温、高压反应环境，使通常难溶或不溶的物质溶解并且重结晶。采用水热法制备粉体常采用固体粉末或新配制的凝胶作为前驱体。采用水热法制备纳米 TiO_2 粉体，第一步是制备钛的氢氧化物凝胶。反应体系有四氯化钛＋氨水和钛醇盐＋水。第二步是将凝胶转入高压釜内，升温(温度低于 250 ℃)，形成高温、高压环境，使难溶或不溶的物质溶解并且重结晶，生成纳米 TiO_2 粉体。水热法能直接制得结晶良好的粉体，不需进行高温灼烧处理，避免在此过程中可能形成的粉体硬团聚，而且通过改变工艺条件，可实现对粉体粒径、晶型等特性的控制，粉体纯度高。其缺点是高温、高压对设备要求高，操作复杂，能耗较大，成本偏高。

9.2.2　纳米二氧化钛光催化剂的改性

9.2.2.1　复合半导体

半导体复合本质上是另一种颗粒对 TiO_2 的修饰。通过半导体的复合可提高系统的电荷分离效果，扩展 TiO_2 光谱响应范围。复合方式包括简单的组合、掺杂、多层结构和异相组合等。可以采用能隙较窄的硫化物、硒化物等半导体来修饰 TiO_2，因混晶效应而提高催化活性，如 WO_3-TiO_2、SnO_2-TiO_2、V_2O_5-TiO_2、ZnS 或 CdS-TiO_2、Cd_3P_2-TiO_2、MoO_3-TiO_2 等。TiO_2 与适量具有发达孔结构和较大比表面积的绝缘体复合，载体能够从溶液中吸附大量有机分子，为 TiO_2 提供高浓度反应环境，增加光生空穴和自由基与有机分子碰撞概率，提高光催化效率，包括 SiO_2、活性炭、黏土等。与其他改性方法相比，复合半导体具有很多优点：通过改变粒子大小，可以很容易调节半导体的带隙和光谱吸收范围；半导体微粒的光吸收为带边型，有利于太阳光的有效采集；通过粒了的表面改性可提高其光稳定性。

9.2.2.2　贵金属沉淀

贵金属修饰 TiO_2，通过改变体系中的电子分布，影响 TiO_2 的表面性质，进而改善其光催化活性。贵金属主要包括 Pt、Ag、Ir、Au、Ru、Pd、Rh 等，其中有关 Pt 的报道最多，其次为 Pd、Au，Pt 的改性效果最好，但成本较高。Ag 改性相对毒性较小，成本较低，因此，Ag 沉积改性制备高活性 Ag/TiO_2 将是未来提高 TiO_2 活性的重要方向之一。贵金属沉积改性 TiO_2

对有机物光催化降解具有选择性。在 TiO_2 表面沉积金属能明显提高对一些有机物的降解速率，但是有时沉积同样金属的光催化剂却对另外一些有机物的降解有抑制作用。如在 TiO_2 表面上沉积 0.5%Au+0.5%Pt，可以明显提高水杨酸的降解速率，但是在同样的条件下，降解乙醇的速率明显低于 TiO_2。因此，对于特定的有机污染物光催化处理体系，确定适宜的沉积贵金属种类对于切实提高 TiO_2 光催化活性至关重要。

9.2.2.3 离子掺杂改性

离子掺杂是利用物理或化学方法，将离子引入 TiO_2 晶格结构内部，从而在其晶格中引入新电荷、形成缺陷或改变晶格类型，影响光生电子和空穴的运动状况、调整其分布状态或者改变 TiO_2 的能带结构，最终导致 TiO_2 的光催化活性发生改变。离子掺杂修饰光催化剂 TiO_2 包括过渡金属离子、稀土金属离子和无机官能团离子以及其他离子。其中以金属离子掺杂为主。

过渡元素金属存在多个化合价，在 TiO_2 晶格中掺杂少量过渡金属离子即可在其表面产生缺陷或改变其结晶度，成为光生电子-空穴对的浅势捕获阱，使得 TiO_2 纳米晶电极呈现出 PN 型光响应共存现象，延长电子与空穴的复合时间，降低复合概率。掺杂过渡金属离子主要包括 Fe^{3+}、Co^{2+}、Cr^{3+}、Ni^{3+}、Mo^{5+}、Re^{5+}、Ru^{3+}、W^{6+} 等。一般来说，掺杂离子的电位要与 TiO_2 的价带、导带相匹配，离子半径与 Ti^{4+} 相近，具有全充满或半充满电子构型的过渡金属离子（如 Fe^{3+}、Co^{2+}、Cr^{3+}）效果要好于具有闭壳层电子构型的金属离子（如 Zn^{2+}、Ga^{3+}、Zr^{4+}、Nb^{5+}、Sn^{4+}、Sb^{5+} 和 Ta^{5+} 等），高价离子如 W^{6+} 的掺杂效果好于低价离子。

掺杂离子提高 TiO_2 的光催化效率的机制可概括为以下几方面：① 掺杂可以形成捕获中心，价态高于 Ti^{4+} 的金属离子捕获电子，低于 Ti^{4+} 的金属离子捕获空穴，抑制电子-空穴复合；② 掺杂可以形成掺杂能级，使能量较小的光子能激发掺杂能级上捕获的电子和空穴，提高光子的利用率；③ 掺杂可以导致载流子扩散长度增大，从而延长了电子和空穴的寿命，抑制复合；④ 掺杂可以造成晶格缺陷，有利于形成更多的 Ti^{3+} 氧化中心。

TiO_2 掺杂制备的焙烧过程中，掺杂的金属离子会作用于 TiO_2 的晶型转变过程，针对不同的反应对晶型的敏感程度，掺杂带来的晶格结构状况变化会对光催化效果产生影响，强化或弱化反应过程。根据已有的研究结果，可将掺杂离子对 TiO_2 晶型转变的影响大致分为掺杂金属离子种类、掺杂形成固熔体、掺杂方式、掺杂引起价态变化等方面。

（1）掺杂金属离子种类

掺杂金属离子相应的氧化物熔点低于 TiO_2 熔点时，这一类离子掺杂阻碍锐钛型 TiO_2 向金红石型转变；而氧化物熔点高于 TiO_2 熔点时，离子掺杂有助于晶型转变，且熔点越低作用越明显。如 V_2O_5、MoO_3、SnO_2、α-Fe_2O_3、Fe_3O_4、TiO_2、Al_2O_3 的熔点分别是 750 ℃、795 ℃、1 127 ℃、1 562 ℃、1 590 ℃、1 839 ℃、2 100 ℃，相应的金属离子掺杂对 TiO_2 晶型转变的促进作用依次减弱，次序与熔点逐渐升高顺序相一致。其他的研究结果也符合这个规律，例如，Ru、Ni 可以加速晶型转变；Fe 掺杂增大了焙烧后金红石的比例；Co 浓度增大有利于无定形 TiO_2 向锐钛矿型转变；Ce、Nb 沉积增大了焙烧后锐钛矿的比例。

（2）掺杂形成固熔体

掺杂离子在 TiO_2 晶格内形成固熔体会影响其晶型转变，V 掺杂就是一个典型例子。在焙烧过程中 V 离子进入锐钛型 TiO_2 中取代 Ti 离子，引起晶格畸变，导致金红石相易形成。

随着 V 量增加，TiO_2催化剂晶型由锐钛矿型向金红石型的转变加速。

(3) 掺杂方式

不同的掺杂方式导致制备的催化剂物性的不同，从而会影响焙烧时的晶型转变过程。

(4) 掺杂引起价态变化

掺杂引起的 Ti 价态变化也会影响焙烧时的晶型转变过程。通过 X 射线光电发射-核磁共振谱确认，由氧空位产生的 Ti^{3+} 对锐钛型 TiO_2有稳定作用，但是在焙烧过程中 Ti^{3+} 变为常态的 Ti^{4+}，结果促使 TiO_2由锐钛矿型向金红石型转变；而掺杂 W 后，W 离子取代 Ti 离子位置，与 W 离子相邻的 Ti^{4+} 被还原为 Ti^{3+}，因此，W 掺杂使 Ti^{3+} 的量增加，对锐钛矿型 TiO_2在焙烧过程中有稳定作用。

9.2.2.4 光敏化

光敏化可以有效地延伸 TiO_2激发波长范围，进而提高 TiO_2光量子效率。光敏化主要是利用 TiO_2对光活性物质的强吸附作用，通过添加适当光活性敏化剂，使其以物理或化学状态吸附于 TiO_2表面。这些物质在可见光下具有较大的激发因子，在可见光照射下，吸附态光活性分子吸收光子被激发，产生自由电子，然后激发态光活性分子将电子注入 TiO_2的导带上，扩大 TiO_2激发波长的范围，使之能利用可见光来降解有机物。为增强电子转移效果，人们研发了许多方法，如敏化剂在 TiO_2表面的固定化、光敏剂-改性聚合物对 TiO_2的修饰，以及将敏化剂镶嵌到 TiO_2-受体组合体中。另外还需考虑敏化剂氧化态和激发态的稳定性、激发态的寿命及染料的吸光范围与吸光强度等。

9.2.2.5 表面还原处理

TiO_2表面具有钛羟基结构，是捕获光生电子和空穴的浅势阱。与钛羟基相比，Ti^{3+} 是一种更有效的光生电子界面转移部位。还原性气体对 TiO_2进行热处理可在其表面产生更多的 Ti^{3+}，在 TiO_2表面形成合适的钛羟基和 Ti^{3+} 的比例结构，促进电子和空穴的有效分离和界面电荷转移，从而提高光催化活性。随着 TiO_2表面 Ti^{3+} 位增多，TiO_2的 Fermi 能级升高，界面势垒增大，减少了电子在表面的积累及与空穴的进一步复合；在 TiO_2表面，Ti^{3+} 通过吸附分子氧，也形成了捕获光生电子的部位。对于 TiO_2光催化反应，电子向分子氧的转移是光催化氧化反应的速率限制步骤，表面 Ti^{3+} 数量越多，越有利于电子向分子氧的转移。

9.2.2.6 超强酸化

增强催化剂表面酸性是提高光催化效率的一条新途径。通过二氧化钛的 SO_4^{-2}表面修饰(超强酸化)，使催化剂结构明显改善，有效抑制了晶相转变，使得具有高光催化本征活性的锐钛矿含量增加、晶粒度变小、比表面积增大、表面氧缺陷位增加。锐钛矿含量增加和晶粒度变小导致半导体禁带宽度增加，使光致空穴和电子的氧化还原能力增强；而表面缺陷位增加则导致催化剂对 O_2的吸附能力增强，有效降低了光致电子和空穴的复合率，达到提高光催化量子效率的目的。另外，SO_4^{-2}/ TiO_2超强酸催化剂表面由于受 SO_4^{-2}诱导的相邻 L 酸中心和 B 酸中心组成了集团协同作用的超强酸中心，具有可逆吸附水的性能，其集团协同作用显著增强了催化剂表面酸性，增大了表面酸量和 O_2吸附量，促进了光生电子和空穴的分离及界面电荷转移，提高了电子空穴对的寿命，是 SO_4^{-2}/ TiO_2催化剂具有优异的光催化氧化活性、稳定性及抗湿性能的重要原因。

9.2.3 纳米二氧化钛光催化剂的应用

TiO_2光催化剂由于具有很高的化学稳定性、热稳定性以及耐化学腐蚀性等性质，使其在防晒化妆品、塑料薄膜、汽车面漆、废水处理、杀菌、除臭、功能性陶瓷制品以及污水处理等领域有着广阔的应用前景，其市场规模也在不断迅速扩大。世界各国投入了巨大的人力和物力研制 TiO_2光催化剂，其中日本作为研究光催化剂的前沿国家，他们特别注重 TiO_2光催化剂的应用开发，还开发了许多 TiO_2光催化剂的环保产品。

(1) 制备氢气

纳米 TiO_2晶体作为光催化剂，可以催化分解水制备氢气和氧气。该方法无毒无害，又有效利用了太阳能，不消耗其他能源，因此成为一种非常有应用前景的制氢方法。

(2) 制太阳能电池

随着纳米 TiO_2晶体作为光催化剂分解制氢，TiO_2作为太阳能电池材料的研究也渐渐展开，光电太阳能电池，即通过光阳极吸收太阳能并将光能转化为电能。光阳极通常为光半导体材料，受光激发可以产生电子-空穴对。光阳极和对极(阴极)组成光电化学池，在电解质存在下光阳极吸光后在半导体导带上产生的电子通过外电路流向对极，水中的质子从对极上接受电子产生氢气，这种基于吸附染料光敏化剂的纳米 TiO_2薄膜的新型光致电池以其原料低廉和制作简单等特点引起了人们极大的关注，可能成为传统硅基光致太阳能电池的替代品，显示出非常广阔的市场。

(3) 空气净化

纳米 TiO_2光催化剂可以吸收和分解空气中的有毒有害气体，达到净化空气的目的。随着经济的快速发展，现代城市生活中使用的室内建筑装饰材料和日用化学物质使室内的空气质量受到了严重污染，影响了人们的正常生活。室内空气的污染引起人们的广泛重视，目前室内主要的污染物质是来自建筑装饰材料中释放出来的甲醛、甲苯等有机物质。目前，对于这些污染物质还没有有效的处理方法。纳米 TiO_2在受到光照射后可以将这些有害物质氧化分解为 CO_2和 H_2O 以达到室内空气净化的目的。现在工业的发展，使大气受到了很大程度的污染，工业生产中排放的氮氧化物、硫化物、有机小分子物质以及汽车和摩托车尾气，严重影响人类生活环境，使人们的身体健康受到了很大影响。利用纳米 TiO_2可以在光照条件下将这些有毒有害物质氧化分解，达到气体净化的目的。

(4) 抗菌和除臭

TiO_2光催化剂对大肠杆菌、金色葡萄球菌、绿脓杆菌、沙门氏菌等有抑制和杀灭的作用。当细菌吸附于由纳米二氧化钛涂敷的光催化陶瓷表面时，TiO_2受到光照激发后产生活性超氧离子自由基($\cdot O_2^-$)和羟基自由基($\cdot OH$)等活性物种，它们能穿透细菌的细胞壁，破坏细胞膜质，进入菌体，阻止成膜物质的传输，阻断其呼吸系统和电子传输系统，从而有效杀灭细菌并抑制细菌分解而产生的臭味物质，如 H_2S、NH_3、硫醇等。研究还发现光催化灭菌作用可以在光照结束后一段时间内持续有效，因此，含有 TiO_2光催化剂的墙砖和地砖具有杀菌和消毒的功能，可被广泛应用于医院等公共场所。将 TiO_2光催化剂用于制造家用的卫生洁具，可净化家庭环境，保持卫生洁具表面较长时间的清洁。由于 TiO_2光催化抗菌材料作用效果持久，利用太阳光、荧光灯中含有的紫外光作为激发源就可以具有抗菌效应，且具有净化空气、处理污水、自清洁等光催化效应，在环保方面具有广泛的应用前景，已成为新一代的无机抗菌净化材料。

(5) 废水处理

工业污水和生活污水中含有大量的有机污染物，其中卤代有机物以及含芳环的有机化合物是传统处理方法难以解决的污染物，而且容易形成二次污染。大量的研究表明：利用纳米 TiO_2 光催化剂可将污水中的烃类、卤代物、羧酸、染料、简单芳香族、表面活性剂、农药等物质快速矿化为 H_2O 和 CO_2 等无毒小分子，达到去毒、脱色等目的，利用纳米 TiO_2 光催化剂还可以解决污水中的汞、铬、铅等重金属有毒离子的污染问题。这些重金属离子可以与纳米 TiO_2 光催化剂作用，并与 TiO_2 表面的光生电子作用发生还原反应，达到去除的目的，从而解决水污染问题。

9.2.4 光催化剂的结构表征

在光催化基础研究和应用开发中，往往需要根据具体情况制备新型的光催化剂，光催化剂的制备是基础，材料的表征与测试是手段，而追求的光催化性能才是目标。通过材料的结构表征与测试分析能够研究影响光催化性能的构效关系和基本规律，进而从制备上入手调控材料微观结构，获得理想的光催化材料。常用的光催化剂材料表征与测试技术及其分析的主要内容见表 9-1，本节以 TiO_2 光催化剂的表征为例，对部分内容进行介绍。

表 9-1 光催化材料表征与测试技术及其分析的主要内容

表征技术	主要分析内容
X 射线衍射(XRD)	晶体结构，如晶相组成、晶粒大小等
氮吸附法(BET 和 BJH)	比表面积和孔径分布
扫描和透射电子显微镜(SEM 和 TEM)	粒子的大小、形貌及分布等
紫外可见漫反射光谱(UV-vis DRS)	固体光学吸收性质
固体光致发光光谱(PL)	光生载流子的迁移、捕获和复合等
X 射线光电子能谱(XPS)	表面元素的化学形态
红外光谱(IR)和拉曼光谱(Raman)	微结构和键态特征
热重分析仪(TG)	颗粒表面吸附物脱附或分解反应的温度
差热分析仪(DTA)	颗粒的晶型转变温度
顺磁共振(ESR)	纳米粒子的未成键电子和自由基

(1) X 射线衍射(XRD)

首先需要确定制备出的催化剂是否是 X 射线衍射(XRD)物相分析是基于多晶样品的 X 射线衍射效应，对样品中各组分的存在形态和物相结构进行分析测定的方法，是固体催化剂表征中的常用方法，应用比较成熟。XRD 测定的内容包括各组分的结晶情况、所属晶相、晶体结构、各种元素在晶体中的价态、成键状态等。其原理是单色 X 射线照射到晶体中的原子，由于原子的周期性排列，弹性散射波相互干涉，发生衍射现象。一束平行的波长为 λ 的单色 X 光，照射到 2 个间距为 d 的相邻晶面上发生衍射。设入射角与反射角为 θ，2 个晶面反射线干涉加强的条件是二者的光程差等于波长的整数倍，用布拉格公式表示为：

$$2d\sin\theta = n\lambda \quad (n\ \text{为衍射级数})$$

根据布拉格公式，当 λ 一定时，对于同一晶体而言，θ 和 d 确定晶体的周期结构，这就是晶体结构分析。每一种晶体具有它特定的衍射图谱，从衍射线的位置可以得知待定化合物是否存在。因此，运用 XRD 方法首先能确定是否生成 TiO_2 物种及其晶型。通过各物相所产生的衍射线的强度也可以确定其在样品中的含量，还可以知道晶粒直径，晶粒大小同光催化剂的活性、比表面积、孔容积、强度及寿命等有密切关系，在研制光催化剂工艺或研究已经使用过的催化剂的物理性能变化、机械强度及失活原因等时，也需要考虑其晶粒变化。

(2) 比表面积(BET)与孔径分布(BJH)

确定样品是 TiO_2 后，进一步对样品作物理性能表征，或者进行一些光催化活性的初步评价。对于 TiO_2 光催化剂而言，比表面积是一个重要参数，当其他条件相同时，光催化活性与催化剂的表面积正相关，比表面积的测定对解释活性差别、揭示反应机理以及优化制备工艺都是必不可少的。通常采用氮气吸附法 BET(brunauer-emmett-teller)法测定光催化剂的比表面积，采用 BJH(barret-joyner-halenda)法研究孔径分布。

BET 多层吸附法，以理想的 Langmuir 模型为基础，并将此模型和推导方法应用于多分子层吸附，还假定自第 2 层开始至第 $n(n\to\infty)$ 层的吸附热都等于吸附质的液化热，p_0 就可以得到 BET 吸附等温方程式：

$$\frac{p}{V(p_0-p)}=\frac{1}{V_mC}+\frac{C-1}{V_mC}\cdot\frac{p}{p_0}$$

式中 p——平衡吸附压力；

p_0——吸附温度下吸附质的饱和蒸汽压；

V——平衡吸附容量；

V_m——单分子层饱和吸附量；

C——与吸附气体种类有关的常数。

BET 方程式中，当吸附的实验数据按 $p/[V(p_0-p)]$ 与 p/p_0 作图时应得到一条直线，其斜率为 $(C-1)/(V_mC)$，截距为 $1/(V_mC)$。氮吸附仪根据氮吸附量测定方法不同分为静态滴定法、静态重量法和动态法三种。测定前样品均需要预先在 473～673 K 及真空度小于 10^{-1} Pa 的条件下脱气处理，以清除固体表面的原有吸附物。

纳米粉体的孔结构一般采用密度、孔容积、孔隙率、孔径分布等特征指标来描述。孔径分布是催化剂粉体表面存在的微小孔容积随孔径尺寸的变化，氮吸附法测定微孔的孔径分布和 BET 比表面积测定一样利用 N_2 的等温吸附特性曲线，通过一定的数学模型计算出孔径分布及总孔容积和平均孔径。

(3) 电子显微镜

光催化剂的性能不仅与颗粒大小有关，还与其形貌特性有重要关系，包括几何形态(如微晶的形状和粒度分布、地貌)，孔的形状、大小及其分布，掺杂离子在光催化剂表面的分布，使用后光催化剂表面上的杂质分布等。形貌分析常用的工具是电子显微镜(简称电镜)，包括扫描电子显微镜(SEM)和透射电子显微镜(TEM)。电镜是基于电子的波粒二象性原理，在高压下(通常为 70～110 kV)的高速电子作为光源，波长短，电镜分辨率可高达 0.5 nm。电镜是一种能在分子、原子尺度上且可以在原位进行催化剂表征的有效工具，是研究光催化剂材料形态和结构的重要工具。

扫描电子显微镜(SEM)是一种广泛使用的表面形貌分析仪器，利用聚焦电子束对样品表面进行扫描，通过电子与试样相互作用产生的二次电子、背散射电子等，然后加以收集和处理从而获得微观形貌放大像。扫描电镜的制样简单，粉体可以用导电胶黏附在样品台，固体块状样品可以直接测试。光催化剂属于半导体，导电性能差，直接测定图像不够清晰，可以通过真空蒸镀或者离子溅射在表面涂覆上一层 Au 膜，以改善导电性能，进而抑制样品表面电荷的累积、过热或热点的形成，增大了二次电子的产率，从而改善图像的信噪比，获得清晰的 SEM 图。图 9-4 就是运用 SEM 观察制备的 TiO_2 中空微球新型光催化剂形貌的一个例子，由图可知样品的外观为规则球形，微球直径在 80～120 μm 之间。

透射电子显微镜(TEM)能够获得放大倍数更高的图像，常用于直接观察纳米粒子的形貌、平均直径或粒径分布，具有可靠性和直观性。TEM 样品要足够薄，一般需小于 100 nm，样品制备需要专门的技术，但可以得到十分清晰的照片。TEM 在光表征催化剂时，常用来观察催化剂表面上的其他物种，如尺寸较小的纳米离子的分布情况。

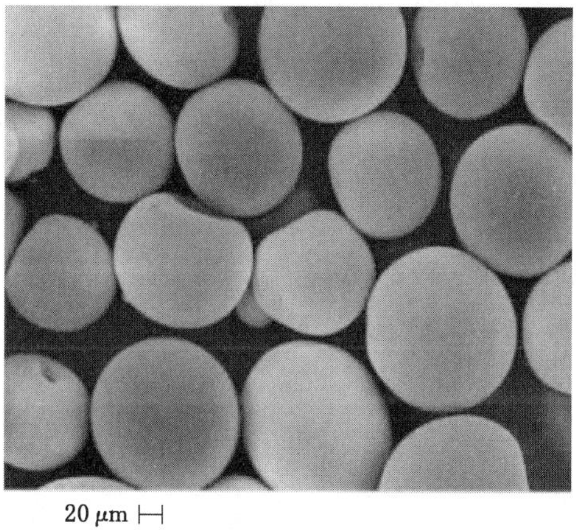

图 9-4　TiO_2 中空微球在使用 50 次后的 SEM 图片

(4) 紫外可见漫反射光谱(DRS)

半导体光催化剂，其高效宽谱的光吸收性能是保证光催化剂活性的必要而非充分条件，因此分析固体光催化剂的光学吸收性能是必不可少的。由于固体样品存在大量的散射，所以不能直接测定样品的吸收，通常采用紫外可见漫反射光谱(UV-vis DRS)测定漫反射谱。在 DRS 测量中，样品存在大量的散射，所以不能直接测定样品的吸收。通常根据 Kubelka Munk(KM)理论通过所测固体中的扩散反射来计算固体的吸收谱：

$$\frac{K}{S} = \frac{1 - R_{\infty}}{2R_{\infty}} = F(R_{\infty})$$

式中　R_{∞}——无限厚样品的反射率；

K, S——吸收系数和散射系数；

$F(R_{\infty})$——KM 发射函数。

如果 S 与波数基本无关，则散射的影响只是使谱线沿纵轴位移。这种情况下，$F(R_{\infty})$ 代表固体的真正吸收谱。因此，需要测得反射率 R_{∞}。测定 R_{∞} 常以非吸收性物质(如 MgO 或 $BaSO_4$)为参比物，所得样品的发射率即 R_{∞}。

$$R_{\infty} = \frac{R_{\infty}(\text{样品})}{R_{\infty}(\text{参比物})}$$

(5) 固体光致发光光谱(PL)

固体光致发光光谱常用来研究半导体中电子和空穴的捕获、累积或转移。TiO_2光催化剂受光激发后会产生电子和空穴，其中复合部分的能量以光的形式释放出来，发出荧光，低的荧光发射强度意味着低的电子-空穴复合率。一般以 325 nm 的激光作为激发光源，在低温(液氮)下测试信噪比。

(6) X 射线光电子能谱(XPS)

X 射线光电子能谱(XPS)是一种高灵敏度的表面分析技术，其探测深度一般为 4～15 nm，作用于样品表面时产生光电子，分析这些光电子能量分布得到光电子能谱，由于 XPS 所获得的信息直接反映了样品表面原子或分子的电子层结构，具有对样品表面元素组成及其状态变化的分析能力，因此，XPS 是表征光催化剂的有力工具之一。

XPS 用于表征光催化剂时，主要在以下几个方面进行。① 进行光催化剂表面的组分鉴别。除 H 和 He 外，每个元素都有自己的 XPS 特征峰，而且各元素最强特征峰之间少有重叠，这些特征峰组成了每个元素固有的能谱，成为识别元素的标记，可以根据特征峰出现的位置定性分析样品表面的元素组成。由于灵敏度的限制，对于表面的相对含量在 0.1 %以下的组分无法检测。② 进行 TiO_2表面上物质的价态分析。价态分析的依据是化学位移，有人从文献中总结出一般性结论：表观电荷变化 2～3 个单位，化学位移为 2～4 eV；氧化度变化 1 个单位，约引起 1 eV 的化学位移。③ 可以得到同一种样品某种原子相对于另一种原子的相对含量，此数据由数据处理软件直接给出。

(7) 红外吸收光谱

红外吸收光谱(IR)是一种分子振动光谱，对于固体光催化剂的研究，多用于测定表面的羟基状态。TiO_2光催化剂表面的成键情况(如羟基)常用 IR 手段进行表征。测试过程中，由于 TiO_2样品极易吸水，给 KBr 压片造成困难。现在的 IR 方法已经发展到原位测量技术。

红外透射光谱常用于分析纳米 TiO_2粉体表面微结构，可通过对比改性剂与表面改性的纳米 TiO_2颗粒间的红外透射光谱的差异，分析改性剂与纳米 TiO_2表面的键合情况。红外反射光谱 FTIR-RS 技术(只对垂直取向大分子有响应)近年来在纳米 TiO_2组装膜的表面组成与微结构分析方面得到广泛应用。该技术(包括掠角反射、衰减全反射等)不仅能分析纳米 TiO_2组装膜表面组成，还可以对表面有机大分子的取向进行分析，在表面分析中具有一定的优势。其缺点是条件苛刻和时间较长，且表面组分含量很少时谱图信号很弱，得不到改性剂的信息。目前原位红外测量技术成为光催化研究的一个重要手段。

9.3 新型光催化剂

光催化领域最常见的半导体光催化剂是 TiO_2。虽然已合成出多种材料并对它们的光催化作用进行了研究，但是 TiO_2光催化剂由于光谱响应范围较窄而影响了光催化的实际应用，因此为了充分利用太阳能，开发出能够在可见光下反应的结构和性能都稳定的新型光催化剂成为光催化研究的一个新的热点。

(1) 层状金属氧化光催化剂

层状化合物的典型结构特征是纳米量级的二维层板纵向有序排列形成三维有序的晶体

结构，层板内原子多数为共价键结合，层间则是通过范德瓦耳斯力或弱化学键(如离子键、氢键等)连接，层间距离一般为零点几到几个纳米。由于层状化合物的层状主体是由某种结构单元通过共用角、边、面堆积而成的，具有特殊的空间网状结构，所以其性质相对比较稳定。层状化合物这种特殊的结构还使其具有两个非常特殊的性质：一是层间离子具有可交换性；二是交换后形成的新物质同样具有较高的稳定性。近年来制备和研究层状化合物及其相关性质已成为纳米材料学科中的新焦点，制备超细的层状化合物，可得到比表面积大幅度提高的纳米级化合物，这就更加有利于层状金属氧化物应用于光催化领域。具有孔结构的光催化剂材料还有层状金属氧化物。例如，对已经合成出的一些含铌的层状化合物已进行过光催化性能的研究。

(2) 隧道结构化合物光催化剂

含钛离子的隧道结构化合物主要有钛酸碱金属盐和钛酸钡等，可用于光催化分解水。$BaTi_4O_9$是一种具有五边形棱柱隧道结构的光催化剂，将 RuO_2负载在 $BaTi_4O_9$上，该催化剂就能有效光解水产生 H_2和 O_2。研究表明：TiO_6在五边形棱柱结构中，通过 Ti 偏离 6 个氧中心产生两种变形的八面体对光解水产生了本质作用。这些变形八面体产生的偶极矩能够有效分离光激发产生的电子。它的隧道结构能使 RuO_2粒子分散及 RuO_2粒子和周围的 TiO_6八面体相互作用，促进电子和空穴向被吸附在光催化剂上的物质转移。

(3) 复合光催化剂

复合光催化剂具有可自由组合的优点，还可以在使用非常小的半导体纳米材料时防止其凝集，起到稳定的作用。现已研究在分子筛中和 SiO_2(B)上固定 TiO_2(B)以及在铌酸、钛酸和蒙脱土等层状化合物中固定 CdS 等光催化剂。在这些例子中，观察到由于半导体超微粒子具有使禁带宽化因而能明显提高其光催化活性的作用。超微粒子的光催化活性已在上节从理论上详细阐述。复合光催化剂中的基体，对反应分子的尺寸以及形状的选择性是十分明显的。复合光催化剂基体可以将内部吸附底物的分子筛和 TiO_2(B)简单混合后悬浮在有机溶剂中进行光照。当取代苯的侧链氧化时，有分子筛即可使光催化活性提高，乙酰苯类的选择性则显著增强。

(4) 负载助催化剂

氧化钛等光催化剂的活性可以通过负载金属白金、氧化镍等而有明显提高。但是像银离子那样的强电子受体的反应体系，负载金属几乎毫无影响。这样的负载效应是半导体的光激发电子将吸附在表面上的质子或者水分子还原成氢原子时活化能下降所致。在负载白金族金属时可以使用光析出法、浸渍-氢还原法或者混炼法等。以白金类作为负载助催化剂的有氧化铈与无负载的仅从钛以及铈的氢氧化物经焙烧制成的光催化剂相比，由甲醇水溶液产生氢的活性有明显提高。除此之外，还可以采用将 TiO_2表面用有机化合物加以修饰的方法来控制光催化反应的选择性。

思　考　题

1. 简述光催化反应机理。
2. 影响光催化活性的因素有哪些？
3. 纳米二氧化钛光催化剂常用的制备方法有哪些？

4. 举例说明纳米二氧化钛光催化剂的应用。
5. 纳米二氧化钛光催化剂的改性技术有哪些?
6. 常用的光催化材料表征与测试技术有哪些?
7. 查阅文献说出目前国内外最新研究的光催化剂。

参考文献

[1] 蔡伟民,龙明策.环境光催化材料与光催化净化技术[M].上海:上海交通大学出版社,2011.
[2] 季亚莉.光催化产氢与污染物降解新型材料的制备及作用机制研究[D].西安:西北大学,2023.
[3] 姜月顺,李铁津,等.光化学[M].北京:化学工业出版社,2005.
[4] 刘守新,刘鸿.光催化及光电催化基础与应用[M].北京:化学工业出版社,2006.
[5] 吕波.二氧化钛基复合材料结构调控和光催化性能研究[D].长沙:中南大学,2023.
[6] 梅邱峰,张飞燕,王宁,等.二氧化钛基Z型异质结光催化剂[J].无机化学学报,2019,35(8):1321-1339.
[7] 吴越.催化化学[M].北京:科学出版社,2000.
[8] 张金龙,陈锋,田宝柱,等.光催化[M].上海:华东理工大学出版社,2012.

第 10 章　新型节能照明技术与材料

10.1　光与光源

10.1.1　光的本质

光的本质是一种处于特定频段的光子流。光源发出光，是因为光源中电子获得额外能量。如果所获得额外的能量不足以使其跃迁到更外层的轨道上，电子就会加速运动，并以波的形式释放能量。如果跃迁之后刚好填补了所在轨道的空位，从激发态到达稳定态，电子就不动了。否则电子会再次跃迁回之前的轨道上，并且以波的形式释放能量。

光具有波粒二象性。光的波动性是指光是一种电磁波，电磁波能量的传播称为辐射，电磁波频谱如图 10-1 所示。从图中可以看出：可见光的波长范围为 380～780 nm，也就是人眼能感觉到的辐射。由单一波长组成的光称为单色光。实际上，严格意义上的单色光几乎是不存在的，所有光源所产生的光至少要占据很窄的一段波带。通常认为各个颜色的波长范围为：700～635 nm(红色)；635～590 nm(橙色)；590～560 nm(黄色)；560～490 nm(绿色)；490～450 nm(蓝色)；450～400 nm(紫色)。

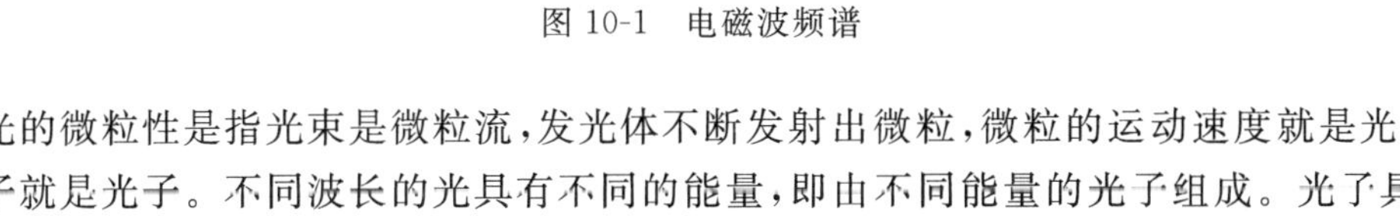

图 10-1　电磁波频谱

光的微粒性是指光束是微粒流，发光体不断发射出微粒，微粒的运动速度就是光速，这些粒子就是光子。不同波长的光具有不同的能量，即由不同能量的光子组成。光子具有的能量 E 正比于光的频率。

$$E = h\nu \tag{10-1}$$

光子所具有的能量 $h\nu$ 是频率为 ν 的光所具有的能量的最小单位，不能再分割，故光子又称为光量子。在光和其他物质相互作用时，能量的交换是以 $h\nu$ 的形式一份一份进行的，也就是说能量是不连续的。

10.1.2 光的产生

一般发光有热辐射和冷发光两种方式。

热辐射是指当物体被加热到高温时,组成它的原子或分子将产生热运动,并互相碰撞使电子获得能量而被激发,从而产生辐射。温度在 0 K 以上的任何物体都有热辐射,但温度不够高时辐射波长大多数在红外区,人眼看不见。物体的温度达到 5 000 ℃以上时,辐射的可见部分就够强了。热辐射是一种平衡辐射,基本上只与物体温度有关,而与物质种类无关。如蜡烛、白炽灯的发光现象。对某温度下作为最大温度辐射的物体,称为黑体,又称为完全辐射体,它的反射比和透射比为 0,吸收比为 1,这种辐射是黑体辐射。不同温度下黑体的光谱辐射功率与波长的函数关系可由普朗克公式描述。

$$E(\lambda)=\frac{2\pi c^2 h}{\lambda^5(\mathrm{e}^{kc/\lambda kT}-1)} \tag{10-2}$$

式中 λ——辐射波长,m;

c——真空中的光速,m/s;

h——普朗克常数,J/s;

k——玻耳兹曼常数(1.38×1 023 J/K);

T——绝对温度,K。

由式(10-2)可得到不同温度时黑体辐射的能量分布,如图 10-2 所示。

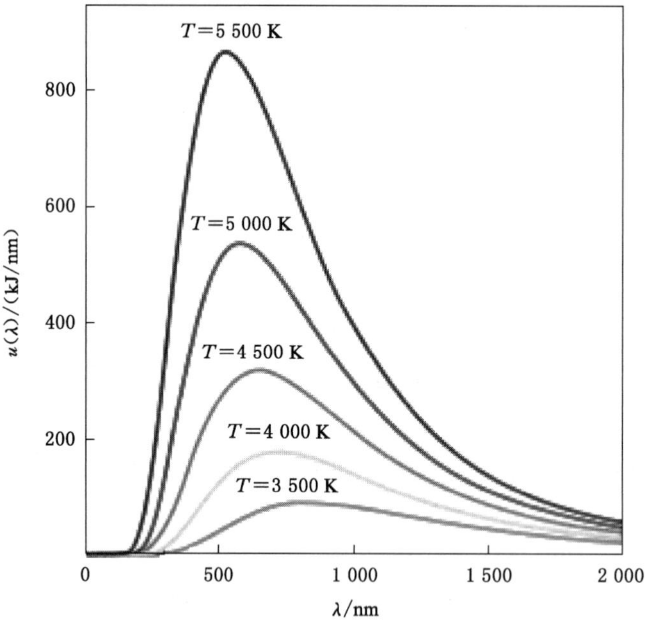

图 10-2 不同温度时黑体辐射的能量分布

冷发光是发光物体依靠除温度以外的原因产生可见光的现象的总称。发光就是其他任何种类能量变换成光能的过程,通常通过激发过程来完成,所以又称为激发发光。一个系统受到激发,使电子由低能态 E_1 跃迁到高能态 E_2,当它由高能态回到低能态时,根据能量守恒定律,多余的能量就可能以光的形式释放出来。发光波长取决于能量差 $\Delta E=E_2-E_1$,ΔE

正是发射的光子所具有的能量,可由如下公式表示:

$$\Delta E = h\nu = \frac{hc}{\lambda} \tag{10-3}$$

根据激发的方式不同,可将发光分为以下几种:

① 生物发光:由细胞合成的化学物质,在一种特殊酶的作用下,使化学能转变为光能,如萤火虫、发光细菌等发光。

② 化学发光:由化学反应过程中释放出来的能量激发发光物质产生的发光,物质燃烧引起的发光是热辐射,如黄磷因氧化而自燃发光。

③ 光致发光:由可见光、紫外线、X射线激发产生的发光,如被蓝光激发的YAG:Ce荧光粉的发光。

④ 阴极射线发光:电子束的电子能量通常为几千至几万电子伏特,入射到发光材料中产生大量次级电子,离化和激发发光中心产生发光,如电视机的显像管。

⑤ 电致发光:用电场或电流激发产生的发光,如霓虹灯、二极管和场致发光板等。

⑥ 燃烧发光:碱金属和碱土金属及其盐类,放在火中发出特有的光,用作焰色反应,如钠离子为黄光,锶离子为猩红色光等。

还有其他类型的发光,如声致发光和摩擦发光等。

10.1.3　光源

人类历史的快速发展伴随着照明方式的革命。百万年前人类就开始使用火,但是这种光源不易移动,于是人类用树枝,在树枝的另一头裹上易燃物,再蘸满油脂,火把就诞生了。油脂的出现不仅带来了火把,还带来了油灯。这种照明设备人类使用的时间特别长,可以说在人类有限的文明史中,大部分时间的照明设备都是油灯。在近代,人们又将灯的燃料由动植物的油脂变为更易获得的煤油。但这些照明手段由于发光强度弱等问题,仍限制了人们在夜间的活动。直到19世纪末,人类照明史上迎来了重大的变革,美国科学家爱迪生发明了碳丝白炽灯,这开启了人类大规模使用电灯的纪元。继白炽灯之后,另一种重要的照明工具——荧光灯走入人们的生活,成为照明领域的主流光源。20世纪60年代,人类发明了第一个半导体发光二极管(light-emitting diode,LED),是一种能发光的半导体元件,由于其寿命长,环保节能,体积小且十分安全,被认为是未来的照明光源。

10.1.3.1　自然光源

太阳是最重要的自然光源。到达地球表面的太阳光,是通过几乎处于真空状态的宇宙,以电磁波的形式传播过来的。太阳光到达地球表面的直射光部分具有与约5 700 K的黑体辐射能谱几乎一致的连续光谱分布,如图10-3所示。太阳光通过大气层时,一部分被尘埃、水蒸气和其他的悬浮粒子所散射,散射与云层一起作用形成了天空光。在照明工程设计中,充分利用太阳光是创造舒适环境和节约能源的重要措施。日光的缺点是不稳定,会因天气的晴、阴、雨、雪的变化而出现强弱、明暗的变动。

10.1.3.2　人工光源

(1) 白炽灯

19世纪末发明的白炽灯是利用热辐射原理制成的第一代人工照明光源。其灯丝用钨

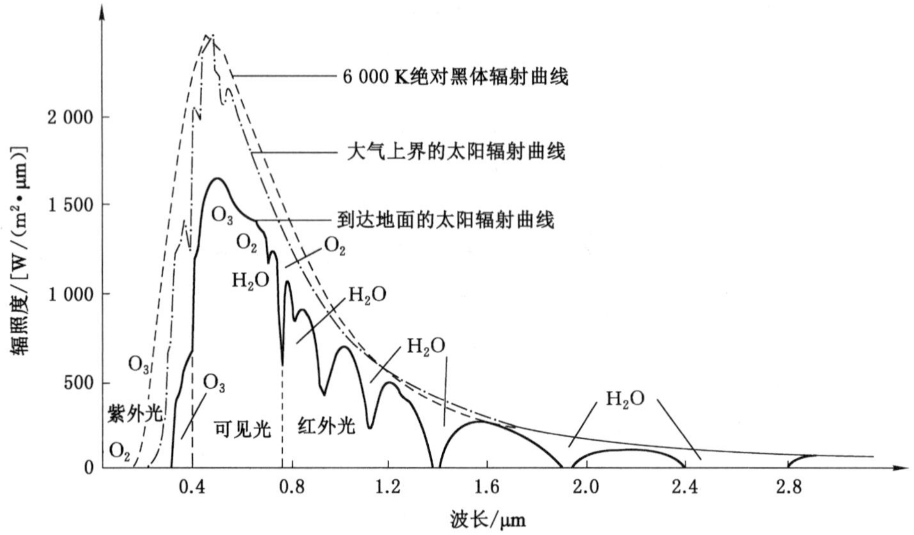

图 10-3　地球表面的太阳光谱分布

做成，其熔点高(3 683 K)、蒸发率很低、机械性能好、加工容易。为了减少灯丝的蒸发，从而提高灯丝的寿命，必须在灯泡中充入合适的惰性气体。一般采用氩氮混合气体，氮的作用是防止灯泡放电。白炽灯的发光效率为 8～15 lm/W，100 W 以上可达 15 lm/W，100 W 以下功率越小发光效率越低。白炽灯的发光效率之所以很低，主要是因为其大部分能量都变成红外辐射，可见光辐射所占比例很小，一般不到 10%。白炽灯色温较低，约为 2 800 K，与 6 000 K 的太阳光相比，白炽灯的光线带黄色，显得温暖。它的辐射覆盖了整个可见光区，在人工光源中，它的显色性是最好的，显色指数 Ra＝100。白炽灯的典型寿命为 1 000～2 000 h。

(2) 卤钨灯

对白炽灯来说，钨丝的蒸发是不可避免的，如果能让蒸发出来的钨又重新回到钨丝上，这样钨丝的温度，也就是灯的发光效率可以大幅度提高，泡壳也不会发黑，灯的寿命不会因为发光效率的升高而下降，卤素正好能实现这个功能。一般情况下，卤钨灯在同样发光效率下卤钨灯的寿命至少是白炽灯的 2 倍。一般照明用的卤钨灯的色温为 2 800～3 200 K，较白炽灯光更白一些，色调也稍冷一些，其显色性特别好，一般 Ra＝100。

(3) 荧光灯

由放电产生的紫外辐射激发荧光粉而发光的放电灯称为荧光灯。它是一种低电压汞蒸气弧光放电灯。由于具有高于白炽灯许多倍的发光效率，得到广泛应用，被人们称为第二代人工光源。荧光灯内含有低气压的汞蒸汽和少量的惰性气体。灯管的内壁涂有荧光粉层。灯内的低气压汞蒸汽放电将 60%左右的输入电能转变成波长为 253.7 nm 的紫外辐射，照射到荧光粉涂层上，被荧光材料所吸收，其中一部分转化为可见光并释放出来。荧光灯的寿命为 5 000～24 000 h。和所有的放电灯一样，荧光灯的缺点是含有有毒物质汞。

(4) 低压钠灯

低压钠灯是另一种低压放电光源，与荧光灯的汞蒸汽放电不同，它是钠蒸气放电。低压钠灯内填充了钠金属和少量 Ne 和 Ar 混合的惰性气体，Na 原子在放电时受到激发和电离，当受激 Na 原子从激发态跃迁回基态时，将在 589.0 nm 和 589.6 nm 波长位置处产生共振辐射，这两根谱线被称为钠的双黄线或 D 线。由于该辐射位于人眼明视觉光谱光视曲线的峰值附近，因此低压钠灯具有很高的发光效率，其发光效率是目前所有人造光源中最高的，达 200 lm/W。低压钠灯的标称功率为 18～180 W，光输出为 1 800～33 000 lm。失效主要是由于阴极劣化，典型寿命值为 14 000～18 000 h。其主要缺点是显色性差，显色指数 Ra=－44。另一个缺点是预热时间长。

(5) 高压钠灯

高压钠灯是利用高气压钠蒸汽放电来发光的。提高钠蒸汽压，谐振谱线 D 线放宽，灯的显色性得到明显改善，但发光效率会下降，寿命也会缩短。高压钠灯的典型寿命为 24 000 h，高压钠灯的显色性能较低压钠灯有较大改善，但是对于道路照明以外的其他应用来说仍然太低。

(6) 汞灯

汞蒸汽放电仅在高压下才能有效发射可见光。透明的汞灯由于红光不足显色性能极差，可以涂敷紫外线激发产生红光的荧光粉进行改善。在汞灯中，消耗的能量一半以上变成热量，发光效率较低。

(7) 金属卤化物灯

金属卤化物灯是在放电管内添加金属卤化物，使金属原子或分子参与放电而发出可见光。调配金属卤化物的成分和配比，可以得到全光谱(白光)的光源。陶瓷金卤灯发光效率可达 90～100 lm/W，显色指数 Ra≥90，平均寿命为 9 000～20 000 h。

(8) 无电极放电灯

无电极放电灯通常灯泡中装有一个电感为 10 μH 的铁氧体芯线圈。灯泡内充有惰性气体，并且有一个汞源。为将汞的紫外辐射转换为可见光，灯泡内壁涂敷荧光粉。目前制成的无电极放电灯一般为 23～85 W，发光效率为 47～71 lm/W，显色指数 Ra=80，寿命可长达 100 000 h。

(9) 发光二极管

发光二极管(light emitting diode，LED)是结构型半导体发光器件，其核心是 PN 结，当在 PN 结上施加正向电压时，注入的少数载流子与多数载流子相遇复合，能量以光的形式释放出来，称为注入发光。发光二极管被称为第四代半导体照明光源，其具有诸多优点：

① 发光效率高。LED 的理论光效可以超过 200 lm/W，图 10-4 描绘了常见光源的光效数据，与传统照明光源相比，可以看出 LED 的光效已经取得长足进展。

② 使用寿命长。LED 质量轻、体积小，没有钨丝、玻璃等脆弱部件，能够承受高强度机械震动和冲击，不易破碎；又由于其发光主要依靠载流子的运动，不存在老化和烧断现象，半衰期为 1×10^4～1×10^5 h，所以理论上 LED 的寿命可以达到 1×10^5 h。

③ 安全环保。LED 主要采用环氧树脂和密封材料制作而成，不含汞、钠等物质，废弃物可回收，不会对环境产生污染；由低压直流电驱动时，触电防护等级为Ⅲ类，没有频闪，不产生紫外线和红外线，有助于保护视力。

④ 响应时间短。LED 为冷启动，不需要预热时间，与白炽灯的毫秒级响应时间相比，LED 灯展现出纳秒级反应速度，而且可以进行高频操作。

⑤ 适用性强。LED 芯片体积小，每个基本单元是 3～5 mm 的片状正方形，可以对这些

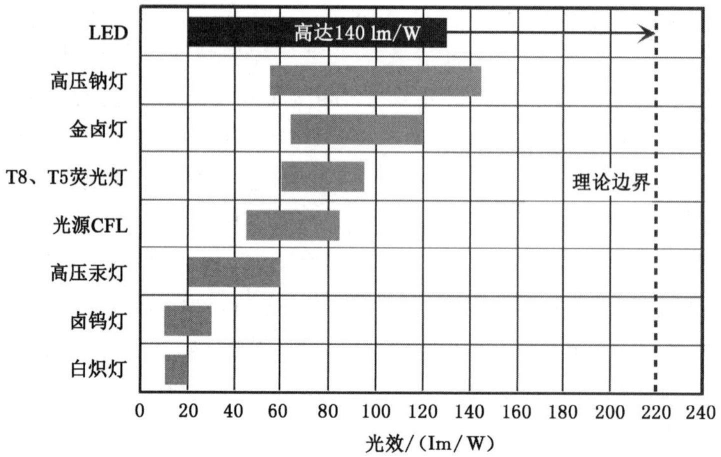

图 10-4　常见光源的光效对比

小正方形进行多种组合与平面封装，有利于开发形状各异、轻薄短小的产品，适用于不同功效的场景。

10.2　半导体发光材料体系

LED 是结构型半导体发光器件，其核心是 PN 结，LED 加正向电压后，空穴和电子分别从 P 区和 N 区注入发光层，这些注入的空穴和电子被称为少数载流子。当少数载流子与多数载流子相遇复合，能量以光的形式释放出来。为了提升 LED 的发光效率，设计出不同的发光层结构，如单量子阱、多量子阱、异质结等。理论和实践证明光的峰值波长 λ 与发光区域的半导体材料禁带宽度 E_g 有关：

$$\lambda = \frac{1\ 240}{E_g} \tag{10-4}$$

若能产生可见光(波长为 380～780 nm)，半导体材料的 E_g 应在 3.26～1.63 eV 之间。因此，半导体发光材料是发光器件的基础和核心。目前，实用 LED 的发光材料绝大多数为Ⅲ-V 族化合物半导体材料及其多元合金。下面分别介绍一些重要材料体系。

10.2.1　二元系半导体发光材料

(1) 砷化镓

GaAs 是黑灰色固体，是典型的直接跃迁型材料，其光子能量为 1.4 eV 左右，发射的波长为 900 nm 左右，属于近红外区。它是许多发光器件的基础材料，外延生长用的衬底材料。

图 10-5 为砷化镓的晶体结构图。砷化镓属于闪锌矿结构，以极性共价键结合，离子键约占 0.31。

砷化镓中的缺陷主要是位错和化学计量比偏离造成的缺陷，如空位、填隙原子、代位原子，特别是镓空位对发光效率的影响很大。此外，铜是 GaAs 中最有害的杂质，能参与砷化镓晶体中所有的结构缺陷和杂质的相互作用。铜还是一种快扩散杂质，会造成器件性能劣化。

砷化镓发光二极管采用普通封装结构时的发光效率为 4%，而采用半球形结构时的发光效率可达 20%以上。它们被大量应用于遥控器和光电耦合器。

(2) 磷化镓

磷化镓是橙红色透明晶体，是典型的间接跃迁型材料。通过掺入不同的等电子陷阱中心，可以直接发射红、绿等颜色的光。

图 10-6 是磷化镓的晶体结构图。磷化镓属于闪锌矿结构，化学键结构中存在的离子键约为 0.374。

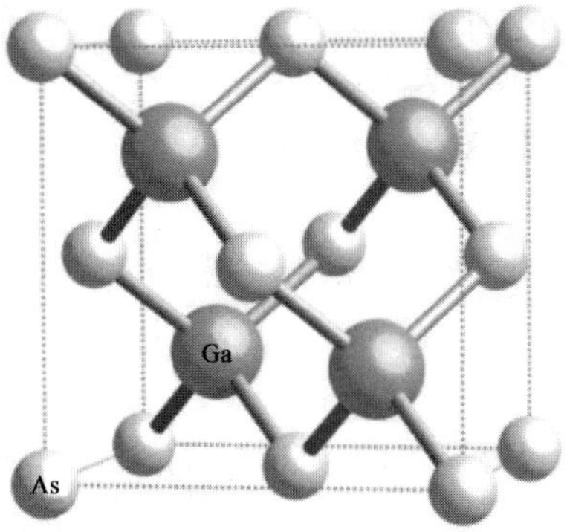

图 10-5　砷化镓的晶体结构图

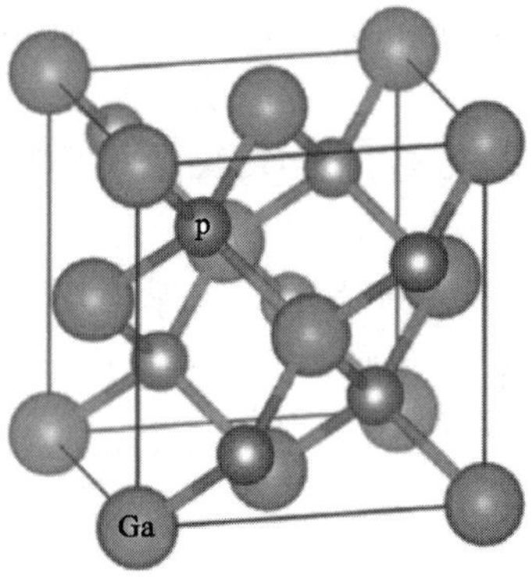

图 10-6　磷化镓的晶体结构图

在磷化镓的缺陷中，除位错外，化学计量比偏离造成的缺陷较为严重。其中主要是镓空位，浓度增加时器件效率降低，特别是影响绿光器件的效率。氧是 GaP 中的一种主要杂质，孤立的氧在导带下方 0.8 eV 处引入一个施主能级。氧还能与镓空位、杂质硅等相互作用形成复合体，使发光效率下降。另一种有害杂质是铜。

在磷化镓中掺杂杂质 N 后，由于 N 等电子陷阱俘获的激子复合发光，使发光效率大幅度提高。

10.2.2　三元系半导体发光材料

(1) 磷砷化镓

磷砷化镓 $GaAs_{1-x}P_x$ 是目前应用较广泛的显示用材料，在室温下，$x<0.45$ 时为直接跃迁型，$x=0.40$ 时，即 $GaAs_{0.60}P_{0.40}$ 发红光，峰值波长为 650 nm，发光效率较高。当 $x>0.45$ 时为间接跃迁，效率大幅度下降，但是可以通过掺杂等方式提高发光效率，如橙红色 $GaAs_{0.35}P_{0.65}$：N/GaP 发光材料。

$GaAs_{1-x}P_x$ 是固溶体。因此晶格失配会造成较大的位错密度，位错使 PN 结面不平而导致辐射不均匀或者使杂质向位错线集结而提供非辐射复合中心，从而显著降低发光性能。在 GaAs 衬底上生长 $GaAs_{0.60}P_{0.40}$ 外延层时，需要先在 GaAs 衬底上外延生长 20～40 μm 厚的 x 从 0 逐渐增大到 0.40 的过渡层。

(2) 镓铝砷

$Al_xGa_{1-x}As$ 是 GaAs 和 AlAs 的固溶体。当 $x=0.35$ 时，由直接跃迁变成间接跃迁。镓铝砷的一个突出优点是 GaAs 与 AlAs 的晶格常数十分接近，晶格失配的问题很小，故在砷化镓衬底上直接生长外延层时不需要像磷砷化镓那样需要很厚的过渡层就能获得很高晶体质量的 $Ga_{1-x}Al_xAs$ 外延层。

采用双异质结结构加强载流子的限制作用,可大幅度提高器件的外量子效率。镓铝砷体系的优点是可用廉价的液相外延方法进行大批量生产。但是这种技术不能保证充分消除氧玷污,另一个严重问题是材料容易退化,解决方案之一是生成一层稳定的氧化物钝化层。

10.2.3 四元系半导体发光材料

(1) 铝镓铟磷

AlP、GaP 和直接带隙的 InP 组成合金时能产生直接带隙的四元素 AlGaInP 单晶。对于 $(Al_xGa_{1-x})_yIn_{1-y}P$,$y$ 为 0.5 的材料晶格常数几乎完美地与 GaAs 匹配,而且具有十分接近的热膨胀系数。在 GaAs 上生长的高质量 $(Al_xGa_{1-x})_yIn_{1-y}P$ 薄膜是半导体照明中重要的异质结构材料。

通常 N 型掺杂可以 Te 或 Si 作为施主而实现,P 型掺杂的典型受主是 Zn 和 Mg。用它制成的发光二极管在 614 nm 时的发光效率达到了 108 lm/W。

(2) 双异质结结构器件

图 10-7 为高亮度双异质结结构 AlGaInP LED 结构示意图。GaAs 衬底取(100)面,AlInP 作为包层,(Al_xCa_{1-x}) 0.5 In0.5 P 作为有源层。有源层的组成是 $x=0.2$ 到 $x\approx 0.43$,所生产 LED 器件的发射波长从橙红到绿。AlInP 层 P 型和 N 型掺杂元素是 Mg 和 Te。P 型 GaP 窗层沉积在双异质结结构的顶部,用作透明的电流扩展层。$(Al_xGa_{1-x})_{0.5}In_{0.5}P$ 层的铝含量从 0 增大到 0.6,带隙宽度从 1.9 eV 增大到大约 2.3 eV,光致发光效率降低。

(3) 量子阱器件

量子阱 LED 能提供较高的注入载流子浓度,且因此有更有效的辐射复合。薄的有源层也使 LED 中自吸收最小化。而且量子尺寸效应能在不增加 Al 含量的情况下使发射波长缩短。图 10-8 为多量子阱 LED 结构示意图,在 N 型 GaAs 衬底上先生长一个分布布拉格反射层,然后生长 N-AlGaInP 层,再生长一个多量子阱结构。再长一个 P-AlGaInP 层,最后生长一个较厚的 P-GaP 窗层。

10.2.4 AlGaInN 发光材料体系

LED 技术的一个重大突破是开发出可用的蓝光 LED。1993 年,在日亚公司的实验室内中村修二把大约 10% In 添加到 GaN 中形成 InGaN 量子阱薄层,从而制备出高亮度蓝光 LED,并很快商业化,中村修二也因此于 2014 年被授予诺贝尔物理学奖。日亚公司开发成功的 InGaN 蓝光(460 nm)芯片涂覆 YAG(Ce)荧光粉产生白光的技术加快了向半导体白光照明进军的过程。

二元化合物 InN、GaN、AlN 和它们的三元、四元合金的热力学稳定相是纤锌矿结构。InN 的带隙是 1.9 eV,发射近红外光,GaN 的带隙为 3.2 eV,发射近紫外光,InN 的带隙为 6.2 eV,发射紫外光。因此,理论上由 InN、GaN、AlN 3 种化合物组合制成的器件发光波长涵盖了从紫外光到红外光的波段范围。AlGaInN 材料体系的二元、三元和四元化合物在整个摩尔比范围内都有直接带隙,非常适宜做成高效的发光二极管。AlGaInN 中典型的 N 型杂质是 Si。最适合的 P 型杂质为 Mg。

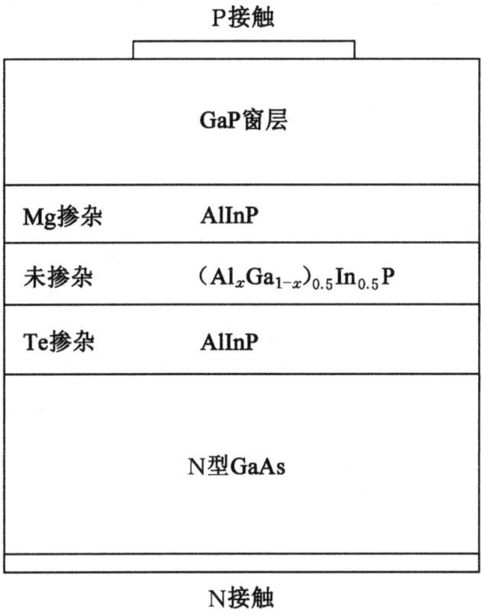

图 10-7　AlGaInP LED 结构示意图

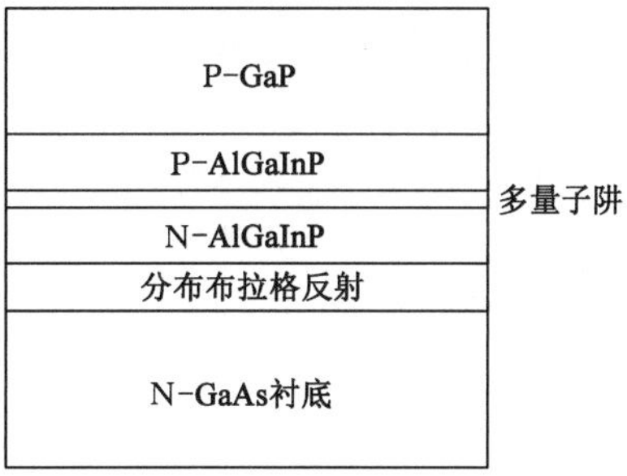

图 10-8　多量子阱 LED 结构示意图

(1) InGaN/GaN 双异质结 LED

InGaN/GaN 双异质结蓝光 LED 结构如图 10-9 所示，此 LED 器件呈蓝光发射，在 10 mA 以下输出功率为 70 μW，20 mA 以下输出功率为 125 μW。20 mA 以下外量子效率为 0.22%。

(2) InGaN/AlGaN 双异质结 LED

图 10-10 为 InGaN/AlGaN 双异质结 LED 结构。有源层是 Si 和 Zn 共掺，增强了蓝色发射。20 mA 下电致发光峰值波长为 450 nm，半峰宽为 70 nm。增大正向电流，出现蓝移现象。20 mA 下外量子效率为 5.4%。

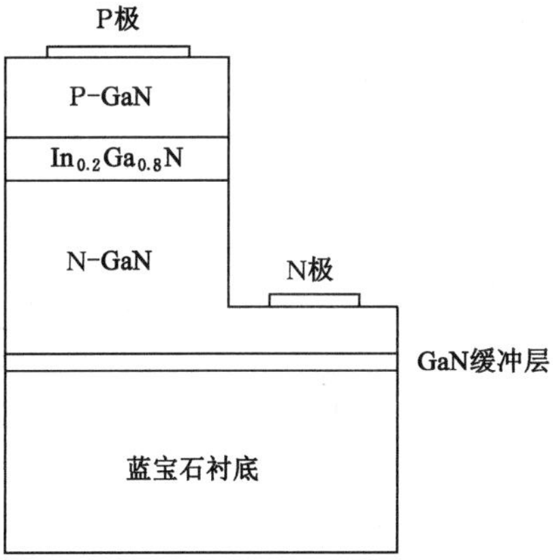

图 10-9　InGaN/GaN 双异质结蓝光 LED 结构

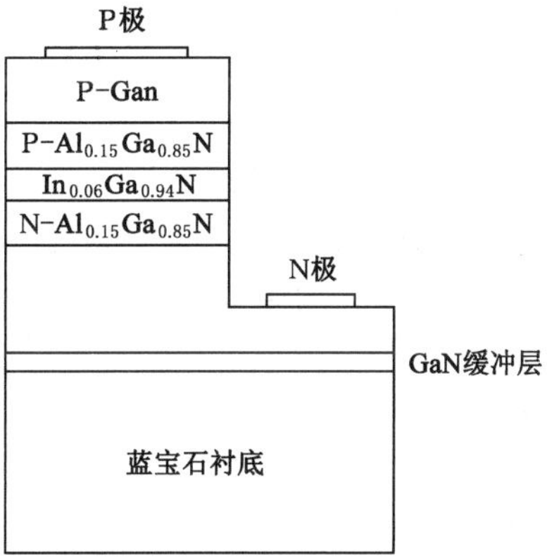

图 10-10　InGaN/AlGaN 双异质结 LED 结构

(3) InGaN 单量子阱(SQW)结构 LED

图 10-11 是绿色 LED 器件结构。单量子阱结构的有源层 In0.43 Ga0.57 N 阱层夹在两个势垒层之间，In 物质的量分数 x 在 0.2～0.7 之间改变时，器件光色从蓝色转变到黄色。绿色 SQW LED 器件在 20 mA 下电致发光峰值波长为 525 nm，半峰宽为 45 nm，输出

功率为 1 mW，外量子效率为 2.1%。当峰值波长变长时输出功率会降低，可能的原因是有较大的阱层和势垒层之间的晶格失配和热膨胀系数差别。

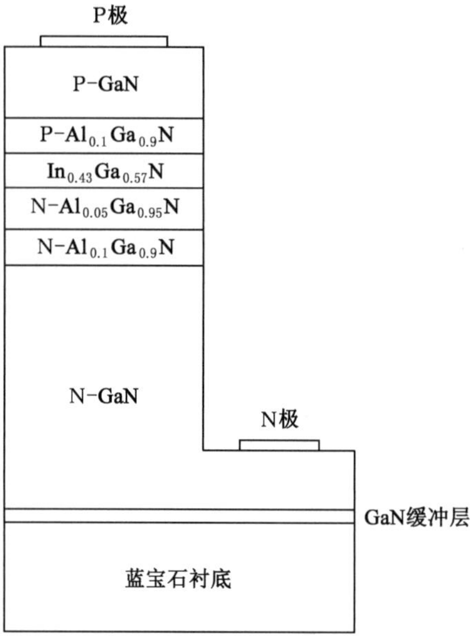

图 10-11　绿色 LED 器件结构

10.3　白光 LED 器件

目前在全球电力资源消耗中照明所占比例大约为 20%，因此从照明光源入手能够为节能减排带来不可估量的贡献。中国在未完成经济发展与碳排放完全脱钩的背景下提出“碳达峰”与“碳中和”愿景，所面临的是更大的减排压力和更短的减排周期，也更加依赖绿色科技的创新与应用。在为实现“节能减排”的低碳经济发展和“双碳战略”目标任务的大背景下，开发并加速推动白光发光二极管(w-LED)的应用具有极其重要的现实意义。据统计，如果使用 w-LED 完全替代白炽灯和荧光灯，能够在全球照明领域降低大约 50%的电能消耗；如果把 w-LED 与智能照明管理系统结合起来，那么将节省大约三分之二的照明用电。

环保、高效率和高显色性是对光源的新要求，照明用 w-LED 器件的具体性能要求如下：

① 发光效率：要求最终达到 200 lm/W 以上。超过所有传统电光源。

② 显色指数：希望达到 100，与太阳光相似。一般要求在 80 以上。

③ 色温：2 500～6 000 K。

④ 寿命：25 000～35 000 h。

⑤ 光通量：作为照明光源希望达到 1 klm 以上。

⑥ 环保：从社会的可持续发展要求出发，不使用对人体有害、会污染自然环境的有害物质，如汞、铅、镉等。

白光是一种复合光，由各种波长的色光混合且同时刺激人眼视网膜的三种视锥细胞，在大脑中产生的一种综合的白色感觉。依据色光三原色，白光可以由三原色光等量混合以及三原色光和各自的互补色光混合而成。基于此，白光 LED 的实现途径主要有多芯片白光 LED、多量子阱白光 LED 和荧光粉转换白光 LED 三种方式。

（1）多芯片白光 LED

① 二基色多芯片白光 LED。方志烈等于 2000 年报道了采用蓝、黄二色的二芯片 InGaN/AlGaInP 制造的白色发光二极管器件，峰值波长分别为 470 nm 和 580 nm，色温为 5 557 K，xy 色坐标为(0.33,0.31)，显色指数 Ra＝7.2。到目前为止，AlInGaN 和 AlGaInP 技术都还不能为高性能二基色体系提供 570～580 nm 范围内高效的 LED，因此，显色指数过低限制了二基色芯片在白光 LED 照明领域的应用。

② 多基色多芯片白光 LED。通常用的方法是把红绿蓝三色 LED 组装起来实现白光。这种方式存在的主要问题为：a. 绿光 LED 的发光效率明显低于红光和蓝光 LED 的，被称为“绿光缺口”；b. LED 发射峰的半高宽较小，导致红绿蓝 LED 复合成白光的显色指数较低；c. 随着使用时间推移，红绿蓝三种 LED 的光效变化不同，影响白光 LED 的发光品质，比如发光亮度、色度坐标等；d. 使用三原色 LED 芯片实现白光，成本比较高；e. 由于使用多个 LED，每个 LED 的驱动电压、发光效率与配光特性不同，导致安装结构和电路实现比较复杂。

（2）多量子阱白光 LED

多量子阱法，是通过改变 InGaN 量子阱的厚度和组分，在单一 LED 内实现红绿蓝三色光发射，从而复合形成白光。例如，Damilano 等报道了两组不同厚度的 InGaN/GaN 多量子阱构成的单片二基色白光 LED。2008 年底报道法国制成了单芯片双结发射蓝、黄二色合成白光 LED，但是这种方案目前主要停留在实验论证阶段。

（3）荧光粉转换白光 LED

荧光粉转换白光 LED，采取一种 LED 芯片结合一种或多种荧光粉，被称为荧光粉涂敷光转换方法(pc-LED)。相比多种 LED 芯片组合和多量子阱方法，荧光粉涂敷光转换实现白光具有以下优点：使用一个 LED 芯片，电路设计和控制简便，成本低，且避免了因芯片衰减速度不同而引起的光色漂移；荧光粉制备工艺成熟，性能提升迅速，改善余地大，价格优惠；光谱分布范围宽，特性易调整，是目前实现白光的主流方案。这种白光实现方式主要有三种，典型的器件结构如图 10-12 所示。

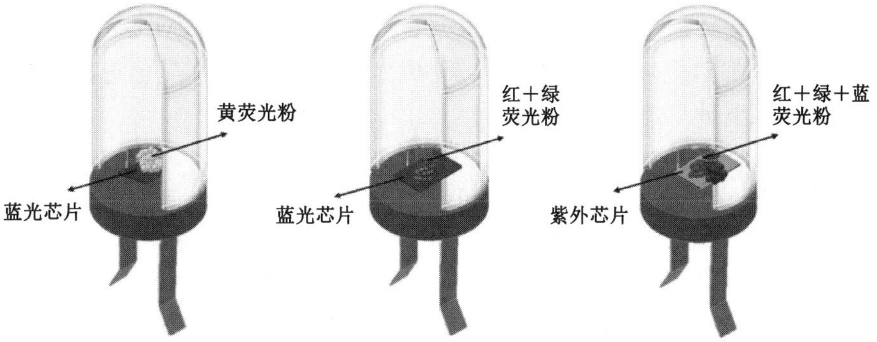

图 10-12　pc-LED 典型器件结构示意图

① 蓝光 LED+黄色荧光粉

在内置的反射杯中固定 InGaN/GaN 量子阱型蓝光 LED 芯片，芯片上涂覆一层由环氧树脂和黄色荧光粉颗粒混合而成的转换层，整个结构嵌在透明树脂中。芯片发出的蓝光一部分激发荧光粉发射黄光，另一部分与黄光复合从而形成白光。这是实现白光 LED 器件产业化的最早方案。目前主流的黄色荧光粉选择铈掺杂的钇铝石榴石 YAG：Ce^{3+}。第一批 w-LED 器件的光通量为 10 lm，发光效率为 5 lm/W，显色指数为 85，色温为 8 000 K。由于蓝光 LED 的量子效率不断提高，目前实验室已制得 249 lm/W 的发光效率。假如蓝色 LED 和荧光粉的量子效率为 100%，则 pc-LED 发光效率理论上限值为300 lm/W。

图 10-13 为 InGaN/YAG:Ce^{3+} 白光 LED 光谱，蓝光芯片发射峰波长约为 465 nm，YAG:Ce^{3+} 荧光粉谱带峰值位于 570 nm 处。光谱的光视效能超过 300 lm/W，而显色指数略小于 80。器件对于红色显色性不足。

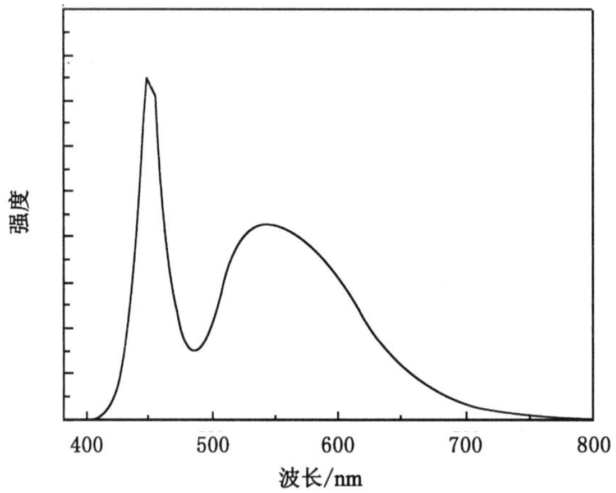

图 10-13　InGaN/YAG:Ce^{3+} 白光 LED 光谱

② 蓝光 LED+红色荧光粉+绿色荧光粉

相比方案①，本方案由于红色荧光粉的加入，提升显色指数的同时，降低了白光 LED 的色温，实现暖色调的白光发射，因此极大地拓展了白光 LED 的应用场景，比如室内照明，成为目前通用照明领域的主流方案。图 10-14 为 InGaN 蓝光芯片/$Y_3Al_3Ga_2O_{12}$:Ce^{3+} 绿色荧光粉/$CaAlSiN_3$:Eu^{2+} 红色荧光粉 w-LED 器件的发射光谱，此器件显色指数为 95.2，相关色温为 4 526 K，发光效率为 62.34 lm/W。

③ 紫外 LED+红色荧光粉+绿色荧光粉+蓝色荧光粉

对于紫外激发白光 LED 来说，光谱的可见部分完全是由荧光粉产生的。受限于芯片和荧光粉的发光效率，当前这种方案还不够成熟，有待进一步开发。图 10-15 为近紫外芯片/$Sr_{0.8}Ca_{0.2}Lu_2O_4$:Ce^{3+} 蓝色荧光粉/β-Sialon:Eu^{2+} 绿色荧光粉/(Sr，Ca)$AlSiN_3$:Eu^{2+} 红色荧光粉 w-LED 器件的发射光谱，此器件显色指数为 95.2，相关色温为 3 839 K，发光效率为 35.36 lm/W。

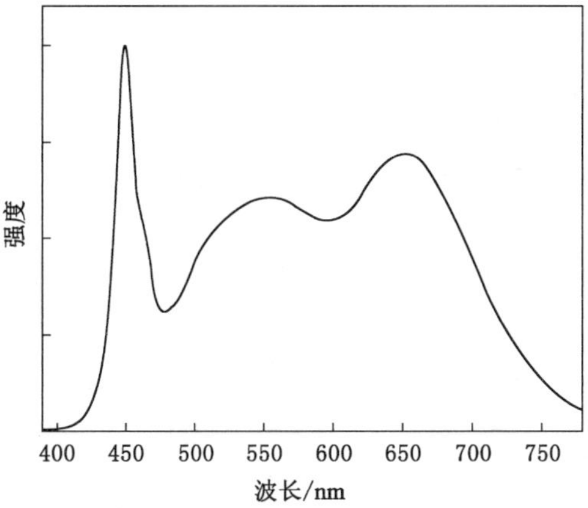

图 10-14　InGaN 蓝光芯片/$Y_3Al_3Ga_2O_{12}$：Ce^{3+} 绿色荧光粉/$CaAlSiN_3$：Eu^{2+} 红色荧光粉 w-LED 器件的发射光谱

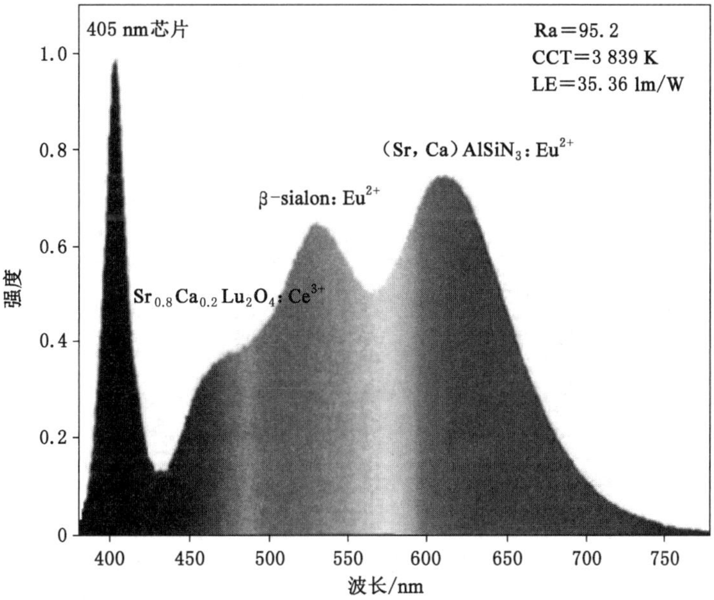

图 10-15　近紫外芯片/$Sr_{0.8}Ca_{0.2}Lu_2O_4$：Ce^{3+} 蓝色荧光粉/β-Sialon：Eu^{2+} 绿色荧光粉/(Sr,Ca)$AlSiN_3$：Eu^{2+} 红色荧光粉 w-LED 器件的发射光谱

10.4　白光 LED 用发光材料

物质将从外界吸收的能量以光的形式释放出来的过程称为物质的发光。具有实用价值的发光物质称为发光材料或荧光体。物质将从外界吸收的能量以光的形式释放出来的过程称为物质的发光。具有实用价值的发光物质称为发光材料或荧光体。

10.4.1 发光材料的组成

目前大部分荧光粉是由基质和激活剂组成的，其中激活剂离子作为发光中心，如图 10-16(a)所示。在此类体系中，由激活剂吸收激发能量并将其转变为荧光发射，同时多余的能量以热的形式通过无辐射跃迁释放。在另外一些荧光粉体系中，激活剂并不直接吸收激发能量，而是由敏化剂吸收。敏化剂所吸收的能量经过能量传递过程传递至激活剂而发光，如图 10-16(b)所示。激活剂与敏化剂在基质中均以离子状态存在。它们分别部分取代基质晶体中原有格位上的离子，形成杂质缺陷，构成发光中心。

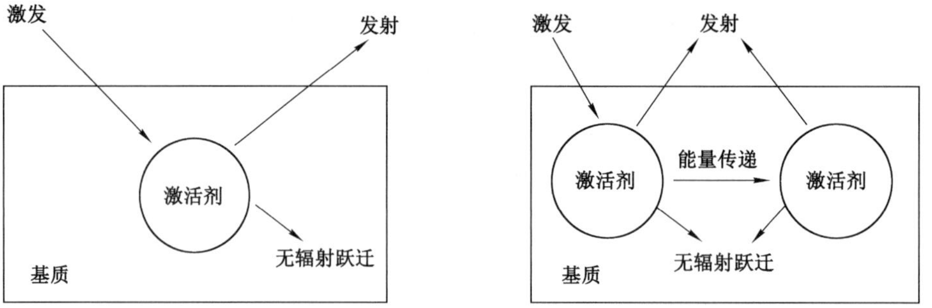

(a) 激活剂在基质中的发光过程　　(b) 敏化剂与激活剂在基质中的能量传递过程

图 10-16　激活剂在基质中的发光过程和敏化剂与激活剂在基质中的能量传递过程

(1) 基质化合物

目前主流发光材料的基质是无机化合物，组成所涉及元素覆盖了元素周期表中的绝大部分元素。一般来说，作为基质化合物至少应具备如下基本条件：① 基质组成中阳离子应具有满壳层电子结构；② 基态和激发态能级差较大，吸收能量在紫外光之上，对可见光完全透明。基质晶格对激活剂离子能级位置和能级分裂有很大影响，导致能级有一定展宽。因此基质对激发光谱和发射光谱的谱带个数、波长和宽度有很大影响。

(2) 激活剂

激活剂掺入基质之后以离子形式占据晶体中某种阳离子格位构成发光中心，因此激活离子又被称为发光中心离子。激活剂可以在基质形成的能带结构的禁带中形成孤立的能级系统，通过这些能级产生发光所需的基态和激发态。激活离子的电子跃迁是发光的根本原因。激活离子在基质中能够产生电子跃迁实现发光，必须遵循一定的选择定则：① 宇称选择定则，在中心对称环境中，跃迁仅允许发生在相反宇称状态之间，否则是禁戒的；② 自旋选择定则，跃迁仅允许发生在相同自旋多重态之间，但是这些选择定则对某些离子而言并非十分严格，有些情况下“禁戒”是可以“松动”的。

激活离子的选择一般要有未充满轨道，且与基质中被取代离子的半径相近，能够电荷补偿。一般有如下几种类型跃迁吸收与发射：

① $1s \rightleftharpoons 2p$，如 F 心。

② $ns^2 \rightleftharpoons nsnp$，如 Tl^+、Sn^{2+}、Pb^{2+}、Sb^{3+}、Bi^{3+}、Ag^- 等，这一类离子基态电子构型为 $(n-1)d^{10}ns^2$，激发态的电子构型为 $(n-1)d^{10}ns^1p^1$。

③ $3d^{10} \rightleftharpoons 3d^9 4s$，如 Ag^+、Cu^+、Au^+。

④ $3d^n \rightleftharpoons 3d^n$，$4d^n \rightleftharpoons 4d^n$，如第一、第二主过渡族金属离子，$Mn^{2+}(3d^5)$、$Mn^{4+}(3d^3)$、$Ti^{3+}(3d^1)$、$Cr^{3+}(3d^3)$。

⑤ $4f^n \rightleftharpoons 4f^n$，$5f^n \rightleftharpoons 5f^n$，如镧系离子和锕系离子（$Sm^{3+}$、$Eu^{3+}$、$Er^{3+}$、$Tm^{3+}$、$Yb^{3+}$等）。

⑥ $4f^n \rightleftharpoons 4f^{n-1}5d$，如 Ce^{3+}、Sm^{2+}、Eu^{2+}、Tm^{2+}、Yb^{2+}。

⑦ 电荷迁移跃迁，如配合物中一些分子内跃迁(VO、WO 和 MoO)。

10.4.2　铝酸盐

(1) $Y_3Al_5O_{12}:Ce^{3+}$荧光粉

最有名的铝酸盐白光 LED 用荧光粉应该是 Ce^{3+} 掺杂的 $Y_3Al_5O_{12}$(简称 YAG:Ce)。$Y_3Al_5O_{12}$是典型的石榴石结构，属于立方晶系，空间群是 Ia3d。一般获得单相 YAG 的方法是高温固相法(1 600 ℃)，也可以采用溶胶-凝胶法、共沉积法和燃烧法等软化学法合成。图 10-17(a)展示了 YAG:Ce 典型的光致发光激发和光致发光发射光谱，由图可见其激发光谱有两个峰，分别位于 338 nm 和 460 nm 处。YAG:Ce 的强烈且宽泛的蓝光吸收表明了它非常匹配蓝色 LED 芯片。发射峰呈现一宽带，峰值位于 560 nm 处，半峰宽(FWHM)约为 130 nm。图 10-17(b)是 Ce^{3+} 电子能级示意图，具有 $4f^1$ 电子构型的自由 Ce^{3+} 离子有两个基态，即$^2F_{5/2}$和$^2F_{7/2}$。一旦有一个电子从 4f 能带激发到 5d 能带，5d 能带的激发态 $4f^05d^1$ 电子形成^2D 光谱项，是由于自旋轨道耦合和两个更低能级$^2D_{3/2}$和$^2D_{5/2}$而劈裂形成的。因此，峰值为 338 nm 的激发带归因于$^2F_{5/2}$(或$^2F_{7/2}$)$\rightarrow$$^2D_{3/2}$跃迁，峰值为 460 nm 的激发带归因于$^2F_{5/2}$(或$^2F_{7/2}$)$\rightarrow$$^2D_{5/2}$跃迁。处于较高能级的$^2D_{5/2}$态电子不稳定，电子-声子相互作用会使其弛豫到$^2D_{3/2}$态。因此，图中的发射带是$^2D_{3/2}\rightarrow$$^2F_{7/2}$或$^2F_{5/2}$跃迁所导致的。因为激发态 5d 能带电子的径向波函数在空间上远超封闭的 $5s^25p^6$，其状态受到晶体场的强烈扰动，因此，最强的激发带和发射带都与受晶体场影响强烈的最低 5d 能带相关。

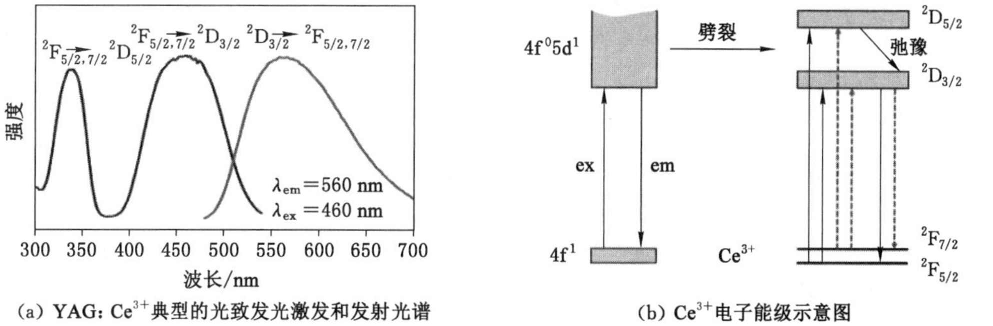

图 10-17　YAG:Ce^{3+} 典型的光致发光激发和发射光谱和 Ce^{3+} 电子能级示意图

如图 10-18(a)所示，从变温发射光谱可以看出：随着温度从 25 ℃升高到 300 ℃，YAG:Ce^{3+} 荧光粉的发射峰位从 560 nm 红移至 570 nm，这是因为非辐射跃迁随温度的升高而增大。与此同时，相比 25 ℃，YAG:Ce^{3+} 荧光粉在 150 ℃时的发光强度降低了 6%，在 300 ℃时的发光强度降低了 41%。并且 YAG:Ce^{3+} 荧光粉在加热过程中的发光强度曲线几乎和冷却过程重合，这表明热猝灭可恢复或者没有热降解，如图 10-18(b)所示。综上所述，

$YAG:Ce^{3+}$荧光粉的热稳定性较好，且有相关报道，通过包覆等手段，可进一步提高其热稳定性。

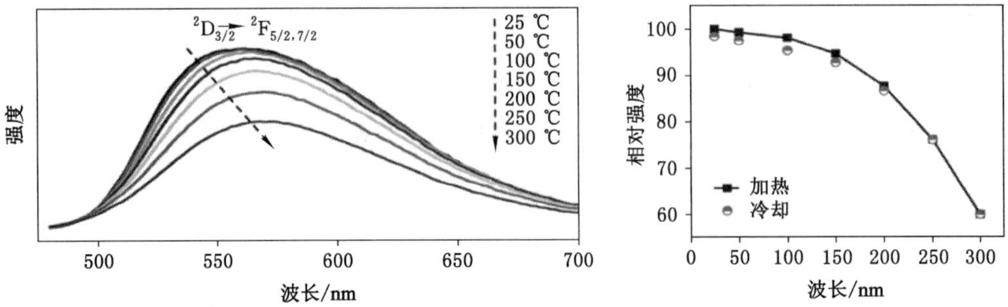

(a) $YAG:Ce^{3+}$的变温发射光谱

(b) $YAG:Ce^{3+}$的发射强度-温度关系曲线

图 10-18　$YAG:Ce^{3+}$的变温发射光谱和 $YAG:Ce^{3+}$的发射强度-温度关系曲线

对 $Y_3Al_5O_{12}$的化学组成进行一定的组分调变，其发射主峰可在 520～580 nm 范围内精细调控。因此，石榴石结构的 $Y_3Al_5O_{12}:Ce^{3+}$基荧光粉已成为主流的白光 LED 用转换材料，并占据固态照明市场的主要份额。

(2) $BaMgAl_{10}O_{17}:Eu^{2+}$荧光粉

Eu^{2+}掺杂的钡镁多铝酸盐蓝色荧光粉(简称 BAM:Eu)是稀土铝酸盐发光材料体系中另一种具有代表性的荧光体。该荧光粉为白色晶体，常温下化学性质稳定，不溶于酸和水。$BaMgAl_{10}O_{17}$具有 β-Al_2O_3结构，由具有紧密堆积结构的 $MgAl_{10}O_{16}$尖晶石基块和平面结构的镜面层(BaO)构成，系六方晶系，空间群为 P63/mmc，晶体结构如图 10-19(a)所示。尖晶石基块与尖晶石具有同样的密排结构，由 Mg、Al、O 紧密堆积而成。其中 32 个 O^{2-}按面心立方最紧密堆积排列形成 ACBA 4 层，晶胞中共有 64 个四面体空隙和 32 个八面体空隙。通常每个晶胞由 2 个尖晶石基块与 2 个镜面层构成，共有 24 个 Al^{3+}，其中 8 个 Al^{3+}占据四面体空隙，16 个 Al^{3+}占据八面体空隙。由于其离子排列方式与镁铝尖晶石排列相同，故常称其为尖晶石包块。由于 Ba^{2+}与 O^{2-}半径相近，不能进入氧空隙，只能比较疏松地排列在镜面层，且镜面层存在许多空位，比较容易掺入新的离子，同时 Ba^{2+}和其他阳离子可以比较容易地在镜面层移动。正是由于这样的晶体结构，当其他离子掺杂进入 $BaMgAl_{10}O_{17}$为基质的发光材料时，掺杂离子比较容易进入镜面层，形成发光层。

图 10-19(b)为 $BAM:Eu^{2+}$荧光粉的激发发射光谱图，从图中可看出：$BAM:Eu^{2+}$荧光粉具有从近紫外到蓝色(从 270 nm 到 450 nm)的宽吸收带，峰值在 355 nm 处，这归因于 Eu^{2+}从 $4f^7$基态到 5d 激发态的电子跃迁。而由于 Eu^{2+}离子的 $4f^65d^1 \rightarrow 4f^7$电子跃迁，BAM:$Eu^{2+}$具有非常强的发射带，峰值在 455 nm 处，半峰宽约为 52 nm。$BAM:Eu^{2+}$荧光粉的缺点是热稳定性较差。

(3) $MAl_2O_4:Eu^{2+}$(M=Ca/Sr/Ba)荧光粉

MAl_2O_4属于磷石英衍生结构，如图 10-20 所示，在室温下属于六方晶系，空间群为 P63。$MAl_2O_4:Eu^{2+}$是著名的长余辉发光材料。

$MAl_2O_4:Eu^{2+}$(M=Ca/Sr/Ba)的激发发射光谱如图 10-21 所示。$MAl_2O_4:Eu^{2+}$(M=Ca/Sr/Ba)都有一个从紫外光到紫光的宽范围激发带，这归因于 Eu^{2+}从 $4f^7$基态到 $4f^65d^1$激

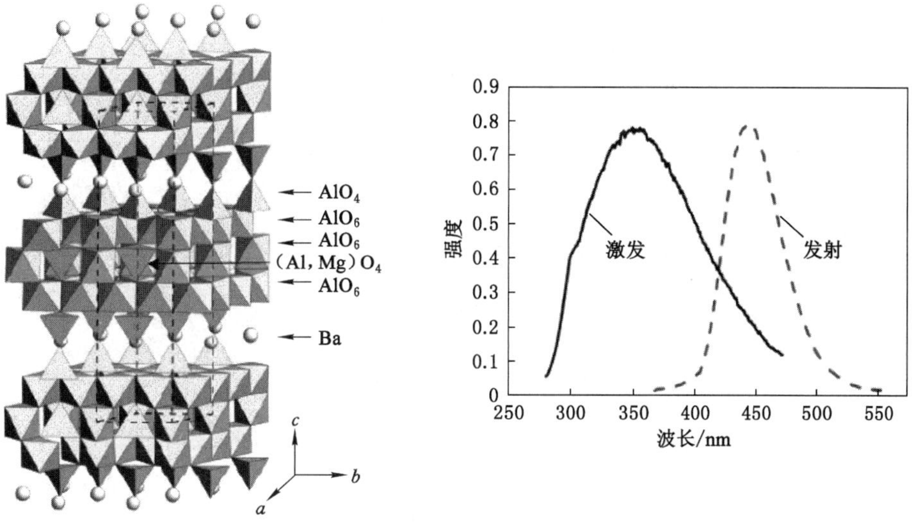

(a) $BaMgAl_{10}O_{17}$的晶体结构图　　(b) BAM: Eu^{2+}的光致激发发射光谱图

图 10-19　$BaMgAl_{10}O_{17}$的晶体结构图和 BAM:Eu^{2+}的光致激发发射光谱图

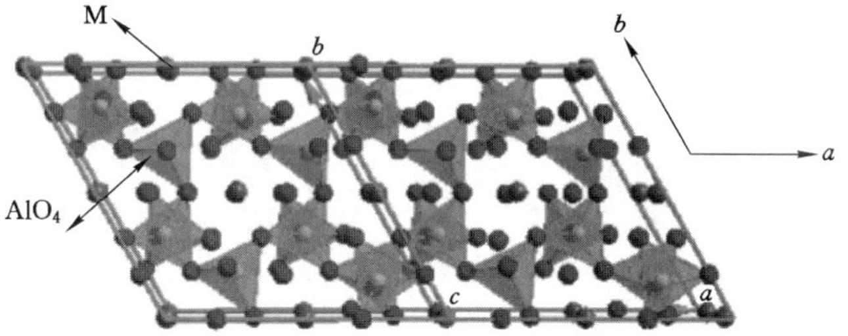

图 10-20　MAl_2O_4的晶体结构图

发态的电子跃迁，激发带有 2 个明显的峰位是由于在晶体结构中有 2 个 M^{2+}格位，当 Eu^{2+}占据这两个格位时则有两个发光中心，这也可以由发射带呈非对称状间接证明。而荧光粉的发射是由于 Eu^{2+}的 $4f^6 5d^1 \rightarrow 4f^7$跃迁，$CaAl_2O_4$:$Eu^{2+}$展示出强烈的蓝光发射，发射峰位于 440 nm 附近；$SrAl_2O_4$:Eu^{2+}在室温下呈现绿色发光，发射带在 516 nm 处达到峰值；$BaAl_2O_4$:Eu^{2+}发射绿光，发射峰值约为 500 nm。

(4) $Sr_{3-x}Ba_xAlO_4F$:Ce^{3+}荧光粉

近年来，美国加州大学圣塔芭芭拉分校固态照明中心的 Seshadri 教授课题组发现了另一种高效绿色铝酸盐 $Sr_{2.975-x}Ba_xCe_{0.025}AlO_4F$ 荧光粉（简称 SBAF:Ce^{3+}）。Sr_2BaAlO_4F 属于四方晶系，空间群是 14/mcm。对 SBAF:Ce^{3+}进行组分优化，具在 405 nm 激发卜可实现接近 100％的量子效率（λ_{em}＝502 nm）。同时，基于 Sr_3AlO_4F 结构模型，设计了 Sr_3SiO_5-Sr_2LnAlO_5:Ce^{3+}（Ln＝Gd 和 La）同构固溶体，并将该固溶体荧光粉应用于白光 LED。

(5) Mn^{4+}掺杂铝酸盐荧光粉

Mn^{4+}在八面体晶体场中会产生红光发射，有些铝酸盐的晶体结构可以提供较好的八面体晶体场局域环境，比如 $CaAl_4O_7$，$CaAl_{12}O_{19}$，$Sr_4Al_{14}O_{25}$，$Sr_2MgAl_{22}O_{36}$，$CaMg_2Al_{16}O_{27}$和

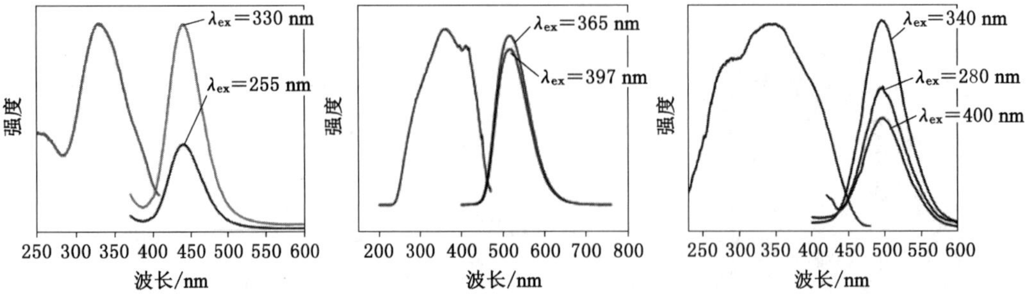

(a) $CaAl_2O_4$: Eu^{2+}　(b) $SrAl_2O_4$: Eu^{2+}　(c) $BaAl_2O_4$: Eu^{2+}

图 10-21　激发发射光谱图

$Ca_{14}Al_{10}Zn_6O_{35}$等，掺杂 Mn^{4+} 后这些窄带红粉均有应用于白光 LED 的潜能。

这里选取 $CaMg_2Al_{16}O_{27}$（简称 CMA）为例子。图 10-22(a)是 CMA 的晶体结构图，CMA 的晶胞由 M($CaAl_{12}O_{19}$，磁铅矿单元）和 S($Mg_2Al_4O_8$，尖晶石单元）两种结构单元组成，按$(MS)_n$的顺序堆叠。这种结构中存在大量的[AlO_6]八面体格位，这为 Mn^{4+} 替代 Al^{3+} 提供了非常有利的晶体场环境，而且[AlO_6]层被[AlO_4]层或[MgO_4]层沿 c 轴方向有规律间隔开，这种层状结构有利于将 Mn^{4+} 离子与局部扰动隔离开来，从而有望实现高效率发光。

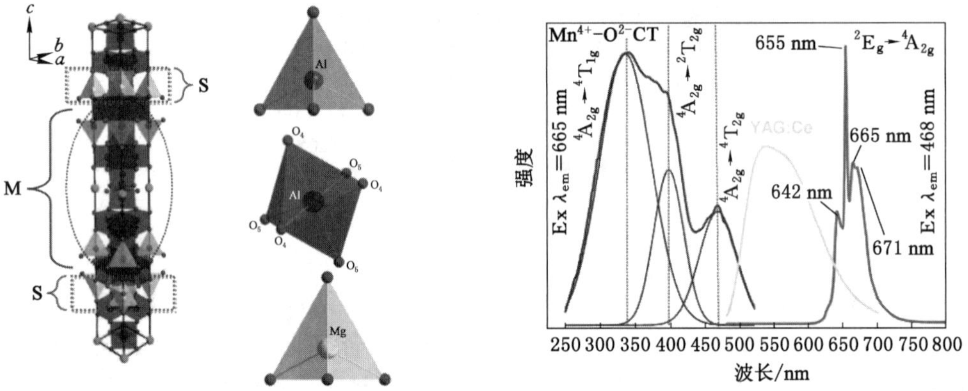

(a) $CaMg_2Al_{16}O_{27}$的晶体结构图

(b) $CaMg_2Al_{16}O_{27}$: Mn^{4+}和 YAG: Ce^{3+}的激发发射光谱图

图 10-22　$CaMg_2Al_{16}O_{27}$的晶体结构图及 $CaMg_2Al_{16}O_{27}$:Mn^{4+}和 YAG:Ce^{3+}的激发发射光谱图

如图 10-22(b)所示，CMA:Mn^{4+}的激发光谱呈现出从 250 nm 到 550 nm 的几个激发带，有 3 个高斯峰。可以看到 2 个典型的强自旋允许 Mn^{4+}:$^4A_{2g}\rightarrow{}^4T_{1g}$和 Mn^{4+}:$^4A_{2g}\rightarrow{}^4T_{2g}$跃迁峰位于约 345 nm 处和约 468 nm 处，还有一个在 390 nm 处的较弱可区分的自旋禁止 Mn^{4+}:$^4A_{2g}\rightarrow{}^2T_{2g}$跃迁峰。还可以明显看到荧光粉在蓝光激发下在 600～750 nm 波长范围内显示出强烈的红色发射，最大值位于 655 nm 附近。从图中可以看出 CMA:Mn^{4+}可以弥补 YAG:Ce^{3+}红光发射不足的问题，而且 CMA:Mn^{4+}的激发光谱和 YAG:Ce^{3+}发射光谱的重叠部分很小，因此光子重吸收的概率很小。该红色发射带由分别在 642 nm、655 nm、665 nm、671 nm 处的 4 个可区分的斯托克斯/反斯托克斯边带组成，由[MnO_6]八面体中 $3d^3$ 电子的 ^2E_g，$^2T_{2g} \rightarrow {}^4A_{2g}$ 跃迁不同振动模式而产生。

10.4.3　硅酸盐

(1) 正硅酸盐荧光粉

碱土金属正硅酸盐荧光粉的结构通式为 M_2SiO_4，其中 M＝Ba、Sr、Ca，是应用最广泛的硅酸盐基荧光粉，至今已有超过 40 年的研究历史。

Ca_2SiO_4 至少有 5 个相：α，α'_H，α'_L，β，γ。图 10-23 所示为各相之间的转化温度。其中 β-Ca_2SiO_4 与 γ-Ca_2SiO_4 之间的转化是不可逆的。Yasushi Sato 等研究了 Eu^{2+} 掺杂的 Ca_2SiO_4 的发光行为。他们发现：当不断增加 Eu^{2+} 掺杂量时，发射峰会不断红移，最后进入红光区域，如图 10-24(a) 所示。这是由于当 $0.1 < x < 0.2$ 时，Ca_2SiO_4 开始发生相转变，由 β 相 (P21/n)→α'_L(Pna21)；当 $x \geqslant 0.2$ 时，均为 α'_L 相。Ali Kalaji 等研究了 Ce^{3+} 掺杂的 Ca_2SiO_4 的发光行为。一般而言，Ce^{3+} 掺杂的 Ca_2SiO_4 在常温下表现为单斜的 β 相结构，通常发射蓝光。而将一部分 Si^{4+} 用 Al^{3+} 取代，可在常温下得到 Ce^{3+} 掺杂的 γ-Ca_2SiO_4，在445 nm 光的激发下，Ce^{3+} 掺杂的 γ-Ca_2SiO_4 呈现出黄光发射(575 nm)，如图 10-24 (b)所示。

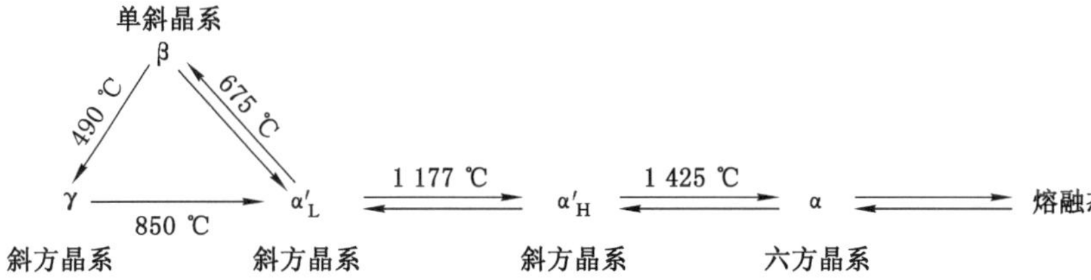

图 10-23　α-Ca_2SiO_4、α'H-Ca_2SiO_4、α'L-Ca_2SiO_4、β-Ca_2SiO_4 及 γ-Ca_2SiO_4 之间的转化温度

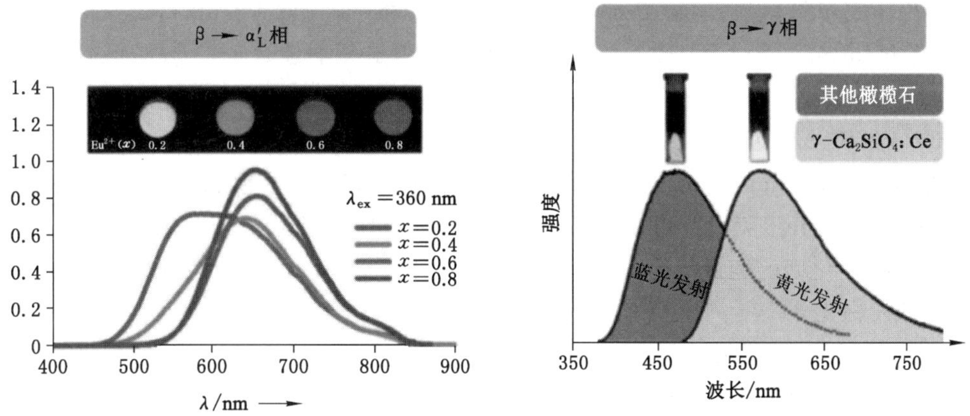

(a) 365 nm激发下 $Ca_{2-x}Eu_xSiO_4$ 的发射光谱　　(b) β-Ca_2SiO_4: Ce和 γ-Ca_2SiO_4: Ce, Al发射光谱

图 10-24　365 nm 激发下 $Ca_{2-x}Eu_xSiO_4$ 的发射光谱及 β-Ca_2SiO_4:Ce 和 γ-Ca_2SiO_4:Ce,Al 发射光谱

Sr_2SiO_4 有两个相：高温相 α-Sr_2SiO_4 及低温 β-Sr_2SiO_4。其中 α-Sr_2SiO_4 属于正交晶系，与 Ba_2SiO_4 是同构的，空间群为 Pnma。在 Ba_2SiO_4 及 α-Sr_2SiO_4 中存在 2 个不同的阳离子格

位:体积较大的 10 配位的 M1 位置及体积较小的 9 配位的 M2 位置。因此,Eu^{2+} 在进入晶格后就会具有两种不同的占位情况。采用阳离子取代方式设计了同构固溶体 $Sr_xBa_{2-x}SiO_4$:Eu^{2+}(x=0—1),研究结果表明:随着 Sr 含量的增加,在 450 nm 激发下,发射光谱发生了红移,如图 10-25 所示,当 Sr 的掺杂量为 46%时,其量子效率最高可达 90%,并且该中间组分的荧光粉热稳定性最好,猝灭温度可延至 413 K,此温度下的量子效率仍可达到 75%,这是因为相对于端元组分,中间组分具有更优化的价键结构,从而导致更好的结构刚性,因此具有较好的温度稳定性。

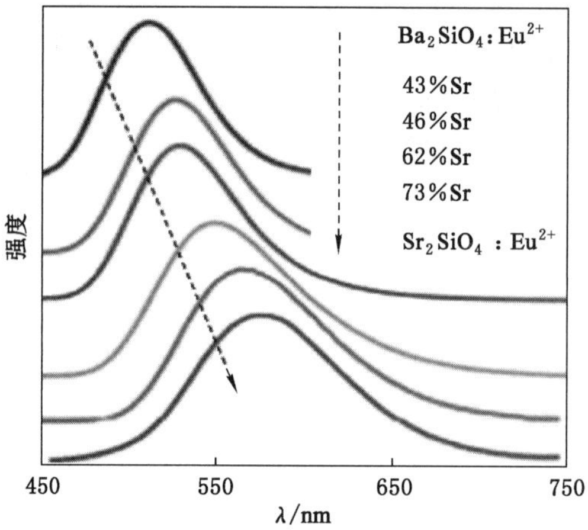

图 10-25　$Sr_xBa_{2-x}SiO_4$:Eu^{2+} 的发射光谱图

(2) 偏硅酸盐荧光粉

偏硅酸盐荧光粉的结构通式为 M_3SiO_5(M = Ca,Sr,Ba),阳离子不同基质的结构不同,Ca_3SiO_5 是单斜相(空间群 Cm),Sr_3SiO_5 是四方相(空间群 P4/ncc),Ba_3SiO_5 是四方相(空间群 I4/mcm)。Sr_3SiO_5 有 2 个阳离子格位,分别是 9 配位和 10 配位,通过阳离子取代设计(Ba,Sr)$_3$$SiO_5$:$Eu^{2+}$ 荧光粉,通过 Ba^{2+} 取代 Sr^{2+},实现发射光谱的红移(570→590 nm);在 Sr_3SiO_5 基质中掺杂 Ce^{3+},可实现由蓝光激发产生较强的黄光发射,其发射带较宽且峰约位于 510 nm 处。此外,杨志平等研究了 Eu^{2+},Mn^{2+} 共掺的单一基质发白光的 Sr_2MgSiO_5:Eu^{2+},Mn^{2+} 荧光粉的发光性能,指出 Eu^{2+} 的发射峰位于 459 nm 和 555 nm 处,通过 Eu^{2+}-Mn^{2+} 之间的能量传递,Mn^{2+} 的发射峰位于 678 nm 处,3 个发射峰相互叠加,实现单一基质发白光。

(3) 焦硅酸盐荧光粉

碱土金属焦硅酸盐的结构通式为 $M_2(Mg,Zn)Si_2O_7$(M=Ca,Sr,Ba),均为四方晶系的黄长石结构。以 $Sr_2MgSi_2O_7$ 为代表的晶体结构如图 10-26(a)所示,可以看出,1 个硅氧四面体$[SiO_4]^{4-}$ 与另一个硅氧四面体$[SiO_4]^{4-}$ 通过共顶点的方式相连,组成一个孤立的基团$[Si_2O_7]^{6-}$。当激活剂离子为 Eu^{2+} 时,$M_2MgSi_2O_7$(M=Ca,Sr,Ba)的发射波长分别为 537 nm、465 nm、505 nm,如图 10-26(b)所示。

此外,Eu^{2+} 与三价稀土离子 RE^{3+} 共掺的碱土焦硅酸盐是一款性能优良的长余辉荧光粉,具有物理化学稳定性好、不易水解、稳定的余辉性能、发光范围广等特点,其发射光谱及

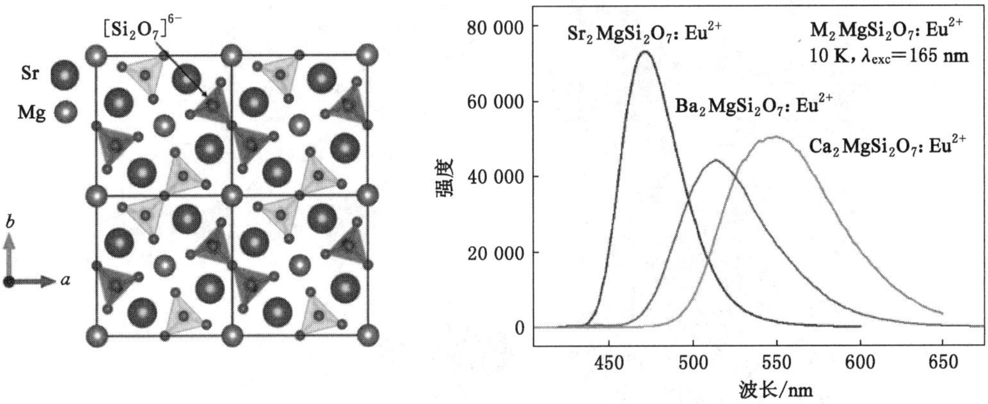

(a) $Sr_2MgSi_2O_7$的晶体结构图　　(b) $M_2MgSi_2O_7$（M=Ca, Sr, Ba）的发射光谱

图 10-26　$Sr_2MgSi_2O_7$的晶体结构图及
$M_2MgSi_2O_7$(M = Ca,Sr,Ba)的发射光谱

余辉时间与铝酸盐基长余辉荧光粉相当。

(4) 其他硅酸盐荧光粉

斜方相 $Ba_9RE_2Si_6O_{24}$:Ce^{3+}/Eu^{2+}(RE = Sc,Y 和 Lu)荧光粉的发射波长范围在紫外到可见光区域。$Ba_9RE_2Si_6O_{24}$的晶体结构如图 10-27 所示，由共享顶点的 SiO_4-REO_6-SiO_4层组成，RE 原子只有 1 个晶体学格位，并与 6 个 O 原子配位形成近六边形的畸变 REO_6八面体，并与 SiO_4四面体共顶点。该结构中存在 3 个独立的钡位点，分别以 Ba(1)、Ba(2)和 Ba(3)表示。Ba(1)和 Ba(2)离子在层间间隙中交替排列成链状，并连接含有 Ba(3) 离子链的 Lu-Si-O 层。3 个钡位点 Ba(1)、Ba(2)和 Ba(3) 分别与 12、9 和 10 个氧原子配位，形成 3 个不同的畸变多面体。

如图 10-28(a)所示，在 394 nm 激发下，$Ba_9Y_{1.94}Ce_{0.06}Si_6O_{24}$展现一宽带发射(400→675 nm)，发射峰位于 480 nm 处；不同温度下，对比 $Ba_9Y_{1.94}Ce_{0.06}Si_6O_{24}$和商业粉 YAG:Ce 的量子效率，发光效率降低幅度较小[图 10-28(b)]，其热稳定性高于 M_2SiO_4:Eu^{2+}(M = Sr 和 Ba)硅酸盐荧光粉的。可以认为 $Ba_9Y_{1.94}Ce_{0.06}Si_6O_{24}$的晶体结构中多面体连接更接近 YAG:$Ce^{3+}$，这限制了扰动的自由度，提高了热稳定性。

10.4.4　氮化物/氮氧化物

氮(氧)化物荧光粉由于结构种类繁多、有较好的热稳定性、量子效率高、丰富的发光颜色以及比较宽的有效激发波长等优点受到了广泛关注。当 Eu^{2+}或 Ce^{3+}离子掺杂到氮化物和氮氧化物中时，Eu^{2+}或 Ce^{3+}的 5d 能级重心下移较大，晶体场劈裂大，导致氮化物荧光粉的激发和发射峰波长均较长，适宜用作白光 LED 光转换材料。

(1) $M_2Si_5N_8$:Eu^{2+}(M=Ca,Sr,Ba)荧光粉

$M_2Si_5N_8$化合物有两种晶体结构类型。$Sr_2Si_5N_8$和 $Ba_2Si_5N_8$同属于斜方晶系，空间群是 $Pmn2_1$，$Ca_2Si_5N_8$属于单斜晶系，空间群是 Cc。由图 10-29 可以看出：$M_2Si_5N_8$:Eu^{2+}荧光粉有很宽的激发带，均可被蓝光有效激发；$M_2Si_5N_8$:Eu^{2+}(M=Ca,Sr,Ba)荧光粉具有较宽的

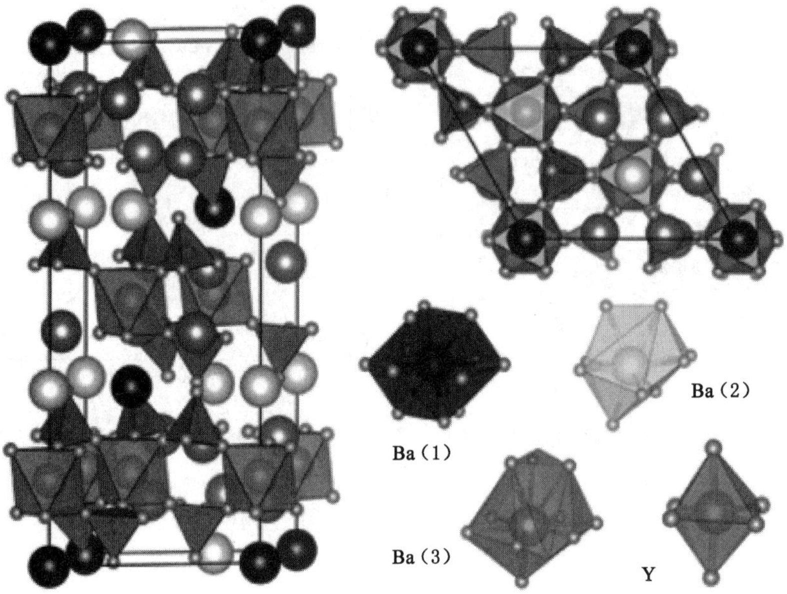

图 10-27　$Ba_9RE_2Si_6O_{24}$的晶体结构图

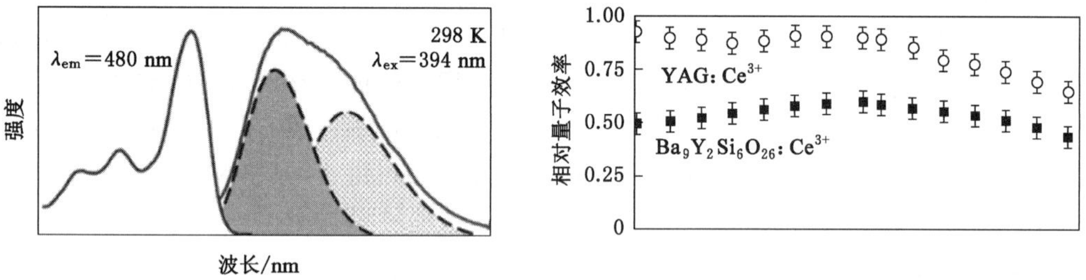

(a) Ba_9 $Y_{1.94}$ $Ce_{0.06}$ Si_6 O_{24}的激发发射光谱　(b) 不同温度下的商业粉 YAG: Ce对比的量子效率

图 10-28　$Ba_9Y_{1.94}Ce_{0\,0.06}Si_6O_{24}$的激发发射光谱及
不同温度下和商业粉 YAG:Ce 对比的量子效率

发射带，最强发射峰分别位于 610 nm、620 nm 和 580 nm 处。

(2) $CaAlSiN_3$:Eu^{2+}荧光粉

$CaAlSiN_3$属于正交晶系，空间群为 $Cmc2_1$。如图 10-30(a)所示，[SiN_4]和[AlN_4]的四面体通过角共享形成六元环，并且这些环组合形成平面 A。通过平面 A 旋转 180° 获得的另一个平面 B 覆盖在 A 上，形成一个刚性的三维框架。Ca^{2+}/Eu^{2+}离子被容纳在重叠平面的空腔中，因此晶体形成刚性网状结构。

如图 10-31(a)和图 10-31(b)所示，$CaAlSiN_3$:Eu^{2+}荧光粉有很宽的激发带，激发带分别在 310 nm 和 450 nm 处有 2 个峰值，310 nm 处的峰值是基质吸收造成的，450 nm 处的峰值是因为 4f-5d 吸收跃迁所致。在 405 nm 激发下，$CaAlSiN_3$:Eu^{2+}量子效率比传统的 La_2O_2S:Eu^{3+}红粉提高了 7 倍，发射带最强峰位于 660 nm 处，呈现深红光发射。

图 10-31(c)展示了 $CaAlSiN_3$:Eu^{2+}荧光粉的热稳定性。从图中可以看出，相比室温下

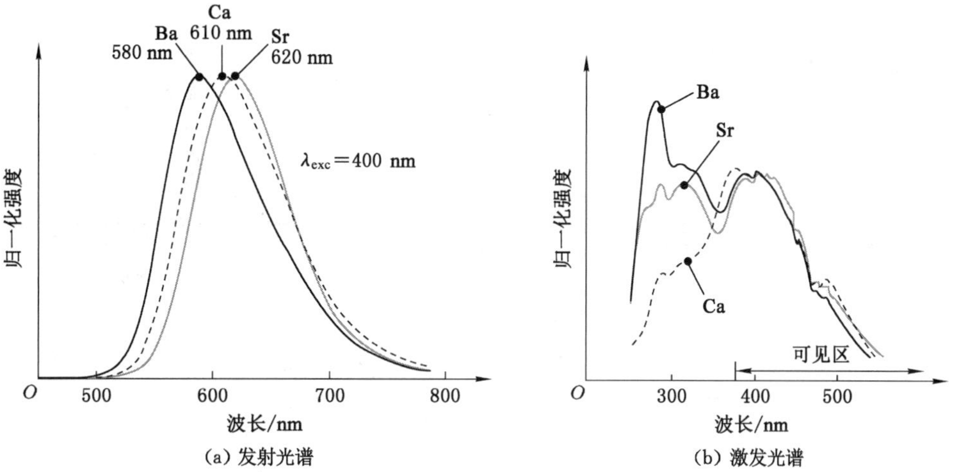

图 10-29　$M_2Si_5N_8$:Eu^{2+}(M=Ca,Sr,Ba)的发射光谱和激发光谱

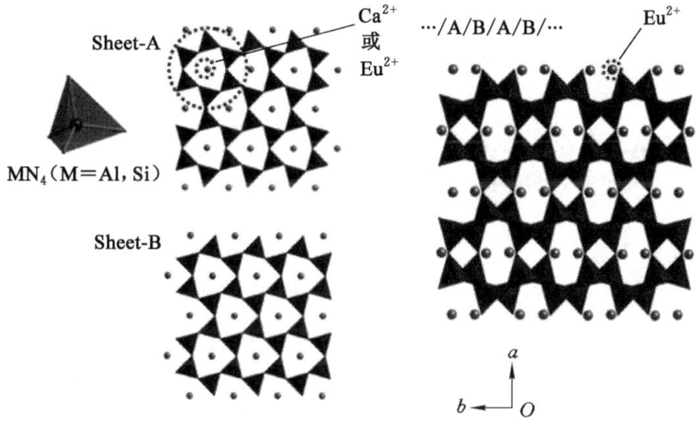

图 10-30　$CaAlSiN_3$:Eu^{2+}的晶体结构图

的发光强度,在 150 ℃时,$Ca_{0.98}Eu_{0.02}AlSiN_3$ 和 $Ca_{0.95}Eu_{0.05}AlSiN_3$ 的发光强度分别能保持 90%和 83%。但是在同样条件下,YAG:Ce^{3+} 的发光强度是室温下的 60%。$CaAlSiN_3$:Eu^{2+}荧光粉的热稳定性较好,主要原因是结构刚性强,斯托克斯位移较小。

(3) $M(A,B)_4N_4$:Eu^{2+}窄带发射荧光粉

虽然商业用红色荧光粉$(Ca,Sr)AlSiN_3$:Eu^{2+}和$(Sr,Ba)_2Si_5N_8$:Eu^{2+}具有很多优点,如宽激发带、光色可调、好的热稳定性和高量子效率,但是宽带红色荧光粉导致显色指数与流明效率有所降低。近年来,国内外多个课题组致力于研究基于 UCr_4C_4 结构的新氮化物窄带红色荧光粉。图 10-32 展示了 $Ca[LiAl_3N_4]$:Eu^{2+}、$Sr[Mg_3SiN_4]$:Eu^{2+} 和 $Sr[LiAl_3N_4]$:Eu^{2+} 的发光性能,它们都是宽带激发,激发峰的范围从近紫外光到绿光(400~550 nm),正好与蓝光芯片相匹配;发射峰分别处于 668 nm、615 nm、654 nm,相应的半峰宽分别为 1 333 cm^{-1}、1 170 cm^{-1}、1 180 cm^{-1}。比较而言,在这些窄带红色荧光粉中,$SrLiAl_3N_4$:Eu^{2+}荧光粉的发光性能表现最优,在 440 nm 蓝光激发下测量内外量子效率分别为 76%和

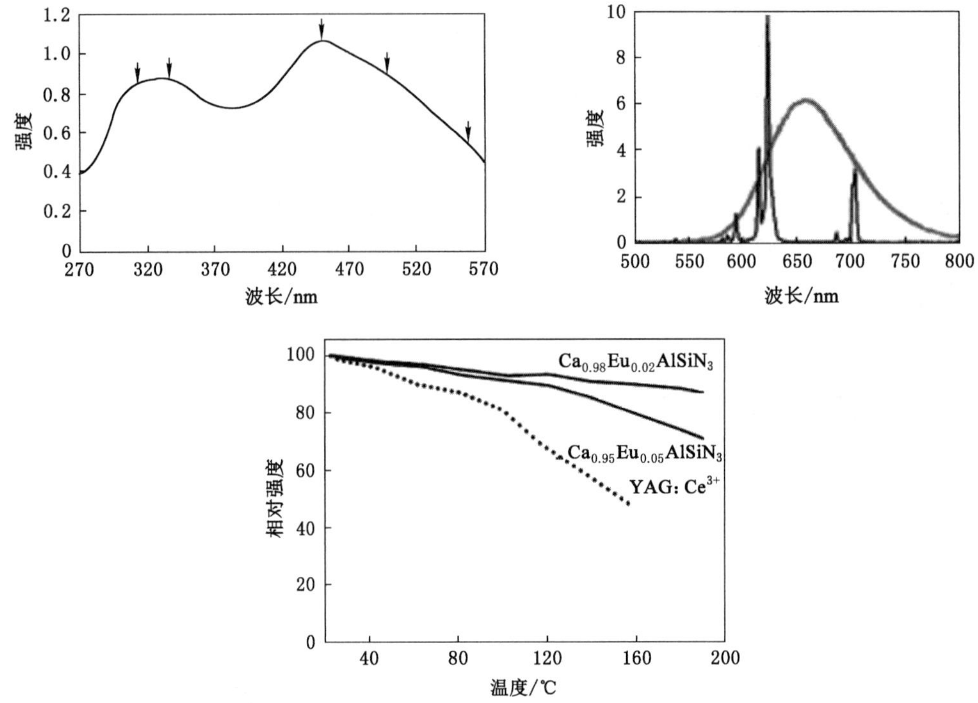

图 10-31　$CaAlSiN_3:Eu^{2+}$的激发光谱、$CaAlSiN_3:Eu^{2+}$和$La_2O_2S:Eu^{3+}$的发射光谱及$CaAlSiN_3:Eu^{2+}$与$YAG:Ce^{3+}$热稳定性对比

52%，200 ℃时相对量子效率大于95%，表现出优异的热稳定性能。采用这些窄带红色荧光粉与蓝光芯片组装的白光LED的显色指数和流明效率得到提高。

这些荧光粉基质体系具有一些共同特点：$[AX_4]$和$[BX_4]$四面体通过共用边和共用顶点的方式连接形成高致密度的三维骨架。M离子位于[001]方向的vierer环中。代表性的晶体结构如图10-33所示。该类型化合物的结构刚性强且具有高度对称的阳离子格位M，被具有4f-5d跃迁的Eu^{2+}离子取代后有助于降低晶体场效应而导致峰展宽效应。

(4) SiAlON系荧光粉

赛隆(Sialon)是在Si_3N_4基础上通过用氧部分置换SiN_4四面体中的氮，同时以铝部分置换其中的硅的方法研制成功的。理想的Si_3N_4结构是由SiN_4四面体通过共角的形式形成的空间骨架。与Si_3N_4一样，Sialon包括α型和β型两种晶型。对于光功能材料领域来说，Sialon陶瓷的主要研究对象为α-Sialon和β-Sialon。

① α-Sialon：Eu^{2+}

α-Sialon陶瓷是一种基于α-Si_3N_4结构的间隙固溶体，其分子式为$M_xSi_{12-m-n}Al_{m+n}O_nN_{16-n}$。在α-Sialon中，有$m$个Si-N键被Al-N键取代，还有$n$个Si-N键被Al-O键取代，由此导致的电价不平衡由金属离子M的填隙来补偿。其中M可以是碱土金属(如Li、Mg、Ca)以及除La、Ce、Pr、Eu之外(离子半径大于1 Å)的所有稀土元素，位于α-Si_3N_4单胞内的2个晶格间隙，与7个(N/O)相连，α-Sialon的晶体结构如图10-34(a)所示。

α-Sialon中研究较多的荧光粉是Ca-α-Sialon：Eu^{2+}和Y-α-Sialon：Eu^{2+}。$Ca_{0.80}Eu_{0.05}Si_{9.60}Al_{2.40}O_{0.70}N_{15.30}$和$Y_{0.60}Eu_{0.05}Si_{9.30}Al_{2.70}O_{0.80}N_{15.20}$的发光性能对比如图10-34(b)和

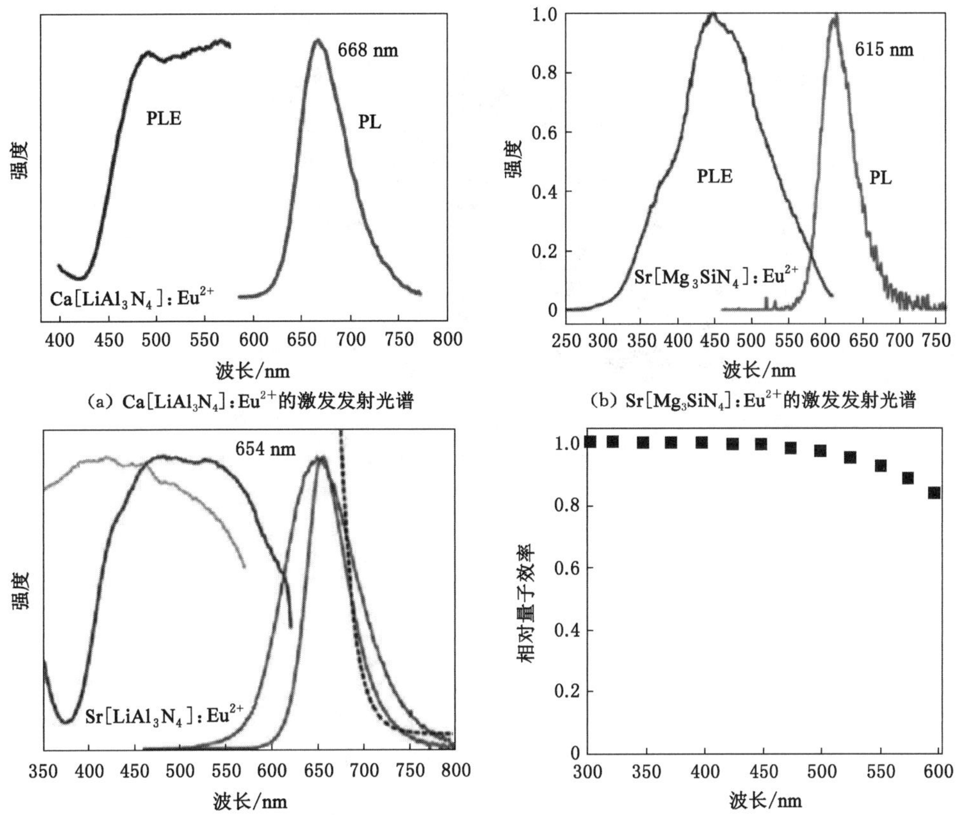

(a) Ca[LiAl$_3$N$_4$]:Eu^{2+}的激发发射光谱　　(b) Sr[Mg$_3$SiN$_4$]:Eu^{2+}的激发发射光谱

(c) Sr[LiAl$_3$N$_4$]:Eu^{2+}的激发发射光谱　　(d) Sr[LiAl$_3$N$_4$]:Eu^{2+}的变温相对量子效率

图 10-32　Ca[LiAl$_3$N$_4$]:Eu^{2+}、Sr[Mg$_3$SiN$_4$]:Eu^{2+}、Sr[LiAl$_3$N$_4$]:Eu^{2+}的激发发射光谱及 Sr[LiAl$_3$N$_4$]:Eu^{2+}的变温相对量子效率

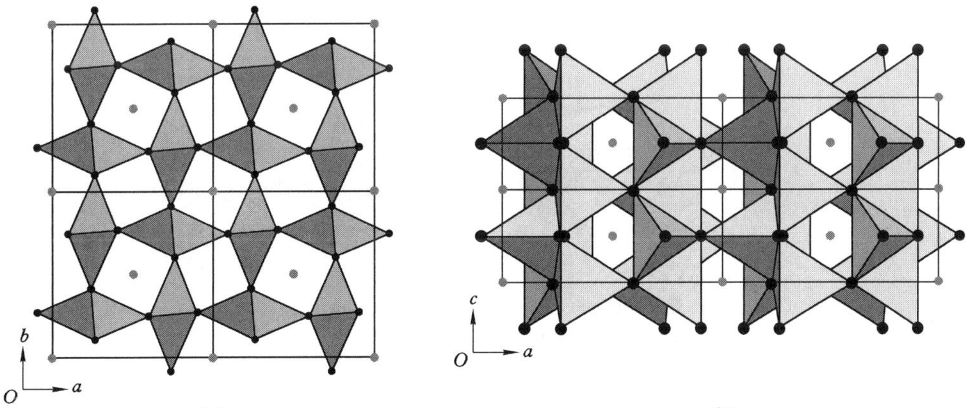

(a)　　(b)

图 10-33　SrMg$_2$Al$_2$N$_4$晶体结构图

图 10-34(c)所示。二者的激发光谱与发射光谱在峰型和强度上都十分相近，且都能被蓝光有效激发，只是发射光谱 Y-α-Sialon(611 nm)相对 Ca-α-Sialon(591 nm)产生了红移。不过 Y-α-Sialon 的热稳定性并不是很理想，温度为 150 ℃时发光强度就已经衰减到室温下的

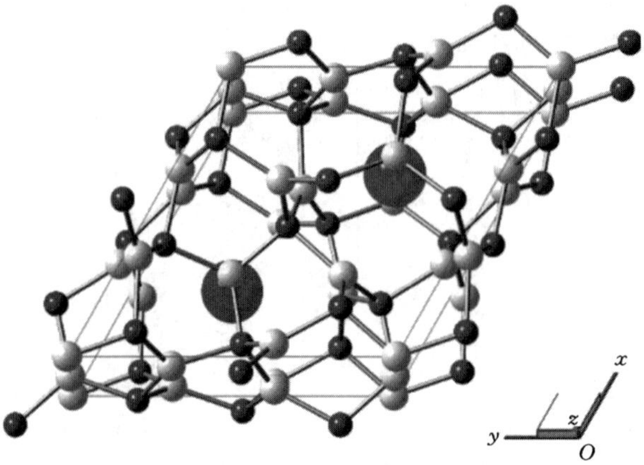

(a) α-Sialon的晶体结构图

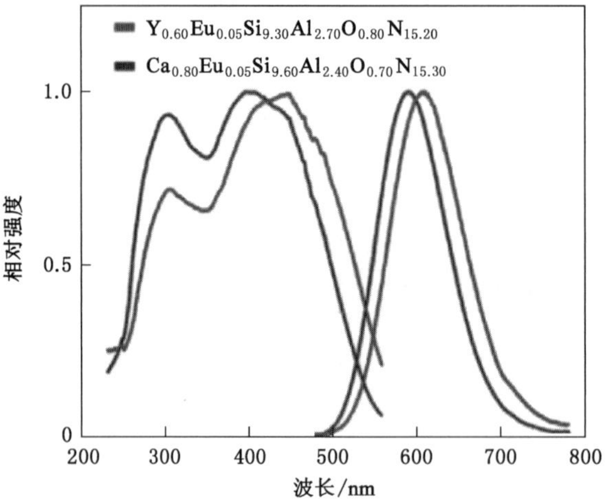

(b) Ca-α-Sialon: Eu^{2+}和Y-α-Sialon: Eu^{2+}的激发发射光谱

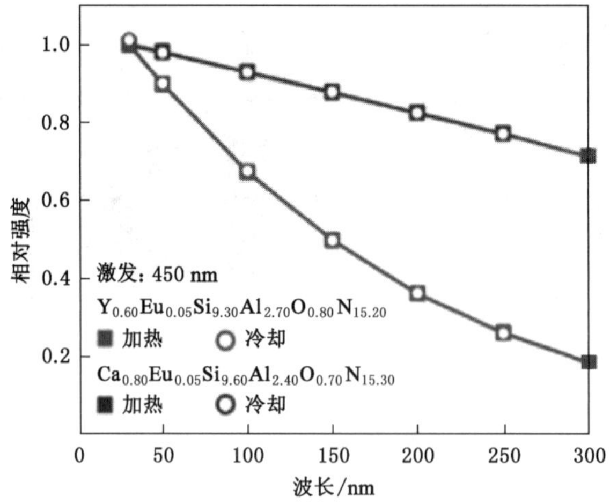

(c) 温度依赖发光强度

图 10-34 α-Sialon 的晶体结构图、Ca-α-Sialon:Eu^{2+} 和 Y-α-Sialon:Eu^{2+} 的激发发射光谱及温度依赖发光强度

50%，而 Ca-α-Sialon 还能保持在 90%。

② β-Sialon:Eu^{2+}

β-Sialon 是由 Si_3N_4-Al_2O_3-SiO_2-AlN 化合物组成的固溶体。在 β-Si_3N_4 中，Al-O 键等量置换 Si-N 键，所形成的固溶体称为 β-Sialon。β-Sialon 晶体具有与 β-Si_3N_4 非常相似的晶体结构，均为六方晶系，Si-N 层沿着 c 轴方向堆叠，形成平行于六次轴的连续通道，如图 10-35 所示。β-Sialon 具有很强的结构刚性，且 Eu^{2+} 占据高度对称的六边形通道中的间隙位置，因此，β-Sialon:Eu^{2+} 呈现窄带发射。然而，由于 Eu^{2+} 的异常占据，只有少量的 Eu^{2+} 离子可以进入基质晶格，导致发光效率难以提高。而且 Eu^{3+} 比 Eu^{2+} 更可能存在于 β-Sialon 的通道中，导致发光效率降低。

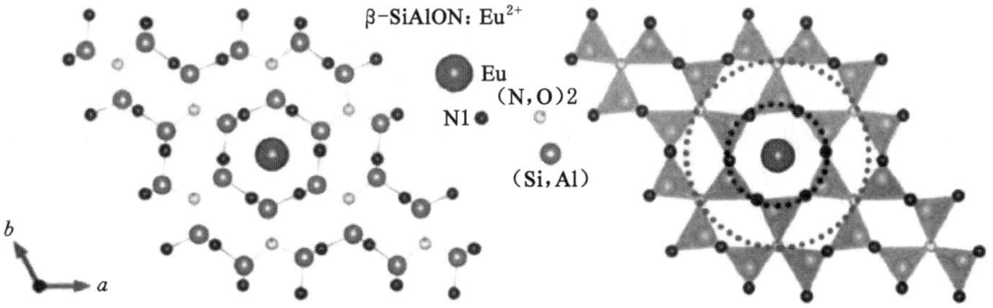

图 10-35　β-Sialon:Eu^{2+} 的晶体结构示意图

β-Sialon 的分子式为 $Si_{6-z}Al_zO_zN_{8-z}$。β-Sialon 的性质与 z 值有关，这源于结构的变化。随着 z 值的增大，晶胞尺寸增大，伴随着键强度的减弱和结构的疏松。同时，改变 z 值也会对光谱产生影响，当 z 从 1 变化到 4 时，激发光谱的范围从 200～500 nm 变化到 200～400 nm，发射光谱 415 nm 蓝光处的发射峰强度增大，540 nm 绿光处先增大后减小，如图 10-36 所示。对 $Eu_xSi_{6-z}Al_zO_yN_{8-y}$($y=z-2x$, $x=0.018$, $z=0.23$) β-Sialon 进行变温发光强度检测，发现温度为 150 ℃时其发光强度为室温时的 88%，而仅为 $SrBaSiO_4$:Eu^{2+} 的 65%，表明 β-Sialon 的热稳定性较好。

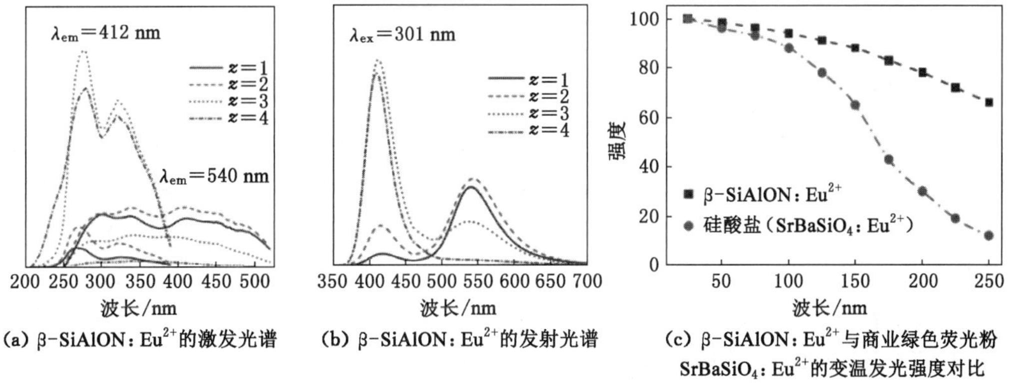

图 10-36　β-Sialon:Eu^{2+} 的激发光谱、发射光谱及
与商业绿色荧光粉 $SrBaSiO_4$:Eu^{2+} 的变温发光强度对比

10.4.5 Mn^{4+}掺杂氟化物

研究发现：蓝光激发的线状发射或窄带发射红色荧光粉可以与宽带发射黄色荧光粉相互补充，在提高所封装出白光 LED 的显色性的同时可有效提高白光 LED 的流明效率。在宽波长范围内，氟化物具有较低的声子能量和光学透明性，并具有合适的晶体学格位适合稀土离子掺杂。Mn^{4+}掺杂氟化物荧光粉目前的主流分为Ⅰ2-Ⅳ-F6 和Ⅱ-Ⅳ-F6 两类，分子式为 $A_2MF_6:Mn^{4+}$（A＝Na，K，Cs，Rb，(NH_4)；M＝Si，Ge，Sn，Ti，Zr）或 $BMF_6:Mn^{4+}$（B＝Ba，Zn；M＝Si，Ge，Sn，Ti）。氧化物掺杂 Mn^{4+}离子荧光粉的发射峰波长 $\lambda_{em}>650$ nm，不适用于照明，而 Mn^{4+}离子掺杂氟化物的发射峰相比氧化物的将蓝移，典型氟化物荧光粉为$K_2SiF_6:Mn^{4+}$和 $K_2TiF_6:Mn^{4+}$。图 10-37 给出了 $K_2TiF_6:Mn^{4+}$的激发与发射光谱，主激发峰位于 468 nm 处，与蓝光芯片相匹配；在 610～650 nm 范围内展现出一些线状发射峰，主峰位于 631.5 nm 处。重要的是，$K_2TiF_6:Mn^{4+}$的激发峰与 YAG:Ce 的发射峰几乎无重叠，避免了再吸收。因此，这一类 Mn^{4+}掺杂氟化物荧光粉具有良好的应用前景，部分体系已经进入商品化应用领域。

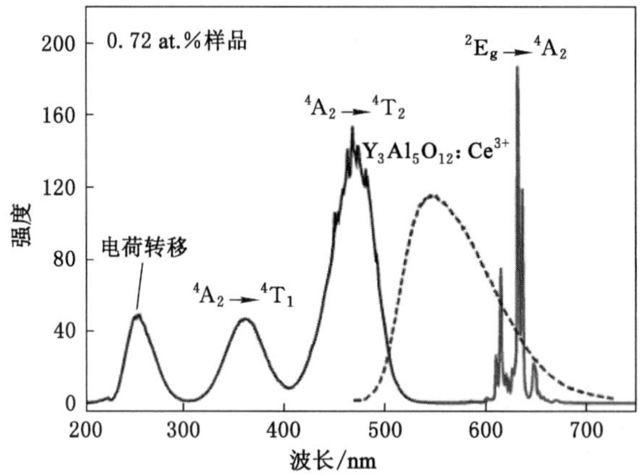

图 10-37　$K_2TiF_6:Mn^{4+}$的激发与发射谱及其 YAG:Ce 的发射谱

10.4.6 磷酸盐

近年来研究者陆续报道了许多有应用前景的磷酸盐荧光粉，如磷灰石结构的 $(Sr,Ca)_5(PO_4)_3Cl:Eu^{2+}$、正磷酸盐 $ABPO_4:Eu^{2+}$（A＝Li，Na，K；B＝Ca，Sr，Ba）和 β-$Ca_3(PO_4)_2:Eu^{2+}$型荧光粉等。磷酸盐有较好的化学稳定性和热稳定性，但是面临的主要问题是其吸收与蓝光 LED 芯片不匹配，大多数磷酸盐荧光粉的吸收与近紫外芯片（波长范围为 350～420 nm）相匹配。例如，在 360 nm 激发下，正磷酸盐 $ABPO_4:Eu^{2+}$展现出一条蓝光宽带发射，但是其热稳定性非常好。$KSrPO_4:Eu^{2+}$与 $KBaPO_4:Eu^{2+}$的发射波长类似，约为 420 nm；而 $LiSrPO_4:Eu^{2+}$的发射峰与 $KSrPO_4:Eu^{2+}$相比发生了红移，发射峰位于 445 nm 处。稀土离子掺杂 β-$Ca_3(PO_4)_2$型结构的荧光粉种类较多，典型的基质有 $Sr_{1.75}Ca_{1.25}(PO_4)_2$，$Ca_9Ln(PO_4)_7$（Ln＝Y，Gd，Lu，Sc），$Sr_8ZnSc(PO_4)_7$和 $Sr_8MgLn(PO_4)_7$（Ln＝Y，La）等。$Sr_8MgY(PO_4)_7:Eu^{2+}$和 $Sr_8MgLa(PO_4)_7:Eu^{2+}$荧光粉在近紫外区 250～450 nm 有

宽带吸收，与近紫外芯片相符合；400 nm 激发下，$Sr_8MgY(PO_4)_7$：Eu^{2+} 和 $Sr_8MgLa(PO_4)_7$：Eu^{2+} 均发射黄光，发射峰处于 518 nm、610 nm 和 611 nm 处。近来闪铋矿型 $M_3Ln(PO_4)$ 磷酸盐（M＝Sr，Ba；Ln＝稀土离子）得到广泛关注，例如 $Sr_3Ce(PO_4)_3$：Eu^{2+} 荧光粉在长波长 370 nm 激发下展现一宽带黄光发射（λ_{em}＝535 nm）。

除了上述近紫外光激发的磷酸盐荧光粉，一种可被蓝光有效激发的红色荧光粉 $Ca_4(PO_4)_2O$：Eu^{2+} 被报道，其发射峰为 665 nm。此外，另一种新型 $Ca_6BaP_4O_{17}$：Eu^{2+} 红色荧光粉可由蓝光或近紫外光激发，如图 10-38 所示。

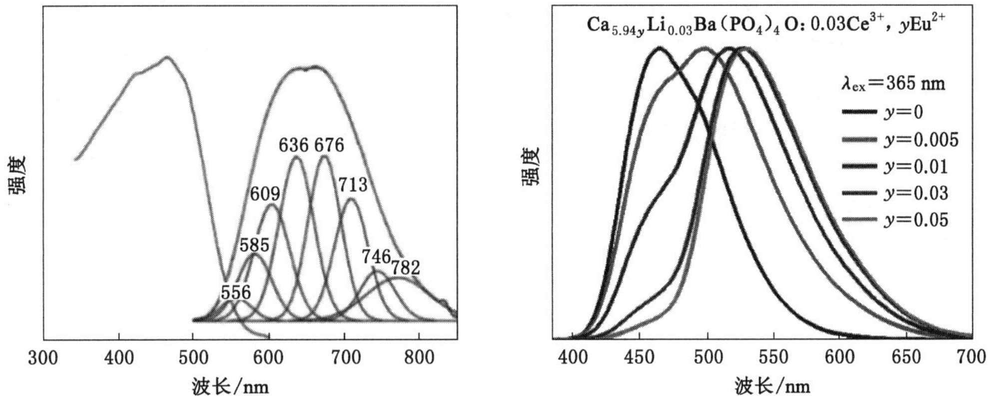

(a) $Ca_4(PO_4)_2O$: Eu^{2+}的激发与发射光谱图　　(b) $Ca_6BaP_4O_{17}$: Eu^{2+}激发与发射光谱图

图 10-38　$Ca_4(PO_4)_2O$：Eu^{2+} 的激发与发射光谱图和 $Ca_6BaP_4O_{17}$：Eu^{2+} 的激发与发射光谱图

思　考　题

1. 光的产生有哪几种方式？并列举发光方式。
2. 描述 YAG：Ge 荧光粉的激发和发射电子跃迁类型。
3. 一般来说氧化物掺杂 Mn^{4+} 离子荧光粉不适用于照明，而 Mn^{4+} 掺杂氟化物却适用，原因是什么？
4. 对 M_3Si_5：Eu^{2+} 荧光粉，当 M＝Ca/Sr/Ba 时，哪种荧光粉发射峰波长最长？
5. 画出 InGaN/GaN 双异质结 LED 的结构示意图。
6. 列举几类白光 LED 实现方案。
7. 简述白光 LED 用发光材料的组成。
8. 列举几类 UCr_4C_4 型发光材料，并简述其发光特点。

参 考 文 献

[1] 柴广跃. 半导体照明概论[M]. 北京：电子工业出版社，2016.
[2] 陈明月. $ABSiO_4$ 和 β-$Ca_3(PO_4)_2$ 型稀土发光材料的晶体结构与发光性能研究[D]. 北京：北京科技大学，2017.

[3] 崔殿鹏. Ce^{3+}/Eu^{2+} 掺杂 $SrLiAl_3N_4$ 基发光材料的制备及构效关系研究[D]. 北京:北京科技大学,2018.
[4] 夏志国,解荣军. 稀土发光传感与探测新材料[J]. 硅酸盐学报,2022(5):66-72.
[5] 肖志国. 半导体照明发光材料及应用[M]. 2版. 北京:化学工业出版社,2014.
[6] HARIYANI S,SÓJKA M,SETLUR A,et al. A guide to comprehensive phosphor discovery for solid-state lighting[J]. Nature reviews materials,2023,8:759-775.
[7] XIA Z G,LIU Q L. Progress in discovery and structural design of color conversion phosphors for LEDs[J]. Progress in materials science,2016,84:59-117.
[8] ZHAO M,ZHANG Q Y,XIA Z G. Narrow-band emitters in LED backlights for liquid-crystal displays[J]. Materialstoday,2020,40:246-265.
[9] ZHOU X Q,QIAO J W,XIA Z G. Learning from mineral structures toward new luminescence materials for light-emitting diode applications[J]. Chemistry of materials,2021,33(4):1083-1098.

第 11 章　新型节能显示材料

新型节能显示材料是指在设计和生产过程能耗低、效率高并能够使显示屏显示质量不受影响的前提下减少能源消耗的材料。这一类材料的发展对电子显示器行业具有重要意义，不仅有助于环保，还能延长设备的续航时间和降低运营成本。显示材料性能与显示技术性能指标息息相关。常见的性能指标包括图像性能和显示器性能。

11.1　图像性能

电子图像通常分为静止图像与活动图像。电视传送的主要信息是活动图像，其基本过程是在发送端将活动景物的光信号转变成与它相对应的电信号。经过加工、处理、记录并传送，在接收端再将电信号还原成原来景物图像。

（1）像素

像素是构成图像的最小面积单元，具有一定的亮度和色度等属性。对于黑白图像，每个像素数点为黑白程度不同的小点，而对于全彩色显示，至少需要三基色才能构成一个彩色像素。像素的宽高比与图像格式和方型像素显示有关。可以根据图像的宽高比和图像的像素数计算像素的宽高比。例如，标清数字电视中的 720×576 图像格式，像素宽高比为 4/720∶3/576＝1.066 7；而高清数字电视中的 1 920×1 080 图像格式，像素宽高比为 16/1 920∶9/1 080＝1，后者是方型像素。方型像素便于计算机处理图像。

（2）图像扫描

对于大部分显示器，在将模拟信号变成图像的过程中利用人眼的视觉暂留现象，进行一行一行的电-光转换，以此使人感觉是一幅图像。这种沿着行的地址进行横向移动扫描称为水平扫描，又称为行扫描。另外，将扫描线按从上到下顺序一点点下移的动作称为垂直扫描。在美国制定的数字电视标准中采用隔行扫描和逐行扫描两种方式。为数字电视制定的标准中包括多种扫描方式：480i、480p、720i、720p、1080i，其中 i 是隔行扫描，p 是逐行扫描。在屏幕亮度为 100 cd/m^2 的条件下，正常人眼的临界闪烁频率为 46 Hz，并随着屏幕亮度的上升而上升。我国彩色电视标准中规定的场频为 50 Hz，虽然高于临界闪烁频率，但是高亮度图像时仍会产生大面积图像闪烁。为了减小图像的大面积闪烁，只有提高场频（隔行扫描）或帧频（逐行扫描）。

11.2 显示器性能

显示器的主要功能是对静态图像、动态图像和立体图像等进行表达。显示器性能的主要指标包括显示尺寸、分辨率、亮度、对比度、灰度、彩色饱和度、色域、视角等。

(1) 显示尺寸

显示尺寸一般用显示屏的对角线长度描述,单位为英寸或厘米,1 英寸=2.54 厘米。根据显示宽度大于、等于或者小于显示高度,显示格式分为横向、等幅、纵向三种。大多数显示器和电视机都采用横向格式,其宽度和高度之比称为幅型比,典型值为 4∶3、16∶9 和 16∶10。

(2) 分辨率

分辨率是影响图像质量的一项重要指标。在显示器领域,分辨率一词的用法并不完全统一。分辨率可以用 1 mm 的像素数表示,也常用像素节距表示。有时,总像素数也可以用分辨率表示。对于全彩色显示,至少需要三基色(RGB)才能构成一个彩色像素。分辨率通常分为屏幕分辨率(dpi)和图像分辨率(ppi)。

(3) 亮度

亮度表示显示器的发光强度,单位为 cd/m^2(又称为尼特)。我国对于一些显示器的亮度均匀性有相关要求:LCD 亮度均匀性≥75%,PDP 亮度均匀性≥80%,CRT 亮度均匀性≥50%。

(4) 对比度

对比度是最大亮度和最小亮度的比值,分为暗场对比度和亮场对比度。暗场对比度是在全黑环境下测得的,亮场对比度是在有一定环境光的条件下测得的。对比度越高,图像的层次越多,清晰度越高,可以更容易显示生动、丰富的色彩。但是,对比度低则会使画面有灰蒙蒙的感觉。当对比度小于或者等于 1 时,人眼就不能够区分出开和关的颜色,因此 FPD 显示的信息内容就会丢失或者失真。对比度对动态视频显示效果的影响更大,由于动态图像中明暗转换比较快,对比度更高,人的眼睛越容易分辨出这样的转换过程。对比度高的产品在一些暗部场景中的显示表现,在清晰度和高速运动物体表现上优势更明显。

(5) 灰度

灰度通常指图像的黑白亮度之间的一系列过渡层次。灰度与图像的对比度的对数成正比,并受图像最大对比度的限制。对于彩色显示,灰度等级表示各基色的等级。一般将灰度分为 256 级(0~255 表示),灰度级越多,图像层次越分明,色彩越丰富,也越逼真。

(6) 彩色饱和度和色域

彩色饱和度是指颜色的纯度或强度,反映了颜色中纯净光谱色所占比例,与同一色调下的白色光相对比。高饱和度的颜色看起来更鲜艳、生动,而低饱和度的颜色则显得更灰暗或柔和。一般情况下,可以在技术上通过调整 RGB 三基色(红、绿、蓝)的比例来改变一个颜色的饱和度。当三基色比例相等时,颜色为无彩色,即灰色调;随着某一基色成分的增加,该颜色的饱和度也会相应提高。

色域是指某种设备所能表达的颜色数量所构成的范围区域,也就是各种屏幕显示设备、打印机或者印刷设备所能表现的颜色范围。自然界中可见光谱的颜色组成了最大的色域空间，但是对于如此多的色彩需要借助更为直观的表现形式。于是 CIE 国际照明协会制定了一个 CIE-xy 色度图，用于直观地表现色域。各种显示设备能够表现的色域范围都能够用 RGB 三点连线组成的三角形区域来表示，三角形的面积越大，就表示这种显示设备的色域范围越大。”

(7) 视角

视角一般用面向画面的有效市场角度表示。在国际电工委员会公布的文件中，对视角进行了规定，即在屏中心的亮度减小到 1/3 最大亮度时的水平方向和垂直方向的视角。

新型节能显示材料主要涵盖以下几大类：LCD 液晶显示材料、OLED 有机电致发光材料、QLED 量子点发光材料、Micro LED 微米发光材料、透明导电材料、柔性显示材料等。本章主要从 LCD 液晶显示材料、OLED 有机电致发光材料、QLED 量子点发光材料和Micro LED 微米发光材料四个方面进行详细介绍。

11.3　LCD 液晶显示材料

11.3.1　LCD 显示基本结构

LCD 显示器主要由两片平行的玻璃基板构成，在它们之间填充液晶层。上基板则涂覆有彩色滤光片(CF)，分为红、绿、蓝三个子像素，共同组成每个完整的像素点。下基板上通常配备薄膜晶体管(TFT)，形成一个矩阵，每个像素对应一个 TFT 开关。基板的内侧表面还贴有偏振片，上下偏振方向相互垂直，具体结构如图 11-1 所示。其中偏振片用于线性极化入射光，确保只有特定方向的光可以通过；背光系统包括背光板和光源(如 LED、CCFL 等)，为液晶提供照明，是液晶显示可见的关键组成部分；薄膜晶体管(TFT)阵列用于驱动液晶层中的各个像素，并控制它们的开关状态以改变透光率；彩色滤光片使通过液晶层的白光分解成 RGB 三原色，形成彩色图像。

11.3.2　LCD 显示发光原理

LCD 液晶显示技术是一种利用液晶材料的光学性质来控制通过显示屏的光线，从而实现图像和文字显示的技术。LCD 利用外部光源(背光系统，CCFL，LED，Mini LED)，在外加电场的作用下，液晶偏转改变光的偏振方向，穿过彩色滤光片和偏光片，从而实现对每个像素颜色和亮度的控制。当没有电压作用时，液晶分子按照某个预设的方向排列，与偏振片的角度使得背光源发出的光线无法通过液晶层传到另一面。当向液晶单元格施加电压后，液晶分子会沿着电场方向重新排列，此时，原本被阻挡的光线能够顺利通过并经过彩色滤光片产生相应的颜色。通过精确控制各个像素点液晶分子的状态，可以调整不同位置的光强度，最终合成出所需显示的图像。

11.3.3　常见的 LCD 显示材料

液晶材料是液晶显示器中最重要的材料之一，是一种具有双折射特性的中间相态物质，能够在电场作用下改变其分子排列状态进而影响光的透过率。常见的液晶材料包括聚合物液晶、低分子液晶和液晶聚合物。根据不同的显示要求和性能，可以选择不同类型的液晶，

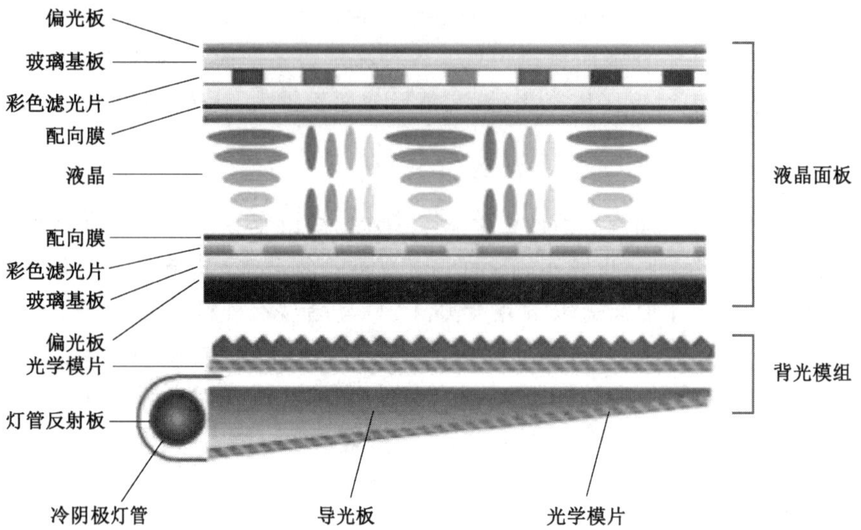

图 11-1 LCD 显示结构示意图

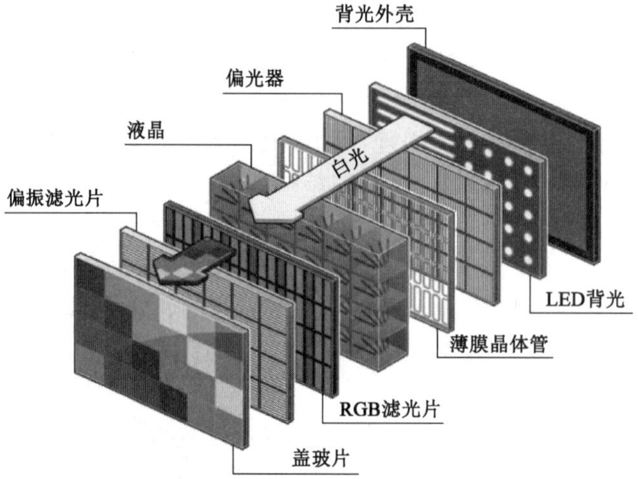

图 11-2 LCD 显示原理图

如 TN(扭曲向列型)、STN(超扭曲向列型)、VA(垂直配向型)、IPS(平面转换型)等所用的液晶。玻璃基板则是液晶屏的支撑结构，常用的材料有玻璃和塑料。

常见的液晶材料主要包括以下几种类型：

(1) 向列相液晶(nematic liquid crystals)

向列相液晶是最常用的一种液晶态，其分子在整体上没有长程有序的三维结构，但是分子长轴方向大致一致，呈现一维有序性。这种液晶被广泛应用于 TN(twisted nematic)、STN(super twisted nematic)、FSTN(film compensated STN)、HTN(high-twist nematic)等类型的 LCD 显示器。

(2) 近晶相液晶(smectic liquid crystals)

近晶相液晶具有部分层状结构，其中分子在一个方向上呈现周期性排列，而在垂直于这个方向的平面上保持自由流动。根据层间的对称性和排列方式，近晶相又可以细分为多种子类型，如 SmA(smectic A)、SmC(smectic C)、SmI(smectic I)等，某些近晶相液晶也被用于特定的显示应用。

(3) 胆甾相液晶(cholesteric liquid crystals)

胆甾相液晶的特点是分子以螺旋形排列，形成一个连续的手性结构。这种液晶可用于制造反射型彩色显示、光学调制器以及温度或压力传感器等。

(4) 蓝相液晶(blue phase liquid crystals)

蓝相液晶是一种特殊的液晶形态，在加热过程中出现的蓝色透明状态具有快速响应速度和良好的电光性能，近年来在高分辨率和高速响应的显示技术领域受到关注。

(5) 聚合物分散液晶(polymer dispersed liquid crystal，PDLC)

聚合物分散液晶材料是由液态液晶微滴均匀分散在聚合物基质中形成的复合材料，主要用于智能窗、投影屏幕等领域，通过控制电压来调节透光度。

(6) 铁电液晶(ferroelectric liquid crystals，FLC)

铁电液晶具有自发极化特性，响应速度快，适用于高性能显示设备。

这些液晶材料根据其特性和用途，在不同类型的显示器件中发挥着各自独特的作用，并随着科技发展不断优化改进，以满足更高性能和更低能耗的需求。有机化合物是一类常见的液晶材料，具有液体流动性但是又表现出晶体的有序性。液晶分子对光的响应取决于其排列方式和外部电场的影响。

11.4　OLED 显示材料

OLED(organic light-emitting diode，有机发光二极管)显示因其自发光、无需背光源的特性，相比传统的 LCD 技术具有更高的能效。新一代 OLED 材料不断优化发光效率和稳定性，通过改进荧光材料、磷光材料以及热活化延迟荧光(TADF)材料等，实现更长寿命和更低能耗。

OLED 的分类主要包括以下几种：

(1) 被动矩阵 OLED (passive matrix OLED，PMOLED)

在 PMOLED 中，行和列通过交叉点形成像素，电流通过行和列的交点来控制每个像素的亮度。由于其结构简单，成本较低，适用于小型、低分辨率显示设备，如智能手表、手环等。

(2) 主动矩阵 OLED (active matrix OLED，AMOLED)

AMOLED 采用薄膜晶体管(TFT)作为开关元件来独立控制每个像素的亮度，可以实现更快的响应速度、更高的亮度和对比度，并支持高分辨率的大尺寸显示屏，广泛应用于智能手机、电视、平板电脑、车载显示器等。

(3) 透明 OLED (transparent OLED，TOLED)

这种 OLED 技术允许光线从面板的两侧发出，从而实现透明或半透明显示效果，为新型应用设计提供了可能，例如透明显示窗口、汽车挡风玻璃上的 HUD 抬头显示等。

(4) 顶部发光 OLED (top emitting OLED，TOEOLED)

发光层位于器件顶部的设计，使得光能更有效地传输到外部，改进了光学效率，对堆叠多层结构或者与触控传感器集成非常有利。

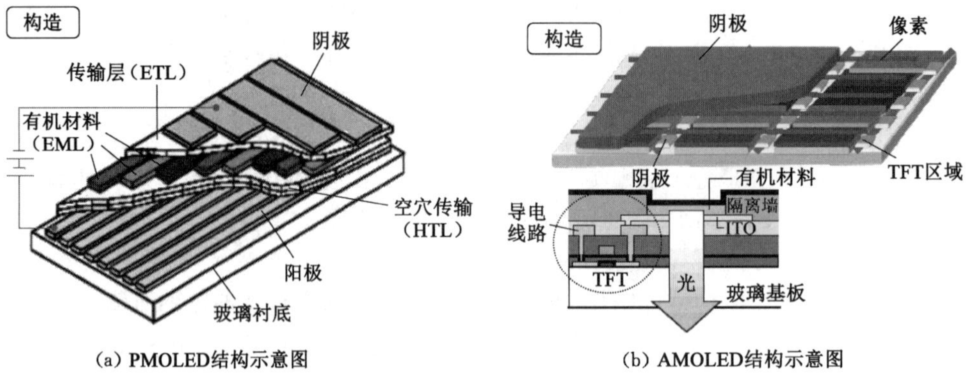

(a) PMOLED结构示意图 (b) AMOLED结构示意图

图 11-4 常见的 PMOLED 和 AMOLED 结构示意图

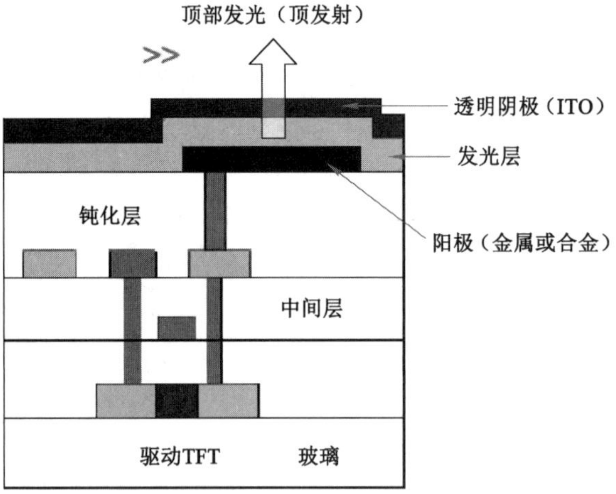

图 11-5 常见的 TOEOLED 结构示意图

(5) 可折叠/柔性 OLED

具有柔韧性和可弯曲性的 OLED 屏幕,能够在不损坏的情况下进行折叠或卷曲,这一类显示技术开启了移动设备和消费电子产品形态的新时代。

(6) 白光 OLED(white OLED,WOLED)

白光 OLED 主要用于照明应用,可产生连续均匀的白色光源,相比传统光源具有高效节能和超薄的特点。

另外,根据所使用的有机材料类型,OLED 还可以分为使用高分子聚合物的 P-OLED(polymer OLED)和使用小分子有机化合物的 SM-OLED(small molecule OLED)。随着技术的发展,OLED 的分类和用途不断扩展和完善。

11.4.1 OLED 显示基本结构

(1) 有机层(organic layers):有机层包括多层不同的有机材料薄膜,具体包括:

① 空穴注入层(hole injection layer,HIL):允许从阳极向上传输空穴。

② 空穴传输层(hole transport layer,HTL):进一步帮助将空穴有效地传递到发射层。

③ 发光层(emission layer,EML):这里是光产生的地方,电子与空穴在此复合并释放能量以产生光子,颜色由发光分子的性质决定,可实现红、绿、蓝等多种颜色。

④ 电子传输层(electron transport layer,ETL):促使电子从阴极传输到发光层。

⑤ 电子注入层(electron injection layer,EIL):优化从阴极注入电子的过程。

(2) 导电层(conductive layer):该层由有机塑料分子构成,这些分子传输由阳极而来的"空穴"。可采用聚苯胺作为 OLED 的导电聚合物。

(3) 基层(substrate layer):OLED 通常构建在一层透明且柔韧的基材上,如塑料、玻璃或金属箔。基板提供了器件的整体支撑,并决定了屏幕是否可以弯曲或折叠,基层用来支撑整个 OLED。

(4) 阴极(cathode):阴极一般是低功函数的金属,如铝、镁掺银或锂氟化物等,负责提供和注入电子进入有机层。阴极可以是完全不透明的金属,也可以是部分透明的合金或化合物,以适应顶部发射或底部发射 OLED 的设计需求。当设备内有电流流通时,阴极会将电子注入电路。

(5) 阳极(anode):阳极通常是透明的,以便光线能够穿透到外部,一般采用氧化铟锡(indium Tin oxide,ITO)薄膜作为电极材料。其作用是当电流通过时,吸引电子离开这一层,从而在该区域留下带正电的空穴。阳极在电流流过设备时消除电子(增加电子"空穴")。

(6) 发射层(emissive layer):该层由有机塑料分子(不同于导电层)构成,这些分子传输从阴极而来的电子;发光过程在这一层进行,电子与空穴在此复合并释放能量以产生光子,颜色由发光分子的性质决定,可实现红、绿、蓝等多种颜色。可采用聚芴作为发射层聚合物。

(7) 封装层(encapsulation layer):虽然不是直接构成发光结构的一部分,但是为了保护脆弱的有机材料不受氧气和水分的影响,OLED 还必须有良好的封装层。封装层通常是由无机或有机/无机混合膜制成,用来防止水汽和氧气渗透,延长 OLED 的使用寿命。

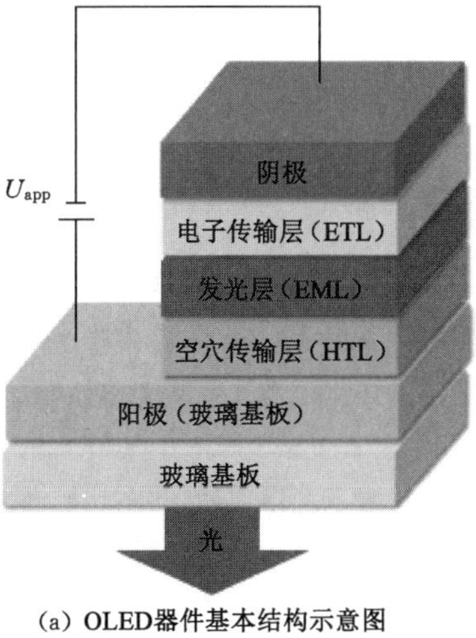

(a) OLED器件基本结构示意图

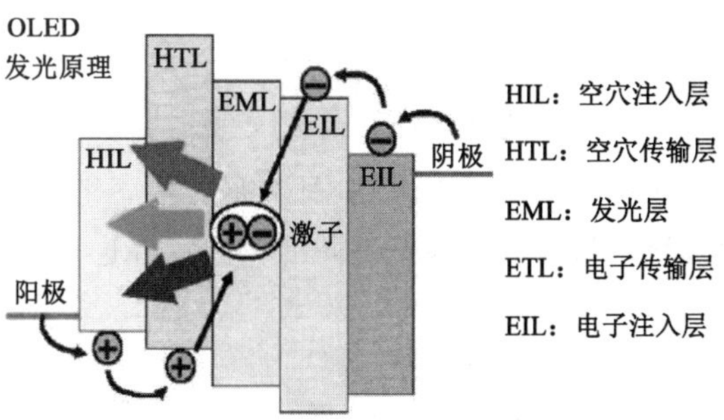

(b) 发光原理示意图

图 11-6　OLED 器件基本结构示意图和发光原理示意图

11.4.2 OLED 显示发光原理

OLED 显示发光本质上属于电致发光(electroluminescence,EL),是电能转变为光能的过程。有机电致发光器件是一种载流子双注入型发光器件,发光原理比较简单。当电源施加电压于阳极和阴极之间时,电子从阴极流出,空穴从阳极流入,在有机层中相遇并重新组合(即电子与空穴复合),这个过程伴随着能量的释放,进而激发发光分子使其跃迁至激发态,然后返回基态时发射光子,形成可见光。具体过程包括载流子的注入、载流子的传输、激子的复合形成、激子辐射发光。

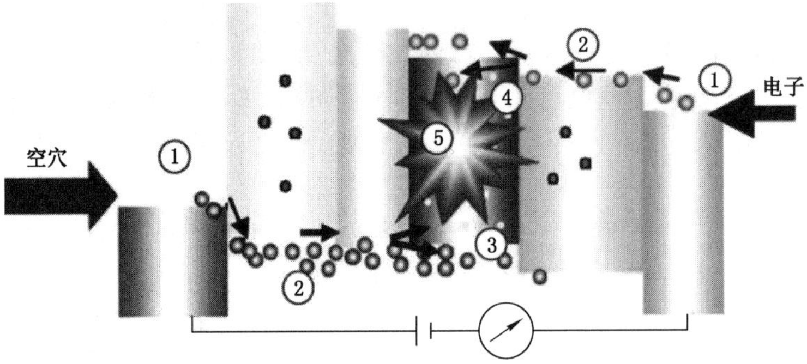

图 11-7 OLED 发光的基本物理过程

通过改变所使用的薄膜有机材料的种类,可以调控器件发出的光的颜色。通过控制从两端电极注入电流的大小可以调节发光的强弱。为了保证高效率实现这些基本过程,材料结构、纯度、聚集态及界面状态的严格控制至关重要。

为增强电子和空穴的注入和传输能力,通常在 ITO 与发光层之间增加一层空穴传输层,在发光层与金属电极之间增加一层电子传输层,从而提高发光性能。其中,空穴由阳极注入,电子由阴极注入。空穴在有机材料的最高占据分子轨道(HOMO)上跳跃传输,电子在有机材料的最低未占据分子轨道(LUMO)上跳跃传输。

11.4.3 常见的 OLED 材料

11.4.3.1 常见的 OLED 发光材料

OLED 显示技术中,发光材料是其核心组成部分之一,通常采用真空热蒸镀工艺将发光材料沉积在基板上。根据不同的发光特性进行分类,常见的 OLED 发光材料主要包括以下几类。

(1) 有机小分子发光材料

有机小分子发光材料具有化学修饰性强,选择范围广,易提纯,量子效率高,可产生红、绿、蓝、黄等颜色发射峰等优点,但大多数有机染料在固态时存在浓度淬灭等问题,导致发射峰变宽或红移,所以一般将它们以低浓度方式掺杂在具有某种载流子性质的主体中,主体材料通常与电子传输层和空穴传输层采用相同的材料。例如,Alq3(8-羟基喹啉铝)是一种广泛应用的绿色荧光材料(图 11-8);而铱配合物等磷光材料由于高效的三重态跃迁性质,常用于实现更高效率的蓝光和红光发射(图 11-9)。

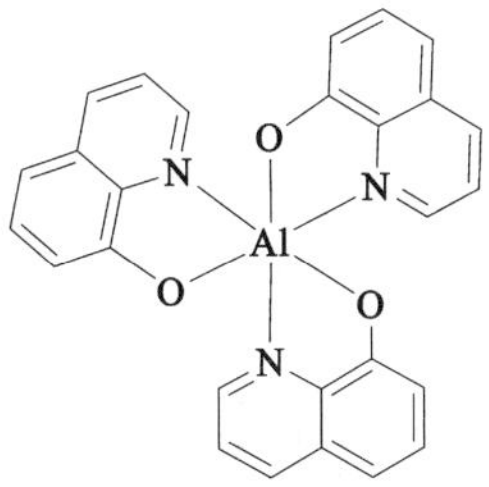

Alq3

图 11-8　Alq3(8-羟基喹啉铝)结构式

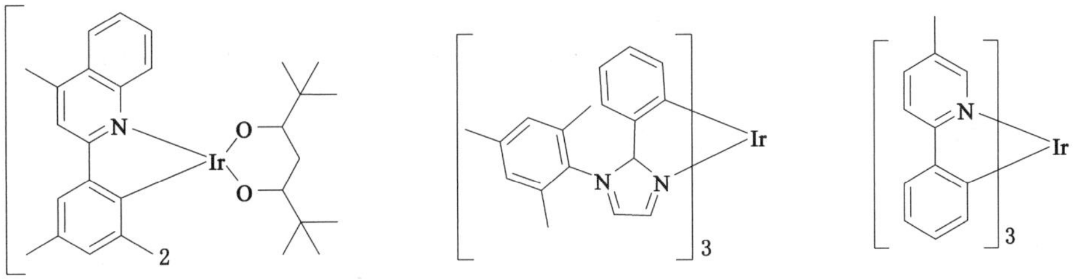

(a) Ir(mphmq)2tmd　　(b) fac-Ir(mpIm)3　　(c) Ir(mppy)3

铱配合物

图 11-9　几种常见的铱配合物的结构式

(2) 高分子或聚合物有机发光材料

与小分子材料相比,高分子或聚合物材料可以通过溶液处理法(如旋涂、喷涂或印刷)制备器件,具有制备工艺相对简单的优势。聚芴(polyfluorene)及其衍生物是此类材料的典型代表,能够发出蓝光到红光范围内的多种颜色光。

(3) 稀土掺杂的有机发光材料

稀土元素由于具有丰富的能级结构,可以产生特定波长的高效发光。通过将稀土离子掺杂进入有机主体材料,可以制成高性能的发光层,尤其适用于需要特定窄带宽发射的应用场合。

(4) TADF(热激活延迟荧光)材料

TADF 材料的独特之处是其单线态(S1)和三线态(T1)激发态之间的能级差很小,通常这个能量差被称为单重态-三重态分裂能(ΔEST),当 ΔEST 足够小时,原本处于非辐射跃迁的三线态激子可以通过反系间窜越(reverse intersystem crossing,RISC)过程被激活,并转换为单线态激子,进而通过辐射跃迁发射出荧光。

TADF 材料的研究与开发对于提高 OLED 器件性能,尤其是提升蓝光 OLED 的效率、延长寿命等方面具有重要意义,同时因其结构可调性和良好的生物相容性,在生物医学成像、传感器以及光动力治疗等领域也展现出潜在的应用前景(图 11-10)。TADF 材料主要用于改善蓝色和青色 OLED 的性能,以接近磷光材料的效率。

(5) 其他新型材料

随着 OLED 技术研发的不断深入,研究人员还探索了各种新的有机发光材料体系,比如金属配合物、热稳定性和环境稳定性更好的材料,以及可实现更广色域覆盖的新型染料

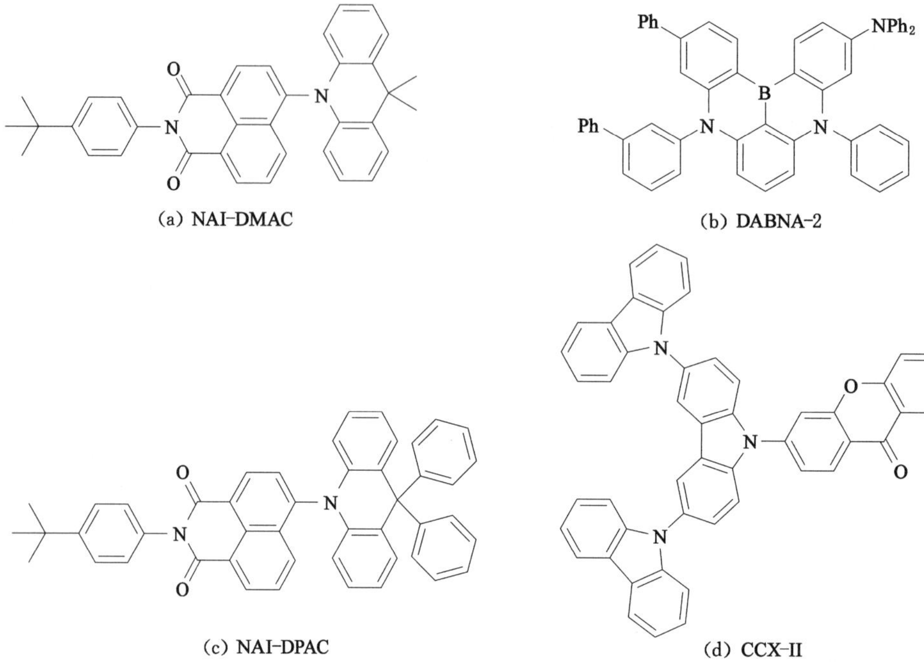

(a) NAI-DMAC　(b) DABNA-2　(c) NAI-DPAC　(d) CCX-II

图 11-10　几种常见的 TADF 材料结构式

等。金属配合物介于有机物与无机物之间，既有有机物的高荧光量子效率，又有无机物的高稳定性，被视为最有应用前景的一类发光材料。主要配合物发光材料有 8-羟基喹啉类、10-羟基苯并喹啉类、Schiff 碱类、-羟基苯并噻唑(噁唑)类和羟基黄酮类等。

11.4.3.2　常见的 OLED 空穴注入材料

OLED 的空穴注入材料(hole injection layer，HIL)是位于阳极和空穴传输层之间的薄膜材料。这些材料的作用是帮助从阳极(通常是透明导电氧化物，如 ITO 或 FTO)向有机层有效注入空穴(正电荷载流子)。理想的空穴注入材料应具有较低的功函数以匹配阳极 ITO(功函数为 4.8 eV)，并能与空穴传输层形成良好的能级对齐，从而促进空穴有效迁移。常见的 OLED 空穴注入材料包括：

(1) 无机化合物

无机化合物包括氟化锂(LiF)、氟化铯(CsF)、钙(Ca)或其合金、锆钛酸钡(BZO)、过渡金属氧化物等。

(2) 改性阳极界面层

改性阳极界面层如 PEDOT:PSS[聚(3,4-乙撑二氧噻吩):聚苯乙烯磺酸盐]，虽然主要用于改善阳极的功函数，但也可以视作一种有效的空穴注入材料。

(3) 有机化合物

有机化合物包括含金属配合物，如掺杂的 8-羟基喹啉铝(Alq3)，其他专门设计用于空穴注入的有机小分子或高分子材料。

11.4.3.3　常见的 OLED 空穴传输材料

在 OLED 显示中，用于输送空穴的空穴传输材料也是 OLED 设计中重要的一类材料。

空穴显示正电荷，是 OLED 中正电荷的主要载流子，其输送能力对于 OLED 器件的性能至关重要。选择适合的空穴传输材料可以提高 OLED 器件的效率和寿命并优化器件的性能（图 11-11）。常见的 OLED 空穴传输材料包括：

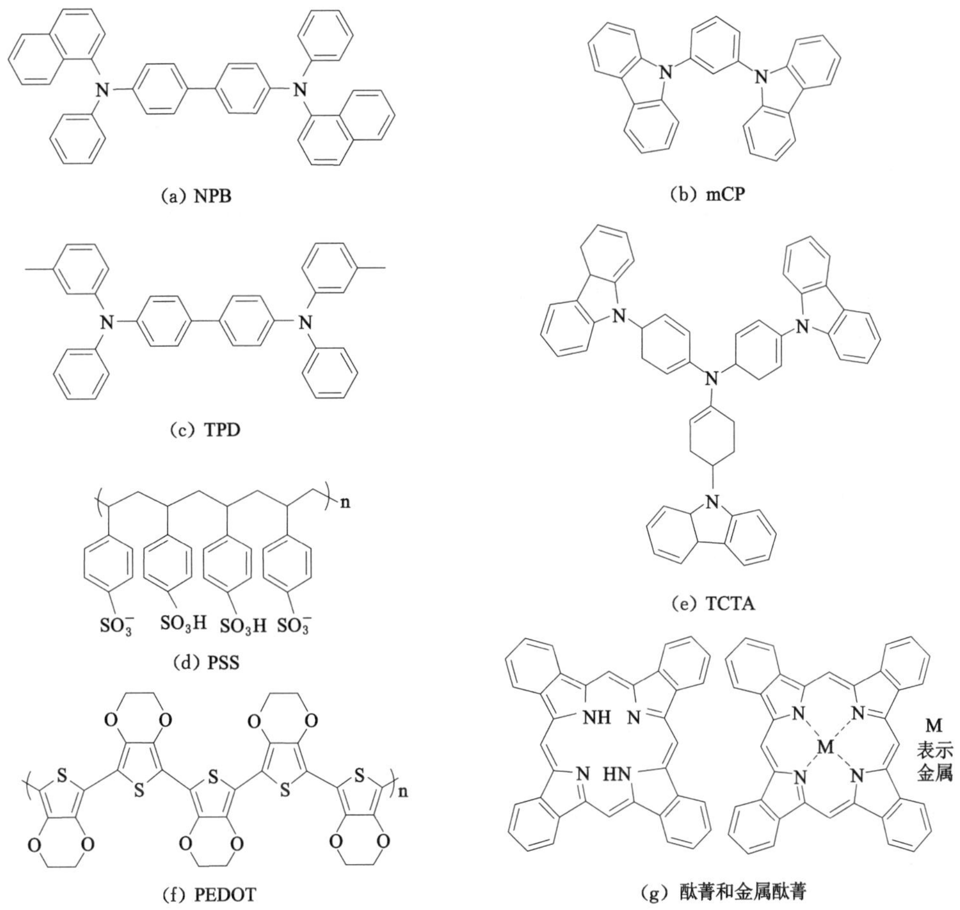

图 11-11　几种常见的空穴传输材料结构式

（1）芳香胺类化合物

芳香胺类材料通常具有良好的空穴输送性能和电化学稳定性，常用的芳香胺类化合物有 N，N-二芳基-N，N-苯基苯胺（NPB）、N，N，N，N-四苯基苯胺（TPD）等。

（2）咔唑类化合物

咔唑类化合物结构中含有共轭 π 电子体系，具有良好的空穴注入和传输性能，可以在 OLED 中作为空穴传输材料。咔唑骨架的稳定性以及易功能化的特点使其成为设计新型 OLED 器件的重要组成部分，如 1，3-双（咔唑-9-基）苯、4，4′，4″-三（N-咔唑基）-三苯胺（TCTA）等。

（3）有机阳离子材料

有机阳离子材料具有良好的电荷输运性能和电化学稳定性，通常包括聚合物阳离子，如 PEDOT，分子噻吩环上的硫原子通过氧化过程部分被磺酸基（$—SO_3H$）取代，形成带有负电荷的PSS(聚苯乙烯磺酸盐)抗衡离子,从而整体上PEDOT:PSS表现为一个带有正电荷的阳离子聚合物与阴离子聚合物组成的复合体系。

(4) 无机材料掺杂有机材料

一些无机材料,如金属酞菁化合物、酞菁金属配合物等,可以与有机材料进行共掺杂,提高空穴输送性能。

11.4.3.4 常见的OLED电子注入材料

在OLED显示器件中,电子注入材料主要用于构建电子注入层,即EIL,其作用是从阴极向电子传输层有效注入电子。理论上,Mg、Li等低功函数金属适宜作为OLED的阴极材料,以减少阴极到电子传输层的电子注入势垒。但Mg、Li在空气中极易氧化,不稳定。在实际生产中常使用性质稳定、功函数较高的Al和Ag,或者与Mg、Li混合蒸镀。所以,理想的电子注入材料应具有较高的功函数,以便与对应阴极材料形成合适的能级对齐,从而促进电子注入。常见的OLED电子注入材料包括:

(1) 无机化合物或通过掺杂/改性的无机层

常见的无机化合物有钛酸锶($SrTiO_3$)、氧化铌(Nb_2O_5)、金属锂(Li)、铝锂合金(Al:Li)或者其他低功函数金属及其合金。除此之外,某些金属氧化物经过掺杂后形成无机层也可以改善电子注入性能。

(2) 有机/无机复合材料

有机/无机复合材料一般包括富勒烯衍生物,如PCBM([6,6]-苯基-C61-丁酸甲酯)和其他富勒烯类材料,作为电子受体材料,在某些情况下也可以作为电子注入层使用。

(3) 其他特定设计的有机分子

一些特殊设计的有机小分子材料,具有适合电子注入特性的最高占据分子轨道(HOMO)能级。

随着技术的进步和研究的深入,新型电子注入材料不断被开发,以优化OLED器件的整体性能,包括提高亮度、效率以及延长器件寿命等。

11.4.3.5 常见的OLED电子传输材料

OLED电子传输材料主要功能是在器件中高效地将电子从阴极输送到发光层与空穴复合以产生光子,是决定器件性能的关键部分。

常见的OLED电子传输材料有:

① Alq3(8-hydroxyquinoline aluminum):Alq3是最先被广泛研究和应用的一种电子传输材料,具有良好的电子迁移率、化学稳定性和热稳定性。

② Bphen(4,7-Diphenyl-1,10-phenanthroline):Bphen是一种具有良好电子传输性能的化合物,具有较高的荧光量子产率和电荷传输效率。

③ TPBi[1,3,5-Tris(N-phenylbenzimidazol-2-yl)benzene]:TPBi是高性能的电子传输材料,常用于高效磷光OLED中作为电子传输层材料。

④ ZnO纳米粒子:作为一种无机电子传输材料,ZnO因其高电子迁移率和良好成膜性而在透明电子传输层中得到广泛应用。

⑤ CNPB[4,4′,4″-Tris(carbazol-9-yl)-triphenylamine]:CNPB是一种基于咔唑结构的电子传输材料,其设计使得它在提供有效电子传输的同时能优化器件性能。

随着研究进展，不断有新型的电子传输材料被开发出来，这些材料通常具有更高的电子迁移率、更好的稳定性以及更适宜柔性或大面积显示应用的特点。电子传输材料的选择和优化对于提高 OLED 器件的亮度、电流效率、寿命以及色彩纯度等关键性能指标都至关重要。这些材料在 OLED 显示器件中被精细地设计和组合成多层结构，以满足不同应用领域对亮度、效率、色彩纯度和寿命等方面的需求。有机发光层可以采用在荧光基质材料中掺杂百分之几的荧光掺杂剂来制备。基质材料通常与电子传输层或空穴传输层采用的材料相同，荧光掺杂剂是热和光化学稳定的激光染料。荧光染料必须具有较高的量子效率和足够的热稳定性，升华而不会分解。当由电子传输层传来的电子与空穴传输层传来的空穴在有机材料中相遇后，电子就源源不断地从高轨道填充到低轨道空穴中，从而释放能量。电子空穴注入复合形成激子，激子不稳定释放能量或者光子回到基态。目前发光层采用主客体掺杂方式，具有优越电子传输及发光特性的主发光体材料，可以和各种高荧光效率的客发光体结合，得到高效率 EL 及各种不同的光色。需要注意的是，应用在 OLED 显示器件中的材料还需要满足下面几个条件：

① 高量子效率的荧光特性，荧光光谱主要分布 400～700 nm 可见光区域。

② 良好的半导体特性，即具有高导电率，能传导电子或空穴或两者兼有。

③ 能够真空蒸镀，具有高 T_g；好的成膜性，在几十纳米薄层中不产生针孔。

④ 良好的热稳定性和化学稳定性。

11.4.3.6　常见的 OLED 封装材料

为了保护敏感的有机层免受氧气、水分和杂质的影响，确保器件具有良好的稳定性、耐久性等性能，OLED 显示需要进行封装。

常见的 OLED 显示封装材料包括：

① 薄膜封装材料。薄膜封装是目前封装的主流技术。薄膜封装材料主要分为无机封装材料、有机封装材料和无机-有机复合封装材料，其中无机-有机复合封装材料兼具无机封装材料水氧阻隔性好和有机封装材料成膜性好的优势，是 OLED 封装材料的主流选择。无机-有机复合封装材料一般采用多层结构，通常包括无机氧化物阻挡层（如 SiO_x、AlO_x等）与有机缓冲层（如聚酰亚胺 PI 或其他高分子材料）交替沉积形成屏障，通过物理阻隔作用免受外部环境影响。

② 玻璃或陶瓷封装材料。玻璃盖板与基板之间通过激光焊接、键合或其他工艺密封，形成气密性良好的空间，有效保护内部结构。

③ 柔性封装材料。利用特殊设计的聚合物薄膜作为封装材料，要求其具有良好的水汽阻隔性、光学透明度以及柔韧性，适用于可弯曲或折叠的柔性 OLED 显示器。

④ 光固化树脂封装材料。光固化树脂可以通过 UV 照射等方式快速固化，形成一层保护膜，用作 OLED 面板的局部封装或者整体封装的一部分。

⑤ 黏结剂与胶膜封装材料。使用特种高分子黏结剂或胶膜将 OLED 器件与封装材料紧密贴合，同时提供必要的机械强度和防护功能。

OLED 显示封装需要结合多种材料和技术来获得全面有效的防护效果。随着技术的进步，不断有新的封装方案和材料被研发出来，以满足不同应用场景的需求。

11.5 QLED 量子点发光材料

QLED 是一种基于量子点电致发光原理的主动发光显示技术，具有超薄、高色域、可柔性、高对比度等特点，可为消费者带来无与伦比的画质体验，无疑是眼下量子点阵营中最引人注目的技术方向，又被称为下一代显示技术。量子点是尺寸在 1～100 nm 之间，具有“量子限域效应”的半导体纳米晶。基于此的 QLED 技术最早于 1994 年首次被加州大学伯克利分校的 Colvin 等在 Nature 上报道。2008 年胶体 ZnO 纳米晶作为器件的电子传输层的出现，成为 QLED 器件性能突破的转折点。QLED 器件性能开始真正进入高速发展期。2014 年，浙江大学彭笑刚教授与金一政课题组合作在 Nature 上报道了高性能红光 QLED 器件，其外量子效率和寿命分别达到 20%和 10 万小时(T50@100nit)左右，相关成果入选“2014 年中国科学十大进展”和“十二五国家科技创新成就展”。另外，量子点作为颜色转换层应用于显示器件中，能够显著提高色彩饱和度和色域覆盖，同时在某些应用下也有助于提高能源效率。

11.5.1 QLED 显示基本结构

QLED 技术中的量子点发光材料是一种半导体纳米晶体，其尺寸通常在几纳米到几十纳米之间，由于量子尺寸效应，这些微小颗粒可以吸收特定波长范围的光或电能，并且以高度精确的方式发射出不同颜色的光线。量子点的颜色与其尺寸直接相关，尺寸越大，发射的光子波长越长，对应的颜色就越偏向红色；尺寸越小，发射的光子波长越短，对应的颜色就越偏向蓝色。利用其典型的“尺寸效应”构建红、绿、蓝三基色，用于发光显示。

QLED 与 OLED 结构十分相似，主要区别是 QLED 的发光中心由量子点物质构成。其结构是两侧电子(electron)和空穴(hole)在量子点层中汇聚后形成激子(exciton)，并且通过激子的重组发光。QLED 元件是层叠结构，包括玻璃基板、空穴注入层、空穴传输层、量子点发光层、空穴阻挡层、电子传输层等。其结构与 OLED 相似，区别在于 QLED 的发光材料为无机量子点材料，而 OLED 采用有机材料。QLED 具有主动发光、发光效率高、响应速度快、光谱可调、色域宽广等特点，而且比 OLED 性能更稳定，寿命更长。

11.5.2 QLED 显示基本原理

QLED 显示常由阳极、空穴注入/传输层、量子点发光层、电子注入/传输层和阴极这五个部分组成。QLED 的工作原理是在外加电压驱动下，将量子点层置于电子传输和空穴传输有机材料层之间，外加电场使电子和空穴移动到量子点层中，电子和空穴在这里被捕获到量子点层并且重组，从而发射光子。QLED 的原理与 OLED 类似，同样存在空穴从阳极注入，电子从阴极注入，通过各自的传输层运输后到达发光层，进而形成激子复合发光。只不过 QLED 的发光层一般由量子点构成。另外，将红色量子点、绿色量子点和蓝光荧光体封装在一个二极管内，也可以直接实现白光发射。

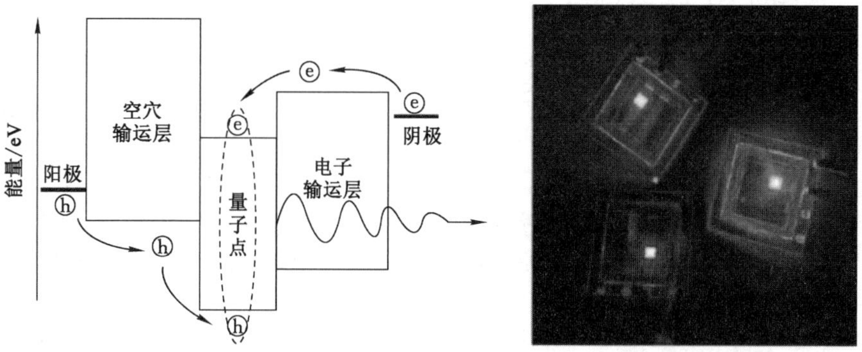

(a) QLED结构及工作原理　　　(b) 红绿蓝三色发光图

图 11-12　QLED 结构及工作原理和红绿蓝三色发光图

11.5.3　常见的 QLED 材料

11.5.3.1　常见的 QLED 发光材料

在 QLED 显示技术中，量子点是关键的发光层材料，能够提供宽广的色域和精确的颜色控制。量子点通常由两部分组成：无机发光中心和表面配体。无机发光中心主要由Ⅱ-Ⅵ或Ⅲ-Ⅴ元素组成，例如 Si 量子点、Ge 量子点、CdS 量子点、CdSe 量子点、ZnSe 量子点、PbS 量子点、PbSe 量子点、InP 量子点和 InAs 量子点等。目前使用的量子点材料主要有 CdSe 系列和 InP 系列，前者主要由 QD Vision 所采用，后者主要由 Nanoco 采用，而 Nanosys 采用 InP 和 Cd 混合量子点方案。两种量子点各有优劣，CdSe 发光效率高、色域表现力更宽广，而 InP 由于不含 Cd，不受欧盟 ROHS 标准的限制。表面配体通常是有机材料，通过更换配体材料能使其溶于各种不同的有机溶剂中，可应用于发光二极管、太阳能电池、催化、生物医学等领域的基础研究和应用开发。

常见的 QLED 显示发光材料包括：

① Cd 基量子点。钙钛矿型结构的量子点如 CdSe、CdS、CdTe 等，通过调节这些量子点的粒径，可以实现从紫外到可见光谱范围内的精确颜色调控。

② Cd-S 化物壳层结构量子点。如 CdSe/ZnS 量子点，其中 CdSe 为核心材料，外面包裹一层 ZnS 以提高稳定性、光学性能和降低毒性影响。

③ 无 Cd 量子点。由于环保考虑和监管要求，研究人员正在开发无镉或低毒性的量子点材料，如 InP、InP/ZnS、$CsPbX_3$(X=Cl,Br,I)等钙钛矿量子点。

④ 合金量子点。如 CdZnS、CdMgSe 等，通过调整成分比例来改变能带结构和发光特性。

⑤ 其他新型量子点材料。随着研究的深入，还有许多新型量子点材料被探索和研发，如硒化铅(PbSe)、锗锡硫(GeSnS)等，以获得更好的光电性能和环境友好性。

这些量子点在适当的电场或光激发下，会将能量转变为特定波长的光子，从而实现高纯度、宽色域的显示效果。同时，为了形成完整的 QLED 器件，还需要与空穴传输材料、电子传输材料以及适当的封装和电极材料配合使用。

11.5.3.2 常见的QLED空穴传输材料

QLED显示与前面提到的OLED类似，需要有合适的空穴传输层材料，帮助把空穴输送到量子点层，与电子结合产生辐射复合。

常见的空穴传输材料包括：

① 有机小分子材料。如N,N′-二(*n*-苯基)-N,N′-二苯基联苯胺(NPB)、4,4′,4″-三(咔唑-9-基)三苯胺(TCTA)、1,1′-双(二苯基膦基)-萘(TFB)等有机小分子。

② 聚酰亚胺类材料。如铜酞菁(CuPc)、聚[3,4-乙烯二氧噻吩]-聚苯乙烯磺酸盐(PEDOT:PSS)等。

③ 金属氧化物纳米颗粒掺杂材料。如某些P型金属氧化物(如NiO、MoO_x等)可以通过掺杂改性来提升其作为空穴传输材料的性能(图11-13)。

④ 石墨炔或其他二维材料。石墨炔因其高迁移率和良好的空穴传输性质而被研究用于改善QLED器件中的空穴传输层性能。

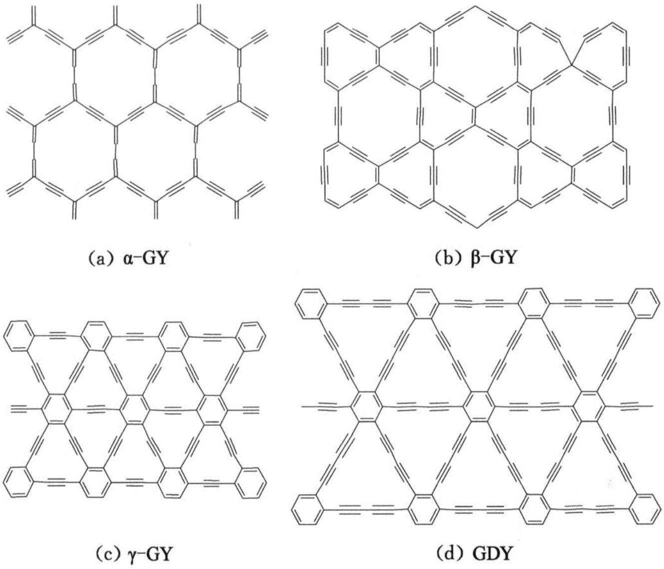

图11-13 几种常见的石墨炔结构式

⑤ 新型杂化或结构优化材料。研究者们不断探索新型结构设计的空穴传输材料，以提高载流子平衡、降低驱动电压、增强器件稳定性和延长使用寿命。

不同的空穴传输材料在能级匹配、载流子迁移率、成膜性、稳定性以及与量子点界面接触性能等方面存在差异，选择合适的空穴传输材料是优化QLED器件效率和提高寿命的重要环。

11.5.3.3 常见的QLED电子传输材料

在实际QLED器件中，除量子点QLED显示电子传输材料之外，还需要配合电子注入层、电子传输层材料，这些材料主要负责将电子有效传输到量子点层，并促进电子-空穴对复合产生的发光过程，这一类材料即前面所提到的电子传输材料。QLED显示的电子传输材料的主要功能是将电子从阴极有效地传输到量子点发光层，在器件结构中起关键作用。

常见的QLED电子传输材料包括：

① ZnO(氧化锌)。ZnO 是一种广泛使用的无机电子传输材料，具有较高的电子迁移率、良好的热稳定性和化学稳定性。

② TiO_2(二氧化钛)。TiO_2也是一种常用的无机半导体材料，由于其宽禁带特性，被用作高效的电子传输层材料。

③ SnO_2(二氧化锡)。SnO_2同样具有优良的电荷传输性能和透明性，作为电子传输层可以有效改善 QLED 器件的效率和稳定性。

④ PEDOT:PSS。PEDOT:PSS 虽然更多地被用作有机太阳能电池和某些 OLED 中的空穴注入/传输材料，但是在特定类型的 QLED 中也可以作为电子传输层的组成部分，尤其是在需要有机-无机复合结构以优化器件性能的情况下。

随着 QLED 技术的发展，研究人员在不断探索和开发新型电子传输材料，这些新型无机或有机-无机杂化材料可能通过改进能级对准、增大载流子迁移率以及提高与量子点和电极界面的匹配性来优化器件性能。总之，电子传输材料的选择不仅影响 QLED 器件的发光效率、颜色纯度和寿命，还与其可加工性、成本及大规模生产兼容性密切相关。

11.5.3.4　常见的 QLED 显示封装材料

为了保护敏感的量子点不受环境影响，还需要使用封装材料以防止水分和氧气侵蚀，保持量子点的长期稳定性和器件寿命。由于量子点材料对环境非常敏感，尤其是对氧气和水分，因此选择合适的封装材料是提高 QLED 器件稳定性和寿命的关键步骤。

常见的 QLED 封装材料包括：

① 无机封装材料。无机封装材料主要包括玻璃和金属氧化物薄膜。玻璃主要应用于全封装结构，通过激光焊接、键合等方式将上下玻璃盖板与基板紧密连接，形成密封腔体。金属氧化物薄膜，如铝氧化物或硅氧化物，可以作为屏障层阻挡外界气体和水汽渗透。

② 有机封装材料。有机封装材料如环氧树脂、聚氨酯、聚碳酸酯等高分子材料。其中环氧树脂是一种常用的透明封装材料，具有良好的黏结性能和绝缘性，可用于局部封装。聚氨酯、聚碳酸酯等高分子材料可以通过滴涂、灌封或者层压的方式进行封装，为量子点提供物理防护。

③ 固态封装胶膜封装材料。固态封装胶膜封装材料如有机-无机复合薄膜，既具有无机材料的良好阻隔性能，又具有有机材料的良好柔韧性和加工性。

④ 柔性封装材料。对于可弯曲和折叠显示应用的 QLED，可能采用特殊的柔性封装薄膜，确保在不影响设备柔韧性的同时提供有效的防护。

QLED 封装材料的选择不仅要考虑其防护性能，还要兼顾透明度、光学性能、热稳定性以及与制造工艺的兼容性等。随着 QLED 技术的发展，封装材料的研发也在不断追求更高的阻隔性能和更适应复杂结构的封装解决方案。

需要注意的是，尽管 QLED 概念上指向自发光显示技术，但是当前商业化大规模应用的 QLED 电视更多是基于量子点背光技术改良的液晶显示产品，而非真正意义上的量子点发光二极管自发光显示器。而对于研发中的真 QLED 显示技术，其关键材料是那些能够直接进行光电转换并发光的量子点材料及其相关配套材料。在目前市面上销售的“QLED 电视”中，实际上采用的是量子点薄膜(QDEF)增强型液晶显示技术，而非真正的自发光 QLED。这种情况下，会利用蓝光 LED 作为背光源，并通过量子点膜转换为更纯正的红、绿、蓝三原色，从而提升 LCD 的色域表现。

在器件设计中，一般采用两种方式实现 QLED 显示。一种方式是将量子点应用于 LCD 背光源系统，通过蓝光 LED 激发量子点产生红光和绿光，结合原有的蓝光，形成白光照明整个液晶面板，这样大幅度提升了传统 LCD 电视的色彩表现力。另一种则是真正的自发光 QLED 显示器，这种情况下，每个像素都包含一层量子点薄膜，当施加电压时，量子点直接发出红、绿、蓝三原色光，实现与 OLED 类似的自发光效果，理论上可以获得更高的亮度、更纯的色彩以及更低的能耗。不过，目前市场上的 QLED 电视多采用第一种方式，即量子点增强型 LCD 技术，而非真正的自发光 QLED 技术，后者仍处于研发阶段，面临诸多挑战，如提升发光效率、延长器件寿命等。

11.5.4 QLED 显示优势

QLED 作为下一代新型显示技术，优势显著，具体见表 11-1。从色域角度，由于极致的窄半峰宽和发光波长随尺寸可调，QLED 理论能达到 140%NTSC 色域，远高于 OLED 的 100%NTSC 和 LCD 的 72%NTSC，能更好地呈现自然色彩，给未来元宇宙等超高清显示领域提供强有力的技术支撑。

在对比度方面，由于 QLED 和 OLED 都基于自发光技术，在对比度上会显著优于基于被动发光的传统液晶显示技术，能够为显示设备提供更为纯正的黑场显示效果。在产品形态上，QLED 技术和 OLED 拥有相似的器件结构，都具有超薄和柔性等特征。从能耗角度考虑，按照从低到高排列，几种技术的能耗水平依次是 QLED(低)、OLED(中)、LCD(高)；QLED 相比 OLED，相同亮度下需要的驱动电压更低，因此所需要的能耗低；LCD 因其是背光技术，白光转化成单一颜色的光需要过滤大量的其他光能量，因此能耗较高。

表 11-1 量子点技术与其他技术的参数对比表

参数	LCD	OLED(蒸镀)	QLED
技术类型	背光	自发光	自发光
色域	72%NTSC	100%NTSC	140%NTSC
对比度	1 000∶1	1 000 000∶1	1 000 000∶1
可视角	178°×178°	178°×178°	178°×178°
能耗	高	中	低
响应时间	ms	μs	μs
厚度	≥1 cm	<1.5 mm	<1.5 mm
成本	低	高	中

注：NTSC 为 National Television Standards Committee，即(美国)国家电视标准委员会(NTSC)，美国和日本的主流电视标准。NTSC 每秒发送 30 个隔行扫描帧，分辨率为 525 线。

11.6 Micro LED 微米发光材料

MicroLED 技术，顾名思义就是“微”LED，即 LED 微缩化和矩阵化技术，指在一个芯片上集成高密度微小尺寸的 LED 阵列，是将 LED 薄膜化、微缩化和矩阵化的一种技术。

Micro LED 微米发光作为新兴显示技术，其微型化的 LED 结构可以直接发射红、绿、蓝三基色光，具有低功耗、高亮度和长寿命的优点。MicroLED 技术将目前的 LED 微缩至长度仅 50 μm 左右，是原本 LED 的 1%，通过巨量转移技术，将微米等级的 RGB 三色的 MicroLED 移至基板上，可以形成任意尺寸的 MicroLED 显示屏。2000 年德州理工发明 Micro-LED，2012 年 Sony 展示 55 英寸的 Crystal LED display(Micro-LED 样机)，近年来 Micro-LED 产业如火如荼。市场研究机构 Omdia 预计：到 2025 年，microLED 显示器的出货量将达约 500 万片，将产生约 70 亿美元的收入。到 2027 年，该市场的收入将超过 110 亿美元，届时整个显示器行业的市场规模超过 2 000 亿美元。

11.6.1　Micro LED 显示基本结构

Micro-LED 显示器是由形成每个像素的微型 LED 数组组成。相比 OLED，Micro-LED 采用传统的氮化镓(GaN)LED 技术，可支持更高亮度、高动态范围以及广色域，以实现高更新率、广视角与更低功耗。Micro-LED 的支持者宣称其整体亮度比 OLED 高 30 倍，同时提供更高的每瓦流明效率。Micro LED 技术的基本结构主要由 LED 芯片、像素阵列、转移与键合技术、驱动电路、封装与保护层、光学设计等结构组成。其中，尺寸缩小到微米级别的 LED 芯片是 Micro LED 的核心，通常尺寸范围为 1～10 μm。每个芯片都能独立发射红、绿、蓝三原色光，从而实现全彩色显示。大量的微小 LED 芯片被精密地排列成高密度矩阵，每个芯片代表一个像素点，能够单独控制其开关和亮度，以实现精确的颜色和灰度控制，构成基本的像素阵列。由于 Micro LED 芯片极其微小，需要通过特殊的巨量转移技术将这些芯片从晶圆上转移到目标基板(如硅、玻璃或柔性基底)上形成阵列布局。将每一个 Micro LED 像素都需要连接到对应的驱动电路，以便独立驱动和控制每个像素的工作状态。利用一定的封装技术生成保护层，以保护微小的 LED 芯片不受外界环境影响，并确保电气连接的稳定性。

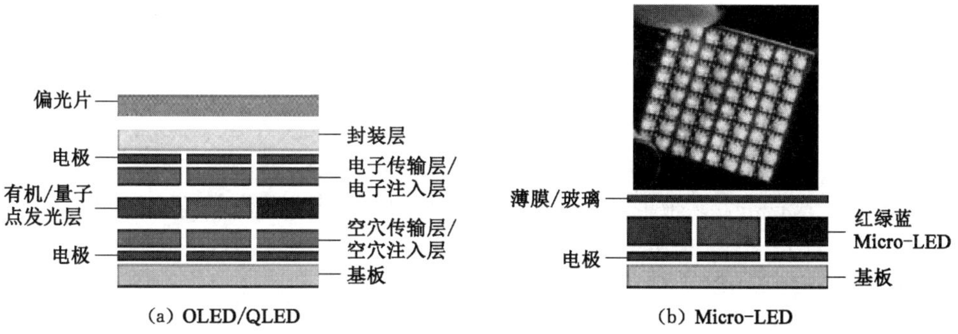

图 11-14　Micro LED 与 OLED、QLED 结构对比图

这种自发光显示技术具有更高的亮度、更优的对比度、更快的响应速度以及更低能耗的特点，被认为是下一代显示技术的重要候选者之一。然而，实现商业化生产还面临诸多挑战，例如大规模转移技术的良率问题、成本控制及长期可靠性等。

11.6.2 Micro LED 显示工作原理

Micro-LED 是将 LED 结构进行薄膜化、微小化、阵列化以及将尺寸缩小到 1～10 μm，通过批量式转移到基板上后再利用物理沉积完成保护层和电极，之后进行封装完成 Micro-LED 的显示。但是制作成显示器需要整个表面覆盖 LED 阵列结构，必须将每一个像素点进行单独可控、单独驱动，利用垂直交错的正负栅极连接每一个 Micro-LED 正负极，依次通电，通过扫描方式点亮 Micro-LED 进行图形显示。

Micro-LED 技术的基本原理是利用微小化的 LED(发光二极管)作为像素单元，形成高密度阵列，并通过精确控制每个像素的开关状态和亮度来实现显示功能。每个 Micro LED 芯片本质上是一个微型的半导体 PN 结的结构。当向 PN 结施加正向偏压时，载流子(电子和空穴)在电场作用下复合并在 PN 结区域释放能量，以光子形式发射出来，从而实现发光。

MicroLED 显示一般采用成熟的多量子阱 LED 芯片技术。以典型的 InGaN 基 LED 芯片为例，MicroLED 像素单元结构从下往上依次为蓝宝石衬底层、25 nm 的 GaN 缓冲层、3 μm 的 N 型 GaN 层、包含多周期量子阱(MQW)的有源层、0.25 μm 的 P 型 GaN 接触层、电流扩展层和 P 型电极。像素单元施加正向偏电压时，P 型 GaN 接触层的空穴和 N 型 GaN 层的电子均向有源层迁移，有源层电子和空穴发生电荷复合，复合后能量以发光形式释放。

11.6.3 常见的 Micro LED 材料

11.6.3.1 常见的 Micro LED 发光材料

Micro LED(微发光二极管)的核心发光材料是无机半导体材料，为了实现像素级别控光效果，Micro LED 采用的是比头发丝还要窄的 1～10 μm LED 晶体，因此并不需要背光模组也不需要色彩过滤层，具有与 OLED 相近的高度色彩饱和度，且耗电量仅为传统面板的 $\frac{1}{10}$，其无机材料特性避免了烧屏问题。前面提到 Micro LED 的发光材料主要为无机半导体材料。Ⅲ-Ⅴ族的无机氮化镓材料是常用的一类基础发光材料。在制造不同颜色的 Micro LED 时，采用不同的量子阱结构或层叠结构来实现红、绿、蓝三基色。

① 红色 Micro LED。由于 GaN 材料难以直接产生高效的红光，因此需要采用更复杂的多量子阱结构或者结合其他能发出红光的半导体材料，如 AlGaInP(铝镓铟磷)等。

② 绿色 Micro LED。采用 InGaN(铟镓氮化物)作为有源层，通过调整铟(In)的比例来获得绿光。

③ 蓝色 Micro LED。通常直接使用 GaN 作为基础，通过改变掺杂和禁带宽度来实现蓝光发射。

此外，为了实现高效且色彩纯正的显示效果，Micro LED 还需要高质量的电子传输层、空穴传输层以及适当的封装材料以确保器件的稳定性和长寿命。但是，这里的重点是 Micro LED 发光的核心部分是基于氮化镓技术及其衍生的量子阱结构，并非传统的荧光粉或稀土发光材料。

值得注意的是，由于 Micro LED 为由无机半导体材料构成的微小发光单元，其结构和制造工艺与传统的 OLED 有所不同，通常不需要额外的空穴传输层和电子传输层。

11.6.3.2 常见的 Micro LED 封装材料

Micro LED 显示的封装材料主要用于保护内部微小的 LED 芯片以及相关电路不受环境影响,确保其光学性能、电学性能和长期稳定性。由于 Micro LED 的尺寸极其微小,因此对封装材料的要求极高。

常见的封装材料包括:

① 透明封装胶材料。透明环氧树脂或有机硅材料被广泛用于封装,提供良好保护的同时必须保持高透明度以减少光损失。

② 无机封装薄膜材料。采用超薄无机材料,如氮化硅(SiN_x)、氧化铝(AlO_x)等,通过物理气相沉积(PVD)或原子层沉积(ALD)工艺形成多层结构,实现优异的水氧阻隔性能。

③ 导热封装材料。对于要求散热性能高的应用,可能会使用高导热率的聚合物或者金属基复合材料作为封装层,帮助快速散热以提高器件的寿命和稳定性。

④ 黏结材料。在将 Micro LED 芯片转移到基板上时,可能需要特殊的黏结剂来固定位置并建立电气连接。

⑤ 柔性封装材料。对于可弯曲和折叠的柔性显示应用,柔性封装材料(如聚酰亚胺、PET 等)至关重要,这些材料需具备良好的柔韧性和耐弯折性。

Micro LED 显示封装涉及材料科学、化学、物理学及精密制造等领域,研发出具有低折射率、高透光率、优良机械性能、极佳气体阻隔能力和良好热管理能力的封装材料和技术是当前研究的重点之一。

思 考 题

1. 显示器的主要性能指标包括哪些?
2. LCD 显示的基本结构和原理是什么?
3. OLED 显示的基本结构和原理是什么?
4. QLED 显示的基本结构和原理是什么?
5. Micro LED 显示的基本结构和原理是什么?
6. OLED 显示的常用的发光材料有哪些?
7. QLED 显示的常用的封装材料有哪些?
8. 与传统显示相比,OLED 的优势是什么?
9. 作为下一代新型显示技术,QLED 的技术优势主要有哪些?
10. 结合本章内容谈谈未来新型显示技术的发展趋势。

参 考 文 献

[1] 高鸿锦,董友梅,等. 新型显示技术-上册[M]. 北京:北京邮电大学出版社,2014.
[2] 高鸿锦,董友梅,等. 新型显示技术-下册[M]. 北京:北京邮电大学出版社,2014.
[3] 姜明宵,王丹,邱云,等. 量子点显示及其技术趋势[J]. 光电子技术,2019,39(1):48-51.
[4] 王建录,赵萍,林志民,等. 风能与风力发电技术[M]. 3 版. 北京:化学工业出版社,2015.
[5] 文尚胜. 光电显示技术及应用[M]. 北京:机械工业出版社,2019.

[6] 应根裕. 光电显示原理及应用[M]. 北京：清华大学出版社，2020.
[7] 于军胜，钟建. OLED 显示技术导论[M]. 北京：科学出版社，2018.
[8] COLVIN V L，SCHLAMP M C，ALIVISATOS A P. Light-emitting diodes made from cadmium selenide nanocrystals and a semiconducting polymer[J]. Nature，1994，370：354-357.
[9] DAI X L，ZHANG Z X，JIN Y Z，et al. Solution-processed，high-performance light-emitting diodes based on quantum dots[J]. Nature，2014，515(7525)：96-99.

第 12 章　新型磁能材料

2020 年 12 月 16—18 日，中央经济工作会议提出了 2021 年的八项重点任务，其中指出，“做好碳达峰、碳中和工作。我国二氧化碳排放力争 2030 年前达到峰值，力争 2060 年前实现碳中和”。要构建清洁低碳安全高效的能源体系，控制化石能源总量，着力提高利用效能，实施可再生能源替代行动，深化电力体制改革，构建以新能源为主体的新型电力系统。实现碳中和，即平衡二氧化碳的排放和吸收，是一个全球关注的问题。提高能源利用效率，构建以可再生能源为主体的电力系统，提高终端电气化水平，减少二氧化碳排放的最重要手段之一就是开发新型的 PE 系统。新型 PE 系统的一个长久的主题就是：大功率、小体积、高效率、低成本。无源元件，包括电感器、变压器和电容器，占据传统电子产品体积的 50 %左右。非常需要通过减小系统中的无源元件的体积来提升功率密度并提高效率，功率转换器中使用的磁性器件对功率密度和效率的提升至关重要，而所用磁能材料的电磁特性是支撑磁性器件性能优化的根本。由此可见，“双碳”战略实际上为磁能材料与器件提供了一个更广泛的发展空间。

12.1　磁学基础

物质的磁性来源于原子的磁矩。原子由原子核和围绕核外运动的电子组成，原子磁矩由原子核磁矩和电子磁矩构成。因为原子核磁矩实际上无穷小，在讨论问题时可以忽略不计，因此，原子磁矩即核外运动的电子的磁矩。过渡金属的原子具有未充满的 3d 电子层，可产生电子自旋磁矩；稀土金属原子具有未充满的 4f 电子层，并且被外层的 5s、5d 电子层屏蔽，可以产生更强的电子自旋磁矩和轨道磁矩。

物质的磁化曲线是评价铁磁材料性能和质量的一个重要方面。将试件置于一磁状态下，当磁场强度 H 按 $O \to H_m \to O \to H_c \to -H_m \to O \to H_c \to H_m$ 变化时，磁感应强度按 $O \to B_m \to B_r \to O \to -B_m \to -B_r \to O \to B_m$ 顺序变化，如图 12-1 所示。Oa 曲线表示未磁化的铁磁物加磁场 H，随着 H 增大，磁化强度 B 也不断增大。当 H 增大到 H_m 时，B 达到饱和。减小磁场 H，磁化强度并不沿原路返回，而是按 ab 路线下降。到 B_r 时，磁场为 0。只有 H 向 $-H$ 方向增大时，B 才为 0，继续反向增大 H，会达到反向饱和，构成磁滞曲线，磁滞曲线包围的面积表示单位体积材料每周期的能量损耗。不同的铁磁材料的磁化曲线会有很大差别。

磁化曲线可以体现以下几个重要的磁学特征：① 剩磁 B_r——永磁体经磁化至技术饱和，并去掉外磁场后，所剩留的磁感应强度称为剩余磁感应强度，简称剩磁，用 B_r 表示。

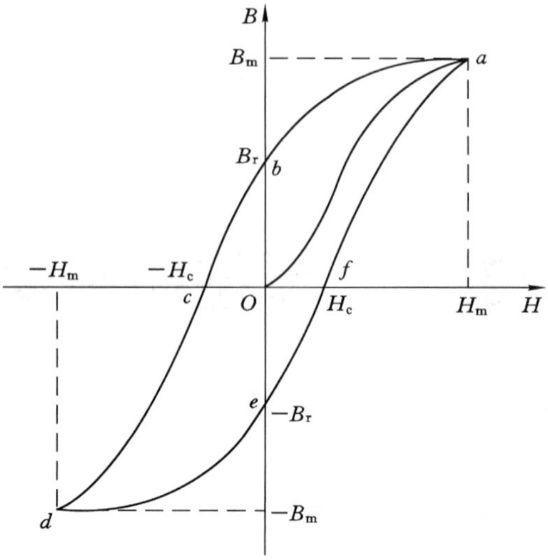

图 12-1　磁滞曲线

② 矫顽力 H_c——使磁化至技术饱和的永磁体的磁感应强度 B 降低到 0，所需加的反向磁场强度称为磁感矫顽力，简称矫顽力，用 BH_c 或 H_c 表示。③ 最大磁能积 $(BH)_{max}$——最大磁能积表示单位体积材料能产生的最大能量。退磁曲线的凸出程度越高，磁能积就越大。④ 内禀退磁曲线的形状也影响永磁材料的磁稳定性，曲线的矩形度越好磁性能越稳定。在内禀退磁曲线上磁化强度降低到剩磁 B_r 的 0.9 倍或 0.8 倍所对应的磁场称为膝点磁场。膝点磁场与内禀矫顽力的比值 H_k/H_{cj} 称为方形度 K。方形度反映了永磁材料的稳定性，一种永磁材料的内禀矫顽力越大，内禀退磁曲线的矩形度越高（即 H_k 越大），其磁稳定性越高，即抗外磁场干扰能力越强。

12.2　硬磁材料

硬磁材料也称为永磁材料，是指被外磁场磁化以后去掉外磁场仍然保持较强剩磁的材料。硬磁材料是人类最早发现和应用的磁性材料。对于永磁材料，人们希望它的剩余磁感应强度 B_r 和矫顽力 H_c 越大越好，但是仅有 B_r 和 H_c 还不能衡量永磁材料性能。评价永磁材料性能的几个重要指标：剩余磁感应强度 B_r 和矫顽力 H_c，最大磁能积 $(BH)_{max}$ 以及凸起系数 η，此外，硬磁材料在使用过程中于温度、振动或冲击等外界环境影响下的稳定性也是衡量其品质的重要因素。

硬磁材料的种类有很多，可以按不同的分类方法对其进行分类，目前产量较大、应用较为普遍的硬磁材料主要有稀土永磁材料、铝镍钴永磁材料、铁氧体永磁材料等。

12.2.1　稀土永磁材料

稀土永磁材料是 20 世纪 60—70 年代迅速发展起来的最大磁能积最高的一类硬磁材料，是稀土元素与 Fe、Co、Cu、Zn 等过渡金属或 B、C、N 等非金属元素组成的金属间化合物。由于这一类硬磁材料综合了一些稀土元素的高磁晶各向异性和铁族元素高居里温度的优点，因而获得了当前最大磁能积最高的硬磁性能。自 20 世纪 60 年代至今，稀土永磁材料的研究与开发经历了四代：第一代是 60 年代开发的 RCo_5 型合金(稀土元素与其他金属元素的物质的量比例为 1∶5)型。其中起主要作用的金属间化合物的组成比例为 1∶5。这种类型的合金分为单相和多相两种。单相是指从磁学原理上为单一化合物的 RCo_5 永磁体，如 $SmCo_5$，$(SmPr)Co_5$ 烧结永磁体；多相是指以 1∶5 相为基体，有少量 2∶17 型沉淀相的 1∶5 型永磁体。第一代稀土永磁合金于 70 年代初投入生产。第二代稀土永磁合金为 R_2TM_{17} 型(2∶17 型，TM 代表过渡族金属)。其中起主要作用的金属间化合物的组成比例是 2∶17(R 与 TM 原子数比，R 为稀土元素，TM 为过渡族金属元素)，也有单相和多相之分。第二代产品大约于 1978 年投入生产。第三代为 Nd-Fe-B 合金，于 1983 年研制成功，1984 年投入生产。目前国内外正在进行第四代稀土永磁材料的研究与开发，主要是 R-Fe-C 系与 R-Fe-N 系。

12.2.1.1　RCo_5 型永磁材料

稀土钴永磁材料是目前磁能积和矫顽力最高的硬磁材料，主要有 1∶5 型 Sm-Co 永磁材料、2∶17 型 Sm-Co 永磁材料和黏结型 Sm-Co 永磁材料。虽然 SmCo5 基永磁体受限于钴元素为战略金属，产量较少，导致其生产成本高，但是 SmCo5 基永磁体在高温、恶劣服役环境下的优异性能和化学稳定性，使得其在航空航天领域、军工产品领域的应用依然十分重要，仍然有不可替代的作用。

最早的 RCo_5 型合金为 $SmCo_5$。$SmCo_5$ 合金具有 $CaCu_5$ 型晶体结构，如图 12-2 所示，是一种低对称性的六方结构，空间群为 P6/mmm，其结构由两种不同的原子组成，一层是呈六角形排列的 Co 原子，另一层由 R 和 Co 原子以 1∶2 的比例排列而成。其中 R 原子占据 1a 格位，两个 Co 原子占据 2c 格位，3 个 Co 原子占据 3g 格位。原子坐标分别为：

R：(0,0,0)

Co：(2/3,1/3,0)，(1/3,2/3,0)，(1/2,1/2,1/2)，(1/2,0,1/2)，(0,1/2,1/2)

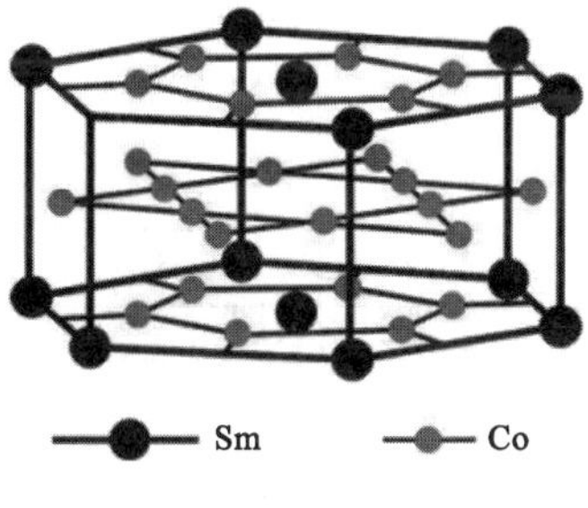

图 12-2　$SmCo_5$ 化合物的晶体结构

在该结构中，Co 的次晶格结构和稀土元素 R 的作用会带来 RCo_5 合金的磁晶各向异性。RCo_5 基永磁体的磁晶各向异性主要来源于自旋轨道耦合和晶场效应。R 的 4f 电子对于磁晶各向异性发挥很大的作用，同时 4f 电子和 3d 电子是 RCo_5 态密度的主要贡献者。Co 原子的磁矩主要由自旋磁矩提供，轨道磁矩很小。

1∶5 型稀土-钴基磁体的研究始于 20 世纪 60 年代。E. A. Nessbit 和 W. M. Hubbard 分别于 1959 年和 1960 年发现 $GdCo_5$ 具有高磁各向异性。1968 年 K. Strnat 等采用粉末冶

金法，成功制备了高磁化强度、高居里温度及高单轴磁各向异性的 $SmCo_5$ 和 YCo_5 磁体。同样在 1968 年，Buschow 利用等静压工艺技术制备出 $SmCo_5$ 永磁体，磁能积高达 18.5 MGOe，第一代永磁体诞生。1970 年，Benz 等在原有的研究基础上首次使用液相烧结法制备 RCo_5 钐钴磁体，使 RCo_5 的生产工艺逐步走向成熟与完善。

(1) RCo_5 型永磁材料的磁特性

R-Co 基永磁材料主要包括 $SmCo_5$、$GdCo_5$、YCo_5、$PrCo_5$ 和 (Sm, Re) Co_5 等材料。$SmCo_5$、$PrCo_5$ 和 YCo_5 的内禀磁性能见表 12-1。$SmCo_5$ 永磁合金的内禀磁性能优异，而且具有良好的高温特性，在高温服役环境中得以广泛应用。同样是 $CaCu_5$ 结构的 $PrCo_5$ 永磁合金，其磁性能与 $SmCo_5$ 永磁合金的相比具有更高的室温饱和磁化强度，其理论最大磁能积可以达到 39 MGOe，因此也是一种比较好的高温稀土永磁材料。但是在传统的制备工艺条件下获得的 $PrCo_5$ 磁体性能偏低，在铸锭和磁体中很容易形成 Pr_5Co_{19} 和 Pr_2Co_{17} 相，因此其使用受到一定的限制。1966 年 Hoffer 等发现 YCo_5 具有极高的单轴磁晶各向异性，实验结果表明 YCo_5 的磁晶各向异性场高达 130 kOe，同时 YCo_5 也具有较高的饱和磁化强度(10.6 kGs)，这些结果均表明 YCo_5 有可能成为高性能的稀土永磁材料。1967 年 Strnat 等研发出了世界上首块 YCo_5 磁体。YCo_5 与 $SmCo_5$ 的内禀磁性能相差不大，二者的饱和磁化强度相似，YCo_5 的居里温度为 704 ℃，$SmCo_5$ 的居里温度为 747 ℃，但是 Y 的储量比 Sm 的丰富，生产成本相比 Sm 具有很大优势，可以很大程度上改善钐钴系磁体的材料成本，提高稀土磁性材料的高值化利用率。内禀磁性能优异对于磁体的评估是不全面的，因为各向异性场差异和材料内部微观结构都会对磁体矫顽力产生影响，而 YCo_5 稀土永磁材料难以获得良好的微观结构进而限制其利用率，所以要想充分开发 YCo_5 稀土永磁材料必须通过调整制备工艺来获得合适的微结构进而得到高矫顽力。

表 12-1　RCo_5 型永磁材料磁性能

永磁材料	饱和磁化强度 M_s/kGs	各向异性场 H_A/kOe	理论最大磁能积 $(BH)_{max}$/MGOe	居里温度 T_c/℃	密度 /(g/cm³)
$SmCo_5$	11.4	400	32.5	747	8.50
$PrCo_5$	12.4	170	39	639	8.37
YCo_5	10.6	130	28.1	704	7.59

(2) RCo_5 型永磁材料的制备及其影响因素

常规制备 $SmCo_5$ 和 $PrCo_5$ 磁体的方法是传统的粉末冶金法。将原料按比例熔炼并将合金铸锭破碎到一定粒度(3～5 μm)的单晶粉末，粉末在磁场中取向，在 300 MPa 作用下等静压成型。成型的块体在保护气氛(Ar 或 N_2)下于 1 000～1 120 ℃烧结，烧结完毕再进行后续热处理。$SmCo_5$ 磁体在 500～800 ℃范围内缓慢冷却，其矫顽力会大幅度降低，如果在 900 ℃进行热处理，矫顽力可以部分或全部恢复。图 12-3 为 $SmCo_5$ 传统烧结工艺示意图。$PrCo_5$ 磁体制备方法与 $SmCo_5$ 的大致相同，区别是在其烧结过程中添加少量的金属氧化物 Cr_2O_3 等来避免 Pr_5Co_{19} 和 Pr_2Co_{17} 相的析出，Cr_2O_3 在烧结时主要进入晶粒边界，弥散分布在晶粒边界上，一方面阻碍晶粒长大，另一方面阻碍反磁化畴长大和畴壁位移，从而提高矫顽力。但是过量的 Cr_2O_3 反而会促进 Pr_2Co_{17} 相的析出，使磁体磁性能恶化。

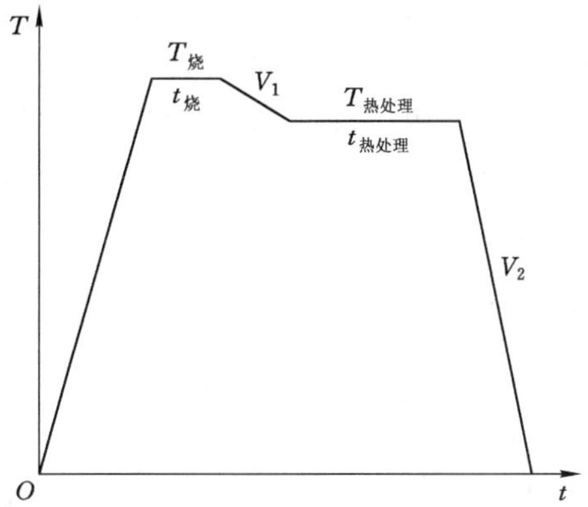

图 12-3　$SmCo_5$传统烧结工艺示意图

Fe 元素的掺杂对 Co 的磁矩没有显著影响，而非磁性元素 Cu 掺杂会使 Co 的磁矩从高自旋变为低自旋。二者对 Sm 的磁矩没有明显影响。从实验和制备的角度来看，Cu 掺杂更容易实现晶格匹配，晶相更稳定，制备更容易，而 Fe 掺杂的制备相对困难，稳定性不高。此外，在 $SmCo_5$ 中加入 Fe 和 Sn 后，Fe 更集中在晶界，从而抑制晶粒长大；Sn 趋向于进入 1∶5 相时，将占据稀土原子的位置，从而稳定 1∶5 相。它们都有助于获得更稳定的矫顽力。Fe 和 Sn 的添加拓宽了 $SmCo_5$ 的均匀区，使得 Sm_2Co_{17} 相和 Sm_2Co_7 相难以生成，即添加 Fe、Sn 可以使 $SmCo_5$ 工艺更稳定。

12.2.1.2　R_2TM_{17} 型永磁材料

第二代稀土永磁 2∶17 型 SmCo 永磁体是在第一代稀土永磁 $SmCo_5$ 磁体的基础上发展而来的。以 Sm_2Co_{17} 为基的磁体是多相沉淀硬化型磁体，矫顽力来源于沉淀粒子在畴壁的钉扎。R_2Co_{17} 型合金矫顽力 H_c 较低，但是剩余磁感应强度 B_r 和饱和磁感应强度 B_s 均高于 RCo_5 型合金的。在 R_2Co_{17} 的基础上又研制了 R_2TM_{17} 型永磁合金，其成分一般为 $Sm_2(Co,Cu,Fe,Zn)_{17}$，其磁性能优于 RCo_5 型合金的。

R_2TM_{17} 型永磁材料具有两种晶体结构，即在高温下的 Th_2Ni_{17} 型晶体结构（用 2∶17H 表示）和在低温下的 Th_2Zn_{17} 型晶体结构（用 2∶17R 表示）。六方 Sm_2Co_{17} 是 Th_2Ni_{17} 型结构，六方晶系，空间群为 P63/mmc，晶格常数 a＝0.485 6 nm，c＝0.408 1 nm；菱方 Sm_2Co_{17} 是 Th_2Zn_{17} 型结构，菱方晶系，空间群为 R-3m，晶格常数 a＝0.840 2 nm，c＝1.217 2 nm。这两种晶体结构都被认为是从 $CaCu_5$ 型晶体结构中衍生而来的。Co-Co 哑铃原子对有序替代 $SmCo_5$ 晶体结构的混合层（由 Sm 和 Co 原子组成）中 1/3 的稀土原子 Sm，会演变成 Th_2Ni_{17} 型晶体结构或者 Th_2Zn_{17} 型晶体结构。它们的晶体结构如图 12-4 所示，Th_2Ni_{17} 型晶体结构可看作 z＝0,1/4,1/2,3/4 的 4 个原子层沿[0001]轴堆垛而成的。原子层堆垛顺序为…ABAB…。它的一个单胞由 2 个 Th_2Ni_{17} 分子组成。在 1 个晶胞内共有 38 个原子，其中 2 个 Sm 原子占据 b 格位，另外 2 个占据 d 格位；共有 34 个 Co(TM)原子，其中 6 个占据 g 格位，12 个占据 k 格位，4 个占据 f 格位，12 个占据 j 格位。其中 4f 是哑铃格位，由 Co 或 TM 的原子对占据，它相当于 $CaCu_5$ 结构中的 c 格位上的 Sm 原子被 Co 或 TM 等原子对置换的结果。Th_2Zn_{17} 型晶体结构可看作由 z＝0,1/6,1/3,1/2,2/3,5/6 的 6 个原子层沿[0001]轴重叠构成的。堆垛顺序可表示为…ABCABC…。1 个单胞包含 3 个 Th_2Zn_{17} 分子，一个单胞共有 57 个原子。其原子排列特点类似“三明治”，上下是由稀土原子 Sm、Co 原子及 Co-Co 哑铃原子对构成的混合层（如 A、B 或 C 原子层），而混合层之间夹杂着单纯的 Co 原子层。在 2∶17 型 SmCo 合金中，具有六方 Sm_2Co_{17} 晶体结构的 2∶17H 相是高温亚稳相，在 SmCo 磁体的时效处理过程中不稳定，最终转变成低温稳定相，即具有菱方 Sm_2Co_{17} 晶体结构的 2∶17R 相。

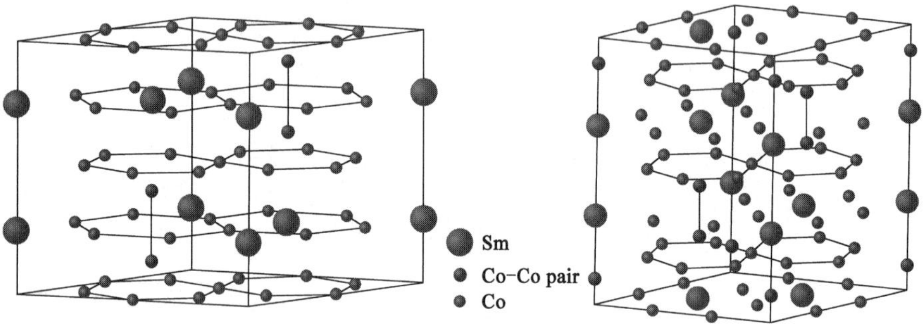

(a) Th_2Ni_{17}型晶体结构　　(b) Th_2Zn_{17}型晶体结构

图 12-4　Th_2Ni_{17}型晶体结构和 Th_2Zn_{17}型晶体结构

（1）R_2TM_{17}型永磁材料的磁特性

R_2TM_{17}型永磁材料的名义成分为 $Sm(Co_{1-u-v-w}Fe_uCu_vZr_w)_z$。由于磁体烧制过程中 Sm 元素极易挥发而造成元素烧损，实际制备过程中所用 Sm 含量更高，通常 z 介于 6.8～8.5。一般 u=0.07～0.30，v=0.05～0.2，w=0.01～0.04。$Sm(CoFeCuZr)_z$磁性材料的微观结构十分复杂，如图 12-5 所示。主相为菱形富 Fe 的 $Sm_2(Co,Fe)_{17}$ 胞内相，为 $Sm(CoFeCuZr)_z$磁体提供高饱和磁化强度，外侧环绕包覆一层富 Cu 的 $Sm(Co,Cu)_5$胞壁相，为磁体提供高磁晶各向异性和矫顽力（图 12-5）。在垂直于 c 轴的方向还存在穿胞的片状富 Zr 相。在这种结构中，胞壁相与胞内相间 Cu 元素的浓度梯度是产生较大畴壁能差的主要原因，使胞壁相能有效钉扎磁畴壁的运动，从而使得磁体具有高矫顽力。

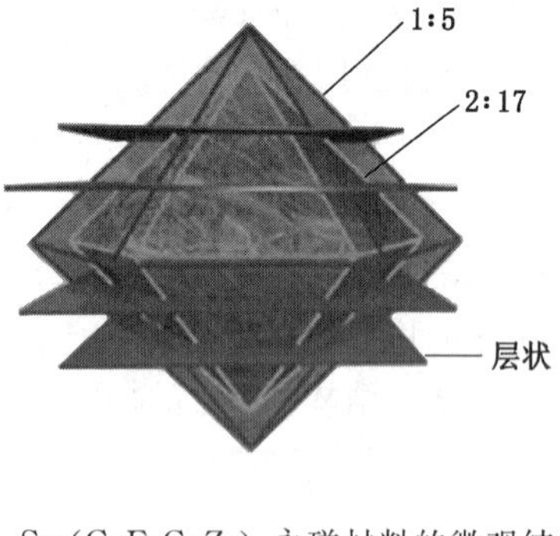

图 12-5　$Sm(CoFeCuZr)_z$永磁材料的微观结构示意图

① Sm 元素的影响

2∶17 型 SmCo 永磁材料是沉淀型硬化合金，胞壁 $Sm(CoCu)_5$型相是其畴壁钉扎中心。Sm 含量直接影响合金中各相的比率。1∶5 相的含量随合金中 Sm 含量的减少而大幅度减少，这将导致较大的胞状组织或较薄的胞壁相，因而 Sm 含量的减少会引起矫顽力的降低，退磁曲线方形度恶化。顾正飞等的研究结果证明了这一点。但是 Sm 含量过高时，容易形成不完整的胞状组织，也会降低矫顽力。此外，并不是所有的 Sm 都在 Sm-TM 化合物中。有一部分 Sm 不可避免以 Sm_2O_3 的形式存在于晶界区域，因为 Sm 是非常活跃的元素，一些 Sm 在制粉过程中以及在空气中容易被氧化。在平常条件下，烧结 $Sm(CoFeCuZr)_z$ 磁体包含 0.3%～0.6%的氧。其中，氧减少的有效 Sm 含量为自身质量分数的 6.27 倍，所以 $Sm(CoFeCuZr)_z$ 磁体中的氧含量对磁体最终的磁性能的影响也是至关重要的。

② Fe 元素的影响

Fe 原子对 R_2TM_{17} 型永磁材料的最大作用是替代材料中哑铃 Co-Co 中的 1 个 Co 成为 Fe-Co。Fe-Co 比 Co-Co 的交换耦合作用弱。z 值较低时，在 Fe 含量低的情况下，Fe 的增加会使晶胞增大，Cu 元素更易集中在胞壁中，更好地稳固磁体。但是当 Fe 含量较高时，会引起大量析出相产生，在固溶处理中会严重阻碍 2∶17H 相和 1∶7H 相的形成，导致矫顽力下降。当 z 值较高时，因材料胞状结构尺寸更大，Fe 元素对显微组织和矫顽力的影响较小。在高温使用环境中，矫顽力温度系数增大，矫顽力迅速降低，并且 Fe 元素在高温环境中容易被氧化，所以对于耐高温磁体来说，应该降低 Fe 含量。

③ Cu 元素的影响

Cu 元素对 $Sm(CoFeCuZr)_z$ 磁性材料中 $Sm(CoCu)_5$ 相的形成有直接作用。$Sm(CoCu)_5$ 相的体积分数及相中 Cu 元素浓度直接决定了对磁畴的钉扎强度。徐文第等对 $Sm(CoFeCuZr)_z$ 磁性材料的实验结果表明，Cu 元素能促进时效过程中 1∶5 相析出。Tang 等的研究显示：随着 Cu 含量的增加，$Sm(CoFeCuZr)_z$ 磁体内禀矫顽力增大，同时矫顽力温度系数降低，提高了磁体耐高温性能。

④ Zr 元素的影响

Zr 在 $Sm(CoFeCuZr)_z$ 磁体中属于微量添加元素，可以促进片状 2∶17H 相的形成，为 Cu 原子进入 1∶5 胞壁相提供元素转移途径，通过改变胞壁相含量以及 Cu 元素浓度来提升矫顽力。Tang 等的研究结果表明 Zr 含量的增加有利于提高胞状结构中的片状相含量。胞状结构中片状相促进 Cu 原子向胞壁区域转移，而胞状结构的形成及胞壁 1∶5 相的体积分数与铜原子的含量密切相关。因此，Zr 元素对磁性能影响很大，尤其是对矫顽力起关键性作用。另外，Zr 含量的变化也对矫顽力温度系数 β 有一定影响。通过微观结构分析得知，Zr 含量的增加可以促进胞状组织细化和片状相的生成。Zr 元素还可以促进钐和铜在烧结时的溶解，促进 1∶5 相和 2∶17 相的错排；在热处理过程中，细化晶粒促进 Fe 元素向胞内移动，加大胞内和胞壁化学成分的差别。

(2) R_2TM_{17} 型永磁材料的制备及其影响因素

目前生产 2∶17 型 SmCo 永磁材料的工艺可以分为制备磁粉和生产成品两个部分。前者有粉末冶金法、还原扩散法、快淬-黏结法、单相纳米晶制备法和氢脆法等；后者有磁粉成型烧结法、磁粉黏结法和磁粉热压热扎法等。后来在实验室环境下还开发出了机械合金化、活性烧结法等固相反应法。

① 粉末冶金法

粉末冶金法主要用于生产 2∶17 型 SmCo 烧结磁体，烧结体的密度可接近理论值 8.4 g/cm^3，综合磁性能最好，是目前生产 2∶17 型 SmCo 永磁体的主要方法。其工艺流程为：配料→合金熔炼→粗破碎→磨粉→磁场取向压→冷等静压→烧结→固溶处理→时效热处理→加工→检测。

该方法具有下列特点：a. 磁制品性能较好；b. 工艺设备易制造；c. 生产工艺成熟简单，可间歇作业；d. 成品率较低。

采用传统粉末冶金法制备 $Sm(CoFeCuZr)_z$ 磁性材料，要历经烧结、固溶和时效三个热处理阶段，热处理工艺示意图如图 12-6 所示。首先，在达到烧结温度之前炉体保持真空环境，升温至 500 ℃时进行短时间保温，排出压坯的空气和残留的球磨介质，随后升温至低于烧结温度 20～30 ℃进行预烧结处理，之后继续升温至烧结温度（1 190～1 230 ℃）并保温一段时间以提高磁体的致密度。此时，温度过低会使磁体不致密，过高则会使磁体趋于熔化状态而影响后续磁体加工与热处理。另外，Sm 元素会在烧结过程中剧烈挥发，所以实际的磁体成分不易把握，因而为避免剧烈挥发需要在刚达到烧结温度时立即充入 Ar。在完成烧结阶段后快速降温至固溶处理阶段。固溶处理是磁体获得组分均匀的单相固溶体的重要阶段，也是磁体成分和相组分均匀化的主要阶段。通常在烧结工艺完成后迅速降温至固溶处理温度（1 100～1 190 ℃），短时间保温后迅速冷却至室温。$Sm(CoFeCuZr)_z$ 永磁体的时效工艺过程通常分为两级时效热处理，即第一级时效热处理（>800 ℃）和第二级时效热处理（>400 ℃）。

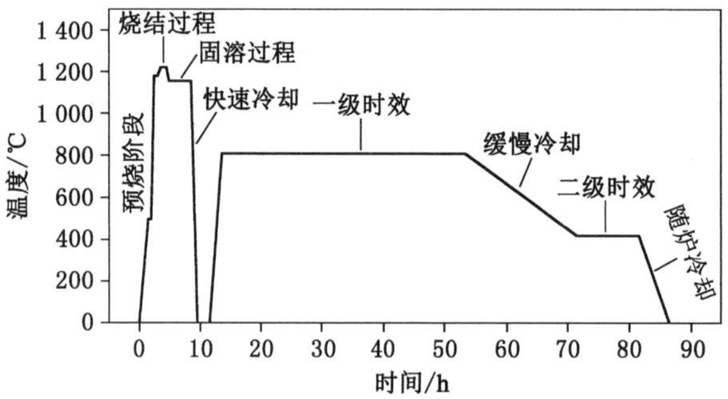

图 12-6　2∶17 型钐钴磁性材料热处理工艺示意图

② 还原扩散法

采用还原扩散法制造稀土永磁的基本原理是用金属钙（Ca）还原稀土氧化物使之变成纯稀土金属，再通过稀土金属与钴、铁等过渡族金属原子的互扩散直接制得稀土永磁粉末。采用还原扩散法制备稀土永磁的工艺为：原料准备→混料→还原扩散→去除 Ca 和 CaO→磨粉→干燥→取向与压型→烧结→热处理→磨加工→检测。

还原扩散法较粉末冶金法省掉了纯稀土金属的制取、合金的熔炼、钢锭的粗破碎三个环节。采用还原扩散法制造稀土永磁材料的原材料成本比采用粉末冶金法时的低 30%～50%。

③ 快淬-黏结法

快淬-黏结法由美国 GM 公司发明，是目前生产稀土永磁体制品的主要方法之一。采用快淬法制磁粉，再用黏结法制取磁制品的联合方法，是制取稀土永磁制品比较经济合理的工艺，主要用于制取黏结磁体。其工艺流程为：原料准备→熔炼→冷却快淬→粉碎→细磨→热处理→树脂混合→压型→固化→检测→包装。该方法特点：a. 生产工艺简单，成品率高（95%以上），生产成本低；b. 磁体的矫顽力比烧结法的高，热稳定性好，但是最大磁能积

(11～17 MGOe)较烧结法的(29 MGOe)低得多;c. 磁制品的机械强度高,可制成任意形状;d. 密度低(5.4～7.0 g/cm^3)。

12.2.1.3　Nd-Fe-B 永磁材料

由于稀缺性,Sm、Co 一直被世界各国列为重要战略资源,其价格连年高涨,从而使得科学家们越发渴望开发一种民用高性能稀土永磁材料。1984 年,美国学者 J. J. Croat 等判断 NdFeB 硬磁相是非平衡的亚稳态,据此采用液体急冷法制备了 $Nd_{0.13}(Fe_{0.95}B_{0.05})_{0.87}$合金磁体,然而报道的$(BH)_{max}$仅为 14.1 MG·Oe。与之相反,日本学者 M. Sagaw 等确信其为平衡相,并在同年报道了采用粉末冶金工艺制备的$(BH)_{max}$高达 36.4 MGOe 的烧结 NdFeB 磁体,打破了当时永磁材料最大磁能积历史纪录。第三代 $Nd_2Fe_{14}B$ 稀土永磁体一经发明便在科学界引起轩然大波,第二年大量公司纷纷建立生产线,稀土永磁材料研究进入新阶段。钕铁硼(Nd-Fe-B)永磁材料具有极高的室温综合磁性,自 20 世纪 80 年代问世,就凭借其卓越的磁性能快速占领永磁材料市场,拥有"永磁王冠"美称。自 21 世纪以来,烧结钕铁硼永磁材料因具有高磁能积和高矫顽力优势,成为电声器材、电子电器、轨道交通、风力发电、新能源汽车等领域不可或缺的材料,持续带动高端钕铁硼需求量增长。目前我国烧结钕铁硼永磁材料的产量占世界产量的近 80%,且每年以 30%左右的速度增长。并且近年来我国烧结钕铁硼制造技术进步显著,永磁设备不断发展与改进,新技术得到采用,产品档次迅速提升。

NdFeB 永磁体以稀土元素 Nd、Pr 为主。此外,制备 NdFeB 永磁体用到的原料主要是 Fe,Fe 大约占原材料的 70%。没有用到战略元素,生产成本降低,可以大批量生产。同时,NdFeB 磁体磁性能卓越,其理论饱和磁极化强度(J_s)约为 1.6 T,理论最大磁能积$(BH)_{max}$约为 64 MG·Oe,磁晶各向异性场(H_A)约为 6.7 T,远超 Sm-Co 系永磁体的。NdFeB 永磁材料自问世以来得到广泛应用,迅速成为需求量最大、应用最广的永磁材料。稀土钕铁硼永磁材料根据制备工艺不同主要有两类:一类是烧结钕铁硼永磁材料,具有高矫顽力和高磁能积,是目前应用最广泛的一类稀土永磁材料;另一类是黏结钕铁硼永磁材料,主要应用于电子设备、电气设备等领域。

(1) 烧结 NdFeB 磁性材料

烧结 NdFeB 永磁合金在磁性能方面具有更大的优势,从而在永磁领域占有重要地位。据研究统计,全球 1985 年生产烧结 NdFeB 永磁体 69 t,2000 年增加到 1.36 万 t,2008 年全球产量提高到 6.66 万 t,平均每年以将近 49%的速度增加。据稀土行业协会统计,2009 年中国烧结钕铁硼产量占世界钕铁硼产量的 78.9%,2016 年我国钕铁硼产量占全球产量的 84.94%,2018 年我国的钕铁硼永磁体毛坯占全球产量的 87%,随着我国烧结钕铁硼材料行业不断壮大以及产量的大幅度上涨,中国成为全世界最大的钕铁硼生产国。

① 烧结 NdFeB 磁性材料的微观组织

烧结 NdFeB 磁体主要通过粉末冶金工艺制备,成分和微观结构均对磁体性能起决定性作用。在成分固定情况下,微观结构不同会造成磁体性能有很大差异,其中起决定性作用的是主相($Nd_2Fe_{14}B$)、富 Nd 相、富 B 相。

a. 烧结钕铁硼磁体中的 $Nd_2Fe_{14}B$ 相,作为烧结钕铁硼永磁体唯一的硬磁相,也是烧结钕铁硼磁体中磁性能主要的来源。$Nd_2Fe_{14}B$ 相的质量一般占烧结钕铁硼永磁体的 90%以上,因此称为主相(T1 相),也称为 2∶14∶1 相,具有典型的四方晶体结构。其单胞结构示意图如图 12-7 所示,空间群为 P42/mnm,晶格常数 a=8.80 Å,c=12.24 Å,理论密度为

7.62 g/cm³。4 个 $Nd_2Fe_{14}B$ 分子构成 1 个晶胞，Nd 原子占据 4f 和 4g 晶位，Fe 原子占据 16k1、16k2、8j1、8j2、4e 和 4c 晶位，B 原子仅占据 4g 格位，Nd 和 B 原子分布在第一、四构层内，Fe 原子主要分布于第二、三、五、六构层内。Nd 原子的磁矩起源于 4f 电子，Fe 原子的磁矩起源于 3d 电子。不同格位上的原子 Fe-Fe、Nd-Fe、Nd-Nd 之间会有交换作用，其中 Fe 原子间的交换作用是主要的，对主相的居里温度起决定性作用。值得注意的是，Fe-Fe 原子之间的交换作用有正负之分，这是以两个原子之间的距离与 3d 电子半径之间的关系来衡量的。主相的居里温度由于正负作用之间发生相互抵消而变得较低。$Nd_2Fe_{14}B$ 相具有很强的室温磁晶单轴各向异性，*c* 轴是易磁化轴。Nd 亚点阵和 Fe 亚点阵是该相的磁晶各向异性的来源，前者由 4f 电子轨道磁矩与晶格场相互作用产生，后者则由 3d 电子轨道磁矩与晶格场相互作用产生。其中，4f 电子轨道与晶格场的不对称性使得 4f 电子云的形状发生不对称性变化，从而产生各向异性，而 3d 和 4f 电子间存在很强的交换作用，在一定的温度区间内这两者的各向异性方向相同，故 $Nd_2Fe_{14}B$ 相拥有很强的各向异性。

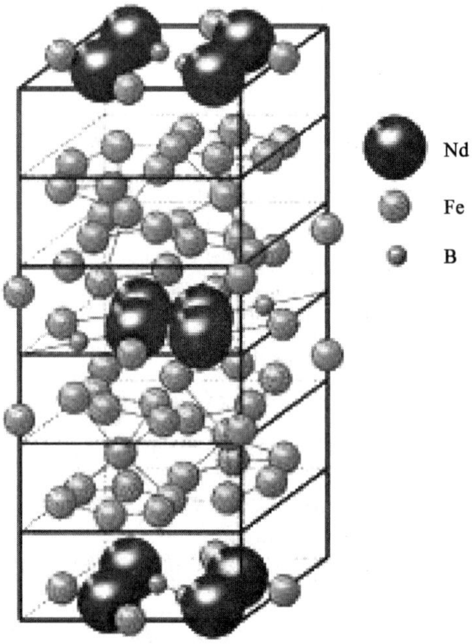

图 12-7　$Nd_2Fe_{14}B$ 的晶胞结构示意图

Fe 原子的磁矩决定了主相晶粒的饱和磁化强度，主相的饱和磁化强度 M_s 为 1.6 T，磁晶各向异性场 H_A 为 7.3 T，居里温度 T_c 为 585 K，理论最大磁能积为 64 MG·Oe。另外，烧结 NdFeB 磁体的磁性能会受到主相的成分、晶粒大小、体积占比、取向度和边界的微观结构等因素的影响。

b. 富 Nd 相的熔点相对较低(655 ℃)，其成分与结构随磁体的制造工艺的变化而变化。在平衡态下，Fe 含量低于 5%；在非平衡态下，富 Nd 相中的 Fe 与 Nd 的含量可以在很大范围内波动。烧结过程中，高熔点的主相不熔化，而低熔点的富 Nd 相会熔化成液相，分布在主相晶粒之间，推动液相烧结的进行，其分布状态对磁体的性能起决定性作用。其中，最理想的状态是主相晶粒边缘均匀包裹着厚度为 2～3 nm 的富 Nd 相，通过非铁磁性的富 Nd

相把主相晶粒包覆起来，达到去交换磁耦合和磁硬化的目的。然而磁体中富 Nd 相的存在形式并不唯一，还会存在分布于晶界角耦处的块状富 Nd 相，或者在晶粒内部沉淀的富 Nd 相小颗粒，后两种形态均会有负面作用，因此应合理控制磁体中的稀土总量，力求避免或减少后两种形态出现。

c. 富 B 相，即 $RE_{1+\varepsilon}Fe_4B$，属于四方晶系，Pccn 空间群，居里温度约为 13 K，在室温下为非铁磁相。研究初期由于制造技术不够成熟，为了保证 2∶14∶1 主相的稳定形成，一般会添加相对过量的 B(1.32%)，因而形成了富 B 相。然而富 B 相对于烧结钕铁硼的磁性能是有害而无益的，因此随着制备技术的发展，使用 1.01%～1.06%的 B 就能够保证 2∶14∶1 钕铁硼主相的形成，同时也可避免富 B 相的出现。

② 烧结 NdFeB 磁性材料的生产工艺

目前大部分企业采用粉末冶金法制备烧结 Nd-Fe-B，其生产工艺流程为：配料→合金熔炼→氢处理→气流磨→磁场压型→真空连续烧结→真空热处理→磁性能检验→机械加工→表面处理→尺寸外观、物性等检验→充磁→包装发货，如图 12-8 所示。

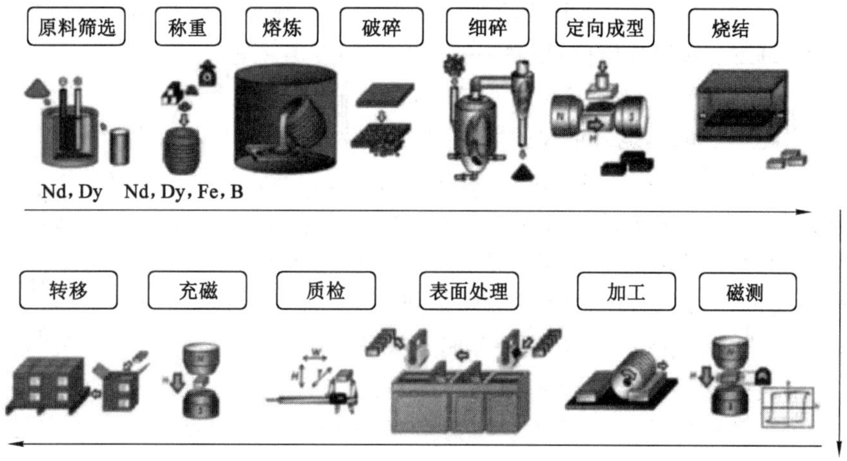

图 12-8　烧结 Nd-Fe-B 工艺流程示意图

熔炼工艺又称为 SC 速凝薄带工艺，是近年来制备钕铁硼的一种新工艺，即将熔融的合金液浇铸到水冷铜棍上，熔体快速冷却，得到厚几毫米、宽几厘米的薄片。可以获得由 $Nd_2Fe_{14}B$ 和富 Nd 相组成的取向度高的柱状晶网格结构，由于在甩片的凝固过程中可以获得较高的冷却速度，可以有效抑制 α-Fe 的析出，并形成非常薄的薄片。SC 合金的薄层组织应避免出现团聚的富 Nd 相、细小的等轴晶、粗大的柱状晶，理想的显微组织中富 Nd 相沿 $Nd_2Fe_{14}B$ 相的柱状晶均匀分布。

氢破碎(HD)工艺是将氢气通入装有 NdFeB 甩片的反应钢炉内使 NdFeB 与氢气发生化学反应，从而使体积膨胀，由于内应力作用而实现甩带片的粗破碎。氢破碎分为吸氢和脱氢两个反应过程，氢被晶界富 Nd 相所吸收，从而使富 Nd 相体积膨胀，发生沿晶断裂，这种反应产生的热量促使氢气被 $Nd_2Fe_{14}B$ 主相进一步吸收，形成间隙间氢化物，此过程放热；脱氢是指在适宜的温度、压强条件下将氢气从 $Nd_2Fe_{14}B$ 主相及富 Nd 相中脱去，此过程吸热。

氢破碎得到的 Nd-Fe-B 粉末粒度约为 120 μm，为了进一步得到细小均匀的粉末，下一步进行气流磨制粉。气流磨制粉的原理是利用高压惰性气体（N_2）将粉末加速相对碰撞而得到尺寸更细小的粉末，气流磨制粉可通过调节分级轮转速控制粉末粒度，过大尺寸的粉末继续进行碰撞，过小尺寸的粉末则被分离出去，直至得到的粉末粒度为 3～5 μm。

磁场取向成型是利用磁性粉末和外磁场的相互作用，对粉末颗粒的易磁化方向进行排列，使其与磁体的最终充磁方向一致，这是获得各向异性磁体最常用的一种方法。粉末制备工序将 Nd-Fe-B 合金破碎到单晶颗粒，而它们又是单轴各向异性的，每个颗粒都有一个易磁化轴，即主相晶胞 c 轴。将粉末松散地充填到模具内，在 0.8 kA/m 以上的外磁场作用下这些粉末颗粒由多畴变成单畴，并通过旋转或移动将易磁化方向调整到外磁场方向，也就是使各晶粒的 c 轴沿外磁场方向排列取向。Nd-Fe-B 粉末的晶体取向程度受多方面因素的影响，如取向磁场强度、粉末颗粒、形状和尺寸、成型方式、取向场与成型压力的相对方向以及取向的粉末的松装密度等有关系。在工业生产中，目前压制成型分一次成型和二次成型两大类。一次成型可以采用单向压机（压强一般为50～100 MPa），或者冷等静压机（压强一般为 200 MPa 左右，压坯密度为实密度的 60%左右）；二次成型可以采用单向压机（压强一般为 20～30 MPa）加上冷等静压机（压强一般为 200 MPa 左右）。

钕铁硼永磁材料的烧结技术是真空烧结，压坯在真空或者惰性气体保护中在高温下发生系列物理化学变化。烧结的主要目的是致密化，其中晶界相在烧结过程中起助烧结作用，是决定磁体致密度的关键因素。烧结的基本过程可分为液相的产生与流动、溶解与析出和固相烧结，其具体过程如下：首先是粉末颗粒表面吸附气体排除，有机物的挥发，应力的消除，粉末颗粒表面氧化物的还原，变形粉末颗粒的回复和再结晶；接着是原子的扩散，物质的迁移，颗粒之间的接触，由机械接触转变为物理化学接触，形成金属键或共价键的结合。接触面扩大，出现烧结颈并长大、密度提高、晶粒长大等。烧结过程是一个材料烧结致密化和晶粒长大的过程。烧结温度的过高和烧结时间的过长都会严重影响晶粒尺寸。晶粒尺寸与晶界微观结构是影响烧结钕铁硼永磁材料内禀矫顽力的重要因素。作为功能材料，在主相晶粒边界存在一定厚度的连续分布的富 Nd 相，应尽可能多存在 $Nd_2Fe_{14}B$ 相且晶粒细小。

富 Nd 相与主相、富 B 相的三相共晶点低到 617 ℃，其中富 Nd 相充当烧结过程中的液相，以促进烧结反应进行。为了获得高矫顽力，通常需要进行 900 ℃附近和 500 ℃附近的二级热处理。最佳的热处理温度和时间组合与 Nd-Fe-B 磁体中的添加元素及成分密切相关。但是大量实验表明，一级热处理温度（900 ℃）具有普适性，原因是此温度下富 Nd 相处于液态，作为晶界相可以对主相晶粒的表面进行修复，只要时间不是太长，不会导致主相晶粒过分长大或富 Nd 相富集，这个效果与成分关系不大；二级热处理对磁体的相组成和显微结构的调整至关重要，在这个温度区段会发生共晶反应，液相的总量、成分和分布都在变化，所以会敏感地影响磁体的内禀矫顽力、退磁曲线的方形度以及磁体的高温不可逆损失。

③ NdFeB 磁性材料改性方法

a. 单合金法

合金化工艺是指在烧结钕磁铁的原料中加入一定比例的合金元素，然后通过熔融工艺使所有元素的成分均质化。常见添加元素的作用见表 12-2。

表 12-2　各种添加元素及作用

添加元素	正效果	原因	负效果	原因
Co 替代 Fe	T_c↑ 抗蚀性↑	Co 的 T_c 比 Fe 的高；新的 Nd_3Co 晶界相替代了原来易蚀的富 Nd 相	B_r↓ H_{cj}↓	Co 的 M_s 比 Fe 的低；晶界相 Nd_3Co 是软磁性的，不起磁去耦作用
Dy，Tb 替代 Nd	H_{cj}↑	Dy 起主相晶粒细化作用；$Dy_2Fe_{14}B$ 的 Ha 比 $Nd_2Fe_{14}B$ 的高	B_r↓ $(BH)_{max}$↓	Dy 的原子磁矩比 Fe 的高，但是与 Fe 呈亚铁磁耦合，使主相 M_s 下降
Cu，Al，Ga，Sn，Ge，Zn	H_{cj}↑ 抗蚀性↑	形成非磁性晶界相，使主相磁去耦，还抑制主相晶粒长大；替代原来易蚀的富 Nd 相	B_r↓ $(BH)_{max}$↓	非磁性元素局部溶于主相代替 Fe，使主相 M_s 下降
Nb，Mo，V，W，Cr，Zr，Ti	H_{cj}↑ 抗蚀性↑	抑制软磁相生成，从而增强磁去耦，同时抑制主相晶粒长大；新的硼化物晶界相替代原来易蚀的富 Nd 相	B_r↓ $(BH)_{max}$↓	在晶界或晶粒内生成非磁性硼化物相，使主相体积分数下降

b. 双合金法

双合金法是近年来发展最快的一种制备高矫顽力烧结钕铁硼磁体的方法。这种方法主要是将制备的辅合金与钕铁硼母合金混合破碎，取向成型后通过热处理工艺制备高性能磁体。通过对双合金磁体的微观结构分析发现：在双合金工艺制备的磁体中，重稀土元素(Dy，Tb)在主相晶粒内并非均匀分布，重稀土元素(Dy，Tb)倾向于分布在主相晶粒的表面，最终形成具有高磁晶各向异性的“壳层”和低磁晶各向异性的“核心”，“壳层”有效改善了主相晶粒表面层低磁晶各向异性的缺陷，而“核心”具有高饱和磁化强度。但是这种方法也有较为明显不足之处：Ⅰ. 热处理过程中过高的温度使钕铁硼主相晶粒熔化，会导致一些元素，特别是重稀土元素，向主相颗粒扩散，造成磁体剩磁下降；Ⅱ. 在工业生产中，由于辅合金的用量难以精确控制，大量的贵金属尤其是重稀土元素被浪费，增加了企业的生产成本。

c. 晶界扩散

研究表明：烧结钕铁硼磁体的矫顽力机制由形核机制控制。因此对于形核型磁体，在外磁场的作用下，在其主相晶粒表面及与晶界相交界处存在缺陷、化学成分及结构不均匀的区域最先形成反磁化核心，进而导致整个磁体出现磁化反转。因此，如果能在晶粒表面区域形成一层薄的高磁晶各向异性区域，以弥补结构缺陷导致的磁晶各向异性的损失，就可以实现增加磁体矫顽力且有效减少重稀土元素的使用量。基于上述研究结果，2000 年，日本科学家 Sagawa 等通过晶界扩散(GBD)技术，显著提升重稀土(Dy、Tb)的利用率。工艺流程为：先将重稀土化合物粉末与酒精按一定比例混合，再涂覆在磁体表面，然后将磁体在高温下热处理，使重稀土沿晶界相扩散到磁体内部，在 $Nd_2Fe_{14}B$ 主相晶粒表面形成 $(Nd,Dy)_2Fe_{14}B$ 或 $(Nd,Tb)_2Fe_{14}B$ 的高磁晶各向异性“壳层”结构，有效抑制反向畴形核，从而提高矫顽力。

Chen 等发现施加一定压力可以加强低熔点合金的晶界扩散效果。Fang 等通过对比不同状态的烧结钕铁硼磁体晶界相的差异，发现分布连续且均匀的晶界相可以提高晶界扩散效果。Niu 等通过研究发现，晶界富钕相各向异性分布的特点同时导致晶界扩散也具有各向异性的特点。Loëwe 等通过蒸镀法发现扩散温度与矫顽力之间的联系，随着扩散温度升高，$(Nd,Dy)_2Fe_{14}B$ 硬磁“壳层”厚度随之增大，扩散磁体的矫顽力也越高。闫阿儒等通过研究电泳沉积 DyF_3 和 TbF_3 晶界扩散烧结钕铁硼磁体发现：DyF_3 作为扩散源，磁体矫顽力提高 6.5 kOe；TbF_3 作为扩散源，磁体矫顽力提高 10 kOe。此外，他们还发现原始磁体的稀土含量和扩散源重稀土浓度都会影响晶界扩散。Li 等使用磁控溅射法研究发现扩散热处理时间过长会导致扩散磁体表层出现“反核壳”，不利于扩散磁体矫顽力的增大。

经过科研人员的大量研究，晶界扩散技术也不断革新。科研人员不仅开发了多种重稀土扩散源，如纯金属、氧化物、氟化物和氢化物等，还使涂覆方式也不局限于涂覆法，甚至研发了电泳沉积、磁控溅射、真空蒸镀等技术。这些研究成果有力推动了晶界扩散技术的工业化。但是表面涂覆的厚度和重稀土元素扩散的深度有限，只适用于生产小尺寸的烧结钕铁硼磁体，不利于大规模的工业生产，因此如何通过成分和结构的设计，提高扩散的深度也是目前研究人员所关注的重点。

d. 晶粒细化

钕铁硼磁体的制备过程决定了提高磁体的矫顽力不仅仅是单一改进某一环节工艺技术，而是一项系统工程，晶粒细化工艺作为磁体制备的前序环节，对磁体磁性能具有显著影响，因此，在此基础上提出了晶粒细化工艺。Uestuener 和程星华等研究了不同晶粒尺寸对磁体矫顽力的影响，研究结果表明：内禀矫顽力（H_{cj}）与晶粒尺寸呈线性反比关系，晶粒尺寸越大，磁体的矫顽力越小。行业内普遍通过控制速凝铸片冷却辊速、气流磨粉末颗粒尺寸、烧结温度制度等方式来减小烧结钕铁硼磁体的晶粒尺寸，主要原理是通过优化各个生产环节将颗粒尺寸细化到单畴状态，最大限度减小钕铁硼磁体晶粒表面的缺陷区域范围，改善结构轮廓，进一步降低反磁化形核概率以及微观电磁场强度，从而提高磁体的矫顽力。

(2) 黏结 NdFeB 磁性材料

黏结 NdFeB 磁体相比烧结 NdFeB 磁体有很多优点，例如，黏结磁体能通过压制、注射、挤压和压延成型等多种成型方法制备而成，产品质量分散性小，可使用小型生产设备进行大批量生产；黏结磁体的收缩率小且无变形，所以制得的成品尺寸精确、表面平整，得到的产品精度高；黏结 NdFeB 永磁材料的形态自由度大，可以制成长条形、管状、薄片状甚至薄壁环形，注射成型时可以嵌入金属与塑料一起成型；黏结磁体的机械强度高，不易生成碎片、掉边，可以钻孔和切削；黏结 NdFeB 磁体的最大磁能积是铁氧体的 5～12 倍，矫顽力是铁氧体的 5～10 倍，有利于仪表的薄型化和轻量化；磁粉的再利用率高；由于混入了反磁性的高分子材料，所以黏结磁体的质量较低，磁性能有所下降；黏结磁体的径向或极向定向比烧结磁体的优异得多。由于烧结法制备磁体过程中的冷却阶段各向异性热收缩会导致产品破裂，所以很难获得径向和极向定向，黏结磁体中的聚合物起破裂缓冲剂作用，只要满足形状因子的定值就可以实现径向定向。

黏结 NdFeB 磁体的制备工艺是影响磁体性能的重要因素，其制备工艺影响磁体的晶体结构、内外禀磁特性、磁畴形态和微观组织等。一般黏结磁体的制备工艺为：制粉工艺、黏结工艺和成型工艺。每一步工艺对磁体都有不同程度影响。黏结 NdFeB 磁体的磁粉制备工艺主要有气体雾化法（GA）、机械合金化法（MA）、快淬法（MS）、HDDR 法等。磁粉颗粒的大小对黏结磁体的磁性能影响显著，合适的颗粒配比有利于改善磁性能，颗粒不均匀及偏小或偏大都会降低磁性能。粒径小的磁粉的加入使得黏结磁体的密度提高，但是随着含量的逐渐增加，性能降低明显。所以选择适度的粒度配比是制备性能优异磁体的首要条件。制备黏结 NdFeB 磁体的黏结剂以热固性树脂、橡胶及热塑性树脂这一类高分子和低熔点树脂为主，黏结剂对黏结磁体性能的影响重大。黏结剂的主要功能是实现磁性粒子间黏结和赋予磁体优良的磁性能。一般会选择黏结强度高、吸水性弱、结合力大、尺寸稳定性高的黏结剂。除了要添加黏结剂，还要加入其他添加剂，如偶联剂、增塑剂、润滑剂和热稳定剂等，主要是为了使黏结剂有更强的黏结性、韧性、强度、取向度、流动性等，从而使得黏结剂实现磁粉与磁粉更有效黏结。黏结磁体的成型工艺常采用模压成型和注射成型。

12.2.1.4　R-Fe-N 永磁材料

尽管 NdFeB 系稀土永磁材料具有优异的磁性能，但是由于其居里温度低，耐腐蚀性差，且 NdFeB 系稀土永磁材料经过多年发展其实际性能已很接近理论值而潜力有限，因此人们希望开发出新一代的铁基稀土永磁材料。室温下 $R_2Fe_{17}N_x$ 化合物为 Th_2Zn_{17} 型结构，是 N 以间隙原子形式溶入 R_2Fe_{17} 晶格，其中 R 通常为 Sm，Nd，Er，Y。1990 年，Coey 等发现 C、N 等相对质量较小的元素可以进入 R_2Fe_{17} 化合物的八面体空隙中形成间隙化合物，并且不会改变化合物的晶体结构。1991 年，Coey 通过将 Sm_2Fe_{17} 在氮气中进行充分氮化，制备出了 $Sm_2Fe_{17}N_3$ 间隙化合物。通过微磁学理论计算得出，$Sm_2Fe_{17}N_3$ 化合物的饱和磁化强度 J_s 达到了 1.56 T、居里温度 T_c 达到了 470 ℃，同时磁晶各向异性也达到了 21 T。$Sm_2Fe_{17}N_3$ 化合物与 NdFeN 磁体的饱和磁化强度和最大磁能积相当，而且磁晶各向异性和居里温度更是大大超过了 NdFeB 磁体的，同时，SmFeN 为间隙原子化合物，磁体一般为单相，不像 NdFeB 磁体那样为多相结构，一般不会发生电化学腐蚀，因此还具有良好的抗腐蚀性。$Sm_2Fe_{17}N_3$ 化合物具有如此优异的磁性能，很有希望发展成为 NdFeB 永磁体后的下一代稀土永磁体。

目前钐铁氮磁体的磁性能还远未达到预期的高度。$Sm_2Fe_{17}N_x$ 的理论最大磁能积达到 470 kJ/m^3，而国内工业化粉体的最大磁能积仅为 318 kJ/m^3，注射黏结磁体的最大磁能积为 111 kJ/m^3，模压磁体的也仅达到 175 kJ/m^3。使 $Sm_2Fe_{17}N_x$ 块体制备受限最大的原因是其高温分解问题，$Sm_2Fe_{17}N_x$ 在 600 ℃以上高温时发生分解，这严重限制了烧结磁体的制备，以至于 $Sm_2Fe_{17}N_x$ 的大部分应用是黏结方法实现的，并因此导致密度下降，损失剩磁性能和最大磁能积。因此，目前商业 SmFeN 磁体仅限于黏结磁铁。黏结磁体主要为磁性 SmFeN 粉体和非磁性黏结剂共同组成的一种磁性材料。根据制备工艺不同，黏结磁体主要分为压缩成型、注射成型、挤出成型和压延成型四种。采用四种黏结工艺制得的黏结磁体各有优点。压缩成型因工艺简单，能得到高密度和高性能的磁体，故黏结磁体多数是采用压缩成型工艺制备而成的。黏结磁体的性能与制备工艺、磁粉、黏结剂和添加剂都有很大的关系，尽管树脂在高温下不是热稳定的，但是 Sm-Fe-N 粉末已被限制在商业中用于树脂黏结磁体。Otanie 等报道了用软金属（如 Sn、Bi、Al、Zn）制备的金属键合 Sm-Fe-N 磁体，这些金属熔点都低于 $Sm_2Fe_{17}N_3$ 的分解温度，在烧结过程中能将 SmFeN 很好结合。在以 Zn 作为黏合剂制备的金属结合 Sm-Fe-N 磁体的矫顽力 H_{cj} 增大了 5 kOe，还在 Zn 键合的 Sm-Fe-N 磁体中观察到了 Zn_7Fe_3 相。Matsuura 提出 H_{cj} 的增大是减少 α-Fe 相和形成 $FeZn_4$ 或 Fe_3Zn_7 引起的。近年来，Otogaw 等发现一种 Sm-Fe-Cu-Al 四元合金黏结剂，其熔点仅为 495 ℃，比 SmFeN 磁体热分解温度低了 100 ℃以上，Sm-Fe-Cu-Al 合金黏结剂克服了 $Sm_2Fe_{17}N_3$ 磁体在热压温度高时矫顽力下降的问题。

12.2.2　AlNiCo 永磁材料

铝镍钴合金作为第一代永磁合金材料，具有较高的使用温度（达 500 ℃）和非常好的温度稳定性($\alpha_T=-0.02\times10^{-2}$℃$^{-1}$),目前仍广泛应用于精密仪器仪表和加速度计等;但是随着时间的延续,AlNiCo 合金的磁性能逐渐降低,使得其应用范围和使用寿命受到极大限制。

AlNiCo 合金主要的化学成分为 Fe、Ni、Co、Al,根据 Co 含量的不同分为许多牌号,Co 含量越高合金序牌号越高,高牌号的 AlNiCo 合金还含有 Ti、Cu、Si、S 等元素。各种元素对合金的磁性能和铸造性能的影响已经研究较多。增加 Ti、Co、Nb 的含量会降低液固两相区固相线的温度,而 S 的加入可以提高切削性能,同时可以促进柱状晶的形成。Ti 为较活泼的元素,加入后可以与合金中的非金属元素 N、S、O 等发生反应生成杂质相,同时 Ti 可以起到细化晶粒阻止柱状晶形成的作用,而加入 S、Se、Te、C 后能明显提高合金的磁性能。Ti 的加入还可以提高各向异性从而提高矫顽力。合金中 Cu 对组织的均匀性有很大影响,如果 Cu 分布不均匀则会使得 AlNiCo 合金的磁性能下降;提高 Cu 含量可以降低等温处理的温度。AlNiCo 合金中 Co 含量增加后剩磁降低,矫顽力升高,主要原因是 Co 含量增加后 Fe 元素含量降低,生成的强磁相 FeCo 相含量降低导致剩磁降低,同时剩余的 Co 含量增加,分布在弱磁相 AlNi 相中,起钉扎作用,提高了矫顽力。

AlNiCo 合金的制备方法分为铸造法与烧结法。铸造法的工艺流程为:配料→熔炼→浇铸→定向成型→热处理→磁性测试→加工→检验包装。目前,在生产 AlNiCo 合金时除了外加磁场外,采用定向凝固法来获得柱状晶。AlNiCo 合金的加工性能虽然比其他稀土永磁合金的好,但在平常使用中仍然要解决脆性问题。采用烧结法制备 AlNiCo 合金是用粉末冶金工艺,其工艺流程为:原材料→制粉→混合→压制→真空烧结→磁性测试→加工→涂覆→检验包装。

12.2.3 铁氧体永磁材料

铁氧体永磁材料因价格低廉成为目前产量最高、用量较大的永磁材料。同时由于具有单轴磁晶各向异性,其可作为一种磁记录材料。铁氧体永磁材料在专业用录像带、数字录音带及垂直磁记录硬盘等方面也获得了广泛应用,成为一种前景光明的新型高密度磁记录材料。六角晶系中的磁铅石(mag netoplumbite)型永磁铁氧体由于具有优越的性价比、较高的居里温度以及化学稳定好等特点,占据着永磁材料市场的一定份额。

12.2.3.1 *磁铅石型铁氧体的晶体结构*

磁铅石型铁氧体的晶体结构与天然矿物磁铅石 $Pb(Fe_{1.5}Mn_{3.5}Al_{0.5}Ti_{0.5})O_{19}$ 的结构相似,属于六角晶系,空间群为 C6/mmm。其化学式为 $MB_{12}O_{19}$ 或 $MO\cdot6B_2O_3$。式中,M 是二价(或三价)阳离子,常见的有 Ba、Sr、Pb 或 La;B 是三价阳离子,常见的有 Al、Ga、Cr 或 Fe。最熟悉的例子是钡铁氧体 $BaFe_{12}O_{19}$、铅铁氧体 $PbFe_{12}O_{19}$ 和锶铁氧体 $SrFe_{12}O_{19}$,又称为 M 型铁氧体。由于其具有优异的抗氧化性能、高矫顽力、剩磁和磁晶各向异性等性能,M 型永磁铁氧体广泛应用于各种磁性器件、微波器件和医疗器件等。

M 型结构是由 Ba^{2+}、Pb^{2+} 或 Sr^{2+} 参加氧离子的密堆积和 Fe^{3+} 填充到氧离子间隙内组成的。等半径离子的最密堆积一般有两种方式:一种是六角密堆积,即沿着 c 轴看堆积顺序为 ABAB…,这样就形成了一个单轴的六角形晶体结构;另一种是立方密堆积,晶体结构为面心立方,从[111]方向看时,每层离子堆积的顺序为 ABCABC…,层的垂直方向是立方体的空间对角线方向。若参与堆积的离子均为氧离子，则形成立方密堆积的尖晶石(spinel)结构，若晶体中有与氧离子相近的阳离子，如 Ba^{2+}、Pb^{2+}、Sr^{2+} 等，Ba^{2+}、Pb^{2+}、Sr^{2+} 的半径分别为 1.43×10^{-10} m、1.27×10^{-10} m、1.32×10^{-10} m，接近 O^{2-} 的半径，则这些阳离子不可能进入由氧离子 O^{2-} 组成的狭小空隙位，而会与 O^{2-} 一起参与密堆积形成晶体结构。图 12-9 给出了钡磁铅石型铁氧体(BaM)的晶体结构三维图示。在平面图上靠边的离子由于与近邻公用，只占$\frac{1}{4}$个。由此可知 BaM 晶格结构中，每层包含 4 个大离子，其中有 4 个连续层每层包含 4 个 O^{2-}，第 5 层上只有 3 个 O^{2-}，另一个为半径与 O^{2-} 相近的 Ba^{2+}，该层也称为钡层。含有 4 个氧离子 O^{2-} 的 4 个连续层呈立方密堆积尖晶石结构，所以也把 BaM 结构看成由尖晶石块与钡层交互堆垛而成。因为钡层与其近邻的上下两层呈六角密堆积结构，通常将五层结构划分为 S 块与 R 块。其中 R 块组成为($BaFe_6O_{11}$)，由钡层与邻近两层组成；S 块组成为$(Fe_6O_8)^{2+}$，由呈立方密堆积的两层构成。R 块中的 c 轴平行于 S 块中的[111]方向。BaM 结构中所有含钡层均为镜面，这样就必然有与 R 块、S 块对应的 R^* 块、S^* 块出现，R^* 和 S^* 可由相应的 R 块和 S 块绕 c 轴转 180°构成，BaM 即按 RSR^*S^*…的方式简单堆垛而成。其单位晶胞组成为 RR^*S^*，包含 10 个氧层和 2 个钡层，共有 38 个 O^{2-} 和 2 个 Ba^{2+}。对于半径较小的 Fe^{3+}，只能占据由氧离子 O^{2-} 和钡离子 Ba^{2+} 堆垛后形成的空隙位。BaM 结构中，S 中有 4 个八面体位，2 个四面体位。R 块中有 1 个六面体位和 5 个八面体位。R、S 块中共 12 个晶位被 Fe^{3+} 占据。同样，在 R^*、S^* 中也有相同数量的 Fe^{3+}。单位晶胞中共有 24 个 Fe^{3+}，单位晶胞的组成可以表示为 $2(BaFe_{12}O_{19})$，通常以分子式 $BaFe_{12}O_{19}$ 表示。

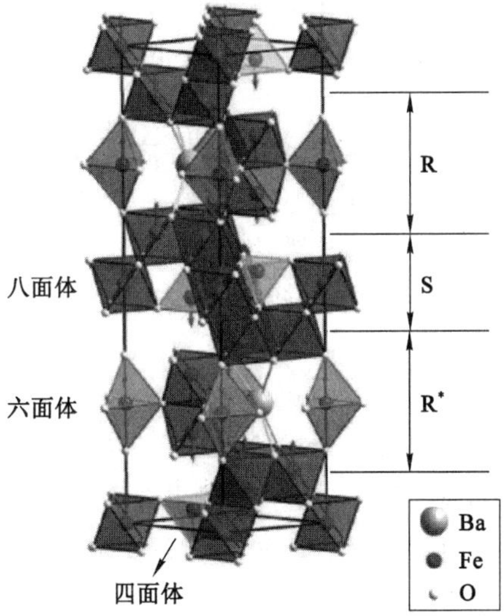

图 12-9　钡磁铅石型铁氧体晶体结构

在 M 型铁氧体中，Fe^{3+} 占据 5 种不同的格位，分别用 2a、$4f_2$、12k(八面体晶位)，$4f_1$(四面体晶位)以及 2b (六面体晶位)表示，在 M 型铁氧体结构中存在 5 个磁次点阵，超交换作用的结果使 2a、2b、12k 3 个次点阵的离子磁矩相互平行排列，而 $4f_1$、$4f_2$ 2 个离子磁矩与上述 3 个次点阵的离子磁矩反平行排列。Fe^{3+} 的自旋取向及晶位列于表 12-3。

表 12-3　M 型永磁铁氧体晶胞中磁性离子 Fe^{3+} 的自旋取向及晶位

格位种类	12k	2a	2b	$4f_1$	$4f_2$
格位位置	S-R 界面	S 内	R 内	S 内	R 内
配位数/个	6	6	5	4	6
间隙位置	八面体	八面体	六面体	四面体	八面体
Fe^{3+} 数/个	6	1	1	2	2
磁矩方向	上	上	上	下	下

12.2.3.2　铁氧体永磁材料的制备方法

(1) 固相反应法

将铁的氧化物和钡(或锶)的化合物按一定比例混合配料,经一次球磨、预烧、二次球磨、压制成型、烧结、球磨加工过程制备而成。通过高能机械球磨可以充分将粉料和添加剂混合均匀,并进一步减小原料粉末的粒度。陶瓷法制备永磁铁氧体材料工艺成熟、简单易操作,是当前工业生产铁氧体材料的主要制备方法,但是同时也存在耗能大和球磨时间过长容易引入杂质而使磁性能衰减等问题。

(2) 化学共沉淀法

化学共沉淀法是利用沉淀剂(如 OH^-、CO_3^{2-} 等)将钡(或锶)的盐溶液与铁盐溶液中的离子共同沉淀,经过滤、洗涤、干燥、灼烧等工序得到产物,是制备铁氧体永磁材料的一种常见方法。自 20 世纪 60 年代化学共沉淀法用于制备铁氧体材料后,相比固相反应法,其工艺过程简单、产物颗粒细小且成分易控制,使铁氧体材料的性能进一步得到提高,但是采用该方法过滤、洗涤工艺困难,沉淀离子难以实现均匀分布,且不适用于大规模工业生产。

(3) 溶胶-凝胶法

溶胶-凝胶法是金属的有机或无机化合物经混合之后通过水解和缩合反应形成稳定胶体,然后在低温下使胶体聚合为凝胶,再将胶体热处理制备出目标产物的方法。溶胶-凝胶法是制备永磁铁氧体材料常用的一种湿化学法。与其他方法相比,溶胶-凝胶法在低黏度液态下可实现原子或分子级别均匀混合,制备得到的产物粒度细小且分布均匀,但是也存在工艺周期长、成本高等问题。

(4) 水热合成法

水热合成法是指将配置好的溶液均匀混合后放入高压釜,在高温(1 000 ℃以上)高压(1 MPa～1 GPa)条件下反应生成目标产物。利用水热合成法制备铁氧体永磁材料具有纯度高、粒度小且分布窄等优点,但是水热合成法对设备要求高,工艺较为复杂,限制了其在工业制备铁氧体永磁材料中的应用。

12.2.3.3　铁氧体永磁材料的改性方法

(1) M 离子取代

M 离子取代通常是指用离子半径较大的 Ca^{2+}、Na^+、K^+ 等碱金属离子和 La^{3+} 等稀土族元素取代 M 离子。Ashima 等发现 Ca^{2+} 取代 Ba^{2+} 能够提高材料的矫顽力,同时降低介电损耗,但饱和磁化强度随 Ca^{2+} 取代量的增加而减小。Lei 等进行了 La^{3+} 离子的部分取代 M 的实验研究,并得出实验结果:随着 La^{3+} 的取代量不断增加,所得样品的 M_s 和 H_{cj} 都呈现先增大后减小的趋势，La^{3+}取代含量适当时，饱和磁化强度 M 和矫顽力均能达到最理想的值。Seifert 等使用机械球磨法制备了 La^{3+}并取代 M 离子，得出实验结果：当 La^{3+}的取代量不断增加时，所得样品的 M_s出现不断下降的变化趋势。

(2) Fe^{3+}取代

在 M 型六角晶系铁氧体中，Fe^{3+}分别占据着 2a、2b、12k、$4f_1$、$4f_2$ 5 种不同的格位，其中前三种格位的 Fe^{3+}的自旋磁矩向上，而后两种向下，反向的磁矩对于 M 型永磁铁氧体的磁性能有着负面作用，如果能减少或改变反向磁矩的 Fe^{3+}的占位数，则对于性能的提升将有着巨大的帮助。因此，Fe^{3+}取代有着深刻的研究意义。

Ghzaiel 等采用动态水热法制备了非磁性离子(Al^{3+}，Bi^{3+})和磁性离子(Cr^{3+}，Mn^{3+})取代 Fe^{3+}的 $BaMeFe_{11}O_{19}$铁氧体。研究结果表明：取代后铁氧体的磁性能取决于掺杂离子的性质、浓度和分布。与纯 $BaFe_{12}O_{19}$铁氧体相比，$BaMeFe_{11}O_{19}$铁氧体的磁性能[饱和磁化强度 M_s、剩余磁化强度 M_r、矫顽力 H_{cj}、最大磁能积$(BH)_{max}$]随非磁性离子取代而降低，随磁性离子的取代而提高。另外，Mn^{3+}可以取代所有 5 个位置中的 Fe^{3+}。Ei-Sayed 等研究发现：$BaAl_xFe_{12-x}O_{19}$铁氧体的饱和磁化强度和剩余磁化强度随 Al^{3+}取代量($0\leqslant x\leqslant 3.5$)的增加而降低，矫顽力随取代量的增加而增大。Topkaya 等采用溶胶-凝胶法制备 Zn^{2+}掺杂 $BaFe_{12-x}Zn_xO_{19}$($0\leqslant x\leqslant 0.3$)铁氧体，研究了在 10～300 K 温度范围内掺杂浓度对材料磁性的影响，发现非磁性 Zn^{2+}掺杂会严重影响粉末的磁性能，$BaFe_{12}O_{19}$的磁性可以通过 Zn^{2+}取代进行调节。Thakur 等首次报道了 Nd^{3+}掺杂对 $SrNd_xFe_{12-x}O_{19}$铁氧体磁性能的影响，发现 Nd^{3+}掺杂可以显著提高矫顽力，当 $x=1$ 时，比纯 SrM 铁氧体提高了近 14.3%。

(3) 共取代

Ogata 等使用固相法制备 La^{3+}-Co^{2+}共取代 Si^{4+}-Fe^{3+}的 M 型永磁铁氧体，实验结果表明：La-Co 的添加可以有效提高铁氧体的矫顽力 H_{cj}，而剩磁基本没有明显变化。此外，样品的温度系数也有了很大改善，这与 Co^{2+}的剩余轨道磁矩在提高矫顽力和改善温度方面的作用有着莫大的关系。Taguchi 等采用稀土元素共取代方法制备了 M 型永磁铁氧体，分别采用 Y 和 Bi 元素联合 Zn 和 Cd 进行联合取代。实验结果表明：铁氧体样品的 M_s和 H_{cj}在适当的取代量下会有极大幅度的提升。

12.3　软磁材料

软磁材料是电力工业和电子工业中广泛应用的重要磁性材料。软磁材料的矫顽力很低($H_c<0.8$ kA/m)，在磁场中容易反复磁化，当外磁场去掉后，获得的磁性便会全部或大部分丧失。新的经济形势对软磁材料器件提出了更高的要求，如需要器件向小型化、轻量化、节能化、高频化、耐高温等方向发展。

12.3.1　电工用纯铁

电工用纯铁的含碳量很低，其纯度(含铁量)在 99.95%以上。其主要的应用有电磁铁的铁芯和磁极、继电器的磁路和各种零件(如铁芯)、磁电式仪表中的元件以及磁屏蔽罩等。

12.3.2 电工用硅钢

在纯铁中加入 0.38%～0.45%的 Si，使之形成固溶体，可以提高材料的电阻率，减少涡流损耗。这种铁碳硅合金的性能优于电工用纯铁，称为电工用硅钢片或铁硅合金。电工用硅钢片是一种应用最广、用量最大的磁性材料，可广泛用于电力工业中的铁芯材料，如各种电机、发电机、变压器的铁芯，可采用无取向的硅钢片。在电信工业中，硅钢片一般在较高频率的弱磁场中使用。在仪器仪表工业中，电工用硅钢片常用于制造各种扼流圈、电磁机构、继电器和测量仪表中的电磁元件等。

12.3.3 铁镍合金

铁镍合金主要是含镍 30%～90%的 Fe-Ni 合金，又称为坡莫合金，意思是导磁合金，其最大特点是在弱磁场中具有良好的磁性能，因而广泛应用于电信、计算机、控制系统等领域。

12.3.4 铁铝合金

铁铝合金是以铁和铝(6%～16%)为主要元素组成的软磁合金系列。铁和铝都是资源丰富且价廉的金属，铁铝合金的磁性能在很多方面与铁镍合金类似。铁铝合金可以部分取代铁镍系合金在电子变压器、磁头以及磁致伸缩换能器等方面的应用。

12.3.5 铁钴合金

铁钴合金主要是指含钴量为 50%的铁钴合金，又称为坡明德合金，其主要优点：饱和磁感应强度最高、较高的居里温度、良好的磁稳定性、很高的饱和磁致伸缩系数，可应用于微电机、电磁铁、继电器等。

12.3.6 软磁铁氧体

常用的软磁铁氧体主要有尖晶石型的 Mn-Zn 铁氧体、Ni-Zn 铁氧体、Mg-Zn 铁氧体、Li-Zn 铁氧体和磁铅石型的甚高频铁氧体(例如 $BaCO_3 \cdot Fe_{24}O_{41}$)等，有几十个品种。

(1) 锰锌铁氧体

锰锌铁氧体($MnO \cdot ZnO \cdot Fe_2O_3$)具有尖晶石型结构，可以制成中高起始磁导率材料、高饱和磁感应强度材料、低损耗高稳定材料等。锰锌铁氧体常用于制作 1 MHz 以下的磁性元件，如滤波器、中频变压器、偏转线圈、中波磁性天线等的磁芯。它是目前高磁导率软磁铁氧体中性能最好的一种。

(2) 镍锌铁氧体

镍锌铁氧体($NiO \cdot ZnO \cdot Fe_2O_3$)一般为晶粒细小的多孔结构，按用途可将其分为高频、高起始磁导率及高磁化强度 3 种类型。

(3) 镁锌铁氧体

镁锌铁氧体是一种只适用于 25 MHz 以下使用的高频铁氧体材料。由于原料中不含贵重金属、原料普遍存在、价格便宜、工艺制造方便、没有氧化问题，镁锌铁氧体至今仍有一定实用价值。

(4) 锂锌铁氧体

锂锌铁氧体是一种在高频范围(10～100 MHz)内应用的铁氧体。但是,锂在高温下的挥发严重,致使锂锌铁氧体的工艺稳定性和质量较镍锌铁氧体的稍差,因而应用范围尚不大。

(5) 甚高频软磁铁氧体

甚高频软磁铁氧体是一种适用于 100～2 000 MHz 的超高频和甚高频材料,属于平面型六方晶系,主要有 Y 型结构及含 Co 的 Z 型和 W 型结构两种类型。

12.3.7　非晶、纳米晶软磁材料

1988 年日本日立金属公司的 Yoshizawa 等首先发现:当在 Fe-Si-B 非晶合金的基体中加入少量 Cu 和 M(M＝Nb,Ta,Mo,W 等)后,经过适当晶化退火后,在非晶基体上形成了一种均匀分布、无规取向、具有 bcc 结构的超细 α-Fe(Si)晶粒组织特征的软磁合金。此时材料磁性能不仅不恶化,反而非常优良,这种非晶合金经过特殊的晶化退火形成的晶态材料称为纳米晶合金。其典型成分为 $Fe_{73.5}Cu_1Nb_3Si_{13.5}B_9$,商品牌号为“Finemet”。1993 年,Suzuki 等报道了商品名为“Nanoperm”的 Fe-M-B(M＝Zr,Hf,Nb)纳米晶软磁合金具有高磁导率和高饱和磁感应强度。

非晶态材料的原子排列是短程有序、长程无序的,理论上是磁晶各向同性的,这对于合金获得低矫顽力和高磁导率比较有利。目前所研究的非晶合金软磁材料中,按所含铁磁性元素的不同主要分为铁基、镍基和钴基。

(1) 铁基非晶合金软磁材料

铁基非晶合金软磁材料的主要成分为 Fe-Si-B,其特点是磁感应强度高(饱和磁感应强度为 1.4～1.7 T),磁导率、激磁电流和铁损等性能优于硅钢片的,其价格便宜。其应用频率范围为工频至 10 kHz,是制备变压器、电抗器、功率因数校正器的理想材料。Makino 等在此基础上研发出成分为 $Fe_{76}Si_9B_{10}P_5$ 的合金,该合金的矫顽力为 0.8 A/m,饱和磁感应强度达到 1.51 T,且具有很高的非晶形成能力和稳定性。Yoshizawa 等发明了性能优于非晶合金的 FeSiBNbCu 纳米软磁材料。

(2) 镍基非晶合金软磁材料

镍基非晶合金具有高饱和磁感应强度、高磁导率和低矫顽力,而且还具有优异的高频磁性能,因此被认为是具有潜力的工程材料之一。虽然镍基非晶合金在综合性能上优于其他非晶合金材料,但其发展时间不长,在研发过程中遇到了很多理论和工艺上的问题,这些问题都有待进一步解决。

(3) 钴基非晶软磁合金

钴基非晶软磁合金因饱和磁致伸缩系数接近 0,所以具有极高的起始磁导率和最大磁导率、很低的矫顽力和高频损耗,主要用作传感器材料,如图书防窃磁条。该合金由于含大量的钴而价格很高。

思　考　题

1. 什么是硬磁材料？列举几种常见的硬磁材料。
2. 简述烧结 NdFeB 磁性材料的生产工艺。

3. 简述烧结 NdFeB 磁性材料的微观组织及特性。
4. 简述 RCo_5 型、R_2TM_{17} 型、NdFeB 磁性材料的晶系、空间群的不同之处。
5. 简述 RCo_5 型磁性材料的磁晶各向异性来源。
6. 简述不同元素对 $Sm(Co_{1-u-v-w}Fe_uCu_vZr_w)_z$ 磁性材料性能的影响。
7. 列举几种常见的铁氧体永磁材料制备方法。
8. 简述软磁材料的性能特点，并简单描述一种非晶、纳米晶软磁材料。

参考文献

[1] 陈玉安，王必本，廖其龙. 现代功能材料[M]. 3 版. 重庆：重庆大学出版社，2018.

[2] 池祥. Sm-Co 永磁合金结构及磁性能的研究[D]. 天津：河北工业大学，2016.

[3] 崔俊刚. M 型永磁铁氧体磁粉及烧结体的制备、结构、形貌及磁性的研究[D]. 兰州：兰州大学，2015.

[4] 戴佳卫. 铽铝石榴石($Tb_3Al_5O_{12}$)基磁光透明陶瓷的制备与性能研究[D]. 北京：中国科学院大学，2018.

[5] 冯则坤，王鲜，聂彦，等. "双碳"战略背景下铁氧体磁性材料及器件发展机遇[J]. 磁性材料及器件，2023，54(6)：1-10.

[6] 郭帅. 烧结钕铁硼永磁体微观结构及磁性能研究[D]. 临汾：山西师范大学，2019.

[7] 刘南舒，王聪，季威. 磁性二维材料的近期研究进展[J]. 物理学报，2022，71(12)：382-413.

[8] 屈凯，刘国征. 稀土磁性材料研究进展[J]. 稀土信息，2023(10)：29-34.

[9] 汤明辉. 具有强去耦边界的烧结 NdFeB 永磁体结构和性能研究[D]. 北京：北京科技大学，2020.

[10] 许鲁江. Alnico8 合金磁稳定性机理及老化行为研究[D]. 哈尔滨：哈尔滨工业大学，2016.

[11] 颜光辉. 2∶17 型 SmCo 磁体晶界结构调控及其对磁性能影响的研究[D]. 北京：中国科学院大学，2019.

[12] 杨萌威. Dy、Tb 扩散对 NdFeB 性能及形貌的影响[D]. 武汉：武汉大学，2021.

[13] 湛永钟，潘燕芳，黄金芳，等. 软磁材料应用研究进展[J]. 广西科学，2015，22(5)：467-472.

[14] 赵贵恒，刘永庆，张洪平. 超磁致伸缩材料的研究新进展[J]. 钢铁研究学报，2017，29(9)：689-696.

[15] 朱荣春. 高性能($Sm_{1-x}RE_x$)Co_5 永磁体磁性能与微结构研究[D]. 北京：北京工业大学，2018.

第 13 章　电子信息材料

13.1　电子信息材料概述

信息已成为社会、经济发展的“血液”和“润滑剂”，21 世纪是信息大爆炸时代。支撑这个时代的电子信息技术、电子信息材料等基础产业均得到高度发展，其发展水平在一定程度上代表了国家高科技的发展水平，不仅是衡量一个国家经济发展和科技进步的重要标志，也是科技创新和国际竞争最为激烈的一个版块。“十四五”期间，我国电子信息产业发展面临新形势、新特点、新挑战，在国家对 5G、人工智能、工业互联网、物联网等“新基建”加速推进、形成“双循环”新格局的形势下，新型显示、集成电路等信息产业加速向国内转移，在带来新的应用前景的同时对战略性先进电子信息材料提出迫切需求。这意味着电子信息技术高速发展背景下，电子信息材料的发展也大有“井喷”之势。

电子信息材料是指在微电子、光电子技术和新型元器件基础产品领域所用的材料，比例大、种类多、涉及门类广。按照用途分类，电子信息材料可以分为结构电子信息材料和功能电子信息材料两类。其中，结构电子信息材料是指能承受一定的压力和重力，并能保持尺寸和大部分力学性质（如强度、硬度、韧性等）稳定的一类材料；功能电子信息材料是指除强度外还有其他特殊性能，或能实现光、电、磁、热、力等不同形式的交互作用和转换的非结构材料。按照化学组成（化学成分）分类，电子信息材料可分为无机电子信息材料和有机电子信息材料。其中，无机电子信息材料可以分为以金属键结合的金属材料和以非金属键（如共价键）结合的非金属材料。按照材料的物理性质和应用领域分类，电子信息材料主要分为半导体材料、超导材料、压电材料、磁性材料、传感材料等，如图 13-1 所示。部分电子信息材料（如磁性材料）已在前面章节中专门介绍。下面将对几种在现代科技中应用较为广泛的电子信息材料进行介绍。

13.2　半导体材料

半导体是指常温下导电性能介于导体与绝缘体之间的一类材料。一般情况下，半导体的电导率与温度有关，温度升高，电导率也随之增大。半导体材料产业作为半导体行业的上游产业，为半导体行业的发展提供了物质基础。材料质量决定了各半导体器件质量，进而影响下游应用端的性能。因此，半导体材料在整个行业中有着重要的地位。

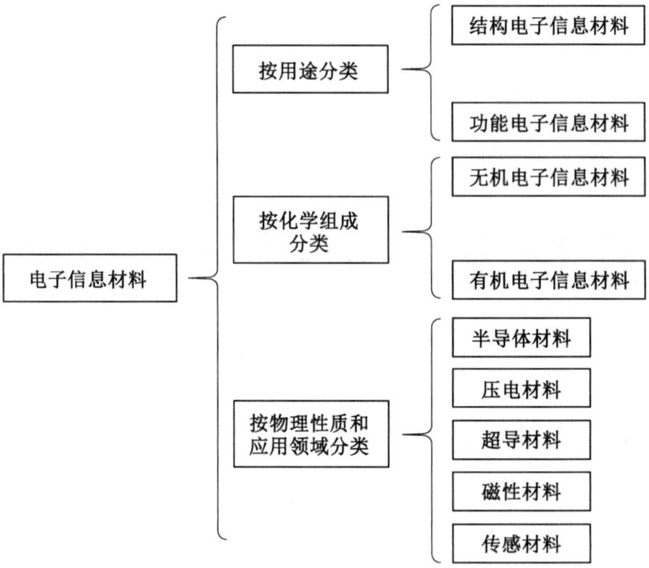

图 13-1　电子信息材料的分类

13.2.1　半导体材料的发展与分类

20 世纪 50 年代后，半导体材料的发展尤为迅猛，目前逐步形成三代半导体材料体系并且得到了广泛应用。首先是元素半导体材料，也是第一代半导体材料，主要以硅元素、锗元素为主，至今已有近 70 年历史，目前仍是半导体材料领域的主流，在集成电路等领域应用也最广泛。随着科学技术的发展，化合物半导体材料成为半导体材料产业的又一个重要角色，其中第二代半导体材料由砷化镓(GaAs)、磷化铟(InP)等二元系化合物组成。第三代半导体材料即宽禁带半导体材料，主要包括碳化硅(SiC)、氮化镓(GaN)等。此外，当前国内外很多研究者着力于有机半导体的开发，已知的有机半导体有几十种，熟知的有萘、蒽、聚丙烯腈、酞菁和一些芳香族化合物等。相比无机半导体材料，有机半导体材料制备成本低，易于大规模制备，具有优秀的机械性能，但是其导电性能还不能媲美无机半导体材料，限制了其大规模应用。

回顾半导体行业的发展史，行业的进步与半导体材料技术的提高和新材料的应用密不可分。硅材料技术的进步，推动了半导体器件在电脑、电视、手机、航天、太阳能等领域广泛应用；GaAs、InP 等二代材料工艺的成熟，制作出了高速、高频、大功率器件，加快了卫星通信、移动通信、GPS 导航等领域的发展。如今，智能化时代的来临，机器人、人工智能、无人驾驶领域对微波、功率等半导体器件提出了更高的要求，这自然也需要在性能上全面占优的三代半导体材料的支撑。

13.2.2　半导体材料的导电特性

物质是由原子构成的，按照原子排列形式的不同，物质可分为晶体和非晶体两大类，二者区别：晶体是内部质点在三维空间中周期性重复排列的固体，具有长程有序的特点。相反，非晶体是内部质点在三维空间不呈周期性重复排列的固体，具有近程有序但是不具有长程有序的特点。晶体和非晶体之所以具有截然不同的物理性质，主要是由于它们的微观结构不同。晶体又分为单晶和多晶。单晶是指只有一种晶形，构成整个晶体的各种离子或原子全部按照一定的方向和顺序排列；多晶是指多种晶形共存，多个单晶体混乱地结合在一起，晶体之间有明显的界限。常用的半导体材料是单晶硅和单晶锗。非常纯净的单晶半导体称为本征半导体。

高纯的单晶硅是四价元素，硅原子的结构示意图如图 13-2(a)所示。按照电子排布规则，硅的最外层有 4 个电子，要想达到"8 电子"平衡状态，要么"舍弃"4 个电子，要么再"拉拢"4 个电子，而硅原子在排列时巧妙地共享了相邻硅原子中上下左右 4 个电子，组成了稳定的 8 电子结构，相邻的硅原子之间形成共价键。那么硅的导电性又从何而来呢？当温度高于绝对零度时，处于价带的电子就可能跃迁，变成自由电子。同时，原来的位置上就会形成一个空穴，空穴相当于带正电的粒子，此时硅晶体内会存在等量的自由电子和空穴，都可以起到导电的作用，这就是纯净半导体，即本征半导体。它的结构虽然完美，但是导电能力"差强人意"，室温下电阻率的理论值约为 230 kΩ·cm。

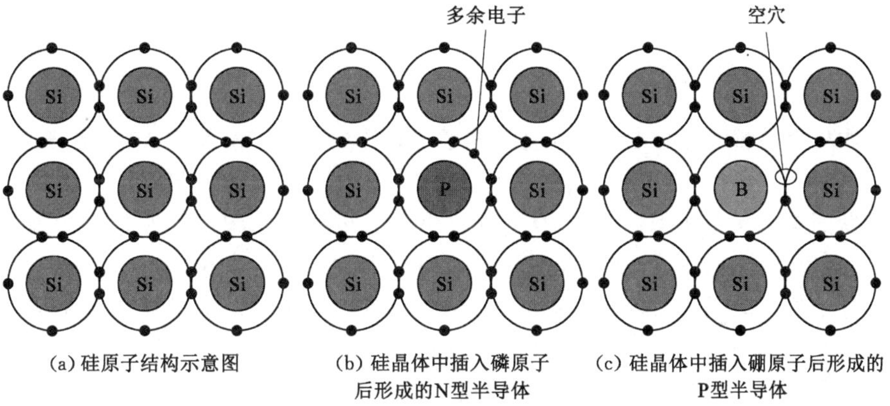

图 13-2　硅原子结构示意图、硅晶体中插入磷原子后形成的 N 型半导体和硅晶体中插入硼原子后形成的 P 型半导体

想要提升半导体的导电能力，掺杂其他元素是一个很好的选择。根据掺杂元素的差异，形成了两种典型的掺杂硅材料。当把硅原子替换成最外层有 5 个电子的磷原子时，磷原子外层的 4 个电子与周围的硅原子形成共价键，多出的 1 个电子几乎不受束缚，因此提高了自由电子的浓度，得到 N 型半导体，如图 13-2(b)所示。同理，如果用最外层只有 3 个电子的硼原子替换硅原子，硼原子的 3 个电子与周围的硅原子形成共价键的时候产生空穴，因而提高了空穴浓度，得到 P 型半导体，如图 13-2(c)所示。在单晶硅中掺入百万分之一的磷，其电阻率从约 230 kΩ·cm 降至约 0.2 kΩ·cm。所以适当掺杂后，单晶硅的电阻率显著降低，导电能力明显增强，增强程度与掺杂量密切相关。

把 N 型半导体和 P 型半导体连接到一起，N 区的电子迫切想扩散到 P 区，P 区的空穴拼命想要扩散到 N 区，这时就会形成一个由 N 指向 P 的"内电场"，阻止扩散进行，在二者达到动态平衡之后，会在交界面形成一个空间电荷区，这就是 PN 结，如图 13-3 所示。PN 结具有单向导电性，常见的晶体二极管就是利用这个特性制成的。

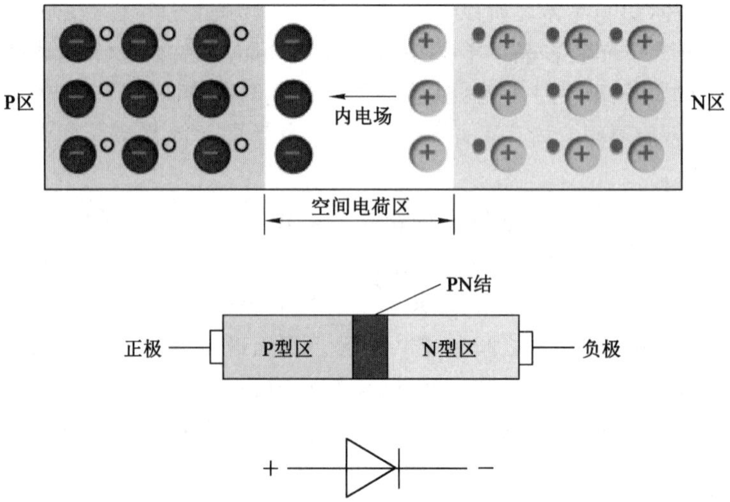

图 13-3　PN 结的形成及用于制作二极管

13.2.3　半导体材料的特性参数

半导体材料的特性参数有禁带宽度、电子迁移率、空穴迁移率、绝缘击穿场强、热导率等。禁带宽度由半导体的电子态和原子组态决定,反映组成这种材料的原子中价电子从束缚状态激发到自由状态所需的能量,是描述价电子被束缚强弱程度的物理量。禁带宽度越大,价电子必须获得更高的能量才能从化合键中出来成为自由电子。所以,禁带宽度越大,能够因为分子热运动成为自由电子的数量越少,导电性能越差。电子迁移率是描述电子在电场力作用下运动快慢的物理量,反映了材料的导电能力。电子迁移率越高的半导体材料,其电阻率越低,通过相同的电流时损耗越小。同理,空穴迁移率越高,损耗也越小。但是,一般情况下电子迁移率往往高于空穴迁移率,因为空穴是电子的空位,空穴的运动本质上是电子从一个空穴移动到另一个空穴。绝缘击穿指的是电介质(绝缘体)在足够强的电场作用下失去其介电性能成为导体,被击穿时所对应的电场强度即绝缘击穿场强。热导率又称为热传导率,表征材料直接传导热量的能力。半导体材料的特性参数不仅能反映半导体材料与其他非半导体材料之间的差别,更重要的是能反映各种半导体材料之间甚至同一种材料在不同情况下其特性的量值差别。表 13-1 为三代主要代表性半导体材料特性参数的综合比较。

表 13-1　三代主要代表性半导体材料的特性参数

特性参数	第一代半导体材料		第二代半导体材料		第三代半导体材料	
	Ge	Si	GaAs	InP	SiC	GaN
禁带宽度/eV	0.70	1.12	1.40	1.30	3.26	3.39
电子迁移率/[cm^2/(V·s)]	3 800	1 200	6 500	4 600	800	1 250
空穴迁移率/[cm^2/(V·s)]	1 400	420	320	150	115	250
绝缘击穿场强/(MV/cm)	—	0.3	0.4	0.5	3.0	3.3
热导率/[W/(cm·K)]	0.6	1.5	0.5	0.7	4.5	2.3
制备成本	较低	低	高	较高	非常高	

13.2.4　第一代半导体材料

13.2.4.1　锗材料

（1）锗的储备量

锗在早期半导体技术中是重要的半导体材料，其储备量对于早期半导体技术的发展来说至关重要，因此有必要了解锗的主要储备国家及相应储备量。作为一种重要的半导体材料，集成电路产业是信息产业的重要组成部分，半导体是集成电路的基础材料。锗是最早用于半导体器件的材料之一，Bardeen、Brattain和Shockley在1947年制备的第一只晶体管使用的就是这种材料，因此锗被视为半导体材料的"元勋"，在早期半导体材料中占主角地位。但是锗资源较为稀缺，全球已探明的锗保有储备量仅约为8 600 t，主要分布在中国、美国和俄罗斯。美国是锗资源最多的国家，保有储量约为3 870 t，占全球储量的45%。中国约为3 500 t，占全球含量的41%，位列世界第二。

（2）锗的提炼

锗是一种稀有分散元素，具有亲硫、亲铁、亲石等化学性质，罕见的锗矿（如锗石、硫铜锗矿等）或者锡或铅的伴生矿中都能检测到它的存在。不同来源的锗资源，提炼富集方法也不尽相同。20世纪50年代，美国主要从铅锌矿中提炼锗，英国主要从煤的烟尘中提炼锗，日本则从煤气液中回收锗。我国当时主要的炼锗工艺是以湿法为主的直接提炼锗工艺和以火法为核心的烟尘富集提炼锗工艺。

直接提炼锗工艺是指以含锗赤铁矿石为初始原料，采用浸取法、机械处理法或者直接氯化法等初期的工艺来分离和提取锗。其中浸取法的成效较为显著，但是，这个方法在很大程度上取决于矿石的纯度，否则经济成本较高。烟尘富集提炼工艺的特点是火法和湿法联合使用。锗随着小高炉的运转从烟气中挥发逸出，再被旋风收尘器收集。接着进入内填10% NaOH的陶瓷环填充塔，当NaOH循环液吸收气体中的锗到一定程度后，将含锗碱液与硫酸混合液调至酸性并加热，再加入丹宁（鞣酸类物质）后生成沉淀锗精矿。最后，依据工艺流程将锗精矿还原为金属锗，其工艺流程如图13-4所示。值得一提的是，我国自主发展半导体技术的核心环节是锗资源的发现与提炼，国内多个科研单位都尝试提炼锗。其中，较为出色的是中国科学院长春应用化学研究所、中国有研科技集团有限公司、吉林省冶金研究院等单位率先从煤烟灰中提炼出二氧化锗。

（3）锗的应用

锗第一次作为半导体材料是用于制作高耐压二极管，随后研制出锗三极管，被命名为Transistor。锗晶体管的出现极大地增强了人们对固体电子器件制作的信心。之后锗半导体材料"独领风骚"。直到20世纪60年代中期，硅材料因其优异的性质及产量可观，大量用于制作硅晶体管。

但是在这段时间内，在军事领域占据重要地位的红外技术使锗成为新的研究热点。锗晶体对1.68～20 μm范围的红外光具有良好的透过率，被用于制作红外透镜。此后因性能独特，锗受到太阳能电池和红外探测器等电子元件制造者的青睐。材料的禁带宽度是其导电能力的决定性因素，禁带宽度越窄，导电能力越好。锗属于间接带隙材料，禁带间距较窄，约为0.66 eV，常被用于制造高速电子器件、光电器件和催化剂等。锗管还特别适用于高频大功率器件，且在强辐射与－40 ℃下可正常运转。锗的化合物还在制造荧光板和各种折射

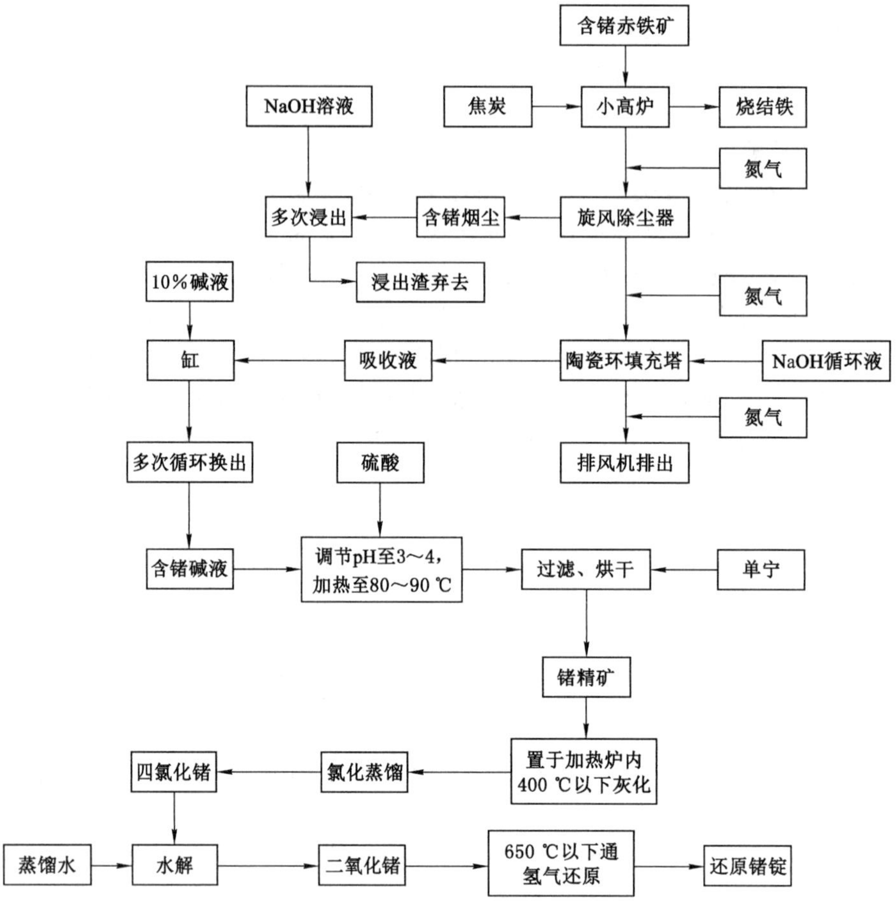

图 13-4　烟尘富集提炼锗工艺流程图

率高的玻璃等领域"发光发热"。如具有独特红外透射性的锗玻璃便是在石英中掺杂二氧化锗制得的。美中不足的是锗的发光效率低于传统的Ⅲ，Ⅴ族材料，要想解决这个问题，可以在锗中掺杂其他元素。

总之，锗在半导体材料中具有重要的作用，可以调控半导体的能带结构和禁带宽度，提高半导体的导电性能和光电性能，同时还可以提高半导体材料的热导率，改善其晶体结构，提高器件的工作效率和可靠性。

13.2.4.2　硅材料

(1) 硅的提纯

硅在自然界中分布很广，地壳中约含 27.6%，是地壳中仅次于氧的第二大丰富元素。硅在自然界中一般很少以单质形式出现，主要以二氧化硅（SiO_2）和硅酸盐的形式存在。SiO_2主要存在于硅石中，其他硅资源是指脉石英、石英砾石、天然硅砂等，属于非金属矿藏。在集成电路制造过程中，需要高纯度的硅材料，其杂质原子浓度控制在 $10^{13}/cm^3$以下。高纯硅的制备仅采用碳和 SiO_2两种普通的原料。首先在内部温度约为 2 000 ℃的高温电弧炉中用碳将 SiO_2还原成单质硅，冷凝后成为纯度约为 90%的冶金级硅，然后与 HCl 发生反应转化成液态三氯氢硅（$SiHCl_3$），利用选择性蒸馏法分离其他氯化物以实现 $SiHCl_3$的提纯，接

着 $SiHCl_3$ 被氢还原生成高纯度的多晶态固体硅半导体。其化学反应式如下：

$$SiO_2(s)+2C(s)\xlongequal{\quad}Si(s)+2CO(g) \tag{13-1}$$

$$Si(s)+3HCl(g)\xlongequal{\quad}SiHCl_3(l)+H_2(g) \tag{13-2}$$

$$SiHCl_3(l)+H_2(g)\xlongequal{\quad}Si(s)+3HCl(g) \tag{13-3}$$

多晶硅的生产处于半导体产业链的上游，其质量直接关系下游产品的性能。半导体器件 95%以上是用硅材料制作的，硅片被称作集成电路的核心材料，硅材料产业的发展和集成电路的发展紧密相关。多晶硅生产多年来一直致力于提高纯度。硅在半导体领域之所以能获得举足轻重的地位，得益于其自身的一些优点：① 原料丰富，占地壳含量的 27.6%；② 环境友好，无毒性；③ 成本低；④ 表面易形成 SiO_2 这种结构高度稳定的绝缘层；⑤ 器件工作温度较高，最高可达 250 ℃；⑥ 临界切应力大，易生长无位错单晶等。

(2) 硅片的分类及应用

硅材料在集成电路等应用中以硅片形式存在。硅片的种类较多，不同种类硅片的应用领域也不同。硅片可根据掺杂程度、制造工艺、尺寸等进行分类。

根据掺杂程度，硅片可以分为重掺和轻掺两类。一般掺杂元素量越大，电阻率越低。重掺硅片的掺杂元素量大，电阻率低，在保证器件反向击穿电压的同时能有效降低器件的正向功耗，一般用于模拟器件、功率器件等领域产品；轻掺硅片掺杂浓度低，通过生长高质量的外延层，可以提高 CMOS 栅氧化层完整性、改善沟道漏电、提高集成电路可靠性，一般用于集成电路领域，技术难度和产品质量要求更高。由于集成电路在全球半导体市场中占比超过 80%，全球对轻掺硅片的需求更大。

半导体硅片根据制造工艺主要可以分为抛光片、外延片与 SOI 硅片。抛光片是单晶硅锭经过切割、研磨、边缘或双面抛光形成的具有原子级平坦度的硅片。8 寸抛光片主要应用于逻辑芯片、传感器，12 寸抛光片主要应用于 NAND、DRAM 等存储器领域。外延片是抛光片经外延生长后形成的，外延层能够在低阻衬底上形成高电阻层，并提供与衬底晶圆不同的物理特性。8 寸外延片主要用于 PMIC、功率芯片、CIS 等，12 寸外延片主要用于 MPU、CIS、逻辑芯片等。SOI 硅片则是一种类似三明治结构的硅片，底层抛光片经氧化、键合或离子注入等工艺处理后形成，接着在顶层硅和支撑衬底之间加入一层氧化物绝缘埋层，又称为 BOX。BOX 使得硅片可实现 IC 中元器件的介质隔离，大幅减少寄生电容以及漏电现象，主要用于射频前端芯片、功率器件、传感器及硅光子器件等。表 13-2 为根据制造工艺分类的硅片种类、结构、特点和应用汇总。

表 13-2　抛光片、外延片、SOI 硅片的比较

硅片种类	结构	特点	应用
抛光片		重掺通常作为外延片、SOI 硅片的衬底材料	存储芯片与功率器件等
外延片		更低的缺陷密度、含碳量和含氧量	通用处理器芯片、图形处理器芯片等
SOI 硅片		寄生电容小，短沟道效应弱、低压低功耗、集成密度高、速度快	射频前端芯片、功率器件、汽车电子、传感器及星载芯片

半导体硅片的尺寸主要有 23 mm、25 mm、28 mm、50 mm(2 英寸)、75 mm(3 英寸)、100 mm(4 英寸)、125 mm(5 英寸)、150 mm(6 英寸)、200 mm(8 英寸)与 300 mm(12 英寸)等。自 1960 年生产出 23 mm 硅片之后,硅片尺寸就越来越大,到 2002 年已经可以量产 300 mm 硅片,厚度则达到了历史新高 775 μm。简单起见,将之划分为 6 英寸及以下、8 英寸及 12 英寸三类。不同尺寸硅片的下游应用也有所不同,12 英寸硅片对代工企业厂房洁净室及设备的设计精密度要求都较高,初期投资及后续研发投入较大,主要用于制造难度较高的逻辑芯片,如 MCU、ROM、Nand-Flash、SoC 等;8 英寸硅片则主要用于功率器件及特色工艺产品,如 MOSFET/SBD、传感器、电源管理芯片、指纹识别芯片等;6 英寸及以下半导体硅片的应用主要集中在二极管、整流管、晶闸管等功率器件以及传感器、光电子器件等分立器件领域。

13.2.5 第二代半导体材料

13.2.5.1 GaAs 材料

20 世纪 90 年代,随着无线通信的普及以及硅在高频特性上的限制,共同催生以 GaAs、InP 等化合物为代表的第二代半导体材料,相比第一代半导体材料,GaAs 的主要优势是耐高温,最高工作温度可达 350 ℃左右,同时抗辐射、发光效率高,基于这些特性,以 GaAs 为代表的化合物半导体材料广泛用于射频(RF)、光电、发光二极管(LED)、光伏(PV)等领域。

(1) GaAs 单晶的制备

GaAs 材料是目前仅次于硅的一种重要的半导体材料,GaAs 晶片市场主要集中在日本、德国、美国,这些国家的生产厂商供应的 GaAs 衬底占据了绝大多数市场。从 20 世纪 50 年代开始,已经开发出了多种 GaAs 单晶生长方法。目前主流的工业化生长工艺包括液封直拉法(LEC)、水平布里其曼法(HB)、垂直布里其曼法(VB)以及垂直梯度凝固法(VGF)等。在单晶直径上,目前 HB 法生长的单晶直径最大一般为 3 英寸,LEC 法生长的单晶直径最大可以达到 12 英寸,但是使用 LEC 法生长单晶的设备投入成本高,且生长的晶体不均匀,位错密度大。目前市场上 80%以上的半绝缘 GaAs 单晶采用 LEC 法生长而成。VGF 法和 VB 法生长的单晶直径最大可达到 8 英寸,生长的晶体较为均匀且位错密度较低;在单晶质量上,相比其他方法,VGF 法生长的晶体位错密度低且生产效率稳定;在生产成本上,HB 法的成本最低,LEC 法的成本最高,VB 法和 VGF 法生产的产品性能类似。

(2) GaAs 的分类及应用

GaAs 片按照工艺可以分为衬底和外延。根据电阻的不同,衬底又可以分为半导体型和半绝缘型两类。按照尺寸可以分为 4 英寸及以下晶片、6 英寸晶片、8 英寸晶片。GaAs 广泛应用于光通信、3D 传感、车载激光雷达等场景以及大容量光纤通信激光器的制造。目前手机中引入 3D 感应功能,垂直共振腔表面发射激光器(VCSEL)用于人脸辨识,带动了 GaAs 晶圆和外延片生产规模激增。

光电二极管也是 GaAs 在光电子领域的一项重要应用。光电二极管是一种小型电子半导体器件,用于将光转换为电流。GaAs 光电二极管是一种半导体光传感器,广泛应用于各种监测和高速光纤接收器。烟雾探测器、光盘播放器、红外遥控设备及一些医疗设备(如计算机断层造影探测器、脉搏血氧计等)的应用是 GaAs 光电二极管市场的主要驱动力。

LED 是 GaAs 应用的重要分支,近年来,Mini LED 和 Micro LED 快速发展,大幅拓宽了 LED 显示技术的应用场景，为 GaAs 带来了新的增长空间。Mini LED 以 HDR、异型显示器等背光源应用为主，适用于手机、电视、车用面板及电竞笔记本电脑等产品；Micro LED 的应用概念与前两者有很大差异，可应用在穿戴式手表、手机、车用显示器、扩增实境/虚拟实境、显示屏及电视等领域。Mini LED 是 LED 背光的改良版本，可以大幅度提升液晶画面效果，同时成本相对容易控制，有望成为市场主流。

13.2.5.2　InP 材料

InP 是一种沥青光泽的深灰色半导体晶体，其结构为闪锌矿型晶体，其抗辐射能力强、导热性好、光电转换效率高，禁带宽度为 1.3 eV。由于 InP 具备宽禁带结构，具有极高的电子极限漂移速度，用这种材料制作的电子器件能够放大更高频率或更短波长的信号，且受外界影响较小，稳定性较强。凭借上述优点，InP 成为继 Si、GaAs 之后的新一代微电子、光电子功能材料。近年来，InP 在光通信、光电器件、高频毫米波器件、光电集成电路激光器、光探测器等领域被广泛使用，积极推动了世界互联网产业的数据信息传输，不断满足人们对网络、通信的更高发展要求。

(1) InP 的制备

多晶合成、单晶晶体生长是制备 InP 衬底的核心工艺。自然界中不存在天然的 InP 多晶，因此需要通过人工合成。将两种高纯度的单质元素按一定比例装入 PBN 坩埚，在高温高压环境下即可合成 InP 多晶。合成方法主要有水平梯度凝固法（HGF）、水平布里奇曼法（HB）、溶质扩散法（SSD）和直接合成法等。目前改进后的 HB/HGF 法是工业合成 InP 多晶的主要方法。在单晶生长方面，InP 的单晶生长方法分为两大类：垂直生长和水平生长，目前主要的生长方法包括液封直拉法 LEC、改进 LEC 法、HB 法和 HGF 法、VGF 法和 VB 法，其制备技术存在较高壁垒。

(2) InP 的分类及应用

按导电性能，InP 衬底可分为半导体型和半绝缘型两类。半导体型又分为 N 型和 P 型，N 型衬底通常选用 Sn 和 In_2S_3 作为掺杂剂，P 型衬底选用 ZnP_2 作为掺杂剂。掺杂剂的使用是为器件提供不同导电类型的衬底。其中，N 型掺 Sn 的 InP 主要用于激光二极管，N 型掺 S 的 InP 用于激光二极管和光探测器，P 型掺 Zn 的 InP 主要用于高功率激光二极管。半绝缘型按是否掺杂可分为掺杂半绝缘衬底和非掺杂半绝缘衬底，掺杂半绝缘衬底通常采用 Fe_2P 作为掺杂剂，而非掺杂半绝缘衬底是用高纯 InP 单晶衬底通过高温退火而成的，主要用于制作射频器件。

由于 InP 具有饱和电子漂移速度高、导热性好、光电转换效率高、禁带宽度较大等特性，使用 InP 衬底制造的可穿戴设备具有脉冲响应好、信噪比好等特性。因此，InP 衬底可用于制造可穿戴设备中的传感器，用于监测心率、血氧浓度、血压甚至血糖水平等生命体征参数。使用 InP 衬底制造的激光传感器可以发出不损害视力的不可见光，可应用于虚拟现实（VR）眼镜、汽车激光雷达等产品中。

13.2.6　第三代半导体材料

SiC 是由碳元素和硅元素组成的一种化合物半导体材料，是第三代半导体材料的主要代表之一，具有耐高压、耐高温和低能量损耗等性能。从最上游的碳粉、硅粉制备成 SiC 圆晶，再进行外延，最后制备成 SBD、MOSFET、IGBT 等器件，SiC 衬底及外延是整个环节最关键的一环,决定上游原材料制备方式及相关参数,同时决定着下游器件的性能。

与二代半导体晶片相似,SiC 片的生产过程同样包括多晶合成、单晶生长以及后端加工等步骤。在晶体生长和晶体加工环节均存在技术难点。晶体生长环节中,条件控制严、长晶速度慢和晶型要求高为主要技术难点。SiC 晶体的生长温度在 2 300 ℃以上,对温度和压力的控制要求高。此外,SiC 有 250 多种同分异构体,其中 4H-SiC 为主流,因此需要严格控制硅碳比、生长温度梯度及气流气压等参数才能生长出理想晶体。晶体生长主要有物理气相传输法(PVT)、高温化学气相沉积法(HT-CVD)、顶部籽晶溶液生长法(TSSG 法)等,其中 PVT 法是现阶段商业化生长 SiC 衬底的主流方法,技术成熟度最高,工业化应用最广。

SiC 片按工艺可分为衬底和外延,根据电阻率,衬底又可以进一步分为导电型和半绝缘型两类,按尺寸可以分为 4 英寸晶片、6 英寸晶片、8 英寸晶片。不同于传统硅基器件,SiC 器件不可直接制作于衬底,需先使用化学气相沉积法在衬底表面生成所需薄膜材料,即形成外延片,再进一步制成器件。其中,导电型衬底在 SiC 衬底上生长 SiC 外延层,适用于制作功率器件,下游应用包括新能源车、光伏发电等。半绝缘型衬底在 SiC 衬底上生长氮化硅外延层,适用于制作射频器件,下游应用包括 5G 通信、卫星等。

13.3 压电材料

压电材料是一种特殊的功能材料,具有高灵敏度、快速响应、可控性强、稳定性高等优点,在传感、控制、能量转换等领域具有广阔的应用前景。

13.3.1 压电效应

压电材料首次发现于 20 世纪 90 年代。1880 年,法国物理学家居里兄弟在研究石英时发现:在石英晶体的特定方向上施加压力或拉力会使晶体表面出现电荷,并且电荷的密度与施加外力的大小呈正比关系,这一现象即压电材料的正压电效应。随后,居里兄弟又通过实验发现了逆压电效应,即在外电场作用下压电体产生变形,同时得到了石英晶体的正压电系数和逆压电系数。正压电效应与逆压电效应统称为压电效应,具有压电效应的材料为压电材料。α-石英晶体是最早发现的压电晶体,也是目前最好和最重要的压电晶体之一。

晶体是否具有压电性与晶体结构的对称性有关,结构上具有不对称中心的晶体才可能具有压电特性。压电晶体首先必须是不导电的,同时结构上还必须要有分别带正电荷和负电荷的质点、离子或离子团。因此,压电晶体还必须是粒子性晶体或由离子团组成的分子晶体。

13.3.2 压电效应机理

正压电效应的机理如图 13-5 所示。当晶体不受外力时,正电荷中心与负电荷中心重合,整个晶体的总电矩为 0,表现为晶体表面不带电荷。当晶体受到外力作用发生形变时,破坏了原来的平衡,晶胞中正负电荷的中心不再重合,导致晶体发生宏观极化,表现为晶体表面有电荷。因此,压电效应是晶体在机械力的作用下发生形变而引起带电粒子的相对位移,从而使得晶体的总电矩发生改变而造成的。反之,压电材料在电场中极化时,会因电荷中心的位移导致材料变形,这就是逆压电效应。电场方向改变,材料形变方向也发生改变;

电场大小改变，材料形变的程度发生变化。

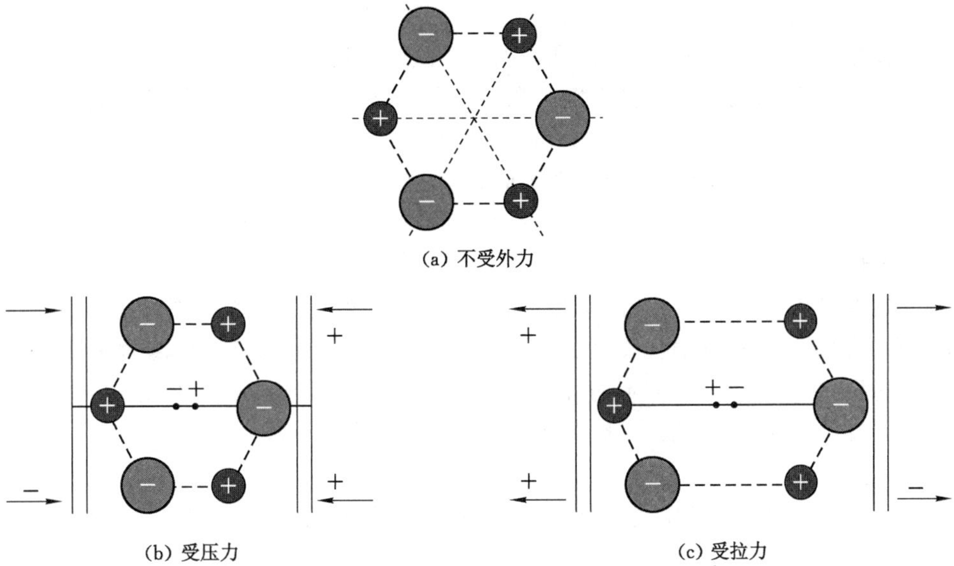

图 13-5　压电晶体产生压电效应的机理示意图

目前发现的具有压电性的晶体有很多种，常见的高性能压电材料有钛酸钡($BaTiO_3$)、锆钛酸铅[Pb(PZT)]、铌酸锂($LiNbO_3$，LNO)、铌酸钾钠($K_{0.5}Na_{0.5}NbO_3$，KNN)、氧化锌(ZnO)、三甲基氯甲基铵氯酸锰盐(TMCM-$MnCl_3$)、聚偏氟乙烯(PVDF)、尼龙(Nylon)等。

13.3.3　压电材料的特性参数

描述晶体材料的弹性、压电、介电性质的重要参数，如介电常数 ε、弹性系数和压电常数等，决定了压电材料的基本性能。描述交变电场中压电材料介电行为的介质损耗角正切($\tan\delta$)，描述弹性谐振时的力学性能的机械品质因数 Q_m 及描述谐振时的机械能与电能相互转换的机电耦合系数 K^2 等，决定了压电材料的性能。

(1) 介电常数

介电常数反映了材料的介电性质。电介质在电场作用下会产生极化或改变极化状态，以感应的方式传递电的作用。电介质极化的微观机理实际上就是电介质介电常数的微观解释。电介质在静电场中极化的量化指标为静态介电常数。对于完全各向异性的电介质来说，需要 6 个独立的介电常数，而一般情况下独立的介电常数个数为 1～6 个。在交变电场下测得的介电常数称为动态介电常数，动态介电常数与测量频率有关。

从微观来看，介质的极化有以下三种情况：

① 电子位移极化：组成介质的原子或离子，在电场作用下，原子的或离子的正负电荷中心不重合，即带正电的原子核与其壳层电子的负电中心不重合，因而产生感应偶极矩。原子中价电子对电子位移极化率的贡献最大。

② 离子位移极化：组成介质的正负离子，在电场作用下，正负离子产生相对位移。因为正负离子的距离发生改变，产生了感应偶极矩。离子位移极化率与电子位移极化率为同一数量级。

③ 取向极化:组成介质的分子为极性分子(即分子具有固有偶极矩),没有外电场作用时,这些固有偶极矩的取向是无规则的,整个介质的偶极矩之和等于0。当有外电场时,这些固有偶极矩将转向并沿电场方向排列。因固有偶极矩转向而在介质中产生偶极矩。取向极化对介质极化的贡献最大,但随温度升高而减小,因此压电材料中通常存在居里点。

在气体、液体和理想的完整晶体中,极化的微观机制通常为以上三种。在非晶固体、聚合物高分子和不完整的晶体中还会出现其他更复杂的微观极化机制,如热离子弛豫极化、空间电荷极化等。

(2) 压电常数

压电晶体与其他晶体的主要区别是压电晶体的介电性与弹性性质之间存在线性耦合关系,压电常数就是反映这种耦合关系的物理量。晶体的压电常数与晶体的对称性有关。不同对称性的晶体,不仅压电常数不同,而且独立的压电常数也不同。其中,压电常数 d_{33} 是表征压电材料最常用的重要参数,一般陶瓷的压电常数越高,压电性能越好。

(3) 介质损耗

当外加电场作用于电解质晶体时,介质极化强度需要经过一段时间(弛豫时间)才能达到最终值,即极化弛豫。在交变电场中,取向极化是晶体介质存在介质损耗的原因之一,并导致动态介电常数和静态介电常数不同,极化滞后引起的介质损耗最终会转化为热能消失。介质漏电是导致介电损耗的另一个原因,同样会通过发热而消耗部分电能。因此,介质损耗越大,压电材料的性能就越差。

(4) 机械品质因数

利用压电材料制作滤波器、谐振换能器和标准频率振子等器件,主要是利用压电材料的谐振效应。由于压电材料的压电效应,当对一个按一定取向和形状制成的有电极的压电晶片输入电信号时,如果信号频率与晶片的机械谐振频率一致,就会使晶片由于逆压电效应而产生机械谐振。晶片的机械谐振又可以由于正压电效应而输出电信号,这种晶片即压电振子。压电振子谐振时,要克服内摩擦而消耗能量,从而造成机械能的损耗。机械品质因数 Q_m 反映了压电振子在谐振时的损耗程度,Q_m 越大,能量损失越小。

(5) 机电耦合系数

机电耦合系数 K^2 反映了压电材料的机械能与电能之间的耦合关系,是压电材料的一个很重要的参数。机电耦合系数无量纲,是综合反映压电材料性能的参数。从应用的角度来看,不同用途的压电材料对上述参数的要求不相同。例如,在超高频和高频器件中使用的材料,要求介电常数和高频介质损耗小;用作换能器材料时,要求耦合系数大,声阻抗匹配要好。用作标准频率振子,则要求稳定性高,机械品质因数 Q_m 高。

一般来说,压电材料应具有以下几个主要特性:① 转换特性——要求具有较高的压电常数 d_{33};② 机械性能——机械强度高、刚度大;③ 电性能——高电阻率和高介电常数,防止加载驱动电场时被击穿;④ 环境适应性——温度和湿度稳定性好,要求具有较高的居里点,工作温度范围宽;⑤ 时间稳定性——要求压电性能不随时间变化,增强压电材料工作稳定性和提高寿命。压电材料达到以上特性要求才能更好地发挥其在压电器件中的作用。

13.3.4 压电材料的分类及应用

压电材料分为压电单晶体、多晶体压电陶瓷、高分子压电材料及聚合物-压电陶瓷复合材料四类。由于其具有不同的工艺及应用特点，因此应用领域有所不同。

压电单晶体包括石英和一些水溶性压电晶体，如硫酸钾、酒石酸钾钠、酒石酸乙烯二铵、酒石酸二钾等。石英晶体性能稳定，机械强度高，绝缘性能好，但价格昂贵，压电系数比压电陶瓷的低得多，因此一般仅用于标准仪器或要求较高的传感器。石英晶体制作的谐振器具有极高的品质因数和极高的稳定性，被广泛用于对讲机、电子手表、电视机、电子仪器等产品中作为压腔振荡器使用。

多晶体压电陶瓷在四类压电材料中占有相当大的比例，也是目前市场上应用最广泛的压电材料。最具代表性的包括 $BaTiO_3$ 压电陶瓷、Pb(PZT)系压电陶瓷、铌酸盐系压电陶瓷和铌镁酸铅压电陶瓷等。最早进入大众视野的 $BaTiO_3$ 压电陶瓷具有高介电性，因此很快用于制作电容器，现在作为高频电路元件的钛酸钡电容器已大量生产。$BaTiO_3$ 不溶于水，可在较高温度下工作，压电性能强，可以用简单的陶瓷工艺制成压电陶瓷材料，便于大批量生产。因此，$BaTiO_3$ 广泛应用于制作声纳装置的振子、各种声学测量装置以及滤波器。Pb(PZT)为钛酸铅（$PbTiO_3$）和锆酸铅（$PbZrO_3$）两种物质形成的固溶体，具有较强且稳定的压电性能、居里温度高、各向异性强、介电常数小，成为目前压电式传感器中应用最广泛的一类压电材料，是压电换能器的主要功能材料。大部分压电器件中使用的材料都是含铅压电材料，但铅类化合物的毒性威胁人类身体健康、破坏生态环境，因此无铅压电陶瓷材料（如铌酸盐系）成为主要的研究热点。但由于其压电性能偏低且不稳定，工艺复杂难以控制，极大地限制了无铅压电材料在器件中的应用，市场上无铅压电材料占比极少，但是未来无铅压电陶瓷会有“一席之位”。

高分子压电材料最具代表性的是 PVDF，是一种极性高分子材料。相比压电陶瓷，高分子压电材料具有多种优良特性，如声学阻抗低、强度高、耐冲击、柔韧性良好、对电压高敏感。利用 PVDF 的压电效应，其应用主要分为两个方面：一是通过压电效应传输信号，作为传感器的敏感元件；二是利用它受到刺激后产生的电压为其他元器件供电，作为一种发电材料。

聚合物-压电陶瓷复合材料是由两相或多相材料复合而成的，通常为压电陶瓷和聚合物组成的复合材料，既保留了聚合物柔韧性良好的优点，压电陶瓷的加入还可以改善高分子压电材料压电常数小、极化电场强的缺点，一举两得。特别是其声阻抗与空气、水和生物组织很接近，聚合物-压电陶瓷复合材料已广泛应用于水声换能器件和医疗超声成像等领域。

13.4　超导材料

超导材料是当今新材料领域一个十分重要的组成部分，它的发现是 20 世纪物理学的一项重大成就。超导材料又称为超导体（superconductor），是指在某低温条件下电阻突然降为零的导体。由于电阻消除，电流可以毫无阻力地在导线中形成强大的电流，不产生热损耗，产生强大的磁场。超导材料的应用为人类展现出一个前景十分广阔的领域，并将对人类社会发展产生深远影响。在了解超导材料前首先要溯源：超导现象是怎么被发现的？经历了怎样的发展历史？

13.4.1　超导现象及发展历史

1911 年，荷兰物理学家卡莫林・昂内斯在低温条件下研究金属的电阻特性时发现：用液氦将温度降至 4.2 K 时，金属汞的电阻突然降为零，如图 13-6 所示。这就是超导现象，Hg 的这种超导电性的状态称为超导态。昂内斯也因发现超导现象在两年后获得了诺贝尔物理学奖。超导现象被发现后，人类对超导材料的探究才真正开始。

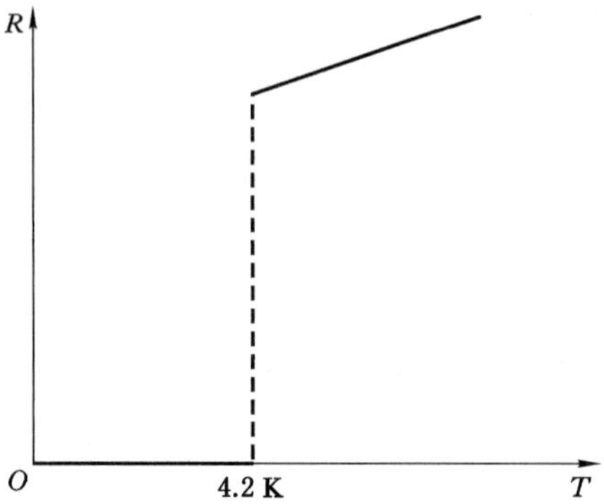

图 13-6　温度降低时 Hg 的电阻变化曲线

1933 年，菲尔德和迈斯纳发现超导材料冷却达到临界温度时，不仅电阻完全消失，还出现抗磁性，即磁感线从超导体中排出，不能通过超导体。因此，超导体是指材料被冷却到某温度下，电流通过时材料不仅表现出零电阻，同时材料内部失去磁通表现出完全抗磁性。

1957 年，约翰·巴丁、利昂·库珀和罗伯特·施里弗提出了著名的 BCS 理论，解释了超导现象的微观机制。他们认为超导性是由于电子在超导体中形成了一对被称为库珀对的粒子对。20 世纪 50 年代和 60 年代，研究人员发现了许多低温超导体，如铅、锡、铝等。这些超导体的超导临界温度很低，通常在几开尔文以下。1973 年，科学家发现了超导临界温度为 32.4 K 的超导合金——铌锗合金，保持了近 13 年记录。

1987 年，美国华裔科学家朱经武和中国科学家赵忠贤陆续把钇-钡-铜-氧临界温度提高到 90 K，从而发现了高温超导体材料，使得超导体的临界温度首次来到液氮温区。

1998 年，人类研发出临界温度为 125 K 的超导材料 Tl-Ba-Ca-Cu-O，实现了液氮温区的梦想。超导热从高温超导材料被发现后席卷全球。

进入 21 世纪之后，2007 年 2 月，日本东京工业大学细野秀雄教授和其合作者发现了转变温度为－251.15 ℃的氟掺杂镧氧铁砷化合物。2008 年 3 月 25 日和 3 月 26 日，中国科技大学陈晓辉研究组和中国物理所研究组发现了转变温度为－233.15 ℃的非传统超导材料。

在近 100 年的超导材料发展历史中，已经有 10 位科学家凭借杰出的研究成果获得了诺贝尔物理学奖，如图 13-7 所示。这些发展里程碑推动了超导材料领域的进展，从传统的低温超导体到高温超导体的发现，以及对超导机制的深入理解。

13.4.2　超导材料的分类

通常根据超导临界转变温度（T_c）将超导材料分为低温超导材料、高温超导材料及室温超导材料。

13.4.2.1　低温超导材料

低温超导材料是指 $T_c < 25$ K 的超导材料。低温超导材料一般都需要在液氦环境下工作，但是液氦制冷的方法昂贵且不方便，故低温超导体的应用长期得不到大规模发展。低温

图 13-7　超导相关诺贝尔物理学奖获得者

超导材料按其化学组成又可以分为元素超导体、合金超导体和化合物超导体。

(1) 元素超导体

在所有金属元素中,共有 50 多种元素在常压或高压环境下被发现具有超导电性。但并非所有金属都是超导体,像铜、铁、钠在其能达到的低温下仍未发现有超导电性。具有实用价值的低温超导金属是铌(Nb),其常压下的 T_c 最高,为 9.3 K,已制成薄膜材料用于弱电领域。大多数金属元素的 T_c 都较低,最高的元素超导体 T_c 为 36 K,是由元素钪在高压下实现的,其 T_c 与高压下钪的结构密切相关。另外,一些元素在常压下未表现出超导电性,但高压下可能会表现出超导电性。比如,铋在常压下并非超导体,而在高压下却转变为超导体。

(2) 合金超导体

合金超导体是以 Nb 为基的二元或三元合金组成的 β 相固溶体。相比单元素超导体,合金超导体具有塑性好和易大量生产的优点,具有较高的临界转变温度,T_c 在 9 K 以上。二元合金中,Nb-Zr 合金为最早的商品化超导磁体,具有低磁场、高电流的特点,在强磁场下仍能承受很大的超导临界电流密度;延展性好,制作线圈工艺简单,但是与铜的结合性较差,覆铜较困难,需采用镀铜和埋入法,成本较高。Nb-Ti 合金使用也很广泛,易加工,与铜能很好地结合。三元合金在超导性能上高于二元合金,合金的超导性主要受合金成分、加工过程、含氧量和热处理等因素的影响。目前,三元合金有 Nb-Zr-Ti,Nb-Ti-Hf 等。

(3) 化合物超导体

相比合金超导体,化合物超导体的临界条件都较高,在强磁场中性能良好,缺点是质脆,加工性能不佳。自从 20 世纪 50 年代初发现了 V_3Si 和 Nb_3Sn 以来,已发现数千种超导化合物,大部分为金属间化合物、金属和非金属间的无机化合物及少数有机高分子化合物。自从 1987 年初发现超导临界温度在液氮温度(77 K)以上的氧化物超导体以来,化合物超导体又可以划分为在液氦温度(42 K)下工作的低温超导体和在液氮温区工作的高温超导材料两大类。常见的化合物超导材料有 Nb_3Sn 和 V_3Ga，其使用最广泛。

13.4.2.2 高温超导材料

高温超导材料通常指其超导转变温度在 25 K 以上的超导材料。自超导电性被发现以来，常规超导体临界转变温度只能提高到 23.2 K。由于以上超导现象只能在液氦温区出现，氦的稀有性及昂贵的制冷成本极大地限制了超导材料的实际应用。20 世纪 60 年代开始，人们一直在探索把临界温度提高到液氮温区。

1986 年超导陶瓷镧钡铜氧体的出现，使得超导体的临界温度获得极大突破，其临界温度高于 30 K。1987 年美国休斯敦大学物理学家朱经武小组与中国科学院物理研究所赵忠贤等先后宣布制成临界温度约为 90 K 的超导材料 YBaCuO。1988 年科学家发现铊系化合物 TlBaCaCuO 超导材料的临界温度可达 125 K。具备实用价值的主要包括 Bi-Sr-Ca-Cu-O 在内的铋系材料，T_c 约为 110 K；还有包括 Y-Ba-Cu-O 在内的钇系材料，T_c 约为 92 K；以及 $T_c=39$ K 的 MgB_2 超导材料和铁基超导材料；等等。

高温超导的研究方兴未艾，临界温度还在进一步提高，得到干冰温度(240 K)的超导体都是可能的。

13.4.2.3 室温超导材料

相比高温超导体，室温超导可以看作超高温超导，唯有将超导体的临界转变温度提高至室温，才能有效降低这一项技术的成本，从而使其发挥出应有的价值。目前仍处于探索阶段，在超高压条件下合成的部分超导材料的临界温度已经接近室温，但苛刻的高压制备条件阻碍了材料的大规模应用。如果能制备出常压室温超导材料，超导领域的发展将大步向前。

13.4.3 超导材料的特性

超导材料在 T_c 及以下表现出很多优异性能，也是其应用的重要基础。

(1) 完全导电性

当温度下降到某临界温度或以下时，超导体出现电阻突变为零的特性称为完全导电性，也称为零电阻效应。需要指出的是，超导体的零电阻是指直流电阻为零，完全导电性都是相对直流而言的，超导体的交流电阻并不为零。

(2) 完全抗磁性

1933 年，迈斯纳和奥森菲尔德对单晶锡球的磁场分布进行测量，发现不论是先降温后再加磁场，还是先加磁场后再降温，只要锡球温度达到超导临界温度 T_c，磁力线似乎被完全排斥到超导体之外。如图 13-8 所示，只要 $T<T_c$，超导体内的磁感应强度总和为零，即超导体具有完全抗磁性，也称为迈斯纳效应，该效应说明超导体和普通金属的磁性质不同。超导体的磁化状态与外界条件(如外磁场强度和温度等)有关，而与它过去的历史无关。

13.4.4 超导材料的应用

超导技术的应用范围十分广阔，在输电、电机、交通运输、航天、微电子、电子计算机、通信、核物理、新能源、生物工程、医疗以及军事装备等领域已展现出灿烂夺目的前景，具体应用如下。

(1) 超导磁体

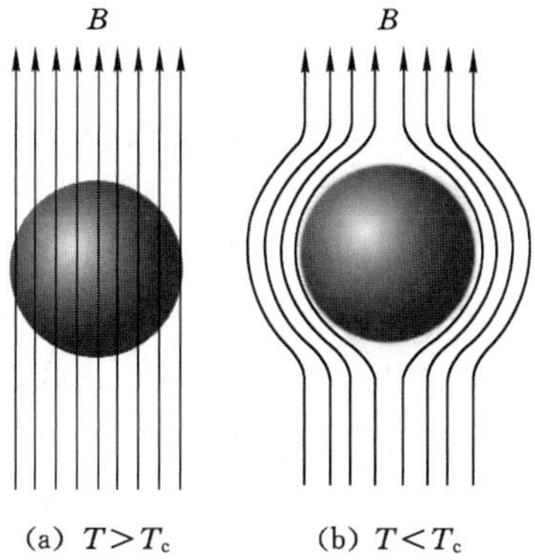

图 13-8　温度大于或小于临界温度时磁力线在超导体中的状态

目前，超导材料应用最多的领域就是制作各种用途的超导磁体。超导磁体的优势是可以实现常规导体材料无法实现的磁场强度、磁场梯度和磁场均匀度。超导磁体有很多用途，比如核磁共振成像(MRI)，已被广泛应用于医疗检测、诊断之中，成为最精确的医学检测手段之一。几乎世界上所有的用于重大科学研究工程的高强磁场，譬如各类粒子加速器、各类高能粒子对撞机以及目前多国参与的国际热核聚变实验堆(ITER)的磁场，都离不开超导磁体。另外，还有各式各样的超导磁体被应用于检测仪器、各类实验装置、晶体生长等其他方面。

(2) 超导电缆

利用超导材料制成很细的导线，在不需要变电所和变压器等配电设备下输电，免去常规输电造成的 10%以上电力损失，电费开支节省 15%以上。电能在传输过程中损耗很大，超导电缆的优势是电能在输送过程中可以最大限度降低损耗，仅为传输功率的 0.5%，而常规电线电缆的损耗达到 10%，能源节省一目了然。而且高温超导电缆的容量比常规电缆提高 3～5 倍、损耗下降 60%，节约占地面积和空间，更为可观的是，总费用降低 20%，经济效益明显。超导电力技术是 21 世纪电力工业的高技术，可有效解决能源短缺问题。

(3) 超导电机

超导电机质量小、紧凑性好，在风力发电机中特别具有优势，所以将超导电机用于风力发电是目前发展的趋势。超导电机采用超导材料替代常规电机的转子。传统电机以铜作为线圈绕组，采用超导材料后，可将铜用量从 2.1 t 减至 0.44 t，铁用量从 10.5 t 减至 2.8 t，大幅度减少了金属的使用量，降低了成本；而制冷系统电力消耗导致的成本，已由使用周期长、效率高而得以抵消。效率高、性能好以及巨大的市场潜力驱动着超导电机的发展。

(4) 磁悬浮

导体截面相同时，超导体制作的导线可以比铜导线(传统电磁铁绝大多数由铜导线绕制)承载高出几十倍的电流。也就是说，由超导线圈制作的磁悬浮机构可以产生比传统磁悬浮机构大得多的悬浮力。另外，铜线圈通电时会不断产生焦耳损耗，而超导线圈因为无电阻不会产生焦耳损耗。因此在磁悬浮轨道交通系统中使用超导电磁线圈不但可以产生更大的悬浮力和驱动力，而且更加节能、环保。超导磁悬浮列车是会“飞”的火车，由于磁悬浮列车与铁轨之间的磁力作用，列车悬浮在铁轨上方，消除了铁轨与车轮之间的摩擦力，时速可达

500 km，而且行车平稳、噪声小、安全舒适、所需牵引力小、不污染环境。

(5) 超导储能装置

储能，即通过某种手段将能量存储起来，在需要时释放。储能可分为物理储能、化学储能和电磁储能，超导储能是电磁储能的一种。超导储能装置不需要能量转换，直接储能，转换效率高，响应速度快，功率密度大。用于电网时，超导储能可以调节电网的负荷，低谷时储存电能，高峰时释放电能，电力输入超导线圈中，电流可以在里面长期流动而几乎不损耗电能，因此，可设计大容量的超导储能装置于地下岩石中，储存大量电能供电网调峰之用。超导体约束的等离子体可以引起核聚变以实现受控热核反应，为解决能源危机发挥重大作用。当然这种方式也有缺点，比如运行及维护成本高。我国首台超导储能装置位于甘肃省白银变电站。

(6) 超导计算机

超导体在电子学领域大有用武之地。用超导芯片代替普通芯片制成超导计算机，可以大幅度提高运算速度，减小计算机体积。美国研制的一台运算速度为 800 万次/s 的超导计算机，只有一部电话机那么大，运算速度提高了 10～1 000 倍，而且元件不发热、功耗非常小、无故障、高效率运行时间要长得多。

(7) 超导量子干涉仪

用超导器件制成的极其精密的超导量子干涉仪，可测出极其微弱的电磁波，被广泛用到电子工业中。超导量子干涉仪不但能探测出埋在地下的矿物，而且能探测出人脑的高级神经活动，揭开人类大脑思维活动的奥秘。利用超导原理制造的新型红外探测器、超导磁强针、超导重力仪、超导滤波器及各种微波器件，将广泛应用于航空航天、地震预报、地质勘探及天文学领域。利用超导体的完全抗磁性可制造新型回旋加速器，把人们的视觉和感观延伸到微观世界深处，揭开物质起源、生命起源的奥秘。

总之，超导材料已然成为 21 世纪具有战略意义的国之重器，是各国科技革命的突破重点。我们难以估量超导技术的普及会给国家和社会带来多少经济效益，综合国力会迈上多少台阶，但我们能说，超导技术“可以改变世界”。超导技术的突破性进展和广泛应用将引起一场新的技术革命，并对科技、经济、军事乃至社会发展产生不可估量的影响。

思 考 题

1. 电子信息材料有哪些类型？
2. 解释半导体材料的导电特性。
3. 简述 P 型半导体和 N 型半导体的形成及导电性。
4. 压电材料的特性参数有哪些？
5. 解释压电效应的机理。
6. 超导材料的性质有哪些？
7. 简述超导材料的应用。

参考文献

[1] 常豪然，郭威，黄磊，等. 高温超导材料研究进展[J]. 湖北大学学报（自然科学版），2023，45(1)：89-96.

[2] 高剑森，毛仕春. GaAs 材料的光电特性及应用研究[J]. 新型工业化，2021，11(6)：132-133.

[3] 高强，毛彩霞，薛丽，等. 多功能磷化铟半导体材料的合成与表征[J]. 华中师范大学学报（自然科学版），2023，57(2)：250-254.

[4] 刘超. 敏感材料及传感器发展探析[J]. 新材料产业，2022(3)：2-6.

[5] 鲁忠孝，高国伟. PVDF 压电复合材料及其应用的研究进展[J]. 微纳电子技术，2023，60(9)：1356-1365.

[6] 王猛. 液氮温区镍氧化物高温超导体的发现[J]. 物理，2023，52(10)：663-671.

[7] 许明浩，花开慧，曾群，等. 钛酸钡与铌酸钾钠无铅压电陶瓷研究进展[J]. 硅酸盐通报，2024，43(2)：649-658.

[8] 张越. 高压合成在铜氧化物超导材料中的探索与应用[D]. 南京：南京大学，2021.

[9] HABIB M，LANTGIOS I，HORNBOSTEL K. A review of ceramic，polymer and composite piezoelectric materials [J]. Journal of physics d applied physics，2022，55(42)：423002.

[10] KUMAR M，SHANKAR S，KUMAR A，et al. Progress in multiferroic and magnetoelectric materials：applications，opportunities and challenges[J]. Journal of materials science：materials in electronics，2020，31(22)：19487-19510.